J. R. Krebs · N. B. Davies

Einführung in die Verhaltensökologie

Deutsche Übersetzung von Henning Engeln

Geleitwort von E. Curio

94 Abbildungen in 139 Einzeldarstellungen
28 Tabellen

1984
Georg Thieme Verlag Stuttgart · New York

Titel der Originalausgabe: An Introduction to Behavioural Ecology
© 1981 Blackwell Scientific Publications Oxford

Autoren:

KREBS, J. R., Edward Grey Institute of Field Ornithology, Department of Zoology, Oxford

DAVIES, N. B., Department of Zoology, University of Cambridge

Übersetzer:

Dr. rer. nat. H. ENGELN, Schönleinstr. 13, 1000 Berlin 61

CIP-Kurztitelaufnahme der Deutschen Bibliothek

Krebs, John R.:
Einführung in die Verhaltensökologie / J. R.
Krebs ; N. B. Davies. Dt. Übers. von Henning
Engeln. – Stuttgart ; New York : Thieme, 1984.
 Einheitssacht.: An introduction to behavioural
 ecology ⟨dt.⟩
NE: Davies, Nicholas B.:

Geschützte Warennamen (Warenzeichen) werden *nicht* besonders kenntlich gemacht. Aus dem Fehlen eines solchen Hinweises kann also nicht geschlossen werden, daß es sich um einen freien Warennamen handele.

Alle Rechte, insbesondere das Recht der Vervielfältigung und Verbreitung sowie der Übersetzung, vorbehalten. Kein Teil des Werkes darf in irgendeiner Form (durch Photokopie, Mikrofilm oder ein anderes Verfahren) ohne schriftliche Genehmigung des Verlages reproduziert oder unter Verwendung elektronischer Systeme verarbeitet, vervielfältigt oder verbreitet werden.

© 1984 Georg Thieme Verlag, Rüdigerstraße 14, D-7000 Stuttgart 30
Printed in Germany
Satz und Druck: Druckhaus Dörr, Inh. Adam Götz, 7140 Ludwigsburg, gesetzt auf Linotype System 5 (202)

Geleitwort

Das Bemühen, das Verhalten der Tiere ökologisch zu verstehen, ist fast so alt wie die funktionelle Anatomie der Tiere. Dieses Verstehen ist gleichbedeutend mit der Aufklärung umweltspezifischer Selektionskräfte. Lange Zeit identifizierte man solche Kräfte, indem man Beziehungen zwischen artspezifischen Verhaltensweisen und Eigenheiten der Umwelt eines Tieres nachspürte. Dieses vergleichende, selten experimentelle Vorgehen führte zu ökologisch plausiblen Deutungen des Verhaltens. Meist auf nur wenige verglichene Taxa gestützt, blieb solchen „ökologischen Korrelationen" die Überzeugungskraft der quantitativen Biologie versagt. Das wurde mit der Einführung des geschickt ersonnenen Feldversuches, z. B. durch Niko Tinbergen, und mit dem Einzug mathematischer Methoden in die Ökologie, besonders dank R. H. MacArthur, anders.

Heute beherrschen Kosten-Nutzen-Analysen, der modernen Wirtschaftslehre entlehnt, die ökologische Verhaltensforschung oder Verhaltensökologie. Sie führen zu Voraussagen, deren empirische Prüfung erkennen läßt, ob das Verhalten eines Tieres optimal an seine Umwelt angepaßt ist. Selbst wenn die Antwort hierauf mehrdeutig bleibt, machen uns solche Kosten-Nutzen-Betrachtungen die Annahmen über das deutlich, was optimiert sein sollte, und über Systemgrenzen des Tieres. In diese Vorgehensweise führen die Verfasser des vorliegenden Buches anhand geschickt ausgewählter Forschungsbeispiele einprägsam ein. Didaktisch glänzende Abbildungen tun das ihre dazu.

Eine andere Stärke des Buches bildet seine kurzgefaßte, überaus klare Einführung in die Soziobiologie, eine Synthese aus Ethologie und Populationsbiologie. Diese Klarheit ist besonders begrüßenswert; seit ihrem Aufblühen ist die Soziobiologie, weil mißverstanden, von prominenten Biologen kritisiert worden. Dem Fernerstehenden wird auch die Spieltheorie verdeutlicht; sie hilft Konflikte bei der Lösung lebenswichtiger Fragen zu durchleuchten oder die vielen, jüngst entdeckten alternativen Strategien im Verhalten ein und derselben Art zu zergliedern. Insgesamt ist das gedankliche Rüstzeug der Verhaltensökologie zu einer vielseitigen Methodenlehre geworden, die ökologische Anpassungen so gründlich wie nie zuvor zu erforschen erlaubt. Die für tieferes Verständnis nötige, notgedrungen formale Theorie wird wohltuend in Schaukästen verbannt, die dem tiefer Schürfenden die erwartete Hilfe geben. Auch wird ihm kapitelweise weiterführende Literatur genannt.

Die in klarer Sprache abgefaßte Einführung von Krebs und Davies in ein atemberaubend schnell fortschreitendes Forschungsgebiet erfüllt den Wunsch nach einem kurzen, leicht lesbaren Überblick. Besonders im deutschen Sprachraum kann die willkommene Übersetzung echte Entwicklungshilfe leisten. Sie könnte eine verbreitete Auffassung abbauen helfen. Danach seien bedeutende ethologische Ergebnisse ohne „blutige Forschung", wie z. B. die Neurophysiologie, nicht erzielbar. Das vorliegende Buch beweist das Gegenteil. Der Überblickscharakter und das bis in die jüngste Zeit erfaßte Schrifttum machen das Buch nicht nur für den Studierenden, sondern auch für den Forschenden wertvoll.

Bochum, Juli 1984   E. Curio

Inhaltsverzeichnis

Einleitung 1

1 Natürliche Selektion und Verhalten 6

Fragen nach dem Verhalten 6
Fortpflanzungsverhalten von Löwen 7

Natürliche Selektion 11

Gene und Verhalten 13

Egoistische Individuen oder Gruppenvorteil? 16
Theoretische Einwände 17
Empirische Befunde 18

Evolution des Altruismus 22
Altruismus zwischen Verwandten 22
Beispiele von Altruismus zwischen Verwandten 26
Probleme im Zusammenhang mit dem Begriff Gesamteignung .. 28
Altruismus zwischen nichtverwandten Tieren 29
  (a) Reziproker Altruismus 29
  (b) Gegenseitigkeit und individueller Nutzen ... 30
  (c) Altruismus und Manipulation 31
Genetische Voraussetzungen und ökologische Zwänge . 33

Anpassung durch natürliche Selektion: Überprüfung der Hypothese 34
Anpassung als Voraussetzung 34
Methoden zur Überprüfung der Hypothesen 35
  (a) Beobachtungen 35
  (b) Vergleich von Individuen innerhalb einer Art . 36
  (c) Experimente 36
  (d) Vergleich zwischen Arten 36

Zusammenfassung 37

Weiterführende Literatur 38

2 Ökologie und Anpassung: Vergleich zwischen Arten 39

Webervögel 39

Afrikanische Huftiere 42

Anpassungen oder Ammenmärchen? 44
Erfindung von „Erklärungen" 44
Ursachen verdeckende Faktoren 45
Mehrfache adaptive Gipfel oder nichtadaptive Unterschiede ... 46

Soziale Organisation bei Primaten 47
Größe des Aktionsraumes 53
Geschlechtsdimorphismus beim Körpergewicht 54
Geschlechtsdimorphismus bei der Zahngröße 55
Gehirngröße 57
Unterschiedliche Gruppentypen bei Primaten 58

Vergleichender Ansatz im Überblick 60

Zusammenfassung 62

Weiterführende Literatur 62

3 Ökonomische Entscheidungen und das Individuum 63

Experimentelle Arbeiten zur Anpassung 63
Optimalitätsmodelle 65

Nahrungssuche 66
Krähen und Wellhornschnecken 66
Große oder kleine Beute? 68
Modell und Experiment: Schlußfolgerung 72
Ernährungszwänge: Elche und Pflanzen 74
Ein alternatives Ziel – Minimierung des Risikos 76

Kopulation der Kotfliegen 76

Futtersuche und Bedrohung durch Feinde: ein Kompromiß 82

Vorzüge und Grenzen des Optimalitätsmodelles 84

Zusammenfassung 85

Weiterführende Literatur 87

4 Leben in Gruppen und Verteidigung von Ressourcen 88

Gruppenleben und Schutz gegen Räuber 88
Erhöhte Wachsamkeit 88
Verdünnungs- und Schutzeffekte 92
Gemeinsame Verteidigung 94
Kosten des Gruppenlebens 94

Gruppenleben und Nahrungssuche 96
Auffinden guter Futterplätze 96
Bewältigung schwieriger Beute 99
Ernährung aus sich erneuernden Futterquellen 99
Kosten die mit der Futtersuche verbunden sind 100

Abwägung von Kosten und Nutzen – optimale Gruppengrößen . 101
Vergleichende Studien 101
Zeiteinteilungen 103

Verteidigung von Ressourcen 108
Konzept der ökonomischen Verteidigung 109
Optimale Reviergröße 111

Zusammenfassung 115

Weiterführende Literatur 115

5 Kampfstrategien und Einschätzung von Konkurrenten 117

Wo suchen? 117
Fall A: Despotismus 117
Fall B: Gemeinsame Ressourcen 119
Ideal freie Verteilung und Despotismus 121

Kampfstrategien 125
Falken und Tauben 125
Falken, Tauben und Bourgeois 128
Einfache Modelle und Realität 129
Kampf und Körperstärke 132
Dominanzkämpfe in Gruppen 137

Informationsaustausch in Auseinandersetzungen zwischen
Tieren 138
(a) Informationen über die Stärke 139
(b) Informationen über Absichten 139

Zusammenfassung 141

Weiterführende Literatur 142

6 Sexueller Konflikt und sexuelle Selektion 143

Männchen und Weibchen 143
Ursprung der Anisogamie 144
Weibchen als knappe Ressource 147
Geschlechterverhältnis 150

VIII   Inhaltsverzeichnis

Sexuelle Selektion 154
Männchen in der Brunst 154
Spröde Weibchen 158
(a) Hochwertige Ressourcen 158
(b) Genetische Qualitäten 160
Männliche Investitionen 165

Sexueller Konflikt 166
(a) Entscheidung zur Kopulation 167
(b) Elterliche Investitionen 167
(c) Kindestötung 168
(d) Mehrfachpaarungen 168

Bedeutung der Balz 168

Zusammenfassung 170

Weiterführende Literatur 170

7 Brutpflege und Paarungssysteme 172

Hauptfaktoren, die die Brutpflege beeinflussen 173
Vögel 174
Säugetiere 175
Fische 175
Ursprung der uniparentalen Brutpflege 176

Wechselbeziehungen zwischen Ökologie und Brutpflege bei Fischen 177

Wechselbeziehungen zwischen Ökologie und Paarungssystem .. 179
(a) Räumliche Verteilung 180
(b) Zeitliche Verteilung 180
Polygynie durch Verteidigung von Ressourcen 181
Polygynie durch Verteidigung von Weibchen: Harembildung ... 185
Polygynie durch männliche Dominanz: Balzplätze 188
Polyandrie bei Vögeln 189

Ökologie und Abwanderung 190
Folgen der unterschiedlichen Abwanderung der Geschlechter .. 193

Schlußfolgerung 194

Zusammenfassung 194

Weiterführende Literatur 195

8 Alternative Strategien 196

Evolutiver Weg zu alternativen Strategien 197
Unterschiedliche Umwelten 197

Das Beste aus seinen begrenzten Möglichkeiten machen 198
Alternative Strategien im evolutiven Gleichgewicht 200

Beispiele für alternative Strategien 200
Rufer und Satelliten 200
Balzplätze der Kampfläufer: Ansässige und Satelliten 203
Feigenwespen: kämpfen oder auswandern? 205
Nestbaustrategien bei weiblichen Grabwespen 205

Probleme bei der Deutung der Daten 208
Skorpionsfliegen: jagen oder stehlen? 210

Geschlechtsumwandlung als alternative Strategie 211
Wechsel vom Weibchen zum Männchen 211
Umwandlung vom Männchen zum Weibchen 214
Umwandeln oder betrügen? 215

Zusammenfassung 216

Weiterführende Literatur 216

9 Zusammenarbeit und Hilfeleistungen bei Vögeln, Säugetieren und Fischen 217

Genetische Voraussetzungen und ökologische Zwänge 218

Ein Beispiel für Hilfeleistung bei Vögeln: der Buschblauhäher .. 219

Helfen bei anderen Arten 226
Helfen die Helfer wirklich? 226
Helfer sind nicht immer Verwandte 227
Graufischer 231

Konflikte in Fortpflanzungsgruppen 233
Strauße 234
Riefenschnabel-Anis 236

Schlußfolgerung 238

Zusammenfassung 238

Weiterführende Literatur 239

10 Zusammenarbeit und Altruismus bei sozialen Insekten 240

Soziale Insekten 240
Problematik 240
Definition: „soziale Insekten" 240

Lebenszyklus und Entwicklungsgeschichte eines sozialen Insektes 242

Evolution der Eusozialität: zwei Theorien 244
Verbleib der Nachkommen im Nest 245
  (a) Ökologische Zwänge 245
  (b) Genetische Voraussetzungen 246
Hypothese zwei: gemeinsame Nester 247
  (a) Ökologische Zwänge 248
  (b) Genetische Voraussetzungen 249

Haplodiploidie und Altruismus 251

Konflikt zwischen Arbeiterinnen und Königin 254
Konflikt in bezug auf das Geschlechterverhältnis 254

Überprüfung des Konfliktes zwischen Arbeiterinnen und Königin 256

Vergleich zwischen Wirbeltieren und Insekten 261

Zusammenfassung 263

Weiterführende Literatur 263

11 Gestaltung von Signalen: Ökologie und Evolution 265

Ökologische Zwänge und Kommunikation 266
Kommunikation bei Ameisen 267
Rufe bei Vögeln und Primaten 269
Wahl des Mikrohabitats und der „Sendezeit" 276
  (a) Mikrohabitat 276
  (b) Uhrzeit des Rufens 276

Signalempfänger und die Struktur von Signalen 277
Entstehung von Signalen 277
Abwandlung von Signalen im Lauf der Evolution 280
  (a) Reduzierung von Mehrdeutigkeiten 281
  (b) Manipulation 283
  (c) Aufrichtigkeit 286
Komplexe Signalmuster: Vogelgesang 287
  (a) Anlockung von Weibchen 287
  (b) Revierverteidigung 288

Zusammenfassung 289

Weiterführende Literatur 289

12 Koevolution und evolutive Wettläufe 291

Blüten und Hummeln 292
Pflanzen: Selektion auf Vermeidung von Inzucht 292

Pflanzen als Manipulatoren und Bienen als optimale
Futtersucher 294
  (a) Blühzeiten 294
  (b) Individuelle Spezialisierung 294
  (c) Anzahl der Besuche 297
  (d) Bewegung an einer Pflanze 299
Betrüger 300

Vögel, Früchte und Samenverbreitung 301

Evolutive Wettläufe 304
Räuber und Beute 304
  (a) Umsichtige Bejagung 308
  (b) Auslöschung von Gruppen 309
  (c) Vorsprung der Beute im evolutiven Wettlauf 309
Intraspezifische Wettläufe 310

Zusammenfassung 311

Weiterführende Literatur 312

13 Schlußbemerkungen 313

Wie plausibel sind die Grundvoraussetzungen? 313
Egoistische Gene 313
Gruppenselektion 316
Optimalitätsmodelle und ESS 319

Kausale und funktionelle Erklärungen 324
Funktion, Ursache, Ontogenie und Lernen 326
  (a) Mechanismen: Motivation 326
  (b) Ontogenie: Prägung 327
  (c) Lernen: „matching law" 328

Eine letzte Bemerkung 331

Zusammenfassung 332

Weiterführende Literatur 332

Literatur 334

Sachverzeichnis 348

Einleitung

Mit dieser kurzen Einleitung soll ein Wegweiser durch Aufbau und Inhalt des Buches gegeben werden. Es beschäftigt sich mit dem Überlebenswert des Verhaltens. Wir bezeichnen das Gebiet als „Ökologie des Verhaltens", weil die Art und Weise, wie das Verhalten zum Überleben und zur Fortpflanzung beiträgt, von der Ökologie abhängig ist. Wenn man beispielsweise die Frage beantworten will „Inwieweit trägt das Leben in Gruppen dazu bei, daß ein Individuum überlebt?", muß man sein Augenmerk auf die Ökologie der Tiere richten; auf die Art ihres Futters, die Feinde, die Ansprüche an den Brutplatz usw. Ökologische Zwänge bestimmen, ob der Zusammenschluß zu Gruppen durch die Selektion gefördert oder verhindert wird. Die Ökologie des Verhaltens betrifft jedoch nicht nur den Überlebenskampf eines Tieres bei der Ausnutzung von Ressourcen oder dem Schutz vor Feinden, sondern auch den Beitrag, den das Verhalten zum Fortpflanzungserfolg liefert. Viel Raum in diesem Buch ist deshalb dem Wettbewerb zwischen den Individuen während der Fortpflanzung und den Methoden, mit denen sie ihre Gene in künftige Generationen einbringen, gewidmet.

In diesem Buch wird Wert auf die theoretische Untermauerung eines jeden Sachverhaltes gelegt, doch wird vorgezogen, die „graue Theorie" nach einer sehr kurzen allgemeinen Einführung an Beispielen zu verdeutlichen, statt mit ausführlichen, abstrakten und theoretischen Argumenten zu langweilen. Obwohl keiner der angesprochenen Gedankengänge schwer zu verstehen ist, haben wir die komplizierteren Argumente und Einzelheiten in umrahmten Schaukästen zusammengefaßt, die der eilige Leser übergehen mag.

Kapitel 1 stellt eine Einführung in die Thematik dar, in deren Verlauf verschiedene Möglichkeiten vorgestellt werden, wie sich Fragen über das Verhalten stellen lassen. Besonders betont wird der Unterschied zwischen Fragen nach dem Überlebenswert und der Funktion und solchen nach den kausalen Mechanismen. In diesem Kapitel wird außerdem eine moderne Sicht der Darwinschen Evolutionstheorie vorgestellt, mit der in den folgenden Kapiteln argumentiert wird. Weiter erfolgt eine Darstellung der Theorie der Verwandtenselektion, die später für das Verständnis von altruistischem Verhalten wichtig wird.

Die nächsten beiden Kapitel (2 und 3) behandeln zwei stark unterschiedliche und gegensätzliche Methoden zur Untersuchung des Überlebenswertes, auf die später im Buch zurückgegriffen wird. In Kapitel 2 wird der Vergleich zwischen Arten besprochen. Die Grundlage für derartige Vergleiche liegt darin, daß Verhaltensunterschiede zwischen Arten mit Unterschieden hinsichtlich ihrer Ökologie korrelieren. Aus diesen Korrelationen können Schlüsse auf die adaptive Bedeutung der Verhaltensmerkmale gezogen werden. Dieser Ansatz wird anhand der sozialen Gruppen bei Primaten illustriert. In Kapitel 3 konzentriert sich der Blick auf das Individuum. Tiere werden in Hinblick auf ihre „Entscheidungen" zwischen alternativen Handlungsmöglichkeiten betrachtet, und diese Entscheidungen werden mit den Begriffen „Kosten" und „Nutzen" analysiert. Ein wertvolles Hilfsmittel dazu ist die Optimalitätstheorie. Sie erlaubt, Hypothesen zu testen, indem Kosten und Nutzen abgewogen und daraufhin Erwartungen formuliert werden, nach welchen Regeln Tiere Entscheidungen fällen sollten. Die meisten Bespiele, bei denen dieser Ansatz erfolgreich angewendet wurde, betreffen Verhaltensweisen der Futtersuche. Kapitel 4 beschäftigt sich mit der Frage, wie Tiere ihre Nahrungsressourcen ausnutzen und warum manche Arten in Gruppen fressen, während andere abgegrenzte Reviere verteidigen. Zur Beantwortung dieser Frage werden sowohl vergleichende Studien als auch Optimalitätsmodelle herangezogen.

Das Thema der Ressourcenverteidigung wird in Kapitel 5 weiterverfolgt, und es wird betrachtet, auf welche Weise Tiere um Ressourcen wie Nahrung, Reviere oder Partner konkurrieren. Dabei wird die Spieltheorie als ein Hilfsmittel vorgestellt, um das Verhalten von Tieren in Wettkämpfen um Ressourcen zu analysieren.

Die Kapitel 6, 7 und 8 beschäftigen sich mit der sexuellen Fortpflanzung. Eine Betrachtung der grundlegenden Unterschiede zwischen Männchen und Weibchen führt zu der Vorstellung, daß die Angehörigen des einen Geschlechts (in der Regel die Männchen) um den Zugang zu Angehörigen des anderen Geschlechts konkurrieren (Kapitel 6). Diese Erkenntnis kommt in der Theorie der sexuellen Selektion zum Ausdruck. Weiter lassen die Unterschiede zwischen Männchen und Weibchen darauf schließen, daß die Interessen der beiden Geschlechter während der Fortpflanzung häufig verschieden sind (Theorie des sexuellen Konfliktes). In Kapitel 7 besprechen wir, wie diese Konflikte innerhalb und zwischen den Geschlechtern durch ökologische Faktoren beeinflußt werden. Hierbei wird vor allem der vergleichende Ansatz verwendet, indem Verbindungen zwischen den unterschiedlichen sexuellen Strategien mehrerer Arten und den Unterschieden hinsichtlich ihrer Ökologie hergestellt werden. Vom Artenvergleich gehen wir zur Betrachtung von Individuen einer Art über (Kapitel 8), die unterschiedliche sexuelle Strategien verfolgen können. Diese Unterschiede können vom Alter oder der Größe abhängen, können aber auch gleichwertige Alternativen zur Erreichung desselben Ziels sein.

In den Kapiteln 9 und 10 wird erneut ein schon im ersten Kapitel vorgestelltes Problem aufgegriffen; die Evolution von altruistischem Verhalten. Die theoretischen Argumente werden mit Beispielen von „Helfern", die andere Individuen bei der Jungenaufzucht unterstützen, anstatt selbst Nachkommen zu produzieren, untermauert. Kapitel 9 behandelt Vögel, Säugetiere und Fische, während sich Kapitel 10 ausschließlich den sozialen Insekten widmet, bei denen die Hilfeleistung ihre extremste Ausprägung erreicht hat. Viele der vorangegangenen Kapitel beziehen die Kommunikation zwischen Tieren als eine Verhaltensweise mit ein, die beim Wettbewerb um Ressourcen und bei der sozialen Interaktion von großer Bedeutung ist. In Kapitel 11 werden diese Ansätze zu einer generellen Betrachtung der Signale bei Tieren verbunden. Wie in den vorangegangenen Kapiteln umfaßt die Betrachtung dabei sowohl ökologische Zwänge als auch intraspezifische Selektionsdrucke.

In Kapitel 12 weiten wir unsere Betrachtung von den intra- zu den interspezifischen Wechselbeziehungen aus. Anhand der Blütenbestäubung durch Insekten und an Räuber-Beute-Beziehungen werden Prinzipien der Koevolution dargestellt. Gleichzeitig greifen wir auf einige der Überlegungen aus früheren Kapiteln zurück und verwenden beispielsweise Optimalitätsmodelle, um vorherzusagen, wie die Bienen den Nektar der Blüten ausbeuten und umgekehrt, wie die Pflanzen Insekten dazu bringen, für sie Bestäubungsdienste zu leisten.

Im letzten Kapitel sollen zwei Dinge geschehen. Zunächst erfolgt eine kritische Betrachtung des Konzeptes aus Kapitel 1, nämlich, daß der Überlebenswert einer Verhaltensweise innerhalb eines neodarwinistischen Rahmens verstanden werden kann, wenn man Methoden wie die Optimalitäts- und die Spieltheorie verwendet. Zweitens wird auf einige Möglichkeiten hingewiesen, über die Untersuchungen des Überlebenswertes Licht auf andere Fragen des Verhaltens werfen können, z. B. bezüglich der Ontogenie oder der Motivation.

Zuletzt ein paar Worte zum Stil der Darstellung. Wir ziehen es im allgemeinen vor, knapp und leicht verständlich zu schreiben, statt den traditionellen formal-wissenschaftlichen Stil zu verwenden. Ein Satz wie „Die Nachkommen werden darauf selektioniert, mehr Futter zu erbetteln als die Eltern geben wollen" ist die Kurzform von „Im Verlauf der Evolution wird die Selektion über genetische Differenzen des Bettelverhaltens der Nachkommen eine Zunahme der Intensität des Bettelns gefördert haben. Diese Zunahme wird bis zu einem Punkt gefördert worden sein, an dem das Ausmaß des Bettelns eines jeden Nachkommen-Individuums das optimale Maß für die Elterntiere übersteigt".

Einige Leser mögen befürchten, daß diese Knappheit des Stils, zusammen mit packenden, beschreibenden Begriffen für verschiedene Verhaltensmuster wie „Vergewaltigung", „Manipulation" und „Betrüger", ein Zeichen für nachlässiges Denken seien. Es besteht kein Zweifel daran, daß eine ungenaue Terminologie fast immer auch Ausdruck von oberflächlichem Denken und von schlecht formulierten Überlegungen ist. Doch es ist genauso einfach, verwaschene Argumente mit einer Vielfalt von wissenschaftlichen Fachausdrücken zu kaschieren. Wir verwenden einen einfachen, direkten Stil, um unsere Argumente klar darzulegen und nicht, weil die Verhaltensökologie ein verschwommenes Gebiet wäre. Dieser Punkt wird nirgends deutlicher als in George Orwells brillantem Essay: „Politik und die englische Sprache" (1946). Er überträgt das folgende Bibelzitat in die moderne Wissenschaftssprache:

„Ich wandte mich und sah, wie es unter der Sonne zugeht, daß zum Laufen nicht hilft schnell sein, zum Streit hilft nicht stark sein, zur Nahrung hilft nicht geschickt zu sein, zum Reichtum hilft nicht klug sein; daß einer angenehm sei, dazu hilft nicht, daß er ein Ding wohl kann, sondern alles liegt an Zeit und Glück" (Der Prediger Salomo, 9).

Und nun die Übersetzung:

„Die objektive Betrachtung zeitgenössischer Phänomene zwingt zu dem Schluß, daß Erfolg oder Mißerfolg bei Wettbewerbsaktivitäten keine Tendenzen zeigen, den angeborenen Fähigkeiten zu entsprechen, sondern daß ein beträchtliches Element der Unberechenbarkeit in Kauf genommen werden muß".

Die Übersetzung ist nicht nur langweilig, häßlich und läßt die lebendigen Bilder des Bibelzitats vermissen, sondern sie ersetzt auch präzise Darstellungen durch verschwommene Verallgemeinerungen. Wenn wir auch nicht die Klarheit und Brillanz dieser Bibelstelle oder den Stil eines George Orwell erreichen können, so hoffen wir doch, die schlimmsten Auswüchse der Orwellschen Parodie vermieden zu haben und unsere Gedanken in einer einfachen und doch präzisen Sprache darzustellen.

Dieses Buch verdankt seinen Ursprung einer Vorlesungsreihe an den Universitäten von Oxford und Cambridge, die in den Studenten eine anregende und kritische Zuhörerschaft fand.

Zu besonderem Dank sind wir Tim Birkhead verpflichtet, der den ersten Entwurf des gesamten Manuskriptes gelesen hat, sowie folgenden Personen, die Kommentare zu einzelnen Kapiteln abgaben: Anthony Arak, Patrick Bateson, Jane Brockmann, Tim Clutton-Brock, William Foster, Peter de Groot, Paul Harvey, Geoff Parker.

Für die Zusendung von Manuskripten und die Erlaubnis, unveröffentlichte Arbeiten zu zitieren, danken wir: Jeffrey Baylis, Lew Oring,

Richard Wrangham, Robert Hinde, Dan Rubenstein, Peter de Groot, Uli Reyer, Bob Metcalf, Ron Ydenberg, Ric Charnov, Haven Wiley, Clive Catchpole und Malte Andersson.

Schließlich gebührt unser Dank Robert Campbell, der die Herstellung des Buches durch seine Unterstützung und seinen Enthusiasmus erleichterte.

1 Natürliche Selektion und Verhalten

Fragen nach dem Verhalten

In diesem Buch sollen Beziehungen zwischen dem Verhalten der Tiere, der Ökologie und der Evolution untersucht werden. Wir werden beschreiben, wie sich Tiere unter bestimmten ökologischen Verhältnissen verhalten, und dann fragen, weshalb sich dieses Verhalten im Verlauf der Evolution herausgebildet hat. Warum leben z. B. manche Tiere als Einzelgänger, während andere in Gruppen umherziehen? Aus welchen Gründen balzen die meisten Tiere, bevor sie sich paaren, und weshalb besteht der Gesang mancher Vögel nur aus einfachen Rufen, der von anderen hingegen aus komplizierten Tonfolgen und Trillern? Was veranlaßt futtersuchende Hummeln, mit der Nektarsuche an den unteren Blüten einer Pflanze zu beginnen und sich dann nach oben vorzuarbeiten? Es sollen auch präzise quantitative Fragen gestellt werden, z. B. warum Nektarvögel Reviere mit 1600 Blüten verteidigen und warum eine männliche Kotfliege durchschnittlich 41 Minuten lang kopuliert.

Niko Tinbergen, einer der Väter der Verhaltensforschung (Ethologie), hob hervor, daß es in der Biologie verschiedene Möglichkeiten gibt, die Frage „warum?" zu beantworten (Tinbergen 1963). Fragt man beispielsweise danach, warum Stare *(Sturnus vulgaris)* im Frühling zu singen beginnen, lassen sich mehrere Antworten geben:

1 In Begriffen des *Überlebenswertes* oder der *Funktion*. Stare singen, um Fortpflanzungspartner anzulocken.

2 Als *kausale Beziehung*. Weil die zunehmende Tageslänge Änderungen im Hormonspiegel der Tiere hervorruft oder weil Luft durch die Syrinx gepreßt wird und die Stimmbänder zum Schwingen bringt.

3 In Begriffen der *Individualentwicklung*. Weil sie die Gesänge von ihren Eltern oder Nachbarn gelernt haben.

4 Als Folge der *Stammesentwicklung*. Diese Antwort würde beschreiben, wie sich der Gesang bei den Staren im Verlauf ihrer Abstammung von vogelartigen Vorfahren entwickelt hat. Die meisten primitiven Vögel weisen sehr einfache Gesänge auf, so daß man annehmen kann, die komplexen Gesänge der Stare und anderer Singvögel hätten sich aus den einfachen Rufen der Vorfahren abgeleitet.

Um Mißverständnisse zu vermeiden, ist es wichtig, zwischen diesen verschiedenen Antworten zu unterscheiden. Die Behauptung, die

Schwalben zögen gen Süden, um reichhaltigere Nahrungsquellen zu suchen, kann genauso richtig sein wie die Annahme, daß sie aufgrund der abnehmenden Tageslänge zögen. Die erste Antwort mag in Begriffen des Überlebenswertes oder der Funktion zutreffen, die zweite als kausale Beziehung. Unter Faktoren, die den Überlebenswert beeinflussen, versteht man solche, die als Selektionsdruck wirksam werden und die evolutive Entwicklung eines Merkmales steuern („ultimate factors"). Kausale Faktoren sind hingegen Umweltfaktoren, die die Ausprägung eines Merkmales während der Individualentwicklung unmittelbar beeinflussen („proximate factors"). Da diese beiden Sichtweisen häufig verwechselt werden, soll im folgenden ein ausführliches Beispiel besprochen werden, das die Unterscheidung klarer macht. Gleichzeitig kann das Beispiel zur Veranschaulichung einiger Prinzipien dienen, die im Laufe des Kapitels entwickelt werden sollen.

Fortpflanzungsverhalten von Löwen

Im Serengeti-Nationalpark in Tansania leben Löwen *(Panthera leo)* in Rudeln, die aus 3–12 erwachsenen Weibchen, 1–6 erwachsenen Männchen und mehreren Jungtieren bestehen. Die Gruppe verteidigt ein Revier, in welchem sie nach Beute, vor allem Gazellen und Zebras, jagt.

Innerhalb des Rudels sind alle Weibchen miteinander verwandt; sie sind Geschwister, Mütter und Töchter, Kusinen usw. Alle werden im Rudel geboren, bleiben ihr gesamtes Leben darin und werfen selbst wieder Junge. Ein Weibchen ist im Alter zwischen 4 und 18 Jahren fortpflanzungsfähig und umfaßt somit eine lange reproduktive Zeitspanne.

Bei den Männchen liegen die Verhältnisse völlig anders. Im Alter von 3 Jahren verlassen mehrere herangewachsene Männchen in der Regel gemeinsam das Rudel, in dem sie geboren wurden. Da die Weibchen der Gruppe miteinander verwandt sind, weisen auch die jungen Männchen eine gemeinsame Abstammung auf (manchmal sind es Brüder). Nachdem sie mehrere Jahre als Nomaden umhergezogen sind, versuchen sie, die Herrschaft über ein fremdes Rudel, das von alten, schwächlichen Männchen geführt wird, zu erkämpfen. Nach erfolgreicher Übernahme bleiben sie für 2–3 Jahre in dem Rudel, bevor sie ihrerseits von jüngeren Männchen vertrieben werden. Die reproduktive Zeitspanne eines Männchens ist deshalb relativ kurz.

Das Löwenrudel besteht also aus einer festen Gruppe von nahe verwandten Weibchen und einer separaten, kleineren Gruppe von wiederum untereinander verwandten Männchen, die nur kürzere Zeit im Rudel verbleiben. Bei der Untersuchung des Fortpflanzungsverhaltens in einem Löwenrudel wurden drei interessante Beobachtungen gemacht (Bertram 1975):

1 Löwen sind das ganze Jahr über fruchtbar, doch neigen alle Weibchen innerhalb eines Rudels dazu, ihre Empfängnisbereitschaft zu synchronisieren, obwohl verschiedene Rudel zu verschiedenen Jahreszeiten Junge werfen. Der kausale Mechanismus hierfür liegt wahrscheinlich in einer hormonellen Beeinflussung durch Pheromone, die ein jedes Weibchen auf die Fruchtbarkeitszyklen der anderen Weibchen ausübt. Ein entsprechendes Phänomen tritt in Internaten zwischen Mädchen auf, die denselben Schlafsaal bewohnen und ihre Menstruationszyklen ebenfalls synchronisieren (McClintock 1971).

Abb. **1.1** Eigennutz und Altruismus im Löwenrudel. Oben: Wenn ein neues Männchen ein Rudel übernimmt, tötet es Jungtiere, die von seinem Vorgänger stammen. Unten: Ein Weibchen säugt die Jungen seiner Schwester neben den eigenen.

Die Funktion dieser Östrussynchronisation bei Löwinnen liegt darin, daß die Jungen mehrerer Weibchen zur gleichen Zeit geboren werden und dadurch bessere Überlebenschancen haben. Jungtiere werden gemeinsam gesäugt, und ein Junges, dessen Mutter gerade auf Jagd ist, kann sich unterdessen an der Brust eines anderen Weibchens versorgen (Abb. 1.1). Ein weiterer Vorteil der synchronisierten Geburten ist, daß ein junges Männchen beim Erreichen des Erwachsenenalters gleichalte Gefährten vorfindet, mit denen es zusammen das Rudel verläßt. Gemeinsam haben die jungen Männchen größere Chancen, später ein fremdes Rudel zu erobern (Bygott, Bertram u. Hanby 1980).

2 Eine Löwin wird etwa jeden Monat brünstig, solange sie nicht trächtig ist. Für zwei bis vier Tage bleibt sie „heiß" und kopuliert während dieser Zeit tagsüber wie auch nachts durchschnittlich alle fünfzehn Minuten. Verglichen mit dieser erstaunlichen Anzahl von Kopulationen ist die Geburtenrate an Jungtieren gering. Da von den geborenen Jungtieren nur 20 Prozent das fortpflanzungsfähige Alter erreichen, läßt sich abschätzen, daß etwa 3000 Kopulationen auf einen erwachsenen Nachkommen fallen.

Die kausale Erklärung für den geringen Paarungserfolg scheint nicht in Schwierigkeiten des Männchens bei der Ejakulation zu liegen, sondern eher in Störungen des Eisprunges oder in einer hohen Rate von Aborten. Doch worin liegt der Sinn von derart ineffektiven Paarungen?

Eine Hypothese geht davon aus, daß es für das Weibchen von Vorteil ist, auch in Zeiten paarungsbereit zu sein, in denen eine Empfängnis unwahrscheinlich ist, weil dadurch der Wert jeder einzelnen Kopulation vermindert wird. Für ein Männchen besteht die Wahrscheinlichkeit von 1 : 3000, daß eine Kopulation zu einem fortpflanzungsfähigen Nachkommen führt, so daß es sich nicht lohnt, mit anderen Männchen um eine Gelegenheit zur Begattung zu streiten. Tatsächlich paart sich ein Weibchen mit sämtlichen Männchen des Rudels, und die Männchen warten geduldig, bis sie an der Reihe sind, ohne dabei größere Anzeichen von Aggression zu zeigen. Was zunächst aussieht wie Ineffektivität, scheint sich als ein „Trick" zu entpuppen, den die Weibchen im Verlauf der Evolution „erfanden", um den Frieden zwischen den Männchen zu bewahren und auf diese Weise Stabilität in das Rudel zu bringen.

3 Die Bedeutung dieser Stabilität für die Weibchen leitet sich aus einer weiteren Besonderheit der Löwengesellschaft ab. Männchen, die ein Rudel frisch übernehmen, töten zuweilen alle vorhandenen Jungtiere (Abb. 1.1). Die kausale Erklärung für dieses Verhalten könnte in einem unfamiliären Geruch der Jungtiere liegen, der die Männchen veranlaßt, sie umzubringen. Ein vergleichbares Phänomen, bekannt als Bruce-Effekt, tritt unter Nagetieren auf. Dort verhindert die Gegenwart eines fremden Männchens die Einnistung eines befruchteten Eies oder ruft einen Abort hervor.

Der Vorteil der Kindestötung liegt für den neuen Rudelherrscher darin, daß die Weibchen nach dem Tod der Jungtiere schneller wieder empfängnisbereit werden und so der Zeitpunkt beschleunigt wird, an dem das neue Männchen Vater wird. Bleiben die Jungen der Vorgänger am Leben, sind die Weibchen während der nächsten 25 Monate nicht fortpflanzungsfähig. Durch das Töten der Kleinen reduziert sich diese Spanne auf nur 9 Monate. Wenn wir erinnern, daß das reproduktive Stadium eines Löwenmännchens im Rudel nur kurz ist, dann wird deutlich, daß ein Individuum, das nach Übernahme eines Rudels Kindestötung praktiziert, mehr eigene Nachkommen erzeugt. Deshalb wird die Neigung zur Kindestötung durch die natürliche Selektion begünstigt werden und sich ausbreiten.

Die Unterschiede zwischen den kausalen und funktionellen Erklärungen dieser drei Aspekte des Fortpflanzungsverhaltens bei Löwen sind in Tab. 1.1 zusammengefaßt.

Tabelle **1.1** Zusammenfassung der kausalen und funktionellen Erklärungen für die Besonderheiten im Fortpflanzungsverhalten der Löwen (nach Bertram)

Beobachtung	kausale Erklärung	funktionelle Erklärung
1. Die Weibchen sind in ihren Fortpflanzungszyklen synchronisiert	chemische Signale?	(a) größere Überlebenschancen der Jungtiere (b) größere Überlebenschance der männlichen Nachkommen, wenn sie das Rudel in Gruppen verlassen
2. Während der Brunftperiode kopuliert ein Weibchen alle 15 Minuten	Zeitpunkt des Eisprungs ist nicht erkennbar. Geringe Befruchtungswahrscheinlichkeit	reduziert den Wettbewerb zwischen den Männchen um die Begattung
3. Jungtiere sterben, nachdem neue Männchen das Rudel übernehmen	Abort (? chemisch induziert), Männchen töten Jungtiere	(a) Weibchen werden schneller wieder empfängnisbereit (b) Männchen entfernen fremde Jungtiere, die mit ihren eigenen konkurrieren würden

Natürliche Selektion

Im Verlauf dieses Buches werden wir uns auf Fragen konzentrieren, die die Funktion des Verhaltens betreffen. Unser Ziel ist, zu erkennen und zu verstehen, wie Tiere mit ihrem Verhalten an die Umwelt angepaßt sind. Wenn wir dabei von Adaptationen reden, meinen wir Veränderungen, die im Zuge der Evolution und über den Prozeß der natürlichen Selektion abliefen. Für Charles Darwin waren Adaptationen eine unbezweifelbare Tatsache. Es lag für ihn auf der Hand, daß Augen zum Sehen, Beine zur Fortbewegung und Flügel zum Fliegen konstruiert und optimal gestaltet waren. Sein Problem war, das Zustandekommen von Anpassungen ohne die Annahme eines übernatürlichen Schöpfers zu erklären. Darwins Theorie der natürlichen Selektion, 1859 in der „Entstehung der Arten" veröffentlicht, kann mit folgenden Sätzen zusammengefaßt werden.

1 Individuen innerhalb einer Art unterscheiden sich hinsichtlich Morphologie, Physiologie und Verhalten *(Variation)*.

2 Ein Teil dieser Variation ist *erblich*; Nachkommen tendieren zu größerer Ähnlichkeit mit ihren Eltern als mit anderen Individuen der Population.

3 Organismen haben eine nahezu unbegrenzte Fähigkeit, sich zu vermehren; sie erzeugen weit mehr Nachkommen als Elterntiere vorhanden sind. Diese Fähigkeit zur Vermehrung wird jedoch nicht realisiert, da die Anzahl von Individuen einer Population mehr oder weniger konstant bleibt. Deshalb muß es einen starken *Wettbewerb* zwischen den Individuen um knappe Ressourcen wie Nahrung, Partner oder Lebensraum geben.

4 Als Resultat dieses Wettbewerbs hinterlassen einige Varianten mehr Nachkommen als andere. Die Nachkommen erben die charakteristischen Merkmale ihrer Eltern. Auf diese Weise findet eine evolutive Änderung durch *natürliche Selektion* statt.

5 Als Folge der natürlichen Selektion werden die Organismen an ihre Umwelt *adaptiert* sein. Es werden diejenigen Individuen überleben, die am ehesten dazu fähig sind, Nahrung und Partner zu finden, Raubtieren zu entgehen usw.

Als Darwin seine Gedanken formulierte, wußte er nichts von den Mechanismen der Vererbung. Heute kennen wir diese Mechanismen und haben die Theorie der natürlichen Selektion auf die Ebene der Gene ausgeweitet. Zwar greift die Selektion am Phänotyp an, also an den Unterschieden, die zwischen individuellen Organismen hinsichtlich der Überlebensfähigkeit oder des Fortpflanzungserfolges bestehen, doch was sich im Verlauf der Evolution verändert, sind die relativen Häufigkeiten von Genen bzw. Allelen. Williams (1966) illustriert das mit der folgenden Schilderung:

„Phänotypen sind vergängliche Gebilde, die das Ergebnis von Interaktionen zwischen Genotyp und Umwelt darstellen. Sokrates war im evolutiven Sinn sicher erfolgreich, indem er zahlreiche Nachkommen hinterließ. Doch sein Körper wurde mit dem Gifttod vollständig zerstört und blieb ein einmaliges Ereignis. Meiose und Rekombination zerstören Genotypen genauso sicher wie der Tod. Das einzige individuelle Fragment, das von einer Generation in die nächste übertragen wird, ist das Gen. Gene sind potentiell unsterblich, da nur sie schnell genug Kopien ihrer selbst herstellen können, um der Zerstörung zu entgehen. Obwohl also Phänotyp und Genotyp von Sokrates für alle Zeiten vernichtet sind, können Kopien seiner Gene noch immer unter uns sein."

Wir können Darwins Theorie mit modernen genetischen Begriffen folgendermaßen neu formulieren:

1 Alle Organismen besitzen Gene, die Proteine codieren. Diese Proteine steuern die Entwicklung des Nervensystems, der Muskeln, der gesamten Körperstruktur und legen damit auch das Verhaltensrepertoire des Individuums fest.

2 Innerhalb einer Population treten viele Gene in zwei oder mehr Zustandsformen, den Allelen auf, die geringfügig voneinander abweichende Formen desselben Proteins codieren. Dadurch werden Unterschiede in der Individualentwicklung hervorgerufen, die dazu führen, daß innerhalb einer Population Variationen entstehen.

3 Zwischen den Allelen eines Gens, das sich an einem bestimmten Genort (Locus) auf den Chromosomen befindet, wird Konkurrenz auftreten.

4 Jedes Allel, das mehr lebensfähige Kopien seiner selbst herstellen kann als das alternative Allel, wird sich schließlich durchsetzen und die andere Allelform aus der Population verdrängen. Bei dieser Betrachtungsweise stellt sich die natürliche Selektion als unterschiedliche Überlebensfähigkeit von alternativen Allelen dar.

Obwohl die Selektion im Grunde am Gen ansetzt, werden Gene über eine komplexe Wechselbeziehung mit ihrer Umwelt selektioniert, einschließlich der genetischen (andere Gene im Genpool, mit denen sie in irgendeiner Weise in Zusammenhang stehen) und der ökologischen Umwelt (Klima, Räuber, Konkurrenten usw.). Das Individuum kann als vorübergehendes Transportmittel oder als Überlebensmaschine angesehen werden, mit dessen Hilfe Gene überleben und sich replizieren (Dawkins 1976). Da die Selektion der Gene indirekt über den Phänotyp des Individuums erfolgt, sind diejenigen Gene am erfolgreichsten, die das Überleben und den Fortpflanzungserfolg des Individuums (und seiner Verwandten; siehe weiter unten) am wirksamsten fördern. Als

Konsequenz dieser Genselektion erwarten wir umgekehrt, daß Individuen sich so verhalten, daß sie das Überleben ihrer Gene fördern.

Bevor wir uns damit befassen, wie die Betrachtung auf der Ebene der Gene zu einem Verständnis der Evolution des Verhaltens beitragen kann, wollen wir feststellen, welche Beweise es gibt, daß Differenzen zwischen Genen tatsächlich Verhaltensunterschiede bewirken können.

Gene und Verhalten

Ein bekanntes Beispiel für die Wirkung der natürlichen Selektion ist der Industriemelanismus bei Insekten (Kettlewell 1973). Vor ungefähr 100 Jahren war die normale Form des Birkenspanners *(Biston betularia)* in Großbritannien von heller Färbung, doch trat gelegentlich eine dunkle Variante als Folge einer seltenen genetischen Mutation auf. Heute hat sich die dunkle Form in Industriegebieten allgemein durchgesetzt. Die Ursache hierfür liegt darin, daß die dunklen Tiere besser vor räuberischen Vögeln getarnt sind, wenn sie auf verschmutzten Baumstämmen ruhen. Die dunkle Färbung ist also eine Anpassung gegenüber Räubern, und die Zunahme der dunklen Form ist das Ergebnis der natürlichen Selektion.

Genau wie sich die Morphologie eines Tiers, z. B. die Körperfarbe, durch die natürliche Selektion verändern kann, kann auch das Verhalten wechseln. Es ist eindeutig adaptiv für einen Schmetterling, wenn er einen Untergrund vorzieht, auf dem er unauffällig ist. Ein dunkles Individuum, das sich mit Vorliebe auf hellen Baumstämmen niederläßt, wird schnell von Vögeln entdeckt und gefressen werden. Experimente zeigten, daß das Verhalten der Falter tatsächlich an die Umgebung angepaßt ist; dunkle Individuen ziehen die Landung auf dunklem Untergrund vor (Sargent 1968, Kettlewell u. Conn 1977).

Gene bestimmen das Verhalten über chemische Substanzen, die im Körper codiert und hergestellt werden. Diese Substanzen beeinflussen die Entwicklung von Nervensystem und Muskeln, die wiederum das Verhalten steuern. Z. B. könnte die Vorliebe des Schmetterlings für einen bestimmten Untergrund einfach durch die Reaktion des Tieres auf bestimmte Lichtintensitäten hervorgerufen werden. Gene könnten Sehpigmente oder neurale Schaltkreise codieren, die diese Reaktion verursachen. Wir können sie als Gene für Untergrundpräferenzen bezeichnen, auch wenn sie die Beeinflussung des Verhaltens auf sehr einfache Weise ausüben.

Es ist wichtig, hier ein Mißverständnis zu vermeiden. Wenn wir von „Genen für" ein bestimmtes Verhalten oder „Genen für" eine Färbung reden, meinen wir nicht, daß ein einzelnes Gen die Ausprägung einer kompletten Verhaltensweise oder Struktur verursacht. Gene wirken im

Zusammenspiel und nicht allein. Viele Gene zusammen bewirken die Farbe eines Falters oder sein Verhalten, sich bevorzugt auf einen bestimmten Untergrund zu setzen. Doch genau wie die unterschiedliche Färbung zweier Individuen, z. B. beim Melanismus des Birkenspanners, auf den Unterschied an einem Gen zurückgeführt werden kann, gibt es Verhaltensunterschiede, die ebenfalls durch Differenzen an nur einem Gen hervorgerufen werden. Als anschaulicher Vergleich sei das Backen eines Kuchens angeführt: Wird nur ein Wort im Rezept ausgetauscht, so kann der gesamte Kuchen anders schmecken. Das bedeutet jedoch nicht, daß dieses Wort allein für den vollständigen Kuchen verantwortlich ist (Dawkins 1979). Der Ausdruck „Gene für" ein bestimmtes Merkmal ist deshalb als eine Kurzform für Unterschiede zwischen Genen zu verstehen, die die Ausprägung von Strukturen oder Verhaltensmerkmalen beeinflussen und die ihre Wirkung immer vor dem Hintergrund von anderen Genen entfalten.

Ein klassisches Beispiel für den Effekt einzelner Gene auf Verhaltensmerkmale stellt Rothenbuhlers (1964) Arbeit an Honigbienen *(Apis mellifera)* dar. Einige Stämme der Biene sind hygienisch: die Arbeiterinnen entfernen alle kranken Larven aus dem Nest und verhindern so die Ausbreitung von Infektionen. Dieser Prozeß umfaßt zwei Verhaltensweisen; zunächst das Öffnen der Waben und dann das Hinausbringen der Larven. Andere Stämme sind nicht hygienisch und entfernen keine erkrankten Larven. Mittels Kreuzungsanalysen zeigte Rothenbuhler, daß die Unterschiede im Verhalten zwischen hygienischen und nichthygienischen Bienen von zwei Genen gesteuert werden (siehe Schaukasten 1.1). Auch diese Gene könnten ihre Wirkung auf das Verhalten über einfache Mechanismen ausüben. Z. B. könnte das Gen für das Öffnen der Waben den Schwellenwert für bestimmte Geschmacksempfindungen ändern, so daß die Biene plötzlich infiziertes Wachs frißt.

Es gibt auch andere Möglichkeiten, um den Einfluß von Genen auf das Verhalten nachzuweisen. So gelang es Manning (1961), Fruchtfliegen *(Drosophila melanogaster)* auf unterschiedliche Kopulationsgeschwindigkeiten hin zu selektionieren, indem er die „schnellen" und die „langsamen" Paare weiterzüchtete. Benzer (1973) benutzte Mutagene (Strahlen oder Chemikalien), um bei Drosophila Mutationen zu erzeugen, die das Verhalten beeinflussen. Bei einer Mutante, die als „stuck" („zusammengeklebt") bezeichnet wird, ist das Männchen unfähig, sich nach der normalen Kopulationsdauer von etwa 20 Minuten vom Weibchen zu lösen. Die Mutation eines anderen Gens erzeugt „Coitusinterruptus"-Männchen, die sich schon nach 10 Minuten vom Weibchen lösen und keine Nachkommen erzeugen können. Benzer konnte die Wirkungsmechanismen dieser Mutationen aufklären und zeigen, daß sie durch Abnormalitäten an den Sinnesrezeptoren, dem Nervensystem oder den Muskeln hervorgerufen werden.

Schaukasten **1.1**

Der Verhaltensunterschied zwischen hygienischen und nichthygienischen Bienen läßt sich auf Unterschiede an zwei Genen zurückführen. Ein Gen (U) kontrolliert das Öffnen der Waben, das andere (R) das Entfernen der Larven.

Hygienische Stämme besitzen zwei Kopien des rezessiven Allels eines jeden Gens (uurr).

Nichthygienische Stämme weisen die Kombination UURR auf.

Nach einer Kreuzung der beiden Stämme durch Rothenbuhler zeigten alle F_1-Hybriden das nichthygienische Verhalten (UuRr).

<u>Eine Rückkreuzung der F_1-Hybriden mit dem reinerbigen, hygienischen Stamm (uurr) ergab vier unterschiedliche Genotypen.</u>

F_1-Hybridweibchen UuRr

Keimzellen	ur	UR	uR	Ur
Männchen des hygienischen Stammes ur	uurr*	UuRr**	uuRr***	Uurr****

* Ein Viertel der Nachkommen war hygienisch (uurr), öffnete die Waben und entfernte die Larven.
** Ein Viertel war nichthygienisch und zeigte keine der beiden Verhaltensweisen (UuRr).
*** Ein Viertel öffnete die Waben, ohne die Larven zu entfernen (uuRr).
**** Ein Viertel würde die Larven entfernen, tat dies jedoch nur nach Öffnen der Waben durch den Experimentator (Uurr).

Es leuchtet ein, daß genetische Unterschiede (selbst an nur einem Gen) komplexe Veränderungen im Verhalten bewirken können, indem sie in die Entwicklung von Nerven- und Muskelsystemen eingreifen. Niemand hat bisher die genetischen Grundlagen der Kopulationsdauer bei männlichen Kotfliegen untersucht, doch scheint die Annahme berechtigt, daß sie das Resultat der natürlichen Selektion ist. In irgendeiner Weise muß jedes Verhalten von Genen codiert werden; auf die einfachste Form reduziert, ist das Verhalten nichts anderes als eine Serie von Nervenimpulsen und Muskelkontraktionen. Die Proteinstrukturen von Nerven und Muskeln werden aber über genetische Anweisungen codiert. Wir erwarten deshalb, daß Kopulationsdauer, Futtersuche und andere Verhaltensweisen während der Evolution genauso selektioniert worden sind wie andere Merkmale, z. B. die Färbung.

Im weiteren Verlauf dieses Kapitels werden wir von Genen für Altruismus reden. Auch in diesem Fall wurden bislang keine Mutanten isoliert, die Unterschiede im altruistischen Verhalten zeigen. Dennoch ist es nicht schwieriger, sich Gene für Altruismus vorzustellen als Gene für Kopulationsgeschwindigkeiten. Wenn wir von „Genen für Altruismus" sprechen, meinen wir lediglich, daß ein Individuum mit dem entsprechenden Gen bzw. Allel sich eher altruistisch verhält als andere Individuen mit anderen Allelen. Wie bei den oben besprochenen Beispielen könnte dieses Gen seinen Effekt auf ganz einfache Weise ausüben, indem es z. B. ein Tier veranlaßt, nach dem Schlagen eines Beutestückes mit dem Fressen noch etwas zu warten. Wenn dies zur Folge hat, daß andere Individuen mehr von der Beute abbekommen, dann ist das Gen von seiner Wirkung her ein Gen für Altruismus.

Fassen wir diesen Abschnitt zusammen. Genetische Unterschiede können zu Verhaltensunterschieden führen, weil Gene Enzyme codieren, welche die Entwicklung von Sinnes-, Nerven und Muskelsystem des Tieres und damit ebenfalls das Verhalten beeinflussen. In manchen Fällen kann die Mutation eines einzelnen Genes komplexe Verhaltensänderungen hervorrufen. Obwohl die genetische Basis für die meisten Verhaltensweisen noch nicht bekannt ist, erscheint die Annahme berechtigt, daß sie sich über die natürliche Selektion entwickelt haben.

Egoistische Individuen oder Gruppenvorteil?

Wie wir oben schon gesehen haben, liegt eine Möglichkeit zur Ergründung tierischen Verhaltens darin, zu fragen, welchen Beitrag das Verhalten zum Überleben des Tieres oder zu seinem Fortpflanzungserfolg liefert. Im folgenden Abschnitt werden wir feststellen, daß diese Frage deutlicher formuliert werden muß. Doch bevor wir das tun, sollten wir überlegen, ob sich eine Verhaltensweise entwickeln kann, weil sie für die Gruppe von Vorteil ist. Nach den bisherigen Beispielen scheint klar zu sein, daß sich Merkmale nicht zum Nutzen für die Gruppe herausbilden, sondern weil sie für das Individuum vorteilhaft sind, das sie besitzt. Die Kindestötung eines Löwenmännchens nach Übernahme des Rudels dient sicher nicht dem Vorteil der Gruppe. Auch die Löwin hat nichts davon, doch kann sie, als der schwächere Partner, wohl nichts dagegen tun. Die Kindestötung hat sich einzig deshalb im Laufe der Evolution durchgesetzt, weil das ausführende Männchen davon profitiert.

Noch vor kurzem war die Ansicht weit verbreitet, daß Tiere sich zum Wohl der Gruppe oder der Art verhalten. Es war üblich, und ist es zum Teil noch immer, daß man Erklärungen präsentiert bekam wie: „Löwen kämpfen selten bis zum Tod, weil sie sonst das Überleben der Art gefährden würden" oder „Lachse wandern Tausende von Kilometern durch den Ozean bis in kleine Flüsse, um dort abzulaichen und anschließend an der Erschöpfung zu sterben, die sie der Einsatz im Dienst der Art gekostet hat".

Da das „Gruppendenken" so überzeugend scheint, müssen wir mehr in die Einzelheiten gehen, um zu zeigen, warum man hier mit seinen evolutionären Argumenten auf dem Holzweg ist.

V. C. Wynne-Edwards (1962) war der Hauptverfechter der Vorstellung, daß Tiere sich zum Wohl der Gruppe verhalten. Er nahm an, daß eine Population, die ihre Nahrungsreserven hemmungslos ausbeuten würde, sich über kurz oder lang selbst auslöschen müßte. Deshalb hätten sich Anpassungen entwickelt, die für jede Art eine ökonomische Ausnutzung der Ressourcen sicherstellen. Wynne-Edwards glaubte, daß die Individuen ihre Geburtenrate beschränken, um eine Überbevölkerung zu verhindern, z. B. indem sie weniger Junge produzieren, nicht in jedem Jahr Nachkommen zeugen, den Zeitpunkt der Fortpflanzung verschieben usw. Der Gedanke ist faszinierend, weil Menschen aufgrund ihrer Vernunft so handeln sollten, um die eigenen Überbevölkerungsprobleme in den Griff zu bekommen. Aus zwei Gründen ist es jedoch unwahrscheinlich, daß diese Vorstellung auf tierische Populationen zutrifft.

Theoretische Einwände

Man stelle sich eine Vogelart vor, bei der jedes Paar 2 Eier legt und die Nahrungsreserven ausreichend sind. Nehmen wir weiter an, daß die Gelegegröße von 2 Eiern vererbt wird. Nun taucht plötzlich eine Mutante auf, die 6 Eier legt. Da die Nahrungsreserven nicht erschöpft sind, steht genug Futter zur Ernährung der Jungen zur Verfügung, und der Genotyp für das 6-Eier-Gelege wird sich schnell ausbreiten. Die Allelfrequenzen in der Population werden sich verändern genau wie beim Birkenfalter.

Wird der Typ mit 6 Eiern durch Vögel verdrängt werden, die 7 Eier legen? Die Antwort ist ja, solange die Jungen der kinderreichen Individuen überleben. Möglicherweise wird ein Punkt erreicht, an dem die Brut so groß ist, daß die Eltern sich nicht mehr so effektiv um die einzelnen Jungen kümmern können wie bei einem kleineren Gelege. Die Gelegegröße, die wir in der Natur finden, wird immer diejenige mit der größten Anzahl überlebender Nachkommen sein, weil die natürliche Selektion Individuen fördert, die in diesem Sinn ihr „Bestes" geben. Ein System von freiwilliger Geburtenkontrolle bei Vögeln zum Wohl der Gruppe wird sich nicht entwickeln, weil es instabil ist; es gibt keine Möglichkeit, Individuen daran zu hindern, sich ihren eigennützigen Interessen gemäß zu verhalten.

Wynne-Edwards erkannte das und schlug die Theorie der „Gruppenselektion" vor, um die Evolution von Verhaltensweisen, die dem Gruppenwohl dienen, zu erklären. Er nahm an, daß Gruppen von egoistischen Individuen aussterben, weil sie ihre Nahrungsreserven über die Tragfähigkeit der Umwelt hinaus ausbeuteten. Gruppen, deren Individuen die Geburtenrate beschränkten, schonten ihre Ressourcen und überlebten deshalb. Über einen Prozeß des unterschiedlichen Überlebens von Gruppen soll sich dann ein Verhalten entwickelt haben, das dem Wohl der Gruppe dient.

Theoretisch mag das zwar vorstellbar sein, aber die Gruppen wären der natürlichen Selektion unterworfen; einige müßten schneller aussterben als andere. In der Natur werden Gruppen jedoch nicht schnell genug ausgelöscht, als daß Gruppenselektion ein bedeutender Faktor der Evolution sein könnte. Individuen werden fast immer häufiger aussterben als ganze Gruppen, und deshalb ist die Selektion an Individuen von größerer Bedeutung für die Evolution. Außerdem müssen Gruppen voneinander isoliert sein, damit Gruppenselektion wirksam werden kann. Nichts würde die Migration von egoistischen Individuen in die altruistische Population verhindern; und wenn sie sich dort erst „eingenistet" hätten, würde sich ihr Genotyp schnell ausbreiten. In der Natur sind Gruppen selten so stark voneinander isoliert, daß eine derartige Immigration vermieden werden könnte. Aus diesen Gründen wird die Gruppenselektion in der Evolution eine Nebenrolle spielen und nur in Ausnahmefällen zu größerer Bedeutung gelangen (Williams 1966, Maynard Smith 1976a). Wir werden hierauf in Kapitel 13 zurückkommen.

Empirische Befunde

Abgesehen von diesen theoretischen Einwänden gibt es Beobachtungen, die deutlich darauf hinweisen, daß Individuen ihre Geburtenrate nicht zum Wohl der Gruppe beschränken, sondern sich möglichst schnell fortpflanzen. Ein gut untersuchtes Beispiel hierfür bietet Lacks Langzeitstudie an Kohlmeisen *(Parus major)* in Wytham Woods in der Nähe von Oxford, England (Perrins 1965, Lack 1966).

In dieser Population nisten die Kohlmeisen in Kästen und erbrüten ein einzelnes Gelege im Frühling. Alle erwachsenen und jungen Tiere wurden mit Metallringen an den Beinen individuell markiert. Die Eier jedes Paares wurden gezählt, die Jungtiere gewogen und ihre Überlebensrate nach Verlassen des Nestes anhand der wiedereingefangenen Vögel bestimmt. Diese umfangreichen Arbeiten beanspruchten mehrere Mitarbeiter während des ganzen Jahres und wurden 34 Jahre lang durchgeführt! Es ergab sich, daß die meisten Paare 8–9 Eier pro Nest legen (Abb. 1.2). Da auch dann erfolgreich gebrütet wird, wenn künstlich mehr Eier hinzugefügt werden, kann die Anzahl nicht dadurch

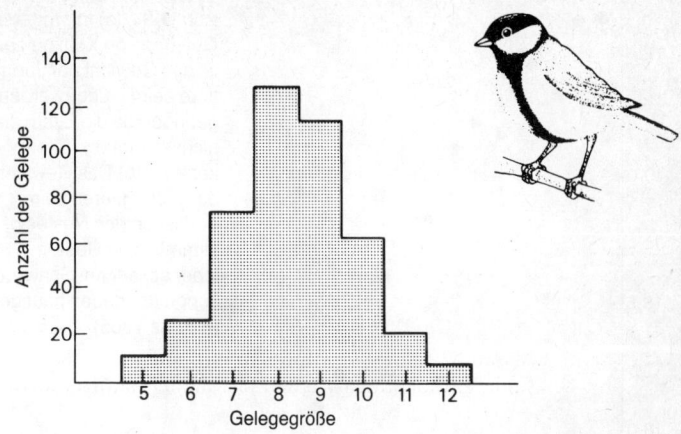

Abb. 1.2 Die Häufigkeitsverteilung von Gelegen mit unterschiedlichen Anzahlen von Eiern der Kohlmeise in Wytham Woods. Der Durchschnitt liegt bei 8–9 Eiern (Perrins 1965).

begrenzt sein, daß die Vögel ein großes Gelege nicht genügend bebrüten könnten. Allerdings können die Eltern die vielen Jungtiere nicht optimal ernähren. Junge in solchen größeren Nestern werden seltener gefüttert, erhalten kleinere Raupen und wiegen deshalb weniger, wenn sie das Nest verlassen (Abb. 1.3a). Es ist nicht überraschend, daß die Fütterung der Jungen für die Eltern der limitierende Faktor ist, da sie auf dem Höhepunkt des Jungenwachstums von morgens bis abends auf Futtersuche sind und täglich über 1000 Beutestücke abliefern.

Schwere Junge haben jedoch bessere Überlebenschancen als leichtere (Abb. 1.3b). Deshalb hinterläßt ein überproduktives Elternpaar weniger Nachkommen als andere Paare; es kann die vielen Jungtiere nicht ausreichend ernähren. In einem Experiment mit künstlich geschaffenen unterschiedlichen Gelegegrößen konnte gezeigt werden, daß es eine optimale Anzahl von Eiern im Nest gibt, eine Zahl, die die Rate der überlebenden Jungen in einer vom Individuum aus gesehen eigennützigen Weise maximiert (Abb. 1.4). Die am häufigsten beobachtete Gelegegröße (s. Abb. 1.2) liegt knapp unter dem vorausgesagten Optimum. Die Ursache für den etwas geringeren Wert liegt wahrscheinlich darin, daß auch die Überlebenswahrscheinlichkeit der Eltern von der Gelegegröße beeinflußt wird. Die Aufzucht großer Anzahlen Junger je Gelege verringert somit die Chancen, daß die Eltern in einem weiteren Jahr noch einmal brüten (Abb. 1.5; s. auch Kap. 9). Um also den reproduktiven Erfolg ihres gesamten Lebens zu maximieren, liegen die Eltern mit der Nestgröße in jeder Brutsaison etwas unter dem optimalen Wert.

20　1 Natürliche Selektion und Verhalten

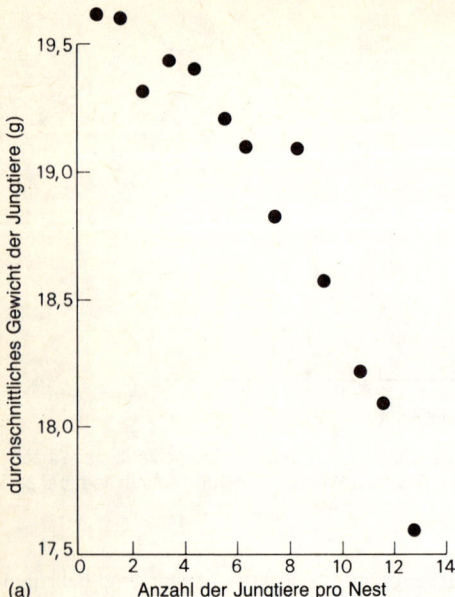

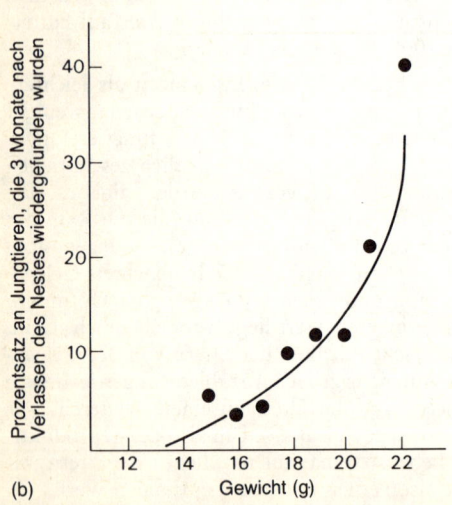

Abb. **1.3** (a) In größeren Gelegen von Kohlmeisen ist das Gewicht der Jungtiere beim Flüggewerden geringer, da die Eltern sie nicht so effektiv füttern können. (b) Das Gewicht eines Jungtieres beim Verlassen des Nestes bestimmt seine Überlebenschancen. Schwere Junge überleben häufiger (Perrins 1965).

Egoistische Individuen oder Gruppenvorteil?

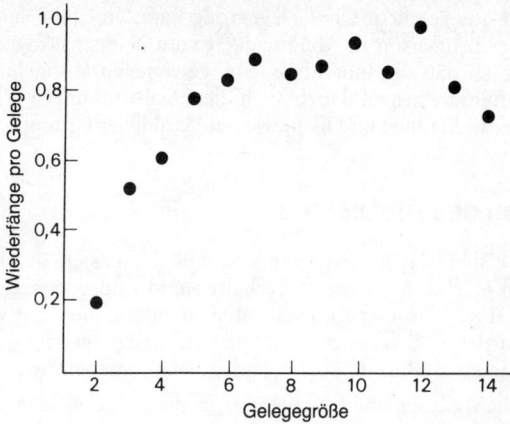

Abb. 1.4 Experimentelle Manipulationen der Anzahl Jungen je Nest zeigen, daß die optimale Gelegegröße für ein Kohlmeisenpaar zwischen 8 und 12 Eiern liegt. Bei dieser Gelegegröße wird die Anzahl der überlebenden Nachkommen maximiert (Perrins 1979).

Die Schlußfolgerung daraus ist, daß die Gelegegröße den Erwartungen unter Annahme der Individualselektion und nicht der Gruppenselektion entspricht. Individuen mit 8 Eiern pro Gelege überwiegen in der Population, weil sie, bezogen auf ihre gesamte Lebensdauer, die meisten Jungtiere aufziehen und diese wiederum die Tendenz, 8 Eier zu legen, erben. Die Gelegegröße ist optimal vom egoistischen und individuellen

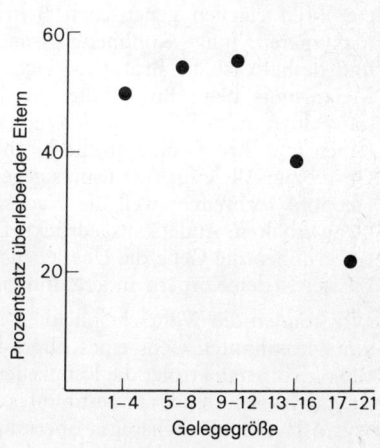

Abb. **1.5** Kohlmeisen, die große Anzahlen von Jungen innerhalb einer Brutsaison aufziehen, zeigen eine geringere Überlebensrate als Individuen, die weniger Junge aufziehen (Kluyver 1971).

Standpunkt aus gesehen. Die Gelegegröße kann von Jahr zu Jahr und während der Brutsaison in Abhängigkeit vom Nahrungsangebot leicht schwanken, so daß die Individuen eine gewisse Variation hinsichtlich ihrer Geburtenrate zeigen. Doch auch diese Schwankungen erfolgen im Interesse der Individuen und niemals zum Vorteil der Gruppe.

Evolution des Altruismus

Wir sind bisher davon ausgegangen, daß Tiere sich als Folge der natürlichen Selektion egoistisch verhalten und finden tatsächlich viele Beispiele dafür: Männliche Löwen töten Jungtiere, die nicht von ihnen gezeugt wurden und erhöhen so ihren Fortpflanzungserfolg, Kohlmeisen maximieren die Anzahl überlebender Nachkommen usw.

Offensichtlich gibt es aber auch Fälle, in denen sich Individuen nicht egoistisch verhalten, sondern kooperieren. Sie putzen sich gegenseitig, schließen sich zum Jagen zusammen, oder Weibchen säugen die Jungen anderer Weibchen, wie wir es schon bei den Löwen gesehen haben. Wie aber läßt sich die Evolution solcher Verhaltensweisen durch die natürliche Selektion erklären?

Altruismus zwischen Verwandten

Altruismus wird als eine Handlung definiert, die den Interessen eines anderen dient und dabei auf eigene Kosten geht. Ein geläufiges Beispiel ist die elterliche Pflege der Jungtiere. Es überrascht uns nicht, wenn wir ein Kohlmeisenpaar sehen, daß sich abrackert, um seine Jungen zu versorgen. Die Beobachtung stellt kein Problem für die Evolutionstheorie dar, weil die natürliche Selektion per Definition Individuen fördert, die ihren eigenen genetischen Beitrag in zukünftigen Generationen maximieren. Junge Kohlmeisen tragen Kopien der Gene ihrer Eltern, und deshalb ist die Brutpflege eigennützig. Genau wie die Allele für Melanismus beim Birkenfalter in ihrer Häufigkeit zunehmen, weil Individuen mit diesen Allelen einen größeren Fortpflanzungserfolg haben und ihre Kopien an die Nachkommen weitergeben, so werden Gene bzw. Allele für Altruismus gegenüber den eigenen Jungen sich im Genpool verbreiten, weil die Nachkommen identische Kopien dieser Gene erhalten. Anders ausgedrückt: Durch ihren Effekt auf das Verhalten erhöhen die Gene die Überlebensfähigkeit von Kopien ihrer selbst, die sich in den Körpern anderer Individuen befinden.

Wir können die Wahrscheinlichkeit berechnen, mit der sich die Kopie eines bestimmten Gens eines Elters bei den Nachkommen findet. Bei diploiden Arten erfolgt die Keimzellenbildung durch die Reduktionsteilung (Meiose), in der ein bestimmtes Allel mit einer Wahrscheinlichkeit von 50% in ein beliebiges Spermium oder eine Eizelle gelangt. Es besteht gleichermaßen eine Wahrscheinlichkeit von 50%, daß das alternative Allel auf dem homologen Chromosom in die Keimzelle gelangt. Wenn Ei und Spermium zur Zygote verschmelzen, bringt jeder Elter 50% seines eigenen genetischen Materials in den Nachkommen ein. Deshalb beträgt die Wahrscheinlichkeit, daß ein Elter und ein Nachkomme dieselbe Kopie eines bestimmten Gens aufgrund von Vererbung tragen, 0,5. Dieses Maß wird als *Verwandtschaftsgrad oder r* bezeichnet.

Nun sind die Kinder nicht die einzigen Träger von ererbten identischen Genkopien, sondern auch andere Verwandte. Für diese können wir ebenfalls die Wahrscheinlichkeit abschätzen, mit der ein bestimmtes Gen aufgrund gemeinsamer Abstammung als identisches Allel auftaucht. Für Geschwister beträgt r = 0,5, für Enkel 0,25 und für Vettern und Kusinen 0,125 (Schaukasten 1.2). Es war W. D. Hamilton (1964), der die volle Bedeutung dieser Verhältnisse für die Evolution des Altruismus erkannte, obwohl diese Überlegungen schon von Fisher (1930) und Haldane (1953) vorausgesehen worden waren. Die Verbreitung von genetischem Material kann über die Unterstützung von Geschwistern, Vettern oder anderen Verwandten genauso gefördert werden wie durch die elterliche Pflege. Ein Individuum kann also nicht nur über eigene Nachkommen, sondern auch über den Fortpflanzungserfolg von anderen Verwandten in künftigen Generationen genetisch repräsentiert sein. Als Konsequenz hieraus erhebt sich die Frage, ob man den Terminus „egoistische Individuen" nicht durch den ausschließlichen Gebrauch von „egoistischen Genen" ersetzen sollte (Dawkins 1976).

Tab. 1.2 zeigt zwei alternative Möglichkeiten, die natürliche Selektion zu beschreiben. Populationsgenetiker messen Allelfrequenzen; die Einheit der Selektion ist das Gen, und die Größe, die im Laufe der Evolution maximiert wurde, ist die Replikation. Verhaltensökologen beobachten Individuen und verwenden häufig Unterschiede im Fortpflanzungserfolg als Maß für die Fitness. Wenn dieses Maß den Allelfrequenzen bei den Genetikern entsprechen soll, müssen wir den Fortpflanzungserfolg mit einem Begriff beschreiben, den Hamilton (1964) als *„Gesamteignung"* („inclusive fitness") bezeichnete. Dieser Begriff gibt den gesamten Beitrag wieder, den ein Individuum zum Genpool leistet, und umfaßt dabei auch den Anteil, der über den Fortpflanzungserfolg von Verwandten geleistet wird. So geht das Individuum selbst, gehen seine Geschwister mit 0,5, die Vettern und Kusinen mit 0,125 usw. in die Berechnung ein. Wir können die Gesamteignung als die Eigenschaft eines Individuums ansehen, die maximiert werden wird, da letztendlich ausschließlich die Überlebensfähigkeit der Gene gefördert wird, gleichgültig, ob sie sich im Individuum selbst oder als identische Kopien in den Verwandten befinden (Dawkins 1978).

Schaukasten 1.2

Die Berechnung von r, dem Verwandtschaftsgrad. r ist die Wahrscheinlichkeit, mit der ein Allel eines Individuums aufgrund gemeinsamer Abstammung als identische Kopie in einem anderen Individuum auftaucht.

Vorgehensweise:
Man zeichne ein Diagramm der betreffenden Individuen und ihrer Vorfahren, in welchem die Generationen durch Pfeile miteinander verbunden sind. Von Generation zu Generation tritt eine Meiose auf, und die Wahrscheinlichkeit, daß ein bestimmtes Allel weitergegeben wird, beträgt 0,5. Für L Generationen (abweichend vom Sprachgebrauch seien hier unter „Generationen" alle Schritte [Pfeile] verstanden, die zwei hinsichtlich r untersuchte Individuen miteinander verbinden) beträgt die Wahrscheinlichkeit – ohne Inzuchteffekte – deshalb $0,5^L$. Um r zu berechnen, wird dieser Wert bei Fehlen von Inzucht für alle möglichen Verbindungswege zwischen zwei Individuen aufsummiert.

$$r = \Sigma\ 0,5^L$$

Beispiele:
Die dargestellten Diagramme zeigen die Berechnungen von r zwischen Individuen, die durch dunkle Kreise gekennzeichnet sind; die übrigen Verwandten werden durch helle Kreise symbolisiert. Die durchgehenden Linien repräsentieren die Generationsglieder, die bei der Berechnung berücksichtigt wurden, die gestrichelten Linien die übrigen Verbindungen des Stammbaumes.

(a) Eltern und Kinder

(b) Großeltern und Enkel

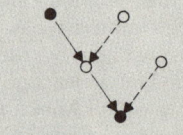

$r = 1 \times 0,5^1 = 0,5$

$r = 1 \times 0,5^2 = 0,25$

(c) Vollgeschwister
(Bruder, Schwester)

(d) Halbgeschwister

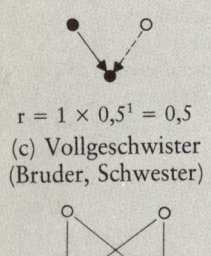

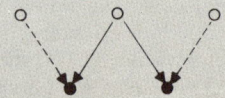

$r = 2 \times 0,5^2 = 0,5$

$r = 1 \times 0,5^2 = 0,25$

(Identische Allele können sowohl über die Mutter als auch über den Vater vererbt werden)

(Identische Allele können nur über einen Elternteil vererbt werden)

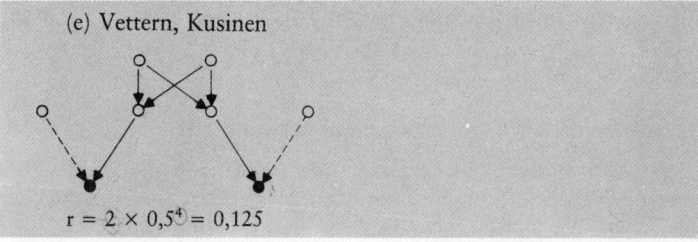

(e) Vettern, Kusinen

$r = 2 \times 0,5^4 = 0,125$

Eine Selektion für ein Verhalten, das die Überlebens- oder Fortpflanzungswahrscheinlichkeit eines Individuums vermindert, aber gleichzeitig die von Verwandten erhöht, wird als Verwandtenselektion bezeichnet (Maynard Smith 1964). Die Bedingungen, unter denen sich altruistische Verhaltensweisen über Verwandtenselektion ausbreiten werden, können folgendermaßen charakterisiert werden: Man stelle sich eine Wechselbeziehung zwischen dem Altruisten und dem Hilfempfänger vor, in der Kosten und Nutzen als Anzahlen von Nachkommen oder Nachkommen-Äquivalenten veranschlagt werden. Wenn der Altruist durch seine Handlung K-Nachkommen opfert und der Nutznießer der Hilfe eine zusätzliche Anzahl von N-Nachkommen aufziehen kann, wird sich das Gen bzw. Allel, das den Helfer zum altruistischen Handeln veranlaßt, anhäufen, solange

$$\frac{N}{K} > \frac{1}{r},$$

wobei r der Verwandtschaftsgrad zwischen Altruist und Hilfeempfänger ist (Hamilton 1964). Das wird durch das folgende Beispiel veranschaulicht. Ein Gen bzw. Allel, das ein Individuum veranlaßt, sein Leben zur Rettung von Verwandten zu opfern, stellt einen extremen Fall von Altruismus dar. Eine Kopie dieses Allels geht der Population durch den Tod des Altruisten verloren, doch wird seine Häufigkeit innerhalb des Genpools trotzdem zunehmen, wenn die altruistische Handlung das Leben von mehr als zwei Geschwistern ($r = 0,5$), von mehr als vier Enkeln ($r = 0,25$) oder mehr als acht Vettern und Kusinen ($r = 0,125$) gerettet hat. Es geht die Anekdote um, daß Haldane, nachdem er diese

Tabelle **1.2** Zwei alternative Möglichkeiten zur Beschreibung der natürlichen Selektion (Dawkins 1978)

Einheit der Selektion	maximierte Größe
Gen	Replikation
Individuum	Gesamteignung

Überlegungen im Laufe eines langen Kneipenabends angestellt hatte, prompt verkündete, er sei nun bereit, sein Leben für 2 Brüder oder 8 Vettern zu opfern!

Beispiele von Altruismus zwischen Verwandten

Dieses Bild scheint weit hergeholt, doch gibt es in der Natur echte Beispiele von Selbstaufopferung. Manche Insekten sind ungenießbar und tragen Warnfarben, häufig in Form von auffälligen gelben oder roten Streifen (Abb. 1.6). Ein Räuber, der des Weges kommt und eines dieser Insekten verspeist, macht die Erfahrung, daß es ekelhaft schmeckt, und wird solche Typen in Zukunft verschmähen. Der unangenehme Geschmack und die Warnfarbe sind für das gefressene Individuum ohne direkten Nutzen. Doch da sein Tod dem Räuber einen Denkzettel verpaßt hat, können sich die Gene bzw. Allele für unangenehmen Geschmack und Signalfarbe in der Population anhäufen, wenn der Tod eines oder weniger Individuen dazu führt, daß Verwandte, die Kopien desselben Allels tragen, von dem Räuber in Zukunft gemieden werden. Auffällig gefärbte Insekten und andere Tiere (z. B. Kaulquappen; Waldman u. Adler 1979) halten sich häufig in Gruppen von verwandten Tieren auf, so daß der Tod eines Individuums höchstwahrscheinlich nahen Verwandten zugute kommt.

Ein weiteres Beispiel für einen extremen Altruismus stellt die Evolution der sterilen Kasten bei sozialen Insekten dar. Bei diesen Tieren pflanzen

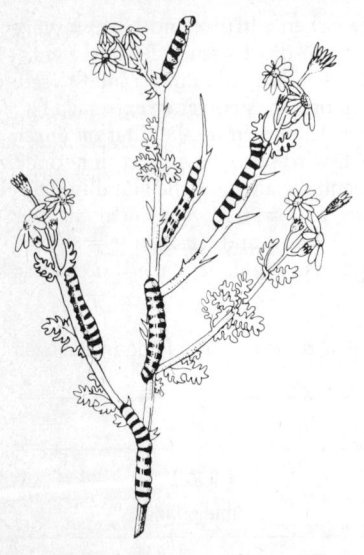

Abb. **1.6** Die Raupen des Karminbärs *Callimorpha jacobaeae* (aus der Familie der Bärenspinner) sind ungenießbar und mit orangen und schwarzen Ringen auffällig gefärbt.

Abb. **1.7** Belding-Ziesel *(Spermophilus beldingi)* leben in Kolonien. Auf dem Bild ist ein Weibchen zu sehen, das einen herannahenden Kojoten entdeckt hat und einen Warnruf ausstößt. Durch das Rufen erhöht sich sein Risiko, von dem Räuber angegriffen zu werden, während die benachbarten Weibchen gewarnt sind und in ihren Bauten verschwinden. Benachbarte Weibchen sind in der Regel nahe Verwandte (Schwestern, Nichten, Töchter) (nach Sherman 1977).

sich einige, als Arbeiterinnen bezeichnete Weibchen kaum fort und helfen statt dessen anderen Weibchen, deren Nachkommen aufzuziehen. Darwin sah in dieser Beobachtung einen schwerwiegenden Widerspruch zu seiner Theorie der natürlichen Selektion. Wie kann sich ein solcher Altruismus entwickeln, wenn die Altruisten sich nicht fortpflanzen? Hamiltons Überlegung gibt eine direkte Antwort darauf, weil die sterilen Arbeiterinnen normalerweise ihren Schwestern (den Königinnen) helfen, Nachkommen aufzuziehen (s. Kap. 10).

Natürlich sind nicht alle altruistischen Handlungen so extrem wie Selbstaufopferung und Sterilität. Im allgemeinen wird ein Individuum nur geringere Beeinträchtigungen seiner eigenen Überlebenschancen und Fortpflanzungsmöglichkeiten durch die altruistische Handlung zulassen. Zum Beispiel stoßen einige Tiere beim Auftauchen eines Räubers Alarmrufe aus. Sherman (1977) fand, daß Belding-Ziesel *(Spermophilus beldingi)*, die einen Alarmruf ausstießen, öfter von Räubern angegriffen wurden, während die Individuen in der unmittelbaren Umgebung von der rechtzeitigen Warnung profitierten und blitzschnell in ihren Bauten verschwanden (Abb. 1.7). In diesem Fall waren die Individuen, denen die Warnung zugute kam, häufig nahe Verwandte des rufenden Tieres (Schwestern oder deren Nachkommen), so daß eine Verbreitung des Alarmrufes über Verwandtenselektion möglich ist.

Um ein weiteres Beispiel für Altruismus kennenzulernen, kehren wir zu den Löwen zurück. In einem Rudel weisen die Löwinnen durchschnittlich einen Verwandtschaftsgrad von $r = 0{,}15$ auf, was ungefähr dem von Kusinen entspricht. Wenn ein Weibchen die Jungen eines anderen

Weibchens säugt, wird das Überleben dieser Jungtiere zur genetischen Repräsentation des säugenden Weibchens in künftigen Generationen beitragen. Entsprechend wird ein männlicher Löwe, der seinem Bruder oder Halbbruder bei der Übernahme eines Rudels hilft, dazu beitragen, Kopien seiner Gene über seine eigenen Jungen oder die Nachkommen seines Bruders in den Genpool einzubringen (Bertram 1976, Bygott u. Mitarb. 1979).

Probleme im Zusammenhang mit dem Begriff Gesamteignung

Hamiltons Modell hat zumindest theoretisch gezeigt, wie sich Altruismus über Verwandte unter Wirkung der natürlichen Selektion herausbilden kann. Ein derartiger Altruismus resultiert aus dem Egoismus der Gene. Es ist aber wichtig, sich vor Augen zu halten, daß dieses Modell aufgrund von Kosten-Nutzen-Betrachtungen am Individuum aufgestellt wurde und keine speziellen genetischen Mechanismen für die Selektion des altruistischen Allels miteinbezieht. Wie wir schon zu Beginn dieses Kapitels betonten, verläuft Evolution über die Änderung von Gen- bzw. Allelfrequenzen. Deshalb müssen wir uns fragen, ob Modelle, die lediglich Kosten und Nutzen am Individuum berücksichtigen, zur Erklärung der Evolution von Altruismen taugen. Es gibt Unterschiede zwischen Schlußfolgerungen aus formalen genetischen Modellen und solchen aus der Analyse der Gesamteignung (Maynard Smith 1981; ein Beispiel findet sich in Kapitel 13), doch fallen diese Differenzen kaum gegenüber der Meßgenauigkeit von Freilandbeobachtungen ins Gewicht.

Freilandbeobachter sehen sich oft enormen praktischen Schwierigkeiten gegenüber, wenn es um das Messen von N, K oder r geht. Der Verwandtschaftsgrad ist schon deshalb schwierig im Freien zu bestimmen, weil man in der Regel zwar die Mutter eines bestimmten Individuums kennt, jedoch schon bei der eindeutigen Feststellung des Vaters in Schwierigkeiten gerät. Ein Problem übrigens, das auch bei unserer eigenen, der menschlichen Spezies nicht unbekannt ist und schon Anlaß zu zahlreichen Romanen, Theaterstücken und spektakulären Gerichtsverfahren gab. Weiter hinten in diesem Buch (s. Kap. 6, 7 und 8) werden wir sehen, daß sich die Weibchen vieler Arten mit mehreren verschiedenen Männchen paaren und daß selbst bei den als monogam geltenden Arten heimliche „Seitensprünge" gar nicht so selten sind, was nicht immer leicht nachzuweisen ist. Freilandbeobachter verlassen sich deshalb immer weniger auf Beobachtungen und bestimmen die Verwandtschaftsbeziehungen statt dessen mittels der Isozym-Analyse (s. z. B. Kap. 10). Nutzen und Kosten sind nicht einfacher zu bestimmen. Man stelle sich das Problem vor, Kosten und Nutzen als Überlebenswahrscheinlichkeit oder Fortpflanzungserfolg (z. B. Anzahl verlorener oder mehrproduzierter Nachkommen) exakt zu messen, wenn ein Belding-Ziesel einen Alarmruf ausstößt, um die Verwandten beim Auftauchen eines Räubers zu warnen. Dennoch gibt es Fälle, in denen wir diese Werte bestimmen können. In den Kapiteln 9 und 10 werden wir aufgrund von Hamiltons Formel Berechnungen vornehmen, die für einige Arten von Vögeln und Insekten Voraussagen erlauben, ob Individuen größere genetische Erfolge erzielen, wenn sie ihren Verwandten bei der Aufzucht von Jungen helfen, oder ob sie besser ihre eigenen Nachkommen aufziehen sollten. In vielen anderen Fällen sind die dazu nötigen Messungen allerdings nicht gemacht worden.

Abgesehen von diesen Schwierigkeiten hat Hamiltons Scharfblick jedoch einen wesentlichen Denkanstoß zu einer neuen Sicht der Evolution des Verhaltens gegeben. Wir haben inzwischen erkannt, daß eigene Nachkommen nicht die einzige Möglichkeit darstellen, um in künftigen Generationen genetisch repräsentiert zu sein. Zur Beantwortung der Frage, warum ein Tier die Strategie A und nicht die Strategie B gewählt hat, sollte die Gesamteignung als Maßstab verwendet werden, weil sie es erlaubt abzuschätzen, welche der beiden Strategien im Lauf der Evolution selektioniert wurde. Bei der Aufstellung von Forschungsprogrammen ist die Frage „Wie kann das Verhalten zur Maximierung der Gesamteignung beitragen?" oft hilfreich. Von großem Interesse ist es auch zu sehen, auf welche Art Tiere ein Verhalten realisieren, das wir aufgrund der Theorie von der Verwandtenselektion voraussagen. In vielen Fällen verwendet ein Tier wahrscheinlich einfache Regeln, um seine Verwandten zu erkennen und somit zu bestimmen, wem sein altruistisches Verhalten zugute kommt (Bateson 1978; s. Kap. 13).

Altruismus zwischen nichtverwandten Tieren

Nicht alle altruistischen Handlungen sind direkt auf nahe Verwandte gerichtet. Es lassen sich drei Möglichkeiten unterscheiden, über die sich Altruismus zwischen nichtverwandten Tieren entwickeln kann.

(a) Reziproker Altruismus

Wenn ein weiblicher Anubispavian *(Papio anubis)* in den Oestrus gelangt, gesellt sich ihm ein Männchen als Gatte zu, der das brünstige Weibchen überallhin begleitet und auf eine Gelegenheit zur Paarung wartet. Einem Männchen, das selbst kein Weibchen besitzt, gelingt es manchmal, die Hilfe eines weiteren Junggesellen zu gewinnen. Das angeworbene Männchen verwickelt den „Gatten" des Weibchens in einen Kampf, und während die beiden sich balgen, verschwindet das andere Männchen mit dem Weibchen (Packer 1977). Bei späteren Gelegenheiten werden die Rollen vertauscht; das Männchen, das zuvor geholfen hatte, bekommt nun Unterstützung von seinem Kumpan, der von der ersten Aktion profitiert hatte. In diesem Verhalten sehen wir ein Beispiel für reziproken Altruismus (Trivers 1971). Solange der Nutzen des altruistischen Verhaltens für den Hilfeempfänger größer ist als die Kosten für den Helfer, werden beide Teilhaber profitieren, sofern die Aktion später mit umgekehrten Rollen wiederholt wird.

Gegenseitige Leistung ist in der menschlichen Gesellschaft weit verbreitet und wird über den Gebrauch von Geld geregelt. Das Problem bei der Evolution dieses Verhaltens in Tiergesellschaften ist die Möglichkeit des Betruges. Was sollte ein Individuum daran hindern, Hilfeleistungen zu akzeptieren, sie selbst jedoch später zu verweigern? Reziproker Altruismus wird sich nur dann entwickeln, wenn eine Unterscheidung zwischen echten Altruisten und Betrügern möglich ist, wenn dieselben Individuen sich später erneut treffen und wenn der Nutzen für den Hilfeempfänger wesentlich größer ist, als es die Kosten für den Helfer sind. Zudem kann das Verfahren nur funktionieren, wenn in der Population eine ausreichende Anzahl von Altruisten existiert. Man stelle sich eine Population vor, in der es nur einen Altruisten gibt. Er würde anderen helfen, aber nie eine Hilfeleistung zurückerhalten. Gegenseitigkeit kann deshalb keine Grundlage für die ursprüngliche Ausbreitung dieser Form von Altruismus sein. Wenn sich das Verhalten allerdings erst einmal durchgesetzt hat, ist es evolutionsstabil (Maynard Smith 1981; s. Kap. 5).

(b) Gegenseitigkeit und individueller Nutzen

Viele Fälle von Altruismus lassen sich wohl am besten dadurch erklären, daß es einen beträchtlichen Vorteil für ein Individuum bringt, sich mit anderen zusammenzuschließen oder anderen zu helfen, ob sie nun Verwandte sind oder nicht. Der Anschluß an eine Gruppe kann für ein Individuum nützlich sein, weil es auf diese Weise mehr Nahrung und Schutz vor Räubern findet (s. Kap. 4). Ein Alarmruf kann dem Rufer nützen, selbst wenn die gewarnten Tiere keine Verwandten sind. Z. B. wird ein Räuber häufiger an einen Platz zurückkehren, an dem er erfolgreich Beute gemacht hat. Wenn der Alarmruf die Chance vermindert, daß ein Nachbartier gefressen wird, dann wird der Räuber mit geringerer Wahrscheinlichkeit in dasselbe Gebiet zurückkehren (Trivers 1971).

Gelegentlich können nichtverwandte Tiere von einem Zusammenschluß für eine bestimmte Aufgabe profitieren (Gegenseitigkeit). Zwei Bachstelzen *(Motacilla alba)*, die im Winter ein gemeinsames Futterterritorium verteidigen, erzielen beide größere Futtermengen, als wenn sie einzeln leben würden, da die Vorteile durch gemeinsame Revierverteidigung die Nachteile durch die geteilten Nahrungsreserven überwiegen (Davies u. Houston 1981). In anderen Fällen können sowohl Verwandtenselektion als auch Gegenseitigkeit eine Rolle spielen. Der Fang eines

Zebras *(Equus burchelli)* ist beispielsweise für eine einzelne Löwin recht schwierig. Wenn sie jedoch mit einem anderen Weibchen zusammen jagt, macht die erhöhte Fangquote den Nachteil, daß das Fleisch der gerissenen Zebras geteilt werden muß, mehr als wett (Caraco u. Wolf 1975). Da die Löwinnen eines Rudels miteinander verwandt sind, haben die Tiere auch über die Verwandtenselektion Vorteile von einem Zusammenschluß. Entsprechend liegen die Verhältnisse bei den Männchen. Ein einzelnes Männchen hat nur geringe Chancen, ein Rudel zu übernehmen. Durch die Zusammenarbeit mit einem anderen Männchen erzielt es einen individuellen Vorteil, doch da die kooperierenden Männchen eine gemeinsame Abstammung aufweisen, wird zusätzlich Verwandtenselektion wirksam. Das Wesentliche an diesen Beispielen von Altruismus ist, daß sich die Zusammenarbeit für alle beteiligten Individuen selbst dann lohnt, wenn sie nicht verwandt sind. Bei Löwen gibt es tatsächlich Beobachtungen von nichtverwandten Männchen, die gemeinsam ein Rudel beherrschen.

(c) Altruismus und Manipulation

Die bisher besprochenen Beispiele erklären das Auftreten von altruistischen Handlungen durch eine Maximierung der individuellen Gesamteignung. Der Altruist profitiert entweder, indem er Verwandten (inklusive deren Nachkommen) hilft, oder indem er seine eigenen Überlebenschancen erhöht. Dennoch gibt es Fälle, in denen der Altruist keinerlei Nutzen hat, sondern zu seiner Hilfeleistung durch einen Mechanismus getrieben wird, den wir als Manipulation bezeichnen wollen. Ein bekanntes Beispiel ist die Brutpflege, die erwachsene Heckenbraunellen *(Prunella modularis)* parasitierenden Kuckucksjungen angedeihen lassen. Die Gasteltern ziehen den jungen Kuckuck nicht deshalb mühevoll auf, weil sie irgendeinen kurz- oder langfristigen genetischen Nutzen davon hätten, sondern einfach, weil die Brutparasiten sie erfolgreich ausnutzen. Wir wollen hier den Begriff Manipulation verwenden, weil er die Tatsache umschreibt, daß die Kuckucke das normale, adaptive elterliche Verhalten der Wirtsvögel zu ihrem eigenen Nutzen umgepolt haben. In diesem Beispiel ist das altruistische Verhalten von Mitgliedern einer Art (dem Wirt) auf die Mitglieder einer anderen Art (dem Parasiten) gerichtet. Prinzipiell kann derselbe Vorgang jedoch auch als Hypothese für Altruismus innerhalb einer Art zugrunde gelegt werden. In Kapitel 10 werden wir auf die Überlegung zurückgreifen, daß sterile Arbeiter bei Insekten ihren Ursprung in einer mütterlichen Manipulation der eigenen Nachkommen haben. Dieses Beispiel veranschaulicht außerdem, daß die verschiedenen Hypothesen zur Entstehung von Altruismus sich nicht gegenseitig ausschließen. Die sterilen Arbeiter erhalten über die Verwandtenselektion Vorteile, wenn sie bei der Aufzucht von Geschwistern helfen (s. S. 247). Doch wenn ein hypotheti-

Schaukasten **1.3** Definitionen:

1 *Altruismus*. Handlung im Interesse eines anderen Individuums, die zu einem Nachteil des handelnden Individuums in Hinblick auf seine eigenen Überlebens- und Fortpflanzungschancen führt.

2 *Verwandtenselektion*. Selektion eines Merkmals über seinen Effekt auf nahe Verwandte. Wir haben in diesem Kapitel zwischen *Individualselektion*, die Überleben und Fortpflanzung des Individuums betrifft, und der *Verwandtenselektion*, die sich auf andere Verwandte als die eigenen Nachkommen bezieht, unterschieden. Andere Autoren unterscheiden nicht zwischen eigenen Nachkommen und den übrigen Verwandten und würden den elterlichen Aufwand für die eigenen Jungen als Verwandtenselektion bezeichnen. Das Wesentliche ist jedoch, daß ein Individuum seine Gene bzw. Allele auch über andere Verwandte als die eigenen Kinder in zukünftige Generationen bringen kann. Gleichgültig über welchen Weg die Weitergabe erfolgt, ist die Konsequenz der Selektion immer eine Veränderung der relativen Gen- bzw. Allelhäufigkeiten im Genpool. Aus diesem Grunde ziehen manche Autoren den ausschließlichen Gebrauch des Begriffes *Genselektion* vor.

3 *Verwandtschaftsgrad (r)*. Die Wahrscheinlichkeit, daß zwei Individuen aufgrund gemeinsamer Abstammung identische Kopien an einem bestimmten Genort aufweisen. Nach dieser Definition beträgt beispielsweise der Verwandtschaftsgrad zwischen Geschwistern 0,5. Die Formulierung „aufgrund gemeinsamer Abstammung identisch" ist dabei entscheidend. Der Verwandtschaftsgrad beschreibt die Wahrscheinlichkeit, daß ein zwischen zwei Individuen identisches Allel seinen Ursprung in einem Allel dieses Gens bei dem letzten gemeinsamen Vorfahren beider Individuen hat. Bei Geschwistern sind 50% der Allele aufgrund gemeinsamer Abstammung identisch. Dennoch können sie mehr als 90% gemeinsamer Allele aufweisen, da innerhalb einer Art sämtliche Individuen zu etwa 90% in ihrem genetischen Material übereinstimmen. Diese Tatsache wurde manchmal als Argument dafür angeführt, daß alle Tiere einer Art sich gegenüber Artgenossen altruistisch verhalten müßten. Der Gedanke ist jedoch aus folgendem Grund irreführend: Würde jeder Helfer seine Unterstützung zufällig auf sämtliche Mitglieder der Population verteilen, würde die Fitness aller Genotypen im Durchschnitt gleichmäßig zunehmen, so daß sich keine Änderung der Allelfrequenzen ergeben würde. Veränderungen können nur ablaufen, wenn die Zunahme der Fitness unterschiedlich ist. Deshalb kann sich ein altruistisches Merkmal, ungeachtet der genetischen Verwandtschaft zwischen allen Mitgliedern der Art, nur dann ausbreiten, wenn der

Altruismus vorwiegend (nahen) Verwandten zugute kommt (zur weiteren Diskussion siehe auch Dawkins 1979).

4 *Kosten und Nutzen* von Wechselbeziehungen zwischen Individuen. Eine Möglichkeit, mehrere Arten von Interaktionen zwischen Individuen anhand von Kosten und Nutzen zu beschreiben, gibt die folgende Tabelle wieder:

		Folgen für den Handelnden	
		Gewinn	Verlust
Folgen für den Empfänger	Gewinn	Gegenseitigkeit (oder Zusammenarbeit)	Altruismus
	Verlust	Eigennutz (oder Konkurrenz)	Gehässigkeit

scher Arbeiter mit der Produktion eigener Nachkommen in bezug auf seine Gesamteignung mehr gewinnen würde als ein steriles Tier, kann die Annahme zusätzlicher Hypothesen, wie die der elterlichen Manipulation, notwendig sein, um die Evolution der Sterilität zu erklären.

Genetische Voraussetzungen und ökologische Zwänge

Wenn wir unsere Diskussion des Altruismus zusammenfassen, läßt sich feststellen, daß Individuen generell die genetischen Voraussetzungen besitzen, um nicht nur den eigenen Nachkommen, sondern auch anderen Verwandten zu helfen. Selbst wenn ein Individuum durch altruistische Handlungen Nachteile in bezug auf seinen eigenen Fortpflanzungserfolg in Kauf nimmt, kann sich der Altruismus über Verwandtenselektion ausbreiten, solange die Hilfeleistung den Fortpflanzungserfolg der Verwandten beträchtlich erhöht. Ökologische Faktoren wie Nahrung, Räuber und Wohnraum werden die Vor- und Nachteile der einzelnen Strategien bestimmen. Manchmal wird ein Individuum seine Gesamteignung maximieren, indem es sich egoistisch verhält, manchmal indem es anderen hilft. Die Definitionen für einige der in diesem Abschnitt verwendeten Begriffen sind in Schaukasten 1.3 zusammengefaßt.

Anpassung durch natürliche Selektion: Überprüfung der Hypothese

Anpassung als Voraussetzung

In den folgenden Kapiteln wird eine unserer Hauptvoraussetzungen sein, daß Tiere optimal an ihre Umwelt adaptiert sind. Unter Anpassung soll ein „Unterschied zwischen zwei phänotypischen Merkmalen oder Merkmalskomplexen, der die Gesamteignung des Trägers steigert", (Clutton-Brock u. Harvey 1979) verstanden werden. Nach dieser Definition kann der Unterschied zwischen einem Individuum mit angepaßtem Verhalten und einem ohne dieses Verhalten genausogut auf Lern- und Erfahrungsunterschiede zurückgehen wie auf genetische Differenzen. Vermutlich besitzt allerdings auch die Fähigkeit zu lernen eine genetische Basis. Beispielsweise haben in England einige Meisenarten *(Paridae)* gelernt, Löcher in die Aluminiumkappen der Milchflaschen zu picken und sich auf diese Weise ein Frühstück zu verschaffen. Dieses Verhalten ist angepaßt, weil es den Vögeln hilft, im Winter zu überleben. Es ist normalerweise nicht möglich, den direkten Effekt unterschiedlicher Merkmale auf den Fortpflanzungserfolg abzuschätzen. Deshalb erkennen wir Anpassungen häufig nur indirekt an der Tatsache, daß das Merkmal eine passende Lösung für ein Problem aus der Umwelt des Tieres darstellt (Williams 1966).

Zwei Bemerkungen sollten zum Konzept der Anpassung gemacht werden. Erstens können nicht alle vorteilhaften Konsequenzen von Verhaltensweisen als Anpassungen angesehen werden. Manche mögen eher Zufallsprodukte darstellen, statt Folgen der natürlichen Selektion zu sein. Williams veranschaulicht diese Vorstellung durch sein Beispiel des Fuchses, der nach heftigen Schneefällen auf dem Weg zum Hühnerstall ist. Bei späteren Gängen wird er wahrscheinlich erneut den Weg benutzen, den er sich zuvor im Schnee gebahnt hatte, um Zeit und Energie, die für sein Überleben wichtig sind, zu sparen. Wir würden die Beine des Fuchses jedoch nicht als Anpassungen ansehen, die dazu dienen, Pfade durch den Schnee zu trampeln. Ihre Struktur läßt den Schluß zu, daß sie für eine schnelle Fortbewegung geschaffen sind. Dennoch können wir das Verhalten des Fuchses, nämlich den einfachsten Weg zu wählen, als eine Anpassung ansehen (s. auch Hinde 1975).

Zweitens sollten wir uns vor Augen halten, daß nicht alle Unterschiede zwischen Merkmalen adaptiv zu sein brauchen. Unterschiede können selektionsneutral sein oder zu zwei getrennten adaptiven Maxima gehören (s. Kap. 2). Da Umweltveränderungen und evolutive Vorgänge mit zeitlicher Verzögerung aufeinander folgen, können Merkmale dann nicht adaptiv sein, wenn sie unter Umweltbedingungen selektioniert wurden, die mittlerweile der Vergangenheit angehören. Auf diese Möglichkeit werden wir später noch eingehen (s. Kap. 3 und 8).

Die meisten Verhaltensweisen, die wir in diesem Buch beschreiben, sind jedoch so eindeutig und konstant innerhalb der Art (z. B. Kindestötung bei Löwen und Warnrufe beim Belding-Ziesel), daß man sich schwerlich vorstellen kann, sie wären selektionsneutral. Wir meinen, daß es berechtigt ist, sie als Anpassungen und notwendige Konsequenzen der natürlichen Selektion anzusehen.

Es sei jedoch nochmals betont, daß das Konzept der Anpassung für uns eine Voraussetzung ist. Wir testen nicht, ob Tiere angepaßt sind; die Frage, die uns in diesem Buch interessiert, ist vielmehr, ob ein bestimmtes Verhalten zur Gesamteignung eines Tieres beiträgt. Wir wollen versuchen, die Selektionsdrucke zu verstehen, die für das Verhalten verantwortlich sind.

Methoden zur Überprüfung der Hypothesen

Fragen nach der Funktion des Verhaltens laufen leicht Gefahr, zur Erfindung von scheinbar plausiblen Erklärungen zu führen, die schwer nachprüfbar sind. Viele derartiger „Erklärungen" spiegeln eher die Erfindungsgabe des Beobachters wider, als daß sie die Vorgänge in der Natur wirklich beschreiben. Insofern sind sie wissenschaftlich nicht ernster zu nehmen als Rudyard Kiplings „Just so stories" (Gould u. Lewontin 1979). Wie können wir dieses Problem vermeiden?

Eine gründliche wissenschaftliche Untersuchung der Funktion von Verhaltensweisen umfaßt vier Schritte: Beobachtungen, Hypothesen, Voraussagen und Tests. Die ersten beiden, Beobachtungen und Hypothesen, gehen oft Hand in Hand. Es kann viele Jahre dauern, bis man eine bestimmte Art genau genug kennt, um vernünftige Fragen zu ihrem Verhalten und ihrer Ökologie zu stellen. Tinbergens (1953) Veröffentlichungen über die Silbermöwe *(Larus argentatus)* sind beispielsweise das Resultat einer über 20jährigen, sorgfältigen Beobachtung des Verhaltens der Vögel und ihrer Umwelt. Haben wir nun einige Besonderheiten am Verhalten der Tiere oder an ihrer Umwelt entdeckt, die wir nicht verstehen, werden im nächsten Schritt alternative Hypothesen formuliert. Die Hypothesen liefern Voraussagen, die dann im wesentlichen auf vier Wegen getestet werden können.

(a) Beobachtungen

Manchmal wird es möglich sein, die Hypothesen einfach anhand von weiteren Beobachtungen zu überprüfen. Sehen wir beispielsweise einen Vogel, der sein Revier verteidigt, können wir folgende Hypothesen über die Funktion dieses Verhaltens aufstellen: Das Revier könnte eine Nahrungsquelle darstellen, der Anlockung von Partnern dienen oder zur Verhinderung von Nestraub verteidigt werden. Diese Hypothesen machen qualitative Voraussagen und lassen sich aufgrund von Beobachtungen einfach testen. Wird das Territorium z. B. nur außerhalb der Brutperiode verteidigt, lassen sich die beiden letzten Hypothesen ausschließen. In den Kapiteln 3 und 4 erfolgt eine Beschreibung, wie man feinere Hypothesen aufstellt, die quantitative Voraussagen zum Verhalten machen.

(b) Vergleich von Individuen innerhalb einer Art

Eine Möglichkeit, um z. B. die adaptive Bedeutung der Gelegegröße bei den Kohlmeisen herauszufinden, ist die Betrachtung der natürlichen Variabilität innerhalb der Population. Beim Vergleich der Nester stellte sich heraus, daß die häufigste Gelegegröße nahe derjenigen liegt, die die höchste Anzahl von flüggen Jungen hervorbringt. Ein derartiger Vergleich von Individuen innerhalb einer Art gibt oft Aufschluß über die Funktion eines Merkmals. Wir könnten z. B. die Frösche eines Teiches beobachten und herausfinden, daß die Männchen mit den tiefsten Rufen die meisten Weibchen anlocken. Daraus ließe sich ableiten, daß tiefe Stimmen dazu dienen, Weibchen anzulocken. Das Problem bei dieser Vorgehensweise ist, daß der tatsächliche Sachverhalt häufig von mehreren Faktoren verschleiert wird. So könnte der Frosch mit der tiefsten Stimme das beste Territorium besitzen, so daß wir einen experimentellen Ansatz brauchen, um zu klären, welcher Faktor für die Anlockung des Weibchens entscheidend war. Weiter ist zu bedenken, daß natürliche Variabilität innerhalb einer Population häufig deshalb auftritt, weil verschiedene Individuen verschiedene optimale Strategien anwenden. Z. B. könnten andere Frösche auf weniger auffällige Weise als durch Quaken zu ihrem Partner kommen.

(c) Experimente

Tinbergen leistete Pionierarbeit auf dem Gebiet der ausgeklügelten Freilandexperimente, um Antworten auf funktionelle Fragen zu finden. Zur Überprüfung der Hypothese, daß die räumliche Verteilung von Möwennestern dazu dient, die Gefährdung durch Nesträuber zu reduzieren, ordnete er beispielsweise auf experimentellen Parzellen Eier nach verschiedenen Verteilungsmustern an. Dabei ergab sich, daß Eier, die näher zusammenlagen als in der Natur, häufiger geraubt wurden (Tinbergen u. Mitarb. 1967). Wir werden den experimentellen Ansatz zur Erforschung der Anpassung in Kapitel 3 ausführlich besprechen.

(d) Vergleich zwischen Arten

Distinkte Arten haben sich im Verlauf der Evolution unter verschiedenen ökologischen Bedingungen entwickelt. Deshalb kann uns ein Vergleich zwischen Arten helfen, den Einfluß zu erkennen, den Faktoren wie Nahrung oder Räuber auf die Entwicklung bestimmter Merkmale

Tabelle **1.3** Vergleich der Gelegegröße zwischen europäischen Sperlingsvögeln, die in zwei ökologische Gruppen eingeteilt wurden. Höhlenbrütende Arten weisen größere Gelege auf (nach Lack)

Art des Nestes	geschätzter Verlust durch Räuber (in %)	durchschnittliche Gelegegröße	durchschnittliche Aufzuchtdauer (in Tagen)
Höhle	30	6,9	17
offenbrütend	70	5,1	13

haben. Beispielsweise lassen sich die europäischen Sperlingsvögel in zwei ökologische Gruppen einteilen; eine, die Nester in Höhlen baut, und eine, deren Nester offen liegen. Die Gelegegröße der Höhlennester ist dabei größer (Tab. 1.3). Dieselbe Beziehung finden wir zwischen Enten, bei denen ebenfalls die Arten mit den freiliegenden Nestern kleinere Gelege aufweisen (Lack 1968). In Höhlen sind Jungvögel relativ sicher vor Räubern, während im Freien ein Zwang besteht, die Jungen möglichst schnell aus dem ungeschützten Nest zu bekommen. Dieselbe Futtermenge kann dazu dienen, eine kleine Brut schnell oder eine größere Brut langsam aufzuziehen. Bei Arten, die freiliegende Nester bauen, hat die stärkere Gefährdung durch Räuber offensichtlich eine kleinere Gelegegröße und schnelleres Wachstum der Jungen selektioniert. Diesen vergleichenden Ansatz zum Verständnis von Anpassungen werden wir im folgenden Kapitel ausführlich besprechen.

Zusammenfassung

Natürliche Selektion kann als unterschiedliche Überlebenshäufigkeit von alternativen Allelen aufgefaßt werden. Die Selektion dieser Allele erfolgt indirekt über ihre Effekte auf den Phänotyp. Es werden diejenigen Allele selektioniert, die die Fähigkeit des Individuums, seine Gene in zukünftige Generationen einzubringen, am effektivsten fördern. Individuen verhalten sich eher ihren eigenen, egoistischen Interessen gemäß als zum Wohl der Gruppe. Ein Tier kann jedoch nicht nur über eigene Nachkommen in künftigen Generationen genetisch repräsentiert sein, sondern auch, indem es Verwandten hilft, die aufgrund gemeinsamer Abstammung identische Gene bzw. Allele mit ihnen aufweisen. Auf diese Weise kann sich Altruismus über Verwandtenselektion entwickkeln. Altruismus kann auch zwischen nichtverwandten Individuen auftreten, wenn er auf Gegenseitigkeit beruht, durch Manipulation hervorgerufen wurde oder zum gemeinsamen Nutzen aller kooperierenden

Individuen ist. Verhaltensökologen gehen in der Regel davon aus, daß Tiere an ihre Umwelt gut adaptiert sind, und fragen danach, welchen Beitrag ein bestimmtes Verhalten zur Gesamteignung eines Individuums liefert. Derartige Fragen nach der Funktion des Verhaltens können durch Beobachtungen an Einzeltieren, durch Vergleiche zwischen den Individuen innerhalb einer Art, durch Experimente und durch Vergleiche zwischen verschiedenen Arten beantwortet werden.

Weiterführende Literatur

Die Bücher von Williams (1966) und Dawkins (1976) enthalten ausgezeichnete Beiträge zum Thema Verhalten und Evolution. Williams betont die Evolution des individuellen Egoismus im Gegensatz zum Verhalten zum Wohl der Gruppe. Dawkins (siehe auch Dawkins 1978, 1979) zieht es vor, mit dem Begriff des Gens statt des Individuums zu operieren, um die Evolution des Verhaltens zu verstehen.

Alexander (1974) gibt eine allgemeine Übersicht über die Evolution des Verhaltens. Das von Alexander u. Tinkle (1981) herausgegebene Buch enthält Beispiele von Studien an einzelnen Arten und zu speziellen Problemen. Die Arbeiten von Sherman (1977, 1980, 1981) bringen eine exzellente Darstellung von Egoismus und Altruismus beim Belding-Ziesel. Alcocks (1979) Buch ist als gute Einführung in die kausalen wie die funktionellen Aspekte des tierischen Verhaltens zu empfehlen.

2 Ökologie und Anpassung: Vergleich zwischen Arten

Vergleichende Beobachtungen sind zentraler Bestandteil der meisten Hypothesen über Anpassungen. Es sind die vergleichenden Studien an verschiedenen Arten, die ein Gefühl für die Vielfalt von Strategien geben, die Tiere in der Natur verfolgen können. Wenn man etwas über die Funktion einer Verhaltensweise bei einer bestimmten Art herausbekommen möchte, hilft häufig die Frage weiter, warum sich die Verhaltensweise von der anderer Arten unterscheidet. Warum lebt beispielsweise die Art A in Gruppen, während die Art B Einzelgänger ist? Warum paaren sich Männchen der Art A nur monogam, Männchen der Art B hingegen polygam? Beobachtungen im Freiland zeigten, daß nahe verwandte Arten sich oftmals sehr unterschiedlich verhalten. Eine plausible Erklärung für derartige Unterschiede bietet die Annahme, daß die Arten sich unter verschiedenen ökologischen Zwängen wie Menge und Verteilung von Nahrung und Feinden entwickelt haben. Eine empfindliche Methode zum Studium von Anpassungen stellt der Vergleich von ganzen Gruppen verwandter Arten dar. Dabei wird versucht, Verhaltensunterschiede exakt mit Unterschieden hinsichtlich der Ökologie zu korrelieren. In diesem Kapitel sollen zunächst zwei grundlegende Arbeiten besprochen werden, die den vergleichenden Ansatz erstmals verwendeten und zu ähnlichen Studien an weiteren Tiergruppen Anlaß gaben. Anschließend sollen methodische Schwierigkeiten beim Aufstellen und Überprüfen von derartigen Hypothesen erörtert werden. Schließlich werden wir einige neuere, mit der vergleichenden Methode arbeitende Studien anführen, die diese Schwierigkeiten zu umgehen suchen.

Webervögel

Crook (1964) war der erste, der eine systematische Analyse dieser Art vornahm und mehr als 90 Arten von Webervögeln *(Ploceinae)* untersuchte. Es handelt sich um kleine Singvögel, die über Afrika und Asien verbreitet vorkommen und sich trotz großer äußerer Ähnlichkeit in ihrer sozialen Organisation stark unterscheiden. Manche leben einzeln, andere treten in größeren Scharen auf. Einige bauen versteckte Nester und beanspruchen große, abgegrenzte Reviere, während andere ihre Nester zu Kolonien zusammenlegen. Die einen leben in monogamer, dauerhafter Paarbindung, während sich bei den anderen, polygamen

Arten die Männchen mit mehreren Weibchen paaren und sich kaum um den Nachwuchs kümmern. Wie läßt sich die Evolution einer derartigen Verschiedenheit des Verhaltens erklären?

Crook begann nach einer Beziehung zwischen diesen Formen der sozialen Organisation und der Ökologie der Arten zu suchen. Die ökologischen Variablen, die er in seine Betrachtung miteinbezog, waren Art, Menge und Verteilung des Futters, Räuber und Nistplätze. Seine Analyse ergab, daß sich die Webervögel in zwei große Klassen einteilen lassen:

1 Arten, die im Wald leben, sich vorwiegend von Insekten ernähren, einzeln auf Nahrungssuche gehen, große Reviere verteidigen und versteckte, einzelne Nester bauen. Männchen und Weibchen sind monogam und besitzen gleiche Gefiederfärbung.

2 Arten, die in der Savanne leben, ihre vorwiegend aus Samen bestehende Nahrung in Gruppen suchen und ihre Nester in großen, auffälligen Kolonien anlegen. Sie leben polygam und weisen deutliche Geschlechtsunterschiede auf; die Männchen tragen ein auffällig gefärbtes Gefieder, während die Weibchen eher unscheinbar sind (Abb. 2.1).

Es stellt sich die Frage, warum Verhalten und Morphologie der Webervögel derart auffällig mit ihrer Ökologie verknüpft sind. Crook vermutete, daß Raubtiere und Nahrung die wesentlichen Selektionsdrucke verursacht haben, die für die Evolution der sozialen Organisation verantwortlich sind. Dazu führt er folgende Argumente an:

1 Die aus Insekten bestehende Nahrung der im Wald lebenden Vögel kommt weit verstreut vor. Deshalb ist es für die Vögel im Wald von Vorteil, einzeln auf Futtersuche zu gehen und die verstreuten Nahrungsressourcen als Revier zu verteidigen. Da die Insektensuche zeitaufwendig ist, müssen beide Eltern die Jungen füttern und deshalb während der Brutperiode als Paar zusammenleben. Da beide Elterntiere regelmäßig das Nest besuchen, müssen sie unauffälliges Gefieder besitzen, um die Aufmerksamkeit von Räubern zu vermeiden. Versteckte, weit von den Nachbarn entfernte Nester vermindern die Wahrscheinlichkeit, daß das Nest von Raubtieren entdeckt wird.

2 In der Savanne sind die Samen ungleichmäßig verteilt und kommen an einigen Orten in großer Fülle vor. Es ist effektiver, derartige Futteransammlungen in Gruppen aufzuspüren, da von der Gruppe größere Gebiete abgesucht werden können. An den Orten selbst kommen die Samen in so großen Mengen vor, daß während des Fressens wenig Konkurrenz innerhalb des Schwarmes besteht.

Im offenen Land können die Vögel ihre Nester nicht verstecken, so daß sie möglichst sichere und geschützte Nistplätze wie die stacheligen Akazien aufsuchen. Die Nester werden kolonieweise oder als Gruppennester angeordnet, um eine bessere Isolation gegen die Hitze erreichen.

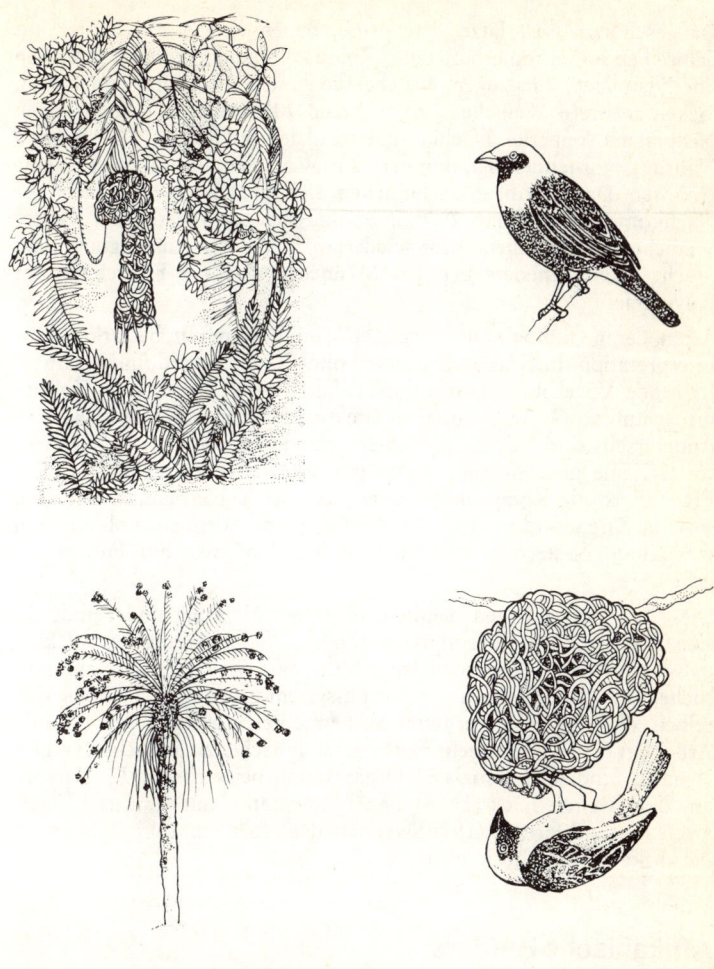

Abb. **2.1** Oben: Einige Webervögel, wie die hier abgebildete Art *Malimbus scutatus*, fressen Insekten, bauen versteckte, einzelne Nester im Wald und suchen ihr Futter einzeln in großen, abgegrenzten Revieren. Unten: Andere Arten, wie *Ploceus cucullatus*, suchen ihre vorwiegend aus Grassamen bestehende Nahrung in der offenen Savanne. Sie legen ihre Nester in auffälligen Kolonien an und gehen gemeinsam auf Nahrungssuche. Die Männchen dieser Arten sind häufig auffallend gefärbt.

Da geschützte Nistplätze selten sind, bauen viele Vögel Nester auf demselben Baum. Innerhalb einer Kolonie konkurrieren die Männchen um Nistplätze; diejenigen, welche die besten Nistplätze innehaben, locken mehrere Weibchen an, während Männchen mit ungünstigen Nistplätzen keinerlei Nachkommen aufziehen können. Da reichlich Nahrung vorhanden ist, können die Weibchen ihre Jungen alleine ernähren. Das erlaubt den Männchen, sich nicht um die Aufzucht der Nachkommen kümmern zu müssen und sich statt dessen um weitere Weibchen zu bemühen. Dies wiederum führte zur Ausprägung eines prachtvollen Gefieders bei den Männchen und zur Entstehung der Polygamie.

Arten, deren Ökologie eine Zwischenstellung einnimmt, bestärken diese Interpretation. In Graslandhabitaten ohne Baumbestand finden samenfressende Vögel ihre Nahrung lokal konzentriert, so daß ein Zusammenschluß zu Gruppen für eine effektive Nahrungssuche nützlich ist. Andererseits sind Nester im flachen Gelände vor Räubern ungeschützt, so daß eine gleichmäßige Verteilung der Nester vorteilhaft ist. Das Ergebnis ist ein Kompromiß: Arten, die hier leben, nehmen mit ihrer sozialen Organisation eine Mittelstellung ein, indem sie Kolonien mit verstreuten Nestern anlegen, jedoch in Schwärmen auf Futtersuche gehen.

Diese Ergebnisse zeigen deutlich, inwiefern Nahrung und Feinde die soziale Organisation beeinflussen können. Außerdem machen sie klar, daß die Ausprägung verschiedener Merkmale wie Nestbau, Nahrungssuche, Gefiederfärbung und Paarungssystem gemeinsam als Folge derselben ökologischen Verhältnisse betrachtet werden kann. Crooks Arbeit an den Webervögeln regte etliche Forscher zu ähnlichen vergleichenden Studien der sozialen Organisation bei weiteren Tiergruppen an. Z. B. weitete Lack (1968) die Argumentation auf sämtliche Vogelarten aus, und Jarman (1974) wendete denselben Forschungsansatz auf die afrikanischen Huftiere an.

Afrikanische Huftiere

Jarman (1974) führte Untersuchungen an 74 Huftierarten durch. Es handelt sich sämtlich um Pflanzenfresser, jedoch besteht ein Zusammenhang zwischen dem Typ der Pflanzennahrung und Unterschieden hinsichtlich der Fortbewegung, des Paarungsverhaltens und der Raubtierabwehr. Die Arten wurden in fünf ökologische Kategorien eingeteilt (Tab. 2.1). Wie bei den Webervögeln scheinen mehrere Anpassungen parallel erfolgt zu sein.

Die stärkste Korrelation besteht zwischen Ernährung, sozialer Organisation und Körpergröße. Kleine Arten haben einen höheren Stoffwech-

Tabelle **2.1** Die soziale Organisation afrikanischer Huftiere in Zusammenhang mit ihrer Ökologie
(aus P. J. Jarman: Behaviour 48 [1974] 215)

	Arten-beispiele	Körper-gewicht (kg)	Habitat	Ernährung	Gruppen-größe	Paarungs-system	Abwehrverhalten gegenüber Raubtieren
Gruppe I	Dikdik Ducker	3–60	Wald	bestimmte junge Triebe, Früchte, Knospen	1–2	einzelne Paare	Verstecken
Gruppe II	Großer Riedbock Giraffengazelle	20–80	Dickicht, grasbewachsene Flußufer	bestimmte junge Triebe oder Gräser	2–12	Männchen mit Harem	Verstecken, Flucht
Gruppe III	Schwarzfersenantilope Gazelle Kob-Antilope	20–250	bewaldete Flußufer, trockenes Grasland	Gräser oder junge Triebe	2–100	Männchen verteidigen Reviere während der Brunftperiode	Flucht, Zusammenschluß zu Herden
Gruppe IV	Gnu Kuhantilope	90–270	Grasland	Gräser	bis 150 (mehrere tausend bei Wanderungen)	Verteidigung von Weibchen innerhalb der Herde	Zusammenschluß zu Herden, Flucht
Gruppe V	Elenantilope Büffel	300–900	Grasland	alle Arten von Gräsern	bis zu 1000	männliche Dominanzhierarchie innerhalb der Herde	Verteidigung gegenüber Räubern durch Herdenbildung

selumsatz pro Gewichtseinheit und sind darauf angewiesen, Ansammlungen von qualitativ hochwertiger Nahrung wie Beeren und junge Sprossen zu finden. Sie kommen häufig im Wald vor, leben über das Habitat verstreut und bevorzugen ein solitäres Dasein. Der beste Weg, um im Wald Raubtieren zu entgehen, ist es, sich zu verstecken. Da die Weibchen verstreut leben, kommen auch die Männchen vereinzelt vor; deshalb findet sich als häufigstes Paarungssystem der Zusammenschluß von einem Männchen und einem Weibchen, die ein gemeinsames Revier besetzen.

Das andere Extrem bilden die größten Arten, die große Mengen von qualitativ minderwertiger Nahrung zu sich nehmen und in den Steppen äsen, ohne wählerisch zu sein. Es würde sich nicht lohnen, derartige Futterquellen zu verteidigen, so daß diese Arten in Herden umherziehen und dabei Regenfällen und frischen Gräsern folgen. In den großen Herden besteht die Tendenz, daß das stärkste Männchen Anspruch auf mehrere Weibchen erhebt, indem es einen Harem verteidigt oder indem eine Dominanzhierarchie mit Paarungsrechten erkämpft wird. Bei der Annäherung von Raubtieren besteht keine Möglichkeit, sich in dem offenen Gelände zu verstecken, so daß die Tiere entweder fliehen oder sich auf die Schutzwirkung der Herde verlassen müssen. Huftiere der mittleren Größe nehmen hinsichtlich ihrer Ökologie und sozialen Organisation eine Mittelstellung zwischen diesen Extremen ein (Tab. 2.1).

Anpassungen oder Ammenmärchen?

So überzeugend dieser vergleichende Ansatz zu sein scheint, wirft er jedoch Probleme auf (Clutton-Brock u. Harvey 1979, Gould u. Lewontin 1979). Die im folgenden erörterten Einwände betreffen allerdings nicht nur die vergleichenden Studien, so daß sie im weiteren Verlauf des Buches erinnert werden sollten.

Erfindung von „Erklärungen"

Wenn wir die oben angeführten Erklärungen für die Unterschiede in den sozialen Organisationen kritisch betrachten, stellen wir fest, daß sie zusammengesucht wurden, um den Fakten gerecht zu werden. Sie scheinen plausibel, doch es wurden keine alternativen Hypothesen erörtert. Genausogut könnte man die Hypothese aufstellen, daß Flamingos rosa sind, um in der untergehenden Sonne getarnt zu sein, und sich mit dieser Erklärung zufriedengeben. Das klingt vielleicht abwegig, aber wie läßt sich sicherstellen, daß die oben geäußerten Erklärungen treffender sind?

Auch die ökologischen Variablen, wie der Druck durch Raubtiere und die Beschaffenheit der Umwelt, wurden nur vage beschrieben. Bei den

Webervögeln wurde das gehäufte Vorkommen von Futter für die Evolution der Schwarmbildung verantwortlich gemacht, während bei den Huftieren, genau umgekehrt, Ansammlungen von qualitativ hochwertiger Nahrung im Wald zum Einzelgängertum geführt haben sollen. Hier besteht offensichtlich die Gefahr, Dinge zu einfach und sozusagen im Handumdrehen zu erklären, indem man sich Deutungen ausdenkt, die zu den Fakten passen, ohne jedoch eine genaue quantitative Analyse der betreffenden ökologischen Faktoren durchzuführen.

Ursachen verdeckende Faktoren

Weiter oben wurde die Beobachtung angeführt, daß samenfressende Webervögel in Schwärmen auf Futtersuche gehen. Unsere Erklärung war, daß das Samenfressen die Schwarmbildung selektioniert, weil die verstreut liegenden Nahrungsansammlungen im Schwarm leichter gefunden werden. Mit gleicher Berechtigung ließe sich vermuten, daß die Bedrohung durch Raubtiere zur Schwarmbildung geführt hat, während die Vögel als Konsequenz hieraus lokal angehäufte Futterquellen aufsuchen, um genug Futter für alle Tiere finden zu können. In diesem Fall wäre das Samenfressen nicht Ursache, sondern eine Folge der Schwarmbildung. Weiter wäre denkbar, daß die Bedrohung durch Raubtiere auch bei den waldbewohnenden, insektenfressenden Arten zur Schwarmbildung führen könnte, wenn die Ernährungsweise sie nicht zwänge, einzeln auf Futtersuche zu gehen.

Das Problem ähnelt der Frage, was zuerst da war, die Henne oder das Ei. Der vergleichende Ansatz bezieht also häufig mehrere Faktoren in die Betrachtung mit ein, die nicht voneinander unterschieden werden können. Ein weiteres Beispiel: Wir sehen, wie Giraffen mit ihren langen Hälsen an den Baumkronen äsen und kurzhalsige Büffel am Boden. Darauf nehmen wir an, die langen Hälse seien eine Anpassung, um das hochgelegene Futter in den Bäumen zu erreichen. Doch ein langer Hals könnte genauso dazu dienen, anschleichende Raubtiere möglichst früh zu erspähen. Wie lassen sich mehrere derartige Faktoren auseinanderhalten, und wie läßt sich entscheiden, welcher von ihnen den Selektionsdruck zur Ausprägung des Merkmals lieferte? Vielleicht waren es sogar beide Faktoren?

Ein gleichermaßen Ursachen verdeckender Faktor ist die Körpergröße. Jarman bezog die Körpergröße in seine Analyse mit ein, indem er die Arten in Klassen nach verschiedenem Körpergewicht einteilte (Tab. 2.1). Die meisten biologischen Merkmale nehmen jedoch nicht im Verhältnis 1 : 1 mit der Körpergröße zu; ihre Beziehung zur Körpergröße wird als allometrisch bezeichnet (Gould 1966). Z. B. nimmt die Hirnmasse bei verschiedenen Vögeln nur um zwei Drittel verglichen mit der Körpergröße zu. In diesem Fall wären die Effekte des Körpergewichtes abzuziehen, bevor man die Gehirngröße in Beziehung zu ökologischen Faktoren setzt. Diese Korrektur kann erfolgen, indem man zunächst die Gehirnmassen verschiedener Tiere gegen das Körpergewicht aufträgt und eine Anpassungsgerade durch die Punkte legt. Anschließend läßt sich die Abweichung eines bestimmten Punktes von der Geraden ablesen und damit feststellen, ob das Gehirngewicht größer oder kleiner, als nach dem Körpergewicht erwartet, ist.

Mehrfache adaptive Gipfel oder nichtadaptive Unterschiede

Beim Vergleich zwischen Arten verfällt man leicht darauf, hinter jedem Unterschied Anpassungen zu vermuten, doch es gibt auch Unterschiede, die als verschiedene, aber gleichwertige Antworten auf denselben ökologischen Druck anzusehen sind. Man stelle sich vor, ein Ökologe vom Mars würde die Erde besuchen und beobachten, daß die Autofahrer in den USA die rechte Straßenseite benutzen, während sie in England links fahren. Er könnte daraufhin zahlreiche Messungen machen, um die ökologischen Zusammenhänge zu finden, die die adaptive Bedeutung dieses Unterschiedes erklären könnten. In Wirklichkeit sind die Entscheidungen für die rechte oder die linke Seite gleichwertige Alternativen zur Vermeidung von Unfällen (Dawkins 1980).

Manche Unterschiede zwischen Tieren könnten entsprechende Ursachen haben. Widder benutzen Hörner zum kämpfen, Hirsche Geweihe. Hörner leiten sich aus Hautgewebe ab, während Geweihe Knochenauswüchse sind (Modell 1969). Die Unterschiede zwischen Horn und Geweih spiegeln nicht notwendigerweise ökologische Differenzen wider; die Evolution könnte hier einfach unterschiedliche Wege beschritten haben, um dieselbe Funktion zu erreichen (Abb. 2.2). Das Problem der nichtadaptiven Erklärungen ist, daß man sie meistens dann bemüht, wenn einem nichts anderes mehr einfällt. Vielleicht gibt es eine adaptive Ursache für den Unterschied, die einem bisher entgangen ist. Beispielsweise werden Geweihe im Gegensatz zu Hörnern jährlich abgeworfen und erneuert. Es ist möglich, daß dieser Unterschied mit den saisonbedingten Veränderungen, die die Konkurrenz um Weibchen und das Nahrungsangebot betreffen, zusammenhängt.

Diese Einwände sind nicht unerheblich, stellen aber die vergleichende Methode nicht grundsätzlich in Frage. Vielmehr ist der vergleichende Ansatz durchaus bedeutend, indem er eine Vielzahl von morphologischen und Verhaltensmerkmalen in denselben ökologischen Zusammenhang bringt. Crooks Studie der Webervögel und Jarmans Arbeit über die afrikanischen Huftiere waren Vorbilder für ökologische Untersuchungen an weiteren Arten. Bei den meisten heutigen Studien wird versucht, die erwähnten Probleme miteinzubeziehen und zu beheben. Im folgenden soll, unter Berücksichtigung der gemachten Einwände, ein

Abb. 2.2 Die Hörner des Widders und das Geweih des Hirsches werden beide zum Kämpfen eingesetzt. Hörner leiten sich aus Haut-, Geweihe aus Knochengewebe ab.

Beispiel besprochen werden, das die Änderung im methodischen Ansatz veranschaulicht und einen exakteren Vergleich zwischen Arten zuläßt.

Soziale Organisation bei Primaten

Erste Kenntnisse vom Verhalten der Primaten wurden hauptsächlich an gefangenen Tieren in Zoos gewonnen. Zuckerman schloß im Jahre 1932, daß Primaten soziale Tiere seien, weil sie eine kontinuierliche sexuelle Aktivität zeigen. Erinnert man sich an das vorangegangene Kapitel, wird klar, daß dies eine kausale Erklärung ist, die die funktionelle Bedeutung der sozialen Organisation unberücksichtigt läßt. Zu Beginn der 50er Jahre zeigten erste Freilandbeobachtungen, daß die sexuelle Aktivität nicht wirklich kontinuierlich ist (z. B. Carpenter 1954). Außerdem wurde deutlich, daß zwischen den Arten große Unterschiede hinsichtlich der sozialen Organisation bestehen (Abb. 2.3). Die kleinen Koboldmakis und Lemuren jagen während der Nacht einzeln in den Baumkronen nach Insekten. Manche Affen streifen am Tage in kleinen Gruppen durch die Bäume und ernähren sich von Blättern oder Früchten. Andere leben am Boden und ziehen in größeren Trupps umher. Unter den Menschenaffen lebt der Orang-Utan als Einzelgänger, der Gibbon bildet Paare oder kleine Familienverbände, während der Schimpanse in Gruppen bis zu 50 Tieren vorkommt.

Wie läßt sich die Evolution einer derart verwirrenden Vielfalt von sozialen Organisationsformen erklären? Es wurde bald klar, daß ökolo-

48 2 Ökologie und Anpassung: Vergleich zwischen Arten

Abb. **2.3** Vier Bilder, die die Verschiedenheit der sozialen Organisation bei Primaten veranschaulichen.

(a) Tab. 2.2, Klasse I: Einzelgängerischer, insektenfressender Halbaffe, der Senegalgalago *(Galago senegalensis)* (Foto: C. Harcourt).

(b) Tab. 2.2, Klasse II: Monogames Paar pflanzenfressender, baumbewohnender Schopfgibbons *(Hylobates concolor)*. Links das Männchen (Foto: R. Tilson/BPS).

Soziale Organisation bei Primaten

(c) Tab. 2.2, Klasse IV: Teil eines Trupps pflanzenfressender, waldbewohnender Brillenlanguren *(Presbytes obscurus)* (Foto: R. Tilson/BPS).

(d) Tab. 2.2, Klasse V: Ein Trupp savannenbewohnender Anubispaviane *(Papio anubis)*. Im Vordergrund gehen zwei untergeordnete Männchen, während das dominante Männchen sich weiter hinten nahe den Weibchen und den Jungtieren befindet (Foto: I. DeVore. Freundlicherweise von Anthro-Photo zur Verfügung gestellt).

Tabelle 2.2 Einteilung der Primaten in fünf „adaptive Klassen" durch Crook u. Gartlan (1966)

	Artenbeispiele	Habitat	Ernährung	Aktivitätsrhythmus	Gruppengröße	Paarungssystem	Geschlechtsunterschiede
Klasse I	*Galago Lepilemur Microcebus*	Wald	Insekten	nachtaktiv	solitär	Paare	gering
Klasse II	*Indri Lemur Hylobates*	Wald	Früchte oder Blätter	dämmerungs- oder tagaktiv	sehr kleine Gruppen	einzelne Männchen mit Familie	gering
Klasse III	*Colobus Saimiri Gorilla*	Wald oder Waldrandgebiete	Früchte oder Früchte u. Blätter	tagaktiv	kleine Gruppen	Gruppen mit mehreren Männchen	gering bis deutlich ausgeprägt
Klasse IV	*Macaca Cercopithecus aethiops Pan*	Waldrand oder Baumsavanne	Pflanzen- oder Allesfresser	tagaktiv	mittlere bis große Gruppen	Gruppen mit mehreren Männchen	deutlich ausgeprägt
Klasse V	*Erythrocebus patas Papio hamadryas Theropithecus gelada*	Grasland oder trockene Savanne	Pflanzen- oder Allesfresser	tagaktiv	mittlere bis große Gruppen	Gruppen mit einem Männchen	deutlich ausgeprägt

gische Faktoren dabei eine wichtige Rolle spielen. De Vore (1965) stellte beispielsweise fest, daß Anubispaviane *(Papio anubis)*, verglichen mit anderen Primaten, in großen Gruppen leben, daß ihre Männchen sehr kräftig sind und die Tiere starke Gebisse aufweisen. Er stellte die Vermutung auf, daß diese Merkmale Adaptationen zur Abwehr von Feinden auf dem flachen, ungeschützten Boden seien. Crook u. Gartlan (1966) sammelten genügend Daten aus Freilandbeobachtungen, um einen ersten Vergleich zwischen einer großen Anzahl von Primatenarten durchzuführen.

Wie bei den Webervögeln und den afrikanischen Huftieren ordneten sie die Arten aufgrund ihrer Ökologie und ihres Verhaltens in mehrere Kategorien ein. Tab. 2.2 zeigt, daß das eine Extrem von nachtaktiven, baumbewohnenden Arten gebildet wird, die einzelgängerisch leben und Insekten fressen. Dann folgen verschiedene tagaktive Arten, die sich von Blättern oder Früchten ernähren und kleine bis große Gruppen formieren. Schließlich finden sich als das andere Extrem pflanzenfressende Arten, die in offenen Habitaten leben, große Gruppen bilden, deutlich ausgeprägte Geschlechtsunterschiede aufweisen und bei denen ein starker Wettbewerb zwischen den Männchen um die Weibchen besteht.

Wieder scheinen Ernährung und Feinde die verantwortlichen selektiven Kräfte für den Zusammenhang zwischen sozialer Organisation und Habitat zu sein. Insekten treten verstreut auf und sind schwer zu finden, so daß insektenfressende Primaten ähnlich wie die insektenfressenden Webervögel solitär leben. In der offenen Landschaft fördert die Bedrohung durch Raubtiere den Zusammenschluß zur Gruppe, während die Nahrung lokal konzentriert vorkommt, so daß viele Individuen an derselben Futterquelle teilhaben können. Wie die Webervögel des offenen Landes leben diese Primaten in Gruppen. Da in großen Gruppen Konkurrenz um die Weibchen besteht, wurde bei den Männchen ein großes Körpergewicht selektiert.

Crook u. Gartlan teilten die Primaten in eine kleine Anzahl diskreter Klassen ein. Eine solche Einteilung ist in zweifacher Hinsicht problematisch. Erstens sind manche Merkmalsunterschiede, z. B. die Größe des Aktionsraumes oder die Gruppengröße, kontinuierlich, so daß die Einteilung in Klassen künstlich ist. Da die Klassen subjektiv definiert wurden, ist die Einordnung weiterer Arten in das Schema für andere Forscher schwierig. Zweitens stehen die verschiedenen Aspekte der sozialen Organisation wie Paarungssystem und Gruppengröße nicht notwendigerweise in Zusammenhang. Primatenarten können durchaus das gleiche Paarungssystem, jedoch unterschiedliche Gruppengrößen aufweisen.

Einer der jüngsten Versuche, die komplexen Zusammenhänge der sozialen Organisation bei Primaten zu entwirren, stammt von Clutton-Brock

u. Harvey. Sie versuchten, die obengenannten Probleme zu umgehen, indem sie die verschiedenen Merkmale des sozialen Verhaltens und der Morphologie in eine kontinuierliche Skala faßten. Dann verwendeten sie multivariante statistische Methoden, um die Effekte von mehreren ökologischen Faktoren auf ein bestimmtes Merkmal getrennt zu erfassen und den Einfluß eines jeden Faktors auf jeden Aspekt der sozialen Organisation unabhängig voneinander zu analysieren. Eine weitere Verbesserung im Forschungsansatz besteht in einer sorgfältigen Abwägung der taxonomischen Ebene, die für die Analyse geeignet ist; ob man also Arten, Gattungen, Unterfamilien oder Familien miteinander vergleichen sollte.

Beim Vergleich auf verschiedenen taxonomischen Ebenen ist zu fragen, in welchen Fällen die Daten wirklich unabhängig voneinander sind. Dazu stelle man sich eine graphische Darstellung vor, in der für alle Primatenarten der Zusammenhang zwischen der Körpergröße und einer anderen Variablen, wie der Größe des Aktionsraumes, des Gehirnvolumens oder des Paarungssystems (z. B. Anzahl Männchen pro Weibchen in der Gruppe) wiedergegeben werden soll. Nehmen wir an, es würden sich alle Arten einer Gattung an einem Punkt der Darstellung zusammengeballt finden. Z. B. weisen alle sechs Gibbonarten leichtes Körpergewicht auf, sind monogam, baumbewohnend und ernähren sich von Früchten. Sind diese Arten in einer statistischen Analyse als sechs unabhängige Punkte oder nur als ein Punkt zu betrachten? Wenn wir sie als sechs unabhängige Punkte werten, könnte die Analyse verfälscht sein und eher Verwandtschaftsverhältnisse als ökologische Zusammenhänge widerspiegeln; alle sechs Gibbonarten könnten von einem gemeinsamen Vorfahren abstammen, der monogam war, auf Bäumen lebte und Früchte aß. Da Arten innerhalb einer Gattung aufgrund gemeinsamer Abstammung ähnliche Merkmale aufweisen, wird die statistische Analyse unter Einbeziehung von Gattungen mit vielen Arten verfälscht.

Bei der Suche nach der geeigneten taxonomischen Ebene hat sich als brauchbare Regel erwiesen, innerhalb einer Ordnung (in diesem Fall die Primaten) diejenigen taxonomische Kategorie zu wählen, die die größten Unterschiede bezüglich des betrachteten Merkmals erkennen läßt. Diese Ebene kann mit Hilfe einer faktoriell-hierarchischen Varianzanalyse ermittelt werden. Geht man die taxonomischen Ebenen, von der Art beginnend, nacheinander durch, läßt sich in der Regel folgende Tendenz feststellen: Zwischen den Arten innerhalb einer Gattung ist die Varianz gering, nimmt dann zwischen den Gattungen innerhalb einer Unterfamilie zu und wird auch zwischen den Familien der gesamten Ordnung relativ groß sein. Bei den Primaten wurde die größte Varianz für die meisten ökologischen und morphologischen Merkmale gefunden, wenn jeweils unterschiedliche Gattungen als unabhängige Punkte betrachtet wurden. In diesem Fall würden alle sechs Gibbonarten als ein

Punkt aufgefaßt werden. Beim Vergleich von Familien findet sich keine größere Varianz als zwischen den Gattungen. Das heißt also, daß eine maximale Varianz auf der Ebene der Gattungen besteht. Somit kann beim Vergleich der Gattungen keine zusätzliche Varianz auftreten, die eher auf das Konto verwandtschaftlicher Beziehungen gehen würde als auf ökologische Unterschiede (Harvey u. Mace 1981).

Es sollen nun einige Beispiele von Zusammenhängen zwischen der sozialen Organisation und der Morphologie betrachtet werden, in denen jeweils Gattungen als unabhängige Punkte in die Analyse eingehen. Dabei werden wir feststellen, daß der vergleichende Ansatz inzwischen zu einem exakteren und objektiveren wissenschaftlichen Instrument geworden ist.

Größe des Aktionsraumes

Größere Tiere benötigen mehr Futter. Deshalb ist generell zu erwarten, daß sie größere Territorien durchstreifen. Bevor wir eine ökologische Variable wie die Ernährung in Beziehung zur Größe des Aktionsraumes setzen, muß der Einfluß der Variablen Körpergewicht berücksichtigt

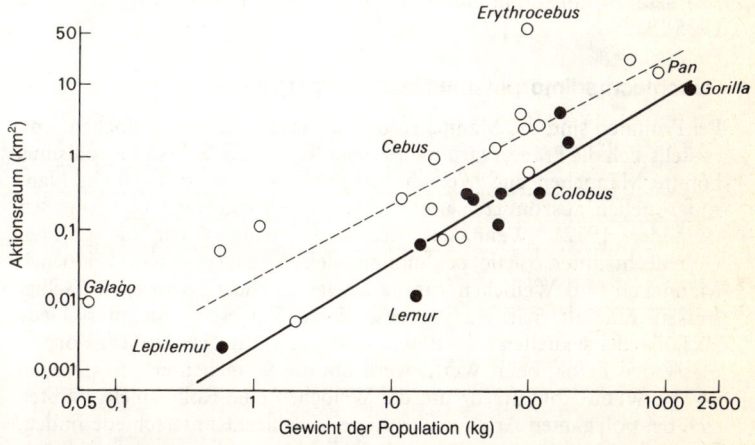

Abb. **2.4** Größe des Aktionsraumes für verschiedene Primatengattungen in Abhängigkeit vom Gewicht der Population, die das Gebiet bewohnt. Die ausgefüllten Kreise (●) stehen für blätterfressende Gattungen, und die durchgezogene Linie stellt die zugehörige Regressionsgerade dar. Die offenen Kreise (○) repräsentieren stärker spezialisierte Gattungen (Insektenfresser, Früchtefresser); die zugehörige Regressionsgerade ist gestrichelt. Einige der Gattungen sind namentlich gekennzeichnet (aus T. H. Clutton-Brock, P. H. Harvey: J. Zool. Lond. 183 [1977] 1).

werden. Wird die Reviergröße gegen das Gesamtgewicht der darin umherziehenden Tierpopulation aufgetragen, zeigt sich wie erwartet, daß Gruppen mit größerem Gewicht größere Aktionsräume beanspruchen (Abb. 2.4).

Der Einfluß der Ernährung auf die Größe des Aktionsraumes wird deutlich, wenn die stärker spezialisierten Gattungen (Insektenfresser, Früchtefresser) und die weniger spezialisierten blätterfressenden Gattungen getrennt dargestellt werden; die stärker spezialisierten Gattungen beanspruchen größere Gebiete bei gleichem Gruppengewicht. Eine einleuchtende Erklärung dafür ist, daß Insekten und Früchte weiter verstreut vorkommen als Blätter, so daß die stärker spezialisierten Gattungen auf der Futtersuche ein größeres Gebiet durchstreifen müssen.

Dieser generelle Trend wurde durch detaillierte Studien an einzelnen Arten bestätigt. Der Rote Stummelaffe *(Colobus badius)* ist auf junge Sprosse, Früchte und Blüten spezialisiert. Seine Nahrung kommt in lokalen Anhäufungen vor, die weit voneinander entfernt liegen, und die Art durchwandert einen Aktionsraum von etwa 70 Hektar. Der Seidenaffe *(Colobus guereza)* ist hingegen Generalist und frißt Blätter jeden Alters. Sein Nahrungsangebot ist reichlich und gleichmäßig verteilt, so daß sein Aktionsraum nur etwa 15 Hektar umfaßt (Clutton-Brock 1975).

Geschlechtsdimorphismus beim Körpergewicht

Bei Primaten sind die Männchen oftmals größer als die Weibchen, und es stellt sich die Frage, warum dies so ist. Der Geschlechtsdimorphismus könnte Männchen und Weibchen ermöglichen, unterschiedliche Nahrungsquellen auszunutzen und damit Futterkonkurrenz zu vermeiden (Selander 1972). Wenn das richtig ist, würden wir die größten Geschlechtsunterschiede bei monogamen Arten erwarten, bei denen Männchen und Weibchen zusammen leben und in demselben Gebiet fressen. Eine alternative Hypothese wäre, die Geschlechtsunterschiede als Folge der sexuellen Selektion anzusehen, indem eine größere Körpermasse den Erfolg beim Wettbewerb um die Weibchen erhöht (Darwin 1871). Wenn Konkurrenz um die Weibchen eine Rolle spielt, müßten sich bei polygamen Arten ausgeprägte Geschlechtsunterschiede finden, da große Männchen in diesem Fall die Möglichkeit hätten, mehrere Weibchen für sich zu beanspruchen.

Die vergleichenden Daten geben keinerlei Hinweise darauf, daß die Spezialisierung der Geschlechter auf die Ernährung zurückzuführen ist, sondern unterstützen die Konkurrenzhypothese der Männchen um die Weibchen. Je mehr Weibchen pro Männchen in einer Fortpflanzungsgemeinschaft leben, desto größer ist das relative Männchengewicht, bezogen auf die Weibchen (Abb. 2.5).

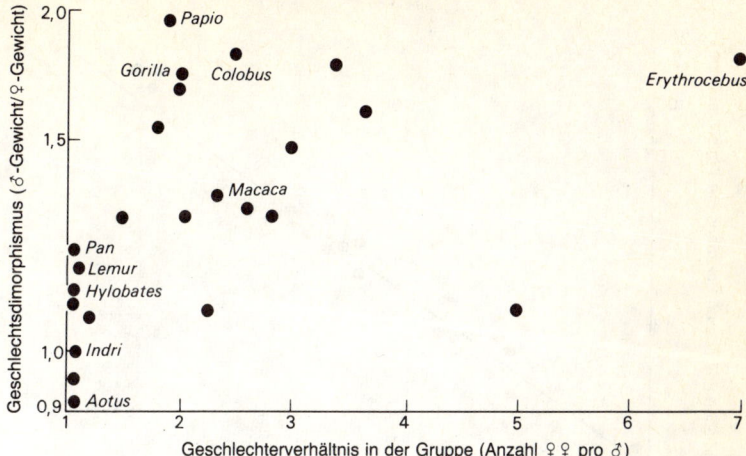

Abb. **2.5** Die Ausprägung des Geschlechtsdimorphimus nimmt mit der Anzahl Weibchen, die auf ein Männchen in der Gruppe kommen, zu. Jeder Punkt repräsentiert eine Gattung; einige sind namentlich gekennzeichnet (aus T. H. Clutton-Brock, P. H. Harvey: J. Zool. Lond. 183 [1977] 1).

Geschlechtsdimorphismus bei der Zahngröße

Männchen haben oftmals größere Zähne als Weibchen. Wieder lassen sich mehrere Hypothesen für die Ursache aufstellen (Harvey u. Mitarb. 1978). Ein starkes Gebiß könnte die Männchen dazu befähigen, die Gruppe besser gegen Feinde zu verteidigen. Oder große Zähne machen erfolgreicher im Wettbewerb um die Weibchen. Bei der Zahngröße ist das Körpergewicht als verfälschender Einflußfaktor zu berücksichtigen. Männchen sind größer als Weibchen, so daß unterschiedlich große Zähne lediglich den Geschlechtsdimorphismus hinsichtlich der Körpergröße widerspiegeln könnten.

Dies läßt sich nachprüfen, indem man Gewicht und Zahngröße von Weibchen graphisch aufträgt und eine Anpassungsgerade durch die Punkte legt. Wenn nun Zahngröße und Körpergewicht von Männchen in dieselbe Darstellung eingetragen werden, läßt sich feststellen, ob die Zahngröße eines Männchens größer ist als die eines Weibchens mit entsprechendem Körpergewicht (Abb. 2.6). Die Ergebnisse zeigen, daß sich bei monogamen Arten die Zahngröße von Männchen und Weibchen mit identischem Körpergewicht gleichen. Hingegen weisen die Männchen polygamer Arten größere Zähne als erwartet auf. Dieser Befund würde für die Konkurrenzhypothese sprechen. Jedoch läßt sich

56 2 Ökologie und Anpassung: Vergleich zwischen Arten

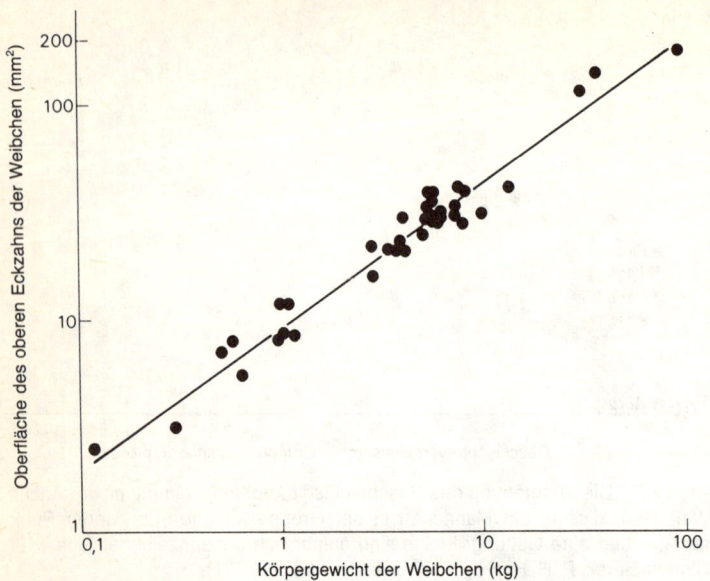

Abb. **2.6** Beziehung zwischen Zahngröße und Körpergewicht bei Weibchen. Jeder Punkt repräsentiert eine Gattung. Die Zahngröße nimmt mit dem Körpergewicht zu, so daß Unterschiede zwischen den Geschlechtern hinsichtlich der Zahngröße lediglich die Unterschiede bezüglich der Körpergröße widerspiegeln könnten. Die Körpergröße als Einflußfaktor kann ausgeschaltet werden, indem man die Zahngröße eines Männchens einträgt und feststellt, ob die Zähne des Männchens größer sind als die eines Weibchens mit entsprechendem Körpergewicht (aus P. H. Harvey, M. Kavanagh, T. H. Clutton-Brock: J. Zool. Lond. 186 [1978] 475).

die „Feindabwehr"-Hypothese nicht ausschließen, da harembildende Arten auch diejenigen sein könnten, die am ehesten durch Raubtiere bedroht sind.

Die Analyse läßt sich fortführen, indem man Arten betrachtet, bei denen mehrere Männchen in einer Gruppe zusammenleben. Innerhalb dieses Typs der sozialen Organisation wurde gefunden, daß die Männchen bodenbewohnender Arten größere Zähne im Verhältnis zum Körpergewicht aufweisen als die Männchen von baumbewohnenden Arten. Es bestehen also trotz des gleichen Paarungssystems in unterschiedlichen Habitaten Differenzen hinsichtlich der Zahngröße. Die Ursache liegt wahrscheinlich darin, daß am Boden eine stärkere Bedrohung durch

Raubtiere herrscht und deshalb bei bodenbewohnenden Arten ein stärkerer Selektionsdruck für die Evolution größerer Zähne besteht.

Aus diesen Befunden läßt sich folgern, daß sowohl Konkurrenz um Weibchen als auch Bedrohung durch Feinde die Evolution der Geschlechtsunterschiede an den Zähnen beeinflussen können. Darüber hinaus ist nicht auszuschließen, daß unterschiedliche Zahngröße auch zur Ausnutzung unterschiedlicher Nahrungsquellen beitragen und somit die Futterkonkurrenz reduzieren könnte. Das Beispiel zeigt, daß es selbst mit sorgfältigen Analysen schwierig ist, die Einflüsse aller Variablen auf die Evolution eines Merkmals abzuschätzen.

Gehirngröße

Da auch die Gehirngröße mit dem Körpergewicht zunimmt, müssen wir diesen Einflußfaktor ebenfalls berücksichtigen, bevor wir ökologische Beziehungen herstellen. Clutton-Brock u. Harvey (1980) betrachteten sieben Primatenfamilien und trugen für jede Gattung innerhalb einer Familie das durchschnittliche Gehirngewicht gegen das durchschnittliche Körpergewicht auf. Beispielsweise verglichen sie innerhalb der Cercopithecidae die Gattungen *Macaca* (Makaken), *Papio* (Paviane), *Mandrillus* (Backenfurchenpaviane) und *Colobus* (Stummelaffen). In einer Graphik wurden die Gehirngewichte aller Gattungen einer Familie in Abhängigkeit vom Körpergewicht eingezeichnet und eine Anpas-

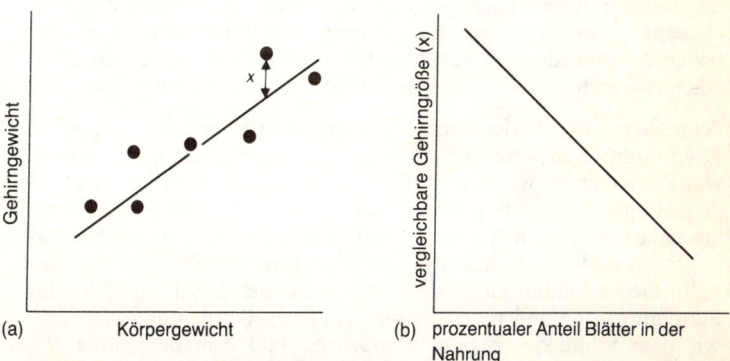

Abb. 2.7 (a) zeigt schematisch die Zunahme des Gehirngewichtes mit dem Körpergewicht. Jeder Punkt repräsentiert eine Gattung innerhalb einer bestimmten Familie. Die Abweichung (x) einer Gattung von der Regressionsgeraden ergibt ein Maß für die vergleichbare Gehirngröße. Wenn man diese gegen den Anteil von Blättern in der Ernährung aufträgt (b), wird deutlich, daß Gattungen mit einem höheren Anteil von Blättern in der Nahrung geringere vergleichbare Gehirngewichte aufweisen.

sungsgerade durch die Punkte gelegt. Die Abweichung von der Geraden ist nun für jede Gattung ein Maß dafür, ob das Gehirngewicht unter Berücksichtigung des Körpergewichtes überdurchschnittlich groß oder klein ist (Abb. 2.7a). Wird dieses vergleichbare Gehirngewicht gegen den prozentualen Anteil von Blättern im Speiseplan der Gattungen aufgetragen, ergibt sich als interesssantes Resultat, daß in allen sieben Familien die „Blätterfresser" kleinere Gehirngewichte aufweisen als die „Früchtefresser" (Abb. 2.7b). Blätter sind überall und in größeren Mengen zu finden als Früchte, so daß die Blätterfresser vielleicht mit einem kleineren Gehirn auskommen, weil sie kein großes Gedächtnis brauchen, um ihre Nahrung aufzuspüren. Man könnte aber auch ganz anders argumentieren: Blätterfresser benötigen einen enormen Verdauungstrakt, um ihre Nahrung zu verwerten. So könnte die Gehirngröße eines Blätterfressers, bezogen auf das Körpergewicht, geringer sein, weil die Selektion einen größeren Verdauungsapparat und damit ein größeres Körpergewicht begünstigt hat.

Unterschiedliche Gruppentypen bei Primaten

Sowohl Crook u. Gartlan als auch Clutton-Brock u. Harvey erkannten die Gruppengröße als einen variablen Faktor und suchten nach Zusammenhängen zwischen ihr und ökologischen Größen. Generell ist der Trend zu erkennen, daß bodenbewohnende, tagaktive Arten in größeren Gruppen leben als nachtaktive Baumbewohner (s. Tab. 2.2). Für die nachtaktiven Arten mag es genügen, sich in den Baumkronen verborgen zu halten, um Raubtieren zu entgehen. Tagaktive Arten, besonders bodenbewohnende, sind jedoch auffällig und könnten versuchen, diesen Nachteil durch die Bildung großer Gruppen auszugleichen (s. Kap. 4).

Wrangham (1980) wies darauf hin, daß es nicht genügt, lediglich die Gruppengröße zu betrachten, da es ganz verschieden organisierte Typen von Primatengruppen gibt. Z. B. bestehen die Gruppen bei Arten wie dem Hulman *(Presbytis entellus)* und dem Anubispavian *(Papio anubis)* aus nahe verwandten Weibchen, die beständig in der Gruppe leben, und aus zugewanderten Männchen. Zwischen den Weibchen gibt es dauerhafte soziale Bindungen, und sie verbringen viel Zeit mit gemeinsamer Futteraufnahme und gegenseitiger Fellpflege. Bei den anderen Arten, wie dem Schimpansen *(Pan troglodytes)* und dem Berggorilla *(Pan gorilla beringei)*, gibt es keine so engen Beziehungen zwischen den Weibchen, und sie wechseln häufiger zwischen den Gruppen (Abb. 2.8). Es fragt sich, ob ökologische Faktoren für den unterschiedlichen Aufbau der Gruppen verantwortlich sind.

Wrangham vermutet, daß das Leben in Gruppen unterschiedliche Vor- und Nachteile für die Geschlechter mit sich bringt. Für die Männchen nehmen befruchtungsfähige Weibchen eine Schlüsselstellung ein, da sie

Soziale Organisation bei Primaten

Abb. **2.8** Die Bilder zeigen unterschiedliche Typen von Primatengruppen. In Schimpansentrupps (*Pan troglodytes*) gibt es keine starken Bindungen zwischen den Weibchen (a), während bei den Grünen Meerkatzen (*Cercopithecus aethiops*) enge Beziehungen zwischen den Weibchen bestehen und sie viel Zeit mit gegenseitiger Pflege verbringen (b). Wrangham vermutet, daß ökologische Faktoren die Evolution der verschiedenen Gruppentypen beeinflußten (Fotos: R. Wrangham und P. Lee).

die Ressource darstellen, die den männlichen Fortpflanzungserfolg limitiert. Für die Weibchen hingegen ist das Futter die begrenzende Ressource (s. dazu Kap. 6). Ein Vergleich zwischen Primatenarten zeigt, daß Gruppen mit starken Bindungen zwischen Weibchen dort auftreten, wo das Futter in diskreten, voneinander entfernten Anhäufungen vorkommt, die sich leicht verteidigen lassen. Eine gemeinsame Verteidigung solcher Futterquellen (z. B. früchtebehangene Bäume) gegen andere Gruppen könnte sich für die Weibchen lohnen. Durch die Kooperation wird jedes Weibchen mehr Futter abbekommen, als wenn es allein fressen würde.

Wie aber sieht es in anderen Gruppen aus, in denen die Beziehungen unter den Weibchen wesentlich lockerer sind? Gruppen dieses Typs werden von Arten gebildet, die gleichmäßig verteilte Nahrungsquellen wie Blätter und Stengel bevorzugen (z. B. Berggorilla). Solche Ressourcen lassen sich schlecht in Besitz nehmen, so daß für die Weibchen kein Grund zur Zusammenarbeit bei der Futtersuche besteht. Starke Bindungen werden ebenfalls nicht ausgebildet, wenn die Weibchen sehr kleine Futterquellen aufsuchen, die Nahrung hoher Qualität, wie reife Früchte, enthalten (z. B. Schimpansen). In diesem Fall ist es für die Weibchen schwierig, eng zusammenhängende Gruppen zu bilden, da sie sich beim Fressen gegenseitig behindern würden.

Der Leser wird bemerkt haben, daß all diese Argumente ähnlich lauten wie die zu Beginn dieses Kapitels aufgestellten, die die sozialen Organisationen bei den Webervögeln „erklären" sollten. Sie scheinen plausibel zu sein, aber sie wurden erdacht, um den Beobachtungen gerecht zu werden. So sollten wir sie zunächst als vorläufige Hypothesen betrachten, die durch exakte Daten bestätigt werden müssen. Freilandbeobachtungen und Experimente sind notwendig, um zu klären, ob es sich für die Weibchen einer Art wirklich lohnt, bei der Futterverteidigung zusammenzuarbeiten. Nur Messungen können zeigen, daß manche Futterquellen tatsächlich in Anhäufungen vorkommen und andere nicht. Dessen ungeachtet eröffnet uns Wranghams Hypothese jedoch die faszinierende Einsicht, daß ökologische Faktoren nicht nur die Gruppengröße, sondern auch die Beziehungen innerhalb einer Gruppe beeinflussen können.

Vergleichender Ansatz im Überblick

Der hier für die Primaten beschriebene statistische Ansatz ist sicher ein wertvoller Fortschritt bei der Anwendung der vergleichenden Methode. Die wesentlichen Verbesserungen sind:

1 Verschiedene Aspekte der sozialen Organisation werden unabhängig voneinander und als kontinuierliche Variablen betrachtet.

2 Verfälschende Einflußgrößen werden in die Analyse miteinbezogen. Das hilft, so peinliche Irrtümer zu vermeiden wie den der voreingenommenen viktorianischen Forscher, die sich an der Vorstellung ergötzten, daß Männer ein größeres Gehirnvolumen hätten als Frauen und deshalb intelligenter seien. Dabei vergaßen sie eine wichtige Einflußgröße; bei gleichem Körpergewicht gibt es keinen Unterschied im Gehirnvolumen zwischen Mann und Frau.

3 Die am besten geeignete taxonomische Ebene wurde für die Analyse sorgfältig ausgewählt.

4 Zur Unterscheidung zwischen alternativen Hypothesen, wie „Bedrohung durch Feinde" und „sexuelle Konkurrenz", wurden Daten herangezogen, wo immer es möglich war.

Das Resultat derartiger Analysen sind plausible Erklärungen, die als Arbeitshypothesen für weitere Tests angesehen werden müssen. Der vergleichende Ansatz ist somit ein brauchbares Werkzeug, um generelle Trends in der Evolution und grundsätzliche Zusammenhänge zwischen sozialer Organisation und Ökologie aufzuzeigen. Er liefert Hypothesen, die zu Voraussagen für andere Tiergruppen führen können. Er kann auch verwendet werden, um Hypothesen zu überprüfen, die keiner experimentellen Analyse zugänglich sind, wie z. B. der Effekt der Polygamie auf den Geschlechtsdimorphismus. Weiter ist diese Methode wertvoll, indem sie Zusammenhänge, beispielsweise zwischen Ernährung, Bedrohung durch Feinde, sozialem Verhalten und Körpergröße, erkennen läßt.

Dennoch brauchen wir einen weiteren Forschungsansatz, um mehr darüber herauszufinden, warum Tiere ganz bestimmte Strategien in Zusammenhang mit ihrer Ökologie anwenden. Können wir tatsächlich Nahrungsverteilung und Bedrohung durch Feinde messen und daraufhin präzise Voraussagen über das Verhalten eines Tieres machen? Können wir erklären, warum bestimmte Affen in Gruppen von 20 Tieren und nicht 16 oder 25 Tieren umherziehen, warum sie ein Territorium von 10 und nicht von 8 oder 12 Hektar durchstreifen und warum sie sich genau 1 Stunde an einer Futterquelle mit Früchten aufhalten? In der Tat kann man versuchen, auf derart präzise formulierte Fragen Antworten zu finden. Bisher ist das an einem so komplizierten Sachverhalt wie dem sozialen Verhalten der Primaten nicht durchgeführt worden. Immerhin wurden bei einfacheren Verhaltensweisen schon Anfänge gemacht, die die Optimalitätstheorie und experimentelle Ansätze verwendeten. Mit diesen Ansätzen und Modellen wird sich das folgende Kapitel beschäftigen.

Zusammenfassung

Der Einfluß der Ökologie auf die Evolution des sozialen Verhaltens kann durch einen Vergleich zwischen Arten sichtbar gemacht werden. Dazu werden Unterschiede, die das Verhalten betreffen, mit Unterschieden hinsichtlich der Ökologie korreliert. Bei Webervögeln, afrikanischen Huftieren und Primaten sind die ökologischen Hauptfaktoren, die die Evolution des Verhaltens bestimmen, Verteilung und Menge der Nahrung sowie Bedrohung durch Feinde. Es wurde gezeigt, daß diese Faktoren die Beziehungen der Individuen innerhalb einer Gruppe, die Größe des Aktionsraumes, das Paarungsverhalten, den Geschlechtsdimorphismus und die Gehirngröße beeinflussen. Zwei Hauptprobleme bei den vergleichenden Studien stellen der Einfluß mehrerer, verschiedener Faktoren auf die Ausprägung eines Merkmals und die Wahl der geeigneten taxonomischen Ebene dar.

Weiterführende Literatur

Clutton-Brock u. Harvey (1979) diskutieren Probleme bei der Verwendung des vergleichenden Ansatzes. Lack (1968) wendet in seinem Buch die vergleichende Methode auf die Fortpflanzungsbiologie der Vögel an.

In diesem Kapitel blieb nicht genug Raum, um auf einzelne Primatenarten ausführlich einzugehen. Gute Darstellungen finden sich bei Altmann u. Altmann (1970) sowie Dunbar u. Dunbar (1975) über Paviane, bei Goodall (1968) über Schimpansen, Hrdy (1977) über Languren und Struhsaker (1975) über den Roten Stummelaffen.

3 Ökonomische Entscheidungen und das Individuum

Experimentelle Arbeiten zur Anpassung

Im vorangegangenen Kapitel haben wir gesehen, daß Vergleiche zwischen Arten zum Studium von Anpassungen verwendet werden können, indem Korrelationen zwischen Unterschieden im sozialen Verhalten und Unterschieden hinsichtlich der Ernährung oder des Habitats hergestellt werden. Der vergleichende Ansatz zeigte, daß eine Vielfalt von Merkmalen, wie Körpergröße, Gehirngewicht, Gruppengröße und Aktionsraum, in Zusammenhang mit der Ernährung und der Bedrohung durch Feinde stehen können. Es wurde jedoch festgestellt, daß eine der Grenzen dieses Ansatzes darin liegt, daß er eher qualitative als quantitative Erklärungen für die Anpassung des Verhaltens im Hinblick auf die Umwelt liefert. Im folgenden soll ein anderer, ja gegensätzlicher Weg beschritten werden, um den Einfluß der Selektion auf das Verhalten zu ergründen. Anstatt eine Vielzahl von Vergleichen zwischen Arten auszuführen, soll sich unser Augenwerk nun auf Individuen derselben Art richten, und das Verhalten dieser Individuen soll nach dem *Kosten-Nutzen-Prinzip* analysiert werden.

Die Idee, Kosten und Nutzen von Verhaltensweisen zu messen, nahm ihren Ursprung in Tinbergens Experimenten zur Bestimmung des Überlebenswertes einer Verhaltensweise. Tinbergen beobachtete, daß in Kolonien der Lachmöwe *(Larus ridibundus)*, die in den Sanddünen im Nordwesten Englands nistet, brütende Eltern die Eischalen nach Schlüpfen des Jungen aufnehmen und vom Nest forttragen (Abb. 3.1). Obwohl das Wegtragen der Schalen nur wenige Minuten in Anspruch nimmt, ist es von entscheidender Bedeutung für die Jungtiere. Eier und Jungen der Lachmöwe sind im Nest zwischen Gras, Sand und Zweigen gut getarnt. Die Innenseite der zerbrochenen Eischale ist jedoch hellweiß und höchst auffällig. Tinbergen führte ein Experiment aus, um die Hypothese zu testen, daß die auffällige, helle Farbe der zerbrochenen Eischalen den Tarneffekt des Nestes reduziert. Er bemalte Hühnereier ähnlich den natürlichen Möweneiern und legte sie in regelmäßigen Abständen über die Möwenkolonie verteilt aus. Neben einigen von ihnen plazierte er zusätzlich eine zerbrochene Eischale. Die Ergebnisse bestätigten seine Erwartung, daß die gut getarnten Eier häufiger von Räubern, z. B. Krähen, entdeckt und gefressen wurden, wenn sie in der Nähe einer zerbrochenen Schale lagen. Es ist also verständlich, warum

Abb. **3.1** Eine Lachmöwe bei der Entfernung der Eischalen aus dem Nest (Foto: N. Tinbergen).

die Eltern die zerbrochene Eischale nach dem Schlüpfen des Jungen entfernen: die Tarnung des gesamten Nestes ist gefährdet, und damit reduziert sich die Wahrscheinlichkeit, daß die Eltern ihre Gene weitergeben können. Doch die Geschichte läßt sich noch fortführen. Der brütende Elter entfernt die Schale nicht sofort, sondern wartet, bis das Junge etwa eine Stunde alt ist. Um diese Verzögerung zu erklären, müssen wir das Konzept der Kosten-Nutzen-Rechnung heranziehen. Wenn das brütende Elterntier sofort mit der Eischale davonfliegen würde, müßte es das frisch geschlüpfte Junge unbeaufsichtigt lassen, da der andere Elter auf Futtersuche ist, um sich für die Ablösung zu stärken. Tinbergen stellte fest, daß das frische Jungtier mit seinem nassen und verklebten Gefieder leicht zu verschlingen ist und deshalb eine verlockende Mahlzeit für kannibalische Nachbarmöwen darstellt. Möwen sind gegenüber Artgenossen wenig rücksichtsvoll und lassen sich den Futterbrocken nicht entgehen. Ist das Gefieder des Jungen hingegen ausgetrocknet und flaumig geworden, läßt es sich von anderen Möwen wesentlich schwieriger verschlucken und ist deshalb weniger reizvoll für hungrige Nachbarn. Die Verzögerung bis zum Wegtragen der Eischale stellt wahrscheinlich einen Kompromiß dar zwischen dem Nutzen durch verbesserte Tarnung und den Kosten durch die Gefährdung des alleingelassenen Jungvogels.

Wenn das Gleichgewicht zwischen Kosten und Nutzen verschoben wird, sollte sich auch das Ausmaß an Verzögerung ändern. Genau dies wurde durch Beobachtungen am Austernfischer, einem Vogel, der ebenfalls am Boden nistet und gut getarnte Eier und Junge aufweist, bestätigt. Der Austernfischer *(Haematopus ostralegus)* nistet solitär, so daß die frischgeschlüpften Jungen nicht dem Risiko kannibalischer Nachbarn ausgesetzt sind. Für die Eltern ist es deshalb am vorteilhaftesten, die Tarnung des Nestes so bald wie möglich nach dem Schlüpfen des Jungen wieder herzustellen. Tatsächlich wurde beobachtet, daß brütende Austernfischer die Eischalen mehr oder weniger augenblicklich nach dem Schlüpfen des Jungtieres, und noch bevor dessen Gefieder trocken ist, entfernen.

Optimalitätsmodelle

Tinbergens Arbeiten über die Entfernung der Eischalen zeigen, daß experimentelle Messungen von Kosten und Nutzen Verhaltensanpassungen enträtseln können, doch sie unterliegen einer wesentlichen Beschränkung. Die Hypothese vom Kompromiß zwischen Tarnung und Schutzlosigkeit des Jungen läßt nur qualitative Voraussagen zu. Sie macht keinerlei Unterscheidung zwischen Möwen, die die Eischalen 1, 2, 3 oder 4 Stunden nach dem Schlüpfen der Jungen fortschaffen, so daß sich schwer überprüfen läßt, inwieweit es sich wirklich um den erwarteten Kompromiß handelt. Eine Möglichkeit, um Hypothesen leichter überprüfbar zu machen, ist die Aufstellung von quantitativen Voraussagen. Wenn man beispielsweise voraussagen könnte, daß die Elterntiere die Eischalen nach 73,5 Minuten entfernen müßten, hätte man ein wirklich nachprüfbares Modell. Ein solcher Ansatz zum Studium von Anpassung wurde unter Verwendung von *Optimalitätsmodellen* entwickelt. Ein Optimalitätsmodell versucht vorauszusagen, welcher bestimmte Kompromiß zwischen Kosten und Nutzen den maximalen Nettogewinn für das Individuum ergibt. Bezogen auf die Lachmöwen heißt das: Wenn man genau messen könnte, in welchem Maß die Überlebenswahrscheinlichkeit der Brut durch die auffällige Eischale reduziert wird und wie sich die Gefährdung des frischen Jungvogels durch Nachbarmöwen im Verlauf der Zeit ändert, würde man den optimalen Zeitpunkt für die Entfernung der Eischalen berechnen können. In diesem Fall kann der optimale Zeitpunkt als derjenige definiert werden, der den gesamten Fortpflanzungserfolg während der Brutsaison maximiert. Doch der betrachtete Faktor in einem Optimalitätsmodell braucht nicht das Überleben oder die Erzeugung von Nachkommen zu sein. Der Erfolg eines Individuums bei der Übertragung seiner Gene in künftige Generationen kann davon abhängen, genug Futter zu erbeuten, einen brauchbaren Ruheplatz zu finden, viele Partner anzulocken usw. Bei der Bewältigung all dieser Probleme muß das Individuum Entscheidungen treffen, und diese Entscheidungen können mit dem Konzept des optimalen Kompromisses zwischen entstehenden Kosten und Nutzen analysiert werden. Für ein futtersuchendes Tier können z. B. Energie und Zeit die wesentlichen Faktoren sein, auf die es sein Verhalten abstimmt.

Nahrungssuche

Krähen und Wellhornschnecken

Wie an vielen Küstenstrichen ernähren sich auch die Krähen an der Westküste Kanadas von Weichtieren und suchen bei Ebbe nach Wellhornschnecken. Haben sie eine gefunden, bringen sie ihre Beute zu einem nahegelegenen Felsen, fliegen hoch und lassen die Schnecke auf den Stein prallen, um sich anschließend das Fleisch aus dem zerbrochenen Gehäuse zu holen. Zach (1979) beobachtete das Verhalten von Krähen aus dem Nordwesten sorgfältig und stellte fest, daß sie nur die größten Schnecken wählen und die Schalen immer aus einer Höhe von etwa 5 m fallen lassen. Zach führte Experimente durch, in denen er Wellhornschnecken aus verschiedenen Höhen fallen ließ. Deren Ergebnisse sowie Daten über den Energieaufwand des Fliegens und der Schneckensuche lieferten genug Informationen, um die Kosten und Nutzen des Nahrungserwerbs zu berechnen. Sowohl Nutzen als auch Kosten ließen sich für die Krähen in Kalorien messen. Zachs Berechnung ergab, daß nur die größten Schnecken genügend Energie liefern (da sie die meisten Kalorien enthalten und am leichtesten auseinanderbrechen), um für die Krähen einen Nettogewinn bei der Futtersuche zu ermöglichen. Wie erwartet, ignorierten die Vögel tatsächlich alle kleineren Exemplare, auch wenn eine Vielzahl von Schnecken unterschiedlicher Größe auf einem Teller am Strand ausgelegt wurden.

In der Regel braucht eine Krähe zwei oder mehr Versuche, bis die Wellhornschnecke aufbricht. Da das Auffliegen sehr energieaufwendig ist, erwartete Zach, daß die Krähen eine Abwurfhöhe der Schnecken wählen, die den Flugaufwand minimal hält. Bei Würfen aus kurzer Höhe würden viele Versuche nötig sein, um eine Schnecke aufzubrechen. Mit zunehmender Höhe wird die Wahrscheinlichkeit größer, daß das Gehäuse schon beim ersten Abwurf zerspringt (Abb. 3.2a). Zach ließ Schnecken aus verschiedenen Höhen fallen und berechnete den

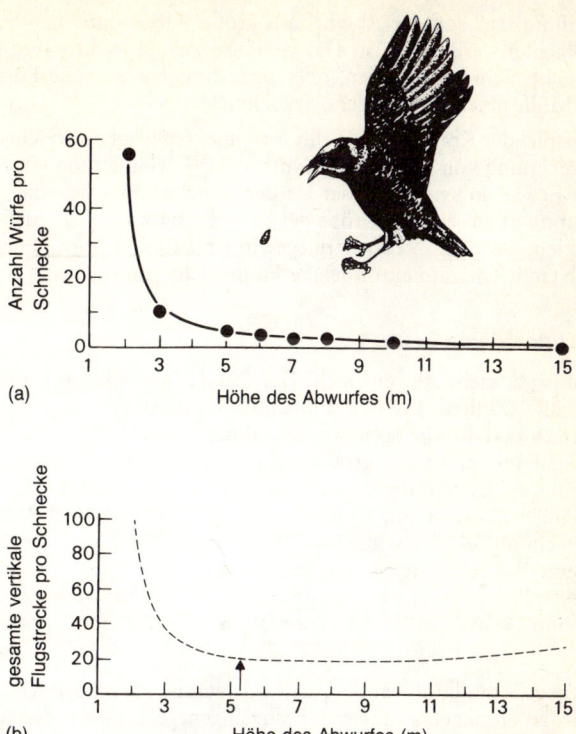

Abb. **3.2** Ergebnisse von Abwurfversuchen mit Schnecken aus unterschiedlichen Höhen. (a) Wird die Schnecke aus größerer Höhe abgeworfen, sind durchschnittlich weniger Würfe notwendig, um das Gehäuse zu öffnen. (b) Die gesamte vertikale Flugstrecke, die zur Öffnung eines Schneckengehäuses zurückgelegt werden muß (Anzahl Abwürfe × Abwurfhöhe), wird bei einer Höhe minimiert, die nahe an der von den Krähen am häufigsten benutzten (Pfeil) liegt (Zach 1979).

durchschnittlichen gesamten Flugweg der nötig war, um ein Gehäuse zu öffnen (Abb. 3.2b). Die Abwurfhöhe, die den Flugaufwand minimiert, liegt erstaunlich nahe an der bei den Krähen beobachteten durchschnittlichen Höhe von 5,2 m. Allerdings würden die Vögel kaum mehr Energie aufwenden, wenn sie die Schnecken aus größerer Höhe als 5,2 m abwerfen würden, da sie bei größerer Höhe im Durchschnitt weniger Versuche brauchen, um ein Schneckengehäuse zu öffnen. Das läßt sich aus der flach verlaufenden, U-förmigen Kurve in Abb. 3.2b ersehen.

Zach nimmt an, daß der Abwurf aus großer Höhe mit einem zusätzlichen Nachteil verbunden ist: Das Gehäuse springt leichter weg und ist dann nicht mehr aufzufinden, oder es zerbricht in so viele Einzelteile, daß es Mühe macht, sie wieder einzusammeln.

Das Beispiel der Krähen und Wellhornschnecken zeigt, in welcher Weise die Berechnung von Kosten und Nutzen zur Formulierung von quantitativen Erwartungen verwendet werden kann. Krähen scheinen darauf programmiert zu sein, die Größe der Schnecken und die Abwurfhöhe so zu wählen, daß der Nettoenergiegewinn maximiert wird. Energie ist deshalb ein wichtiger Faktor bei der Futtersuche von Krähen.

Große oder kleine Beute?

Krähen sind nicht die einzigen Tiere, die eine möglichst profitable Beutegröße wählen. Auch an Sonnenbarschen, Stichlingen, Hummeln, Seesternen und Kohlmeisen wurden ähnliche Präferenzen nachgewiesen. Nicht immer ist die größte Beute auch die profitabelste, da die Handhabung (Überwältigen und Verschlingen) bei einem großen Beutestück länger dauern kann als bei zwei kleinen. Mit anderen Worten: In die Berechnung des Gewinnes sollte nicht nur der Energiebetrag, den eine Beute darstellt, eingehen, sondern auch die Zeit, die notwendig ist, um diesen Energiebetrag zu erhalten. Zeit ist normalerweise kostbar für Tiere, und deshalb sollte die maximale Energieaufnahme pro Zeiteinheit ein wichtiger Faktor für die Überlebensfähigkeit sein.

Wenn man Strandkrabben die Auswahl zwischen Muscheln verschiedener Größe anbietet, wählen sie diejenigen, die ihnen den größten Nettoenergiegewinn liefern (Abb. 3.3). Die Krabben brauchen lange, um mit ihren Scheren sehr große Muscheln zu öffnen, so daß der Energiegewinn je Zeiteinheit (E/h) geringer ist als bei den mittelgroßen, bevorzugten Muscheln. Sehr kleine Muscheln sind hingegen leicht aufzuknacken, enthalten aber so wenig Fleisch, daß sich der Aufwand kaum lohnt. Nun müssen die Verhältnisse aber komplizierter liegen, da die Krabben auch Muscheln in einem gewissen Bereich um die optimale Größe herum verspeisen. Warum wählen sie gelegentlich kleinere und größere Exemplare? Es ist vorstellbar, daß der Zeitaufwand für die Suche nach den Muscheln mit der optimalen Größe die Entscheidung beeinflußt. Dauert die Suche nach der optimalen Muschel sehr lange, kann die Krabbe einen höheren Nettoenergiegewinn erzielen, wenn sie auch einige der weniger profitablen Beutestücke verspeist.

Um genau zu berechnen, wie viele verschiedene Muschelgrößen gewählt werden sollten, brauchen wir präzise Angaben über die Handhabungsdauer, Dauer der Suche und die Energiegehalte (Schaukasten 3.1). Die Gleichungen in Schaukasten 3.1 geben das Beispiel eines Räubers wieder, dem zwei Beutegrößen zur Verfügung stehen. Aus den Glei-

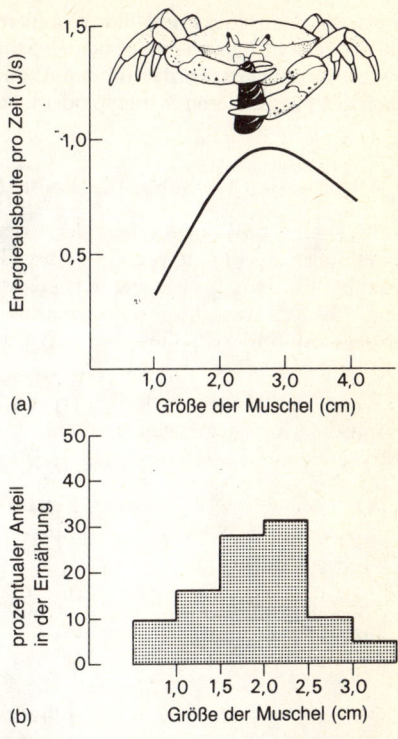

Abb. **3.3** Strandkrabben (*Carcinus maenas*) bevorzugen Muscheln einer Größe, die den höchsten Nettoenergiegewinn je Zeiteinheit ergeben. (a) Die Kurve gibt den Energiebetrag pro Zeiteinheit wieder, den die Krabbe beim Öffnen von Muscheln unterschiedlicher Größe erzielt. (b) Das Histogramm stellt die Häufigkeiten dar, mit der Muscheln, die in gleichen Anzahlen angeboten wurden, von Krabben in einem Aquarium verspeist wurden (Elner u. Hughes 1978).

chungen läßt sich erkennen, daß ein Räuber sich auf den profitableren Beutetyp (höhere Energieausbeute je Zeiteinheit, E/h) spezialisieren sollte, wenn dieser häufig in der Umwelt vorkommt. Das ist insofern einleuchtend, als sich ein effizienter Räuber nicht mit einer weniger profitablen Beute abmühen wird, solange ausreichend viele Exemplare mit hohem Energiegehalt zu finden sind. Zweitens sollte die Verfügbarkeit der weniger profitablen Beute in diesem Fall keinen Einfluß auf die Entscheidung für die bessere Beute haben (deshalb taucht der Faktor λ_2 nicht in Gleichung [5] auf). Das ist ebenfalls verständlich: Solange die profitablere Beute in ausreichender Menge zu finden ist, lohnt es sich nicht, Zeit mit dem Verspeisen von schlechterer Beute zu verschwenden, gleichgültig wie häufig letztere vorkommt. Die dritte Schlußfolgerung nach Schaukasten 3.1 ist, daß mit zunehmender Verfügbarkeit der besseren Beute ein plötzlicher Wechsel von „keine Bevorzugung" (der Räuber frißt wahllos beide Beutetypen, sobald er auf ein Exemplar stößt) zu einer vollständigen Bevorzugung (der Räuber verspeist nur die besseren Beutestücke und läßt die anderen unbeachtet) der profitableren Beute erfolgt. Nur wenn auf beiden Seiten von Gleichung (5) identische Werte auftauchen, wird es für den Räuber gleichgültig, ob er ausschließlich den profitableren Beutetyp oder beide Typen frißt.

> **Schaukasten 3.1** Wahlmodell zwischen großer und kleiner Beute.
>
> Betrachtet wird ein Räuber, der innerhalb einer Suchdauer von T_s Sekunden zwei Beutetypen mit einer Häufigkeit von λ_1 und λ_2 Exemplaren pro Stunde begegnet. Die beiden Arten von Beute enthalten E_1 und E_2 Kalorien und ihre Verspeisung erfordert Bearbeitungsdauern von h_1 und h_2 Sekunden. Sie liefern deshalb eine Energieausbeute je Zeiteinheit von E_1/h_1 und E_2/h_2.
>
> Wenn der Räuber beide Beutetypen frißt, wird er in T_s Sekunden folgende Energiemengen erhalten:
>
> $$E = T_s (\lambda_1 E_1 + \lambda_2 E_2) \qquad (1)$$
>
> Das bedeutet insgesamt einen Zeitaufwand von:
>
> $$T = T_s + T_s (\lambda_1 h_1 + \lambda_2 h_2) \qquad (2)$$
> $$= \text{Suchdauer} + \text{Bearbeitungsdauer}.$$
>
> Die Energieaufnahmerate je Zeiteinheit für den Räuber ergibt sich, indem (1) durch (2) dividiert wird:
>
> $$E/T = \frac{\lambda_1 E_1 + \lambda_2 E_2}{1 + \lambda_1 h_1 + \lambda_2 h_2} \qquad (3)$$
>
> (Man beachte, daß T_s herausgekürzt wurde.)
>
> Nehmen wir an, Beutetyp 1 sei ergiebiger. Dann sollte sich der Räuber zur Maximierung von E/T auf diesen Typ spezialisieren, wenn:
>
> $$\frac{\lambda_1 E_1}{1 + \lambda_1 h_1} > \frac{\lambda_1 E_1 + \lambda_2 E_2}{1 + \lambda_1 h_1 + \lambda_2 h_2} \qquad (4)$$
>
> (Der Energiegewinn beim ausschließlichen Fressen von Beutetyp 1 ist größer als der Energiegewinn beim Verzehr beider Typen.)
>
> Die Gleichung kann umgeformt werden zu:
>
> $$\frac{1}{\lambda_1} < \frac{E_1}{E_2} h_2 - h_1 \qquad (5)$$
>
> (Man beachte, daß λ_2 herausgekürzt wurde.)
>
> Damit erhalten wir eine Form der Gleichung, mit der sich arbeiten läßt. $1/\lambda_1$ ist die durchschnittlich erwartete Dauer bis zum Auffinden eines Beutestückes vom Typ 1.

Nahrungssuche 71

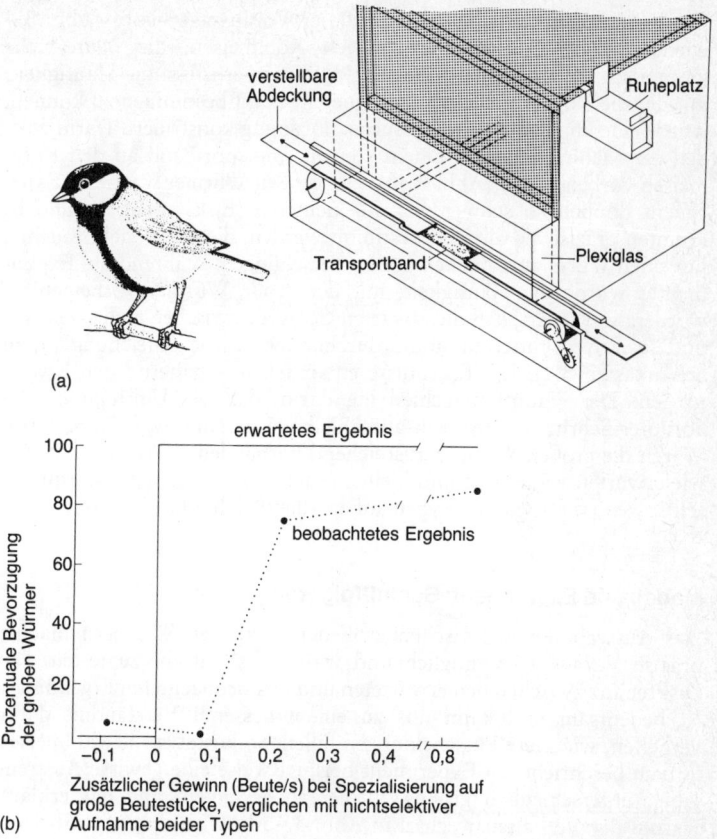

Abb. **3.4** (a) Apparatur zum Testen des Modells einer Wahl zwischen großen und kleinen Mehlwürmern an Kohlmeisen (*Parus major*). Der Vogel befindet sich in einem Käfig, an dessen Rand ein Förderband mit Mehlwürmern vorbeiläuft. Die Mehlwürmer sind eine halbe Sekunde lang sichtbar, wenn sie eine Lücke in der Abdeckung des Transportbandes passieren, und der Vogel muß seine Wahl in dieser Zeitspanne treffen. Wenn er einen Wurm aufpickt, verpaßt er die folgenden, solange er mit dem Fressen beschäftigt ist. (b) Ein Beispiel für die erhaltenen Ergebnisse. Mit zunehmender Häufigkeit der großen Würmer wird der Vogel wählerischer. Die X-Achse stellt den zusätzlichen Gewinn dar, den die Kohlmeise durch selektive Futteraufnahme erzielt. Wie in Schaukasten 3.1 ausgeführt wurde, ergibt sich ein Gewinn durch selektives Verhalten ab einem kritischen Wert von $1/\lambda$. Tatsächlich wird der Vogel etwa ab dem vorausgesagten Punkt wählerisch, doch im Gegensatz zum Modell erfolgt der Wechsel im Verhalten nicht abrupt (Krebs u. Mitarb. 1977).

Ein Experiment zur Überprüfung dieser Voraussagen ist in Abb. 3.4 wiedergegeben. Als Räuber agierten Kohlmeisen; die Beutestücke bestanden aus großen und kleinen Mehlwürmern. Um die Häufigkeit, mit der die Vögel ihrer Beute begegneten, exakt bestimmen zu können, wurde eine ungewöhnliche Versuchsanordnung konstruiert. Darin wurden die Mehlwürmer auf einem kleinen Transportband an den Kohlmeisen vorbeigeführt (Abb. 3.4a). Die großen Würmer waren im Experiment doppelt so schwer wie die kleineren ($E_1/E_2 = 2$); h_1 und h_2 konnten präzise als die Zeit bestimmt werden, die der Vogel brauchte, um einen Wurm aufzupicken und zu verschlingen. Während des Experimentes wurde die Häufigkeit, mit der große Würmer vorbeigeführt wurden, so variiert, daß die erwartete Schwelle zwischen nichtselektiver und selektiver Futteraufnahme durchlaufen wurde (Gleichung [5] in Schaukasten 3.1). Die Ergebnisse entsprachen annähernd den Erwartungen. Der Hauptunterschied lag darin, daß die Umstellung kein abrupter Schritt, sondern ein allmählicher Übergang war (Abb. 3.4b). Waren die großen Würmer ausreichend vorhanden, wurden die Vögel, wie erwartet, wählerisch und hielten sich nur an die fetten Beutestücke, selbst wenn die kleineren Typen außerordentlich häufig auftraten.

Modell und Experiment: Schlußfolgerung

Das Auswahlmodell zwischen großen und kleinen Würmern machte präzise Voraussagen möglich und war deshalb leicht zu testen. Die Diskrepanz zwischen den erwarteten und den beobachteten Ergebnissen ist bedeutsam und kann uns zu einem besseren Verständnis dafür verhelfen, wie Tiere Entscheidungen fällen. So kostet es die Kohlmeisen in dem beschriebenen Experiment beispielsweise eine gewisse Anstrengung, unterschiedlich große Würmer zu erkennen, und das erklärt, warum der Verhaltenswechsel in Abb. 3.4b kein abrupter Schritt war. Diese Überlegung könnte mit einem neuen Modell, das den Aufwand für das Sortieren der Würmer miteinbeziehen und neue Voraussagen aufstellen würde, getestet werden. Es ist nicht nur wichtig, Modelle zu entwickeln, die das Verhalten eines Tieres voraussagen, sondern auch zu erkennen, wann die zugrundeliegende Hypothesen falsch sind. Das ist einer der Vorzüge des quantitativen Modells.

Wenn wir ein Optimalitätsmodell testen, soll damit nicht nachgewiesen werden, ob ein Tier sich optimal verhält. Wir gehen vielmehr von der *Annahme* aus, daß die natürliche Selektion Tiere hervorgebracht hat, die sich mit maximaler oder zumindest annähernd maximaler Effektivität verhalten. Dabei bedeutet „Effektivität" letzten Endes die Fähigkeit, möglichst viele Gene in zukünftige Generationen einzubringen. Doch um dieses Ziel zu erreichen, muß ein Tier ständig Kosten und Nutzen gegeneinander abwägen. Der Sinn eines Optimalitätsmodell liegt darin,

Einsichten in die Natur dieser Kosten und Nutzen zu gewinnen und herauszufinden, wie die Tiere ihre Entscheidungen fällen (wobei den Tieren allerdings keine bewußten Entscheidungen unterstellt werden sollen). Das Modell der Futterwahl bei den Kohlmeisen testete die Annahme, daß Zeit und Energie die wichtigsten Komponenten der Kosten-Nutzen-Gleichung sind, daß die Bearbeitungsdauer ein zu berücksichtigender Faktor ist und daß die Tiere dazu angehalten sind, ihre Nettoenergieaufnahme zu maximieren. Die Hypothese erklärte das beobachtete Verhalten annähernd, traf aber nicht exakt zu. Die Frage ist nun, zu entscheiden, warum das Modell falsch war. Folgende Gründe sind denkbar:

1 Vielleicht bestehen für die Tiere *Zwänge*, die übersehen wurden, oder ihre Fähigkeiten weisen Grenzen auf, die nicht berücksichtigt wurden. Ein Zwang besteht für die Tiere darin, das Futter in ihrer Umwelt aufzufinden; ein anderer könnte darin bestehen, mit der Nahrung auch eine ausgewogene Zusammenstellung von Fetten, Proteinen usw. aufzunehmen. Letzteres kann für die Kohlmeise im Experiment nicht zutreffen, da die großen und kleinen Mehlwürmer gleiche Nährstoffe enthielten. Für manche Pflanzenfresser kann dieser Zwang jedoch lebensnotwendig sein, wie wir später sehen werden.

2 Ein zweiter Grund für das Versagen des Modells könnte sein, daß die Tiere gar *nicht danach streben, ihre Nahrungsmengen zu maximieren*. Vielleicht ist es für ihr Überleben wichtiger, kurzfristige Schwankungen der Futtermengen gering zu halten oder die Gefährdung durch Raubtiere während des Fressens zu minimieren, statt möglichst viel Nahrung aufzunehmen.

3 Es können andere Komponenten in die Kosten-Nutzen-Gleichung eingehen, die nicht gemessen wurden. Z. B. könnte die Bearbeitung größerer Beutestücke mehr Energie erfordern.

4 Schließlich könnte die grundlegende Annahme, daß die Evolution ein maximal angepaßtes Verhalten hervorbringt, falsch sein. Sie könnte beispielsweise deshalb nicht zutreffen, weil die Umwelt sich so schnell ändern könnte, daß die Anpassung der Tiere hinter den gegenwärtigen Umweltzuständen herhinkt. Diese letzte Erklärung unterscheidet sich von den anderen insofern, als daß sie keinerlei Anlaß zu neuen, überprüfbaren Hypothesen und Experimenten gibt. Deshalb ist es sinnvoll, zunächst die ersten drei Überlegungen zu verfolgen und alternative Optimalitätskriterien zu untersuchen. Erst wenn diese Erklärungen versagen, bleibt als letzte Möglichkeit die Annahme einer unvollkommenen Anpassung.

Ernährungszwänge: Elche und Pflanzen

Eine allgemeine Regel besagt, daß die qualitative Zusammensetzung des Futters für Pflanzenfresser wichtiger ist als für Fleisch- oder Insektenfresser. Das liegt daran, daß vielen Pflanzen bestimmte, lebensnotwendige Nährstoffe fehlen, so daß ein Pflanzenfresser sorgfältig auswählen muß, um sich ausgewogen zu ernähren. Z. B. wird die Ernährung des Elches *(Alces alces)* an den Ufern des Lake Superior in Michigan (USA) stark durch das Vorkommen von Natrium beeinflußt. Die Elche fressen in zwei Habitaten: In Wäldern äsen sie Laubblätter, und in kleinen Seen grasen sie Wasserpflanzen ab. Die Wasserpflanzen enthalten viel Natrium, aber wenig Energie; bei den Landpflanzen ist es genau umgekehrt. Die Elche brauchen zum Überleben jedoch beides, Energie und Natrium, und müssen deshalb eine gemischte Nahrung zu sich nehmen. Das dabei erwartete Mischungsverhältnis läßt sich mit einem Optimalitätsmodell exakt berechnen.

Da die Ernährung der Elche aus zwei Komponenten besteht, läßt sie sich innerhalb einer graphischen Darstellung auftragen, deren eine Achse die aufgenommene Menge an Landpflanzen darstellt, während sich auf der anderen Achse die Wasserpflanzenmenge findet (Abb. 3.5). Würde der Elch beispielsweise große Mengen von Landpflanzen, jedoch nur gelegentlich Wasserpflanzen zu sich nehmen, entspräche seine Nahrungszusammensetzung einem Punkt rechts unten in der Graphik. Doch wie wir schon feststellten, muß in der Nahrung eine gewisse Menge von Natrium enthalten sein. Sie ist in der Abbildung als gepunktet-gestrichelte Begrenzungslinie eingetragen und gibt die minimale Menge an Wasserpflanzen zur Deckung des Natriumbedarfes wieder. Dieser Bedarf ist allerdings nicht der einzige limitierende Faktor in der Ernährung des Tieres. Es muß auch einen gewissen täglichen Energiebetrag aufnehmen. Dieser kann durch Aufnahme einer Menge von y Gramm reiner Wasserpflanzenkost oder von x Gramm Landpflanzen oder durch eine Mischung aus beiden gedeckt werden. Die durchgezogene Linie in Abb. 3.5 markiert alle Mischungen aus beiden Pflanzensorten, die genug Energie zum Überleben liefern. Als drittes wird die Ernährung durch die Größe des Magens bestimmt. Elche besitzen einen spezialisierten Magenteil, den Pansen, in dem die Nahrung langsam von Mikroorganismen fermentiert wird, bevor sie in den eigentlichen Verdauungstrakt gelangt. Die Größe des Pansens begrenzt die Menge der Nahrung, die aufbereitet werden kann, und bestimmt damit die maximale tägliche Nahrungsaufnahme. Die gestrichelte Linie in Abb. 3.5 gibt die maximale Nahrungsmenge wieder, die bei verschiedenen Kombinationen von Land- und Wasserpflanzen aufgenommen werden kann.

Der kombinierte Effekt dieser Einschränkungen kann nun betrachtet werden. Nur eine Nahrungszusammensetzung, die innerhalb des schraf-

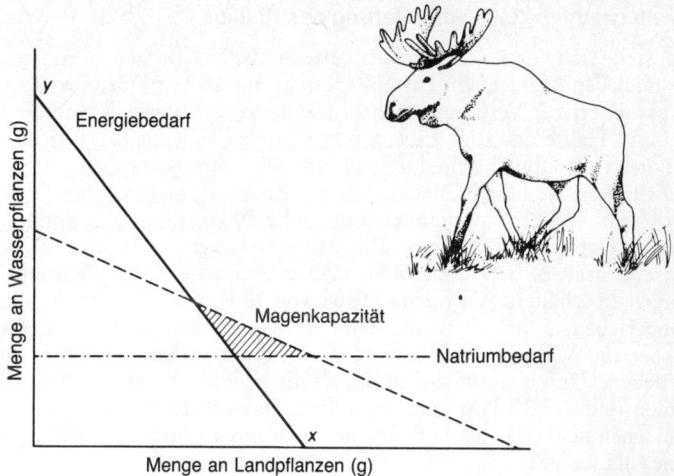

Abb. 3.5 Die Ernährung des Elches wird durch die Verfügbarkeit von Natrium und Energie bestimmt: Der tägliche Bedarf an beidem ist durch die gepunktet-gestrichelte und die durchgezogene Linie wiedergegeben. Der Elch muß eine Nahrungsmischung fressen, die beiden Erfordernissen gerecht wird, also oberhalb beider Linien liegt. Der dritte limitierende Faktor resultiert aus der Pansengröße des Tieres (gestrichelte Linie). Wasserpflanzen sind voluminöser als Landpflanzen, so daß bei reiner Wasserpflanzenkost eine geringere Energiemenge aufgenommen werden kann. Die bei Elchen gefundene Nahrungszusammensetzung liegt, wie erwartet, im schraffierten Dreieck (Belovsky 1978).

fierten Dreiecks in Abb. 3.5 liegt, wird allen drei limitierenden Faktoren gerecht. Sie muß oberhalb der Natrium- und der Energielinie und unterhalb der Pansenlinie liegen. Man kann nun weitergehen und fragen, wo innerhalb des Dreiecks die optimale Kost liegt. Sie hängt von dem Ziel, das das Tier anstrebt, bzw. vom Optimalitätskriterium ab. Wenn der Elch beispielsweise veranlaßt ist, eine maximale Natriumaufnahme zu erreichen, sollte er so viel Wasserpflanzen wie möglich zu sich nehmen und eine Zusammensetzung entsprechend der linken oberen Ecke des Dreiecks wählen. Ist es für ihn vorteilhaft, möglichst wenig Zeit im Wasser zu verbringen, wird die Ernährung einem Punkt rechts unten im Dreieck entsprechend ausfallen. Belovsky (1978) führte detaillierte Studien zum Ernährungsverhalten der Elche durch und stellte fest, daß die Zusammensetzung einem Punkt entsprach, der erwartet wird, wenn man eine Maximierung der täglichen Energieaufnahme zugrunde legt und dabei die Begrenzungen durch den Natriumbedarf und die Pansengröße berücksichtigt.

Ein alternatives Ziel – Minimierung des Risikos

Man stelle sich vor, ein Lebewesen hätte die Wahl zwischen zwei Arten von täglichen Mahlzeiten. Die eine bestehe aus 10 Portionen pro Tag, die garantiert zur Verfügung stehen. Die andere sei ungewiß; während der einen Hälfte der Tage gäbe es nur 5, an den anderen Tagen jedoch 20 Portionen. Obwohl die durchschnittliche Nahrungsmenge im zweiten Fall höher ist, besteht hier ein höheres Risiko, da nicht voraussehbar ist, ob man an einem bestimmten Tag 5 oder 20 Portionen abbekommt. Welche Wahl ist die bessere? Die Antwort hängt davon ab, welche Konsequenzen es nach sich zieht, täglich unterschiedliche Nahrungsmengen zu erhalten. Wenn eine Menge von 10 Portionen ausreicht, um zu überleben, 5 jedoch nicht, dann ist wenig damit gewonnen, die risikoreiche Wahl zu treffen. Sind aber 10 gerade zu wenig, um zu überleben, dann bleibt nichts übrig, als die risikoreiche Möglichkeit zu wählen und auf 20 Portionen zu hoffen. Das würde eine Überlebenswahrscheinlichkeit von 50 Prozent bieten, während die andere Wahl gar keine Chance läßt.

Diese Überlegung wurde in einem ausgeklügelten Experiment von Caraco u. Mitarb. (1980) getestet. Sie boten einem Rotrückenjunko *(Junco phaeonotus)* in einer Voliere die Wahl zwischen zwei Futtermöglichkeiten: eine risikoreiche und eine mit konstanter Futtermenge. Beide ergaben dieselbe durchschnittliche Futtermenge, doch stand in einem Fall immer die gleiche Menge (z. B. zwei Körner) zur Verfügung, während die Futtergabe im anderen Fall unregelmäßig erfolgte (z. B. das eine Mal kein Futter, das andere Mal vier Körner). Sie testeten die Vögel nach zwei verschieden langen Hungerperioden. Nach einer kurzen Hungerperiode von einer Stunde haben die Vögel noch genug Reserven, um bei regelmäßiger Futtergabe zu überleben. Nach einer Hungerperiode von vier Stunden jedoch mußten die Vögel das Risiko der unregelmäßigen Futtergabe wählen, um durch den Erhalt der hohen Futterdosis ihre erschöpften Reserven regenerieren und überleben zu können. Wie erwartet änderten die Vögel nach längerer Hungerperiode ihre Wahl von der sicheren auf die risikoreiche Ernährung. Die Schlußfolgerung hieraus ist, daß *kurzfristige Schwankungen* der Futtermenge manchmal wichtiger sind als die über einen längeren Zeitraum zur Verfügung stehende *Durchschnittsmenge*.

Kopulation der Kotfliegen

Das Konzept der Optimalität, das zur Analyse des Ernährungsverhaltens verwendet wurde, läßt sich gleichermaßen auf andere Verhaltensweisen übertragen. Die Kopulation der Kotfliegen *(Scatophaga stercoraria)* ist ein Beispiel hierfür.

Beobachtet man auf einer englischen Wiese einen frisch abgelegten Kuhfladen, so wird man ihn bald von einem Schwarm gelber Kotfliegen bevölkert finden. Die ersten eintreffenden Fliegen sind Männchen, die nach einem paarungswilligen Weibchen Ausschau halten. Wenige Minuten später treffen die ersten Weibchen ein und werden von den Männchen „erobert", sobald sie auf oder neben den Fladen ankommen. Direkt nach der Kopulation legen die Weibchen ihre Eier auf den Kuhfladen, auf dem später die Larven ausschlüpfen und heranwachsen. Zwischen den Männchen entbrennt ein heftiger Wettstreit um die Weibchen, der häufig soweit führt, daß ein Männchen ein anderes kopulierendes Männchen vom Weibchen herunterschubst, um es selbst zu begatten. Wenn zwei Männchen nacheinander mit demselben Weibchen kopulieren, befruchten die Spermien des zweiten Männchens die meisten Eier. Parker (1978) konnte diese Tatsache mittels einer raffinierten Technik nachweisen. Er bestrahlte Männchen mit Kobalt 60, das die Spermien sterilisiert, ohne ihre Aktivität zu beeinträchtigen. Derart behandelte Spermien sind zwar in der Lage, Eier zu befruchten, führen jedoch nicht zu entwicklungsfähigen Zygoten. Wenn ein normales Männchen nach einem bestrahlten Männchen zur Kopulation mit demselben Weibchen gelangt, schlüpfen aus 80 Prozent der Eier Larven, während es im umgekehrten Fall nur 20 Prozent sind. Die Schlußfolgerung aus diesen „Spermienkonkurrenz"-Experimenten ist eindeutig: Das zweite Männchen befruchtet etwa 80 Prozent der Eier des Weibchens. Ein Männchen bleibt deshalb so lange nach der Kopulation als „Wächter" auf dem Weibchen sitzen, bis die Eier gelegt sind und überläßt seine Position anderen Männchen nur nach heftigem Kampf.

Nun stellt sich die Frage, wieviel Zeit ein Männchen, das ein Weibchen von einem anderen Männchen „übernimmt" oder ein jungfräuliches Weibchen begattet, mit der Kopulation verbringen sollte. Parker führte Experimente zur Spermienkonkurrenz durch, in denen er die Kopulation des zweiten Männchens zu verschiedenen Zeitpunkten unterbrach. Die Ergebnisse zeigten: Je länger das zweite Männchen kopuliert, desto mehr Eier werden von seinen Spermien befruchtet, doch wird schließlich ein Zeitpunkt erreicht, von dem ab die Anzahl zusätzlich befruchteter Eier gering wird (Abb. 3.6). Auf den ersten Blick könnte man vermuten, daß das Männchen etwa 100 Minuten kopulieren wird, da dann alle Eier befruchtet sind. Doch ist eine derart lange Kopulationsdauer mit einem Nachteil verbunden; das Männchen verpaßt die Gelegenheit, weitere Weibchen zu begatten. Nachdem das Männchen lange genug kopuliert hat, um etwa 80 Prozent der Eier zu besamen, ist der weitere Gewinn durch eine längere Kopulation unverhältnismäßig gering, und es wird für das Männchen vorteilhafter, nach einem weiteren Partner zu suchen.

78 3 Ökonomische Entscheidungen und das Individuum

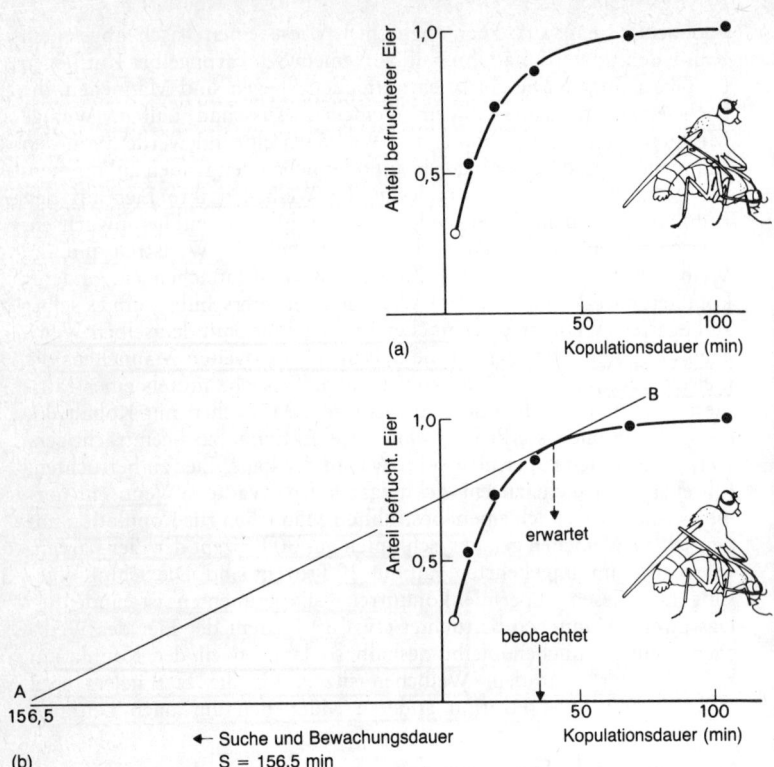

Abb. **3.6** (a) Anteil der von einer männlichen Kotfliege (*Scatophaga stercoraria*) befruchteten Eier in Abhängigkeit von der Kopulationsdauer. Die Ergebnisse wurden aus Spermienkonkurrenzexperimenten gewonnen. (b) Die optimale Kopulationsdauer (Dauer, die die Anzahl befruchteter Eier je Minute maximiert) resultiert aus der Form der Befruchtungskurve und der Dauer für die Suche und Bewachung des Weibchens (156 min). Sie beträgt 41 min und ergibt sich aus der Geraden AB, die tangential an die Befruchtungskurve gelegt wird und die maximale Anzahl befruchteter Eier je Zeiteinheit widerspiegelt (Parker 1978).

Das Problem der Kotfliegen, wie lange sie nämlich kopulieren sollten, läßt sich graphisch lösen (Abb. 3.6b). Auf der horizontalen Achse ist die Zeit aufgetragen, vertikal der Anteil befruchteter Eier. Betrachten wir ein Männchen, das die Kopulation gerade beendet hat. Bevor es mit einem weiteren Weibchen kopulieren kann, muß es sein erstes Weibchen bewachen, bis alle Eier abgelegt sind und dann losfliegen, um den neuen Partner zu suchen. Zusammen dauert dies durchschnittlich 156 Minuten. Hat das Männchen ein neues Weibchen gefunden, läßt sich sein Anteil an befruchteten Eiern in Abhängigkeit von der Kopulationsdauer nach dem Spermienkonkurrenzexperiment berechnen. Das Männchen kann weder die Dauer der Bewachung des Weibchens, noch die Suchzeit oder die Befruchtungsrate beeinflussen, aber es kann eine Kopulationsdauer wählen, die die Anzahl befruchteter Eier pro Zeiteinheit maximiert. Wenn ein Männchen zu lange kopuliert, verpaßt es die

Abb. **3.7** (a) Die Kopulation der Kotfliegen (mit freundlicher Genehmigung von G. A. Parker und *Behaviour*). (b) Dasselbe Modell, das die Vorhersage der Kopulationsdauer bei Kotfliegen erlaubt, kann verwendet werden, um das Futtersammeln an lokal konzentrierten Nahrungsquellen zu beschreiben. Ein Beispiel bieten diese Stieglitze (*Carduelis carduelis*), die an Distelköpfen Futter suchen (mit freundlicher Genehmigung aus „Nature in the wild", herausgegeben von Country Life).

Chancen, weitere Weibchen zu begatten; kopuliert es zu kurz, werden relativ wenig Eier befruchtet, und es wird vergleichsweise viel Zeit mit der Suche verschwendet. Den optimalen Kompromiß stellt eine Kopulationsdauer von 41 Minuten dar. Diese Folgerung ergibt sich, wenn man von Punkt A in Abb. 3.6b ausgehend eine Tangente an die Befruchtungskurve legt. Das Dreieck, das durch die Tangente festgelegt wird, weist an seiner Unterseite die Zeitachse, in der Senkrechten den Anteil befruchteter Eier auf. Die Steigung der Tangente repräsentiert den maximalen Anteil befruchteter Eier pro Zeiteinheit, da sie die Hypotenuse des Dreiecks darstellt. Die durchschnittliche, im Freiland beobach-

---

Schaukasten 3.2

Das Modell der optimalen Kopulationsdauer nach Abb. 3.6b kann auf jedes Beispiel einer sich erschöpfenden, örtlich konzentrierten Ressource ausgeweitet werden. Mit zunehmender Dauer der Ausbeutung erschöpft sich die Ressource, so daß ihr Wert geringer wird und sich ein Weiterwandern bezahlt macht. Bei der Ressource kann es sich um Weibchen (wie bei den Kotfliegen), Nahrung, Wasser usw. handeln.

Ist die Zeit bis zum Auffinden der nächsten Ressource groß, lohnt es sich für ein Tier, länger zu bleiben und die Quelle gründlicher auszuschöpfen. Das wird aus der untenstehenden Abbildung ersichtlich. Bei kurzen Suchzeiten beträgt die optimale Verweildauer an der Ressource T_S, bei langen Suchzeiten T_L. Die Methode, um die optimalen Zeiten zu bestimmen, entspricht der in Abb. 3.6.

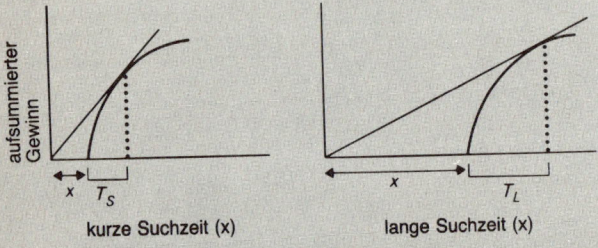

Der Grund, warum es besser ist, die Ressource bei langer Suchzeit gründlicher auszuschöpfen, liegt darin, daß der zu erwartende Gewinn je Zeiteinheit geringer ist, wenn der Wechsel einen großen Reiseaufwand erfordert. Diese theoretisch abgeleitete Erwartung wurde von Cowie (1977) an Kohlmeisen in Gefangenschaft getestet. Die Vögel durften dabei an lokal konzentrierten Futterquellen (mit Sägemehl gefüllten Näpfen) nach versteckten Würmern suchen. Wie erwartet, brachten die Vögel längere Zeit an den einzelnen Nahrungsquellen zu, wenn die Suchzeit erhöht wurde.

Was geschieht, wenn Futterquellen unterschiedlicher Qualität zur Verfügung stehen? Die Qualität einer Quelle spiegelt sich in den Abbildungen an der Form der Gewinnkurve wider. Gute Ressourcen weisen eine steil ansteigende Kurve auf, schlechte eine flache Verlaufsform der Kurve. Sind alle Ressourcen leicht auszubeuten, wird das Tier schnell von einer Quelle zur nächsten wandern. Unergiebige Quellen erfordern hingegen eine längere Ausbeutungsdauer, und es lohnt sich weniger, von einer Quelle zur nächsten zu gehen, weil der erwartete Gewinn geringer ist (untere Diagramme). Diese Erwartung wurde in einer Studie an Hummeln getestet, die in Kapitel 12 beschrieben wird.

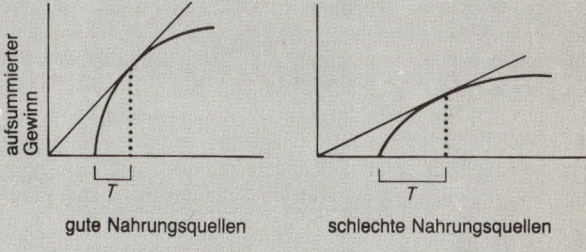

gute Nahrungsquellen   schlechte Nahrungsquellen

Dasselbe Modell kann auch benutzt werden, um das Problem des „Hamsterns" zu analysieren, bei dem ein Tier Futter von wiederholten Ausflügen zu einem zentralen Platz, z. B. einem Nest oder einer Vorratskammer, trägt. Nehmen wir an, daß das Tier mehrere Futterbrocken von jedem Gang mitbringt und daß die Effektivität, mit der weitere Futterbrocken aufgefunden werden, nachläßt, weil die schon im Maul gehaltenen Brocken hinderlich sind. Das Ergebnis wird eine im Verlaufe eines jeden Ausflugs sinkende Ausbeute sein, die der Kurve aus Abb. 3.6b entspricht. Die bei der Kotfliege angewandte graphische Methode läßt auch in diesem Fall eine optimale Beladungsgröße bei einer vorgegebenen durchschnittlichen Ausflugsdauer voraussagen. Die Ausflugsdauer oder Suchzeit umfaßt in diesem Fall den gesamten Rundgang vom zentralen Lager zu den verschiedenen Futterquellen (Orians u. Pearson 1979). Bislang gibt es keine quantitativen Tests zu dieser Voraussage. Immerhin konnten Kramer u. Nowell (1980) zeigen, daß Streifenbackenhörnchen *(Tamius striatus)* beim Einsammeln von Sonnenblumenkernen um so weniger zusätzliche Kerne aufnahmen, je voller ihre Backentaschen schon waren. Orians (1980) fand, daß Purpurstärlinge *(Euphagus cyanocephalus)* größere Nahrungsmengen zurück zum Nest brachten, wenn sie weiter entfernte Futterplätze aufsuchten als von nahegelegenen Plätzen.

tete Kopulationsdauer betrug 36 Minuten, liegt also recht nahe an den erwarteten 41 Minuten.

Die Lösung des Kotfliegendilemmas läßt sich auch auf andere Entscheidungsprozesse übertragen. Zum Beispiel fressen viele Tiere Beute, die lokal konzentriert vorkommt, und das Problem, wie lange ein Tier an solch einer Futterquelle verweilen soll, entspricht ganz dem der Kotfliegen (Abb. 3.7; Schaukasten 3.2).

Futtersuche und Bedrohung durch Feinde: ein Kompromiß

Wenn Hausspatzen auf einem frisch angesäten Gerstenfeld nach Körnern suchen, halten sie sich meistens in der Nähe eines Busches oder einer Hecke auf, um darin bei Gefahr schnell zu verschwinden. Selbst wenn die Körnerdichte, und damit die Futtermenge, in der Mitte des Feldes höher ist, bleiben die Spatzen am Rand (Barnard 1980). Sie wählen nicht den optimalen Futterplatz, sondern scheinen einen Kompromiß zwischen Sicherheit und Ernährung zu schließen. Spatzen sind zwei Hauptrisiken ausgesetzt: dem Hunger und der Bedrohung durch Sperber *(Accipiter nisus)* oder Katzen. Säße der Spatz den ganzen Tag im Busch, wäre er völlig sicher vor Greifvögeln, doch er würde bald verhungern. In der Mitte des Feldes hätte er zwar reichlich Futter, würde aber schnell vom Sperber erwischt werden. So läßt sich das Verhalten der Spatzen durch die Hypothese erklären, daß sie an einem Punkt des Feldes fressen, der das kombinierte Risiko von Hunger und Bedrohung durch Räuber minimiert. Eine Vorhersage aufgrund dieser Hypothese wäre, daß sich die Vögel bei kaltem Wetter, wenn also der Hunger größer ist, weiter hinaus auf das Feld wagen. Entsprechendes kennt man ja von normalerweise scheuen Vögeln, die sich im Winter an die Futterstellen der Menschen trauen.

Zu derselben Problematik führten Milinski u. Heller (1978, 1979) Versuche an Stichlingen *(Gasterosteus aculeatus)* durch. Sie brachten einen hungrigen Fisch in einen kleinen Behälter und boten ihm die gleichzeitige Wahl zwischen verschieden dichten Wasserflohschwärmen, einem Lieblingsfutter der Tiere. Waren die Stichlinge sehr hungrig, wählten sie die höchste Dichte an Wasserflöhen, bei denen sie auch die größte Futtermenge erhielten. Wenn sie weniger hungrig waren, zogen sie geringere Wasserflohdichten vor. Milinski u. Heller vermuten, daß die Fische in den dichteren Wasserflohschwärmen eine größere Konzentration aufbringen müssen, um ein Beutetier aus den im Blickfeld herumschwirrenden Wasserflöhen herauszuschnappen und daß sie deshalb ein geringeres Augenmerk auf herannahende Feinde richten können. Ein sehr hungriger Fisch hat ein relativ hohes Risiko, an Nahrungsmangel zu sterben und stellt daher seine Wachsamkeit gegenüber dem Bedürfnis zurück, sein Nahrungsdefizit möglichst schnell auszugleichen. Weniger hungrige Stichlinge räumen der Wachsamkeit Vorrang ein und ziehen deshalb Wasserflohschwärme von geringerer Dichte vor. Das Gleichgewicht zwischen Kosten und Nutzen verschiebt sich mit abnehmendem Hunger vom Futterbedürfnis zur Sicherheit.

Milinski u. Heller haben zwar nicht getestet, ob die Wachsamkeit von Stichlingen beim Fressen in dichten Wasserflohschwärmen tatsächlich vermindert ist (genau diese Abhängigkeit hat Milinski inzwischen nachgewiesen: A predator's costs of overcoming the confusion effect of swarming prey. Anim. Behav., 1984), doch konnten sie zumindest nachweisen, daß die Futterwahl von der Bedrohung durch Räuber beeinflußt wird. Sie ließen die Attrappe eines Eisvogels *(Alcedo atthis)*, der ein Stichlingsräuber ist, über dem Behälter mit dem hungrigen Fisch herabgleiten und stellten fest, daß der Stichling bevorzugt die weniger dichten Wasserflohschwärme angriff (Abb. 3.8). Das würde man erwarten, wenn der hungrige Fisch, ungeachtet des großen Hungerrisikos, beim Anblick des Feindes ein hohes Maß an Wachsamkeit aufbringen muß.

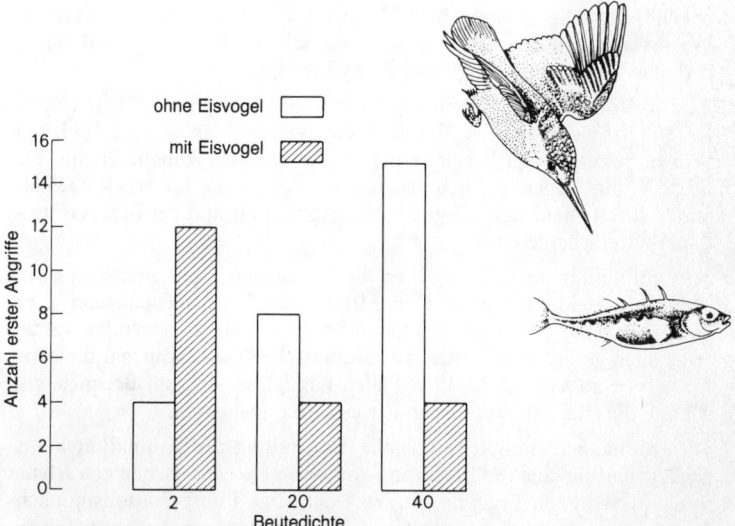

Abb. **3.8** Hungrige Stichlinge greifen normalerweise bevorzugt Wasserflohschwärme hoher Dichte an. Glitt eine Eisvogelattrappe über dem Behälter vorbei, zogen die Fische Wasserflohschwärme mit geringerer Dichte vor (Milinski u. Heller 1978).

Ein wesentlicher Unterschied zwischen der Analyse von Milinski u. Heller und früheren Arbeiten zur Futtersuche ist, daß diese Analyse bei der Kosten-Nutzen-Berechnung das jeweilige Hungerstadium des Tiers miteinbezieht. Ein Optimalitätsmodell, in welchem der innere Zustand des Tieres sich als Folge seines Verhaltens ändert (der Fisch ist nach dem Fressen weniger hungrig), stellt sich im Gegensatz zu den bisherigen statischen Ansätzen als ein dynamisches Modell dar. Tatsächlich wird hier die traditionelle Ansicht, daß der innere Zustand das Verhalten kontrolliert, auf den Kopf gestellt und statt dessen zeigt sich, daß das Tier sein Verhaltensrepertoire zur optimalen Regulierung seines inneren Zustandes einsetzt. Der Anblick des Eisvogels veranlaßt den Stichling, die optimale Aufteilung zwischen Fressen und Wachsamkeit zu ändern, so daß der Fisch seinen Hunger langsamer stillt.

Vorzüge und Grenzen des Optimalitätsmodelles

Die Vor- und Nachteile des Optimalitätsansatzes, die im Verlauf dieses Kapitels deutlich wurden, lassen sich folgendermaßen zusammenfassen: Der Ansatz weist drei wesentliche Vorzüge auf:

1 Die Modelle ermöglichen überprüfbare und häufig quantitative Voraussagen; diese erlauben, die aufgestellten Hypothesen auf relativ einfache Weise zu bestätigen oder zu widerlegen.

2 Die Voraussagen für ein quantitatives Modell müssen sehr präzise formuliert werden. Das Wahlmodell zwischen großen und kleinen Würmern ging beispielsweise von ganz spezifischen Annahmen aus: Die Beute mußte augenblicklich erkannt werden, Stück für Stück nacheinander auftauchen, sich lediglich in Energiegehalt und der Bearbeitungsdauer unterscheiden usw.

3 Optimalitätsmodelle sprechen für die Allgemeingültigkeit von einfachen Entscheidungsregeln. Das Modell der Kotfliegenpaarung kann genausogut auf das Nektarsammeln bei Hummeln angewendet werden (was auch getan wurde) oder auf räuberische Wasserwanzen, die Moskitolarven aussaugen. In allen Fällen handelt es sich um Beispiele von Tieren, die eine sich erschöpfende Ressource ausbeuten.

Die größten Schwierigkeiten für die Anwendung des Optimalitätsansatzes ergeben sich bei der Erklärung von Differenzen zwischen erwarteten und beobachteten Ergebnissen. Vier derartige Interpretationsmöglichkeiten, und das müssen nicht alle sein, wurden schon erwähnt: falsche Annahmen über die Wirkung der ökologischen Zwänge, falsche Wahl des zu maximierenden Faktors, nichtberücksichtigte Komponenten der Kosten-Nutzen-Rechnung und schlecht angepaßte Tiere. Es gibt kein Patentrezept, um zwischen diesen Fehlerquellen zu unterscheiden; sie einzuschätzen bleibt der Intuition des Forschers überlassen. Ein weiterer Einwand, der häufig gegen die Optimalitätsmodelle erhoben wird, ist, daß sie nichts über die *Mechanismen* aussagen, nach denen die Maximierung abläuft. Obwohl sich die Tiere oft so verhalten, als wenn sie Kosten-Nutzen-Berechnungen durchführen würden, nimmt niemand ernsthaft an, daß sie tatsächlich irgendwelche Kalkulationen anstellen. Wahrscheinlich verhalten sie sich nach einfachen Erfahrungsregeln, die in etwa eine richtige Reaktion gewährleisten. Es ist wichtig, zwischen den Mechanismen, nach denen ein Tier handelt, und den Zielen, nach denen die Selektion das Verhalten des Tieres geformt hat, zu unterscheiden. Optimalitätsmodelle befassen sich nur mit letzteren, obwohl sie auch zu interessanten Fragen über die Mechanismen anregen können. Zuletzt sei noch die Möglichkeit erwähnt, daß es mehrere gleichwertige Wege geben kann, um ein Ziel zu erreichen. Das kann vor allem von Bedeutung werden, wenn der Nutzen einer Verhaltensentscheidung vom Verhalten der anderen Individuen in der Population abhängt. Der daraus resultierende zusätzliche Komplexitätsgrad kann dennoch mit einem ähnlichen Forschungsansatz angegangen werden, wie in Kapitel 5 gezeigt wird. Wir werden zu den angesprochenen Punkten in Kapitel 13 zurückkehren.

Zusammenfassung

Verhaltensweisen lassen sich anhand ihrer Kosten und Nutzen einschätzen, und es ist anzunehmen, daß Tiere über die natürliche Selektion zu einer Maximierung ihres Nettogewinns angehalten werden. Diese Überlegung liefert die Grundlage zur Aufstellung von Optimalitätsmodellen. In diesen Modellen wird der maximale Gewinn charakterisiert, werden die auf das Tier wirkenden ökologischen Zwänge erfaßt und eine Maßskala zur Bestimmung des Gewinns aufgestellt. Für die Berechnung der Nutzen und Kosten von unterschiedlichen Verhaltensweisen können sich auch unterschiedliche Meßgrößen eignen. So stellt beispielsweise die Menge des Futters bei der Beurteilung des Ernährungsverhaltens eine brauchbare Größe dar und beim Paarungsverhalten die Anzahl befruchteter Eier (Tab. 3.1).

Die Bedeutung des Optimalitätsansatzes liegt in den quantitativ prüfbaren Voraussagen. Häufig weichen die Ergebnisse der Experimente leicht von den Voraussagen der einfachen Modelle ab. Diese Differenzen können bei der Diskussion genauso nützlich sein wie zutreffende Voraussagen und zum Verständnis dazu beitragen, auf welche Weise ein Verhalten realisiert wird.

3 Ökonomische Entscheidungen und das Individuum

Tabelle **3.1** Zusammenfassung der in diesem Kapitel beschriebenen Entscheidungsmodelle. Für jedes Beispiel umfaßt die Hypothese sowohl ein „Ziel" als auch ökologische Zwänge

Tierart	Entscheidung	Hypothese	Test
Krähen	Abwurfhöhe der Schnecken	gewählte Höhe minimiert den Flugaufwand	Experimente: Abwurf von Schnecken aus unterschiedlicher Höhe
Strandkrabbe	Größe der zu fressenden Muschel	maximale Energieaufnahme pro Zeiteinheit	Angebot von Muscheln unterschiedlicher Größe und Beobachtung der Auswahl durch die Krabbe
Kohlmeisen	selektive Beuteauswahl bei wechselnder Häufigkeit der Beute	maximale Energieaufnahme pro Zeiteinheit	Angebot unterschiedlich großer Beutestücke mit variierender Häufigkeit
Elch	Ernährung von Wasser- oder Landpflanzen	maximale tägliche Energieaufnahme unter Berücksichtigung des Natriumbedarfs	Messung der Nahrungszusammensetzung
Rotrückenjunko	risikoreiche oder regelmäßige Futteraufnahme	Risikoneigung hängt vom Hungerzustand ab	Auswahl zwischen risikoreicher und regelmäßiger Ernährung in unterschiedlichen Hungerstadien
Kotfliege	Dauer der Kopulation	Maximierung der Rate befruchteter Eier	Spermien-Konkurrenz-Experimente; Messung der Suchzeit im Freiland
Stichling	Futtersuche in Wasserflohschwärmen hoher und geringer Dichte	Minimierung des kombinierten Risikos zwischen Hunger und Bedrohung durch Feinde	Variation des Hungerzustandes und der Bedrohung durch Feinde; Beobachtung der Wahl

Weiterführende Literatur

Maynard Smith (1978a) verschafft einen guten Überblick über Vor- und Nachteile bei der Verwendung des Optimalitätsansatzes auf den Gebieten von Ökologie, Evolution und Verhalten, während Lewontin (1979) diesem Ansatz kritisch gegenübersteht. Pyke u. Mitarb. (1977) befassen sich mit der Optimierung bei der Futtersuche, und die Kapitel von Parker u. Krebs (in Krebs u. Davies 1978) fassen Arbeiten zur Optimierung der Futtersuche sowie zum Paarungsverhalten der Kotfliegen zusammen.

MacFarland (1977) stellt in einer kurzen Zusammenfassung dar, wie Motivationen und äußere Faktoren in Kosten-Nutzen-Rechnungen kombiniert werden können, um optimale Kompromisse zwischen verschiedenen Verhaltensweisen vorauszusagen.

4 Leben in Gruppen und Verteidigung von Ressourcen

Zeigt man jemandem eine Kolonie von 10 000 dicht an dicht brütenden Flamingos, wird er unweigerlich fragen, warum denn die Tiere so eng zusammenhocken. In diesem Kapitel soll der Frage nachgegangen werden, warum Tiere in Gruppen leben; Flamingos in Kolonien, Pferde in Herden und Sardinen in Schwärmen. Mit den in Kapitel 2 und 3 entwickelten Methoden, dem Artenvergleich und den Optimalitätsmodellen, soll versucht werden zu erklären, in welcher Weise ökologische Kräfte den Zusammenschluß zu Gruppen gefördert haben könnten.

Vergleiche zwischen den Arten lassen vermuten, daß Ernährung und Feinde die beiden wichtigsten Umweltfaktoren sind, die die Gruppengröße beeinflussen (s. Kap. 2). Auch Vergleiche zwischen Populationen innerhalb einer Art sprechen dafür (Abb. 4.1). Es gibt viele Studien, in denen Kosten und Nutzen in Zusammenhang mit der Futtersuche und der Bedrohung durch Räuber gemessen wurden. Im ersten Teil dieses Kapitels sollen einige derartige Beispiele besprochen werden, um daraufhin optimale Gruppengrößen anhand von Kosten-Nutzen-Kalkulationen vorauszusagen. Tiere, die nicht in Gruppen leben (und gelegentlich auch gruppenbildende Arten), verteidigen häufig Ressourcen, die sie ihren Artgenossen vorenthalten. So steht neben den Vorteilen des Gruppenlebens auf der anderen Seite der Medaille die Frage: „Wann lohnt es sich für ein Individuum, eine Ressource für sich zu behalten und die anderen auszuschließen, anstatt sich mit ihnen zusammenzutun?". Mit der Betrachtung dieses Aspekts soll das vorliegende Kapitel schließen.

Gruppenleben und Schutz gegen Räuber

Guppys bilden Schwärme, wenn sie sich in Flüssen mit hoher Raubfischdichte aufhalten (Abb. 4.1a). Diese Strategie verringert wahrscheinlich die Gefahr, daß sie als Mahlzeit im Maul eines Räubers verschwinden. Der Effekt könnte auf mehrere verschiedene Arten zustande kommen.

Erhöhte Wachsamkeit

Für viele Räuber ist das Überraschungsmoment entscheidend: Befindet sich das Opfer nach einer fehlgeschlagenen Attacke erst einmal in

Gruppenleben und Schutz gegen Räuber 89

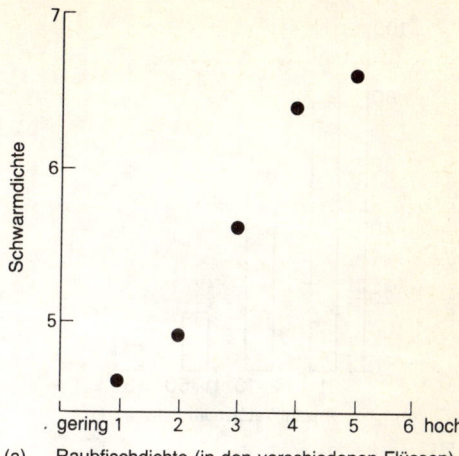

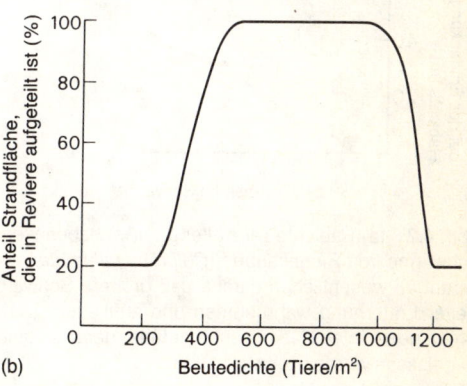

Abb. **4.1** Die innerartliche Variation der Gruppengröße wird von Feinden und Nahrung beeinflußt. (a) Guppys (*Poecilia reticulata*) aus verschiedenen Flüssen in Trinidad: Die Tiere in Flüssen mit vielen Raubfischen formen dichtere Schwärme als Guppys, die in Flüssen mit wenig Feinden leben. Jeder Punkt repräsentiert einen anderen Fluß, und die Schwarmdichte wurde als Anzahl Fische je Planquadrat am Boden eines Behälters gemessen (Seghers 1974). (b) Sanderlinge (*Calidris alba*) in Bodega Bay, Kalifornien: Manche der Vögel verteidigen an einigen Abschnitten der Gezeitenzone Reviere, während sie an anderen Abschnitten in Gruppen futtersuchend umherschweifen. Ob die Vögel Reviere beanspruchen oder nicht, hängt von der Dichte ihrer Lieblingsbeute, der Assel *Excirolana linguifrons*, ab. Gebietsansprüche treten hauptsächlich bei mittlerer Beutedichte auf. Bei sehr geringer Beute lohnt sich die Verteidigung des Gebietes nicht, während eine sehr hohe Beutedichte so viele Sanderlinge herbeilockt, daß eine Verteidigung gegen Eindringlinge unmöglich wird. An den Strandabschnitten, an denen Reviere verteidigt werden, sind diese um so größer, je niedriger die Beutedichte ist (Myers u. Mitarb. 1979).

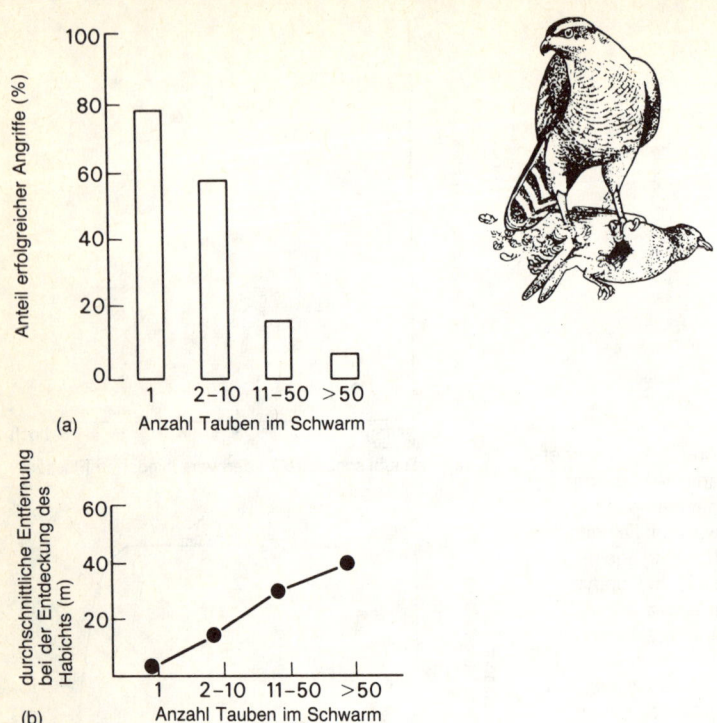

Abb. **4.2** (a) Habichte (*Accipiter gentilis*) haben wenig Erfolg, wenn sie große Schwärme von Ringeltauben (*Columba palumbus*) angreifen. (b) Dieser Effekt beruht im wesentlichen darauf, daß größere Schwärme den Habicht schon in weiter Entfernung wahrnehmen und auffliegen. Die Experimente wurden mit einem gezähmten Habicht durchgeführt, der aus standardisierten Entfernungen losgelassen wurde (Kenward 1978).

Alarmbereitschaft, sinken die Chancen für den Angreifer rapide. Das trifft beispielsweise auf taubenjagende Habichte zu (Abb. 4.2): Der Greifvogel hat bei Angriffen auf große Schwärme wenig Erfolg, da die Tauben schon auffliegen, wenn der Räuber noch weit weg ist. Wenn jede Taube gelegentlich einen Blick in die Umgegend wirft, um gegen Raubvögel zu sichern, dann ist die Wahrscheinlichkeit in großen Schwärmen höher, daß der Habicht schon beim Auftauchen am Horizont erspäht wird. Ist erst einmal eine Taube alarmiert und fliegt auf, folgen die anderen augenblicklich.

Die Ursache, weshalb die Aufmerksamkeit mit der Schwarmgröße steigt, liegt in der Art und Weise, wie die Individuen in der Gruppe ihre

Abb. **4.3** Wachsamkeit in Gruppen. (a) Ein Strauß verbringt einen geringeren Anteil mit Umherspähen gegen Feinde, wenn er in einer Gruppe ist. (b) Die gesamte Aufmerksamkeit steigt mit zunehmender Gruppengröße leicht an (durchgezogene Linie), und zwar etwa so, wie man es erwarten würde, wenn alle Individuen unabhängig voneinander umherspähten (gestrichelte Linie) (Bertram 1980).

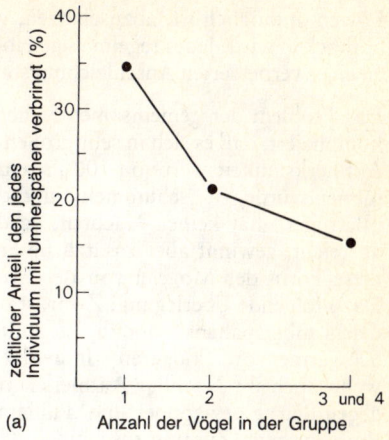

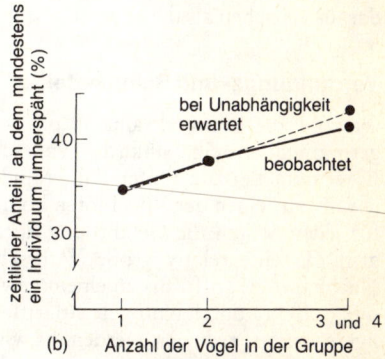

Zeit einteilen. Bei Straußen fand Bertram (1980), daß jeder Vogel seinen zeitlichen Anteil des Umherspähens verringert, wenn er sich in einer Gruppe befindet. Insgesamt steigt jedoch die Wachsamkeit, also die Zeit, in der wenigstens ein Tier umherspäht, mit der Gruppengröße an (Abb. 4.3). Insofern hat jeder Vogel im Schwarm mehr Zeit zum Fressen zur Verfügung und genießt dennoch eine erhöhte Sicherheit, z. B. gegen heranschleichende Löwen. Die Zunahme der Aufmerksamkeit in der Gruppe entspricht der Erwartung, wenn man davon ausgeht, daß die Tiere unabhängig voneinander nach Feinden Ausschau halten. Tatsächlich haben Strauße die Eigenart, ihre Köpfe in zufälligen Zeitintervallen hochzustrecken und umherzuspähen, so daß es einem anschleichenden

Löwen unmöglich ist, abzuschätzen, wann der Vogel das nächste Mal aufblicken wird. Jedes regelmäßige Hochblicken könnte von den Löwen zu einer verbesserten Anschleichungstaktik ausgenutzt werden.

Das Problem der gemeinsamen Sicherung gegen Feinde wird dadurch kompliziert, daß es sich in sehr großen Gruppen, in denen der maximale Aufmerksamkeitswert von 100 Prozent erreicht ist, für ein Individuum lohnen würde, zu „schummeln" und die ganze Zeit nur zu fressen. Der „Betrüger" hat keinen Nachteil, da die Aufmerksamkeit der anderen ausreicht, gewinnt aber zusätzliche Freßzeit. Es ist nicht bekannt, wie diese Form der Mogelei von der Evolution verhindert werden kann. Dazu folgende Überlegung: Zwar ist die Strategie des „blind vertrauenden Umherspähens" anfällig gegenüber Betrügern, doch könnte es Schwärme von „klügeren" Individuen geben, die nur dann spähen, wenn auch ihr Nachbar Aufmerksamkeit gezeigt hat und die deshalb gegen Betrug gewappnet sind (Pulliams u. Mitarb. 1982). Das zentrale Problem beim Zusammenschluß zu Gruppen ist, daß selbst, wenn alle Tiere davon profitieren, jedes Individuum versuchen wird, mehr Nutzen daraus zu ziehen als die anderen.

Verdünnungs- und Schutzeffekte

Obwohl die Aufmerksamkeit mit zunehmender Gruppengröße nur geringfügig ansteigt, sinkt die Wahrscheinlichkeit, daß ein Strauß einer Löwenattacke zum Opfer fällt, rapide ab, da die Löwen pro Angriff jeweils nur einen der Vögel töten können. In der Gruppe verringert sich für jeden Strauß die Gefährdung durch einen erfolgreichen Löwenangriff, da eine relativ große Wahrscheinlichkeit besteht, daß es den Nachbarvogel trifft. Bis zu einem gewissen Grad kann dieser „Verdünnungseffekt" durch häufigere Angriffe auf die größere und damit auffälligere Gruppe reduziert werden. Es wird dennoch ein gewisser Schutzeffekt resultieren, der den Zusammenschluß fördert. Dazu folgende theoretische Überlegung: Eine bestimmte Antilope innerhalb einer Herde von 100 Tieren hat die Wahrscheinlichkeit von 1 : 100, beim Angriff eines Löwen getötet zu werden. Die Herde wird aber weniger als 100mal so häufig angegriffen werden wie eine einzelne Antilope, da in ihr eine größere Wachsamkeit herrscht und ein Räuber sich eher an kleine Gruppen oder Einzeltiere heranmacht.

Daß das Gruppenleben tatsächlich einen Vorteil durch Verdünnungseffekte bringt, konnte in einer Studie gezeigt werden, in der die Überlebensraten von Individuen in unterschiedlich großen Gruppen gemessen wurden. Der Monarchfalter *(Danaius plexippus)* wandert jedes Jahr von Nordamerika nach Mexiko, um den Winter in einem milderen Klima zu verbringen. Die Schmetterlinge sammeln sich an riesigen, gemeinsamen Ruheplätzen, so daß Baumbestände von einer Fläche bis zu drei Hektar über und über mit ruhenden Faltern bedeckt sind. Der Monarchfalter ist zwar nicht besonders schmackhaft, wird aber von einigen Vogelarten in seinem Winterquartier gefressen. Zählungen der verspeisten Schmetterlinge ergaben, daß die Beuterate in umgekehrter Relation zur Koloniegröße steht. Der Verdünnungseffekt scheint also jeglichen Nachteil durch die größere Auffälligkeit der Schwärme auszugleichen (Calvert u. Mitarb. 1979).

Wahrscheinlich spielt der Vorteil durch den Verdünnungseffekt sehr häufig eine Rolle beim Zusammenschluß von Gruppen. Z. B. könnte er den seltsamen Umgang von Straußen und Gänsesägern mit ihren Jungen erklären. Treffen sich zwei Weibchen einer dieser Arten, versucht jedes, die Jungtiere des anderen zu stehlen und seiner eigenen Gefolgschaft anzugliedern. Normalerweise lohnt es sich nicht, auf die Nachkommen anderer Individuen achtzugeben, doch wenn die Bedrohung durch Räuber hoch ist, könnte ein solches Verhalten durch den Verdünnungseffekt vorteilhaft sein. Ein konkretes Beispiel für diesen Effekt liefert eine Studie an halbwilden Pferden in der Camargue, einem sumpfigen Delta im Süden Frankreichs. In den Sommermonaten werden die Pferde von stechenden Bremsen *(Tabanidae)* gepeinigt und neigen in dieser Zeit dazu, sich zu größeren Gruppen zusammenzuschließen. Messungen der Anzahl Fliegen pro Pferd ergaben, daß Pferde in großen Herden weniger häufig gestochen werden. Ein Experiment, in dessen Verlauf Pferde aus großen Gruppen in kleinere gebracht wurden und umgekehrt ergab, daß die Bildung großer Gruppen durch den Verdünnungseffekt Schutz gegen die Bremsen gewährt (Duncan u. Vigne 1979).

Bei einigen Tieren wird die Verdünnung mittels einer räumlichen oder zeitlichen Synchronisation erzielt. Das könnte die erstaunlichen 13- und 17jährigen Lebenszyklen mancher Zikadenarten erklären. Die Larven dieser Arten leben je nach Spezies und Lokalität 13 oder 17 Jahre im Boden. Bei den 17-Jahres-Zikaden beobachteten Dybas u. Lloyd (1974), wie Millionen erwachsener Tiere dreier Arten über eine große Fläche verstreut synchron ausschlüpften und die Gegend derart überschwemmten, daß die Gefahr eines jeden Tieres, einem Räuber zum Opfer zu fallen, stark reduziert wurde. Lloyd u. Dybas (1966) stellten Spekulationen darüber an, warum die Zikadenzyklen gerade 13 und 17 und nicht z. B. 15 oder 18 Jahre betragen. Derart lange Pausen zwischen den Schlüpfperioden machen hochspezialisierten Räubern und Parasiten das Leben schwer. Wenn es 13, bzw. 17 Jahre lang keine Zikaden gibt, bleibt den Räubern nichts als auszusterben, sich auf andere Beute umzustellen oder selbst in eine Ruhephase zu fallen. Der sehr lange Zyklus muß sich im Verlauf eines „evolutiven Wettlaufes" herausgebildet haben, in welchem sowohl die Zikaden als auch ihre Räuber die Lebenszyklen schrittweise verlängerten, bis die Zikaden schließlich „gewannen". Die Bedeutung der 13- und 17jährigen Zyklen liegt darin, daß sie Primzahlen folgen, die es einem Räuber mit kürzerem Lebenszyklus unmöglich machen, sich über ein Vielfaches der eigenen Reproduktionsspanne mit den Zikadenzyklen zu synchronisieren. Hätten die Zikaden beispielsweise einen 15-Jahres-Zyklus, würde ein Räuber mit einem 5- oder 3-Jahres-Zyklus jede dritte oder fünfte Generation mit seiner Beute zusammenfallen.Diese Überlegungen bleiben vorerst interessante Spekulationen, doch stellt die Synchronisation sicher einen Vorteil dar. Freilandbeobachtungen zeigten, daß Zikaden, die auf dem Höhepunkt der Schlüpfperiode auftauchten, einer geringeren Gefährdung durch Räuber unterliegen als Tiere, die zu Beginn oder am Ende schlüpften (Simon 1979). Die Selektion wirkt also darauf hin, daß die Synchronisation bestehen bleibt, wenn sie erst einmal etabliert ist.

Ganz ähnlich wie die in der Mitte der Schlüpfperiode auftauchenden Zikaden besser geschützt sind als die zu Beginn oder am Ende, genießen auch Tiere in der Mitte einer Schar, Schule oder Herde größere Sicherheit als am Rande. Wenn ein Räuber seine Opfer vorwiegend vom Rand der Gruppe wegholt, sollte jedes Individuum in die Mitte drängen und hinter den anderen Schutz suchen (Hamilton 1971). Dies könnte erklären, warum sich eine Starenschar bei Annäherung eines Feindes dicht zusammendrängt. Warum aber fängt ein Räuber die Opfer vom Rand der Gruppe weg? Der alte Trick, jemandem mehrere Bälle gleichzeitig zuzuwerfen, veranschaulicht, wie schwer es ist, unter mehreren, sich schnell bewegenden Objekten eines anzupeilen und herauszufangen. Es gibt Hinweise darauf, daß Räuber beim Angriff auf eine dichte Gruppe ähnlich verwirrt sind (Neill u. Cullen 1974), so daß sie ihre Attacke bevorzugt auf einzelne Tiere am Rande der Gruppe richten.

Gemeinsame Verteidigung

Beutetiere sind nicht immer nur wehrlose Opfer, sondern sie können sich als Gruppe auch gegen eine Gefährdung durch Räuber schützen. In Lachmöwenkolonien stürzen sich nistende Möwenpärchen mit viel Gezeter auf räuberische Krähen, die sich dem Nest nähern. Dieser Effekt wird im Zentrum der Kolonie stärker, weil die Krähen mehreren Nestern gleichzeitig zu nahe kommen und deshalb von vielen Möwen angefallen werden. Dadurch reduziert sich der Erfolg der Krähen, die auf Möweneier aus sind (Kruuk 1964) (s. auch Abb. 4.4a).

Kosten des Gruppenlebens

Wie schon erwähnt, liegt einer der Nachteile des Gruppenzusammenlebens in der erhöhten Auffälligkeit. Dieser Nachteil wurde von Andersson u. Wicklund (1978) mit Hilfe von künstlichen Nestern an der Wacholderdrossel untersucht, die in den Nadelholzwäldern Skandinaviens in Kolonien brütet. Die nahe beieinander gelegenen Nester sind

Abb. **4.4** (a) Das Leben in Gruppen und der Schutz vor Räubern. In dichten Kolonien der Trottellumme (*Uria aalge*) ist der Bruterfolg höher als in aufgelockerten Kolonien, da eine effektivere Abwehr von Nesträubern, z. B. Möwen, möglich ist (Birkhead 1977) (Foto: T. Birkhead). (b) Das Leben in Gruppen und die gemeinsame Jagd: Tüpfelhyänen (*Crocuta crocuta*) können Beutetiere, die größer sind als sie selbst, erfolgreich bewältigen, weil sie in Gruppen jagen (Kruuk 1972) (Foto: H. Kruuk).

recht auffällig, und eine Kolonie mit künstlichen Nestern rief mehr Räuber herbei als es einzelne Nester taten. Andererseits werden herumstreunende Krähen und andere Räuber von den brütenden Wacholderdrosseln tatkräftig verscheucht. Andersson u. Wicklund fanden, daß künstliche Nester, die in der Nähe von Kolonien angebracht wurden, besser geschützt waren als solche in der Nähe von vereinzelten Drosselnestern. Sie schlossen daraus, daß der Vorteil des Verteidigungseffekts den Nachteil durch größere Auffälligkeit überwiegt.

Gruppenleben und Nahrungssuche

Auffinden guter Futterplätze

Aus den vergleichenden Studien in Kapitel 2 wurde ersichtlich, daß Arten, die große, kurzlebige und lokal konzentrierte Futterquellen (z. B. Samen und Früchte) aufsuchen, häufig Gruppen bilden. Für diese Tiere liegt das wesentliche Problem darin, die Futterquelle aufzuspüren; ist der Futterplatz einmal gefunden, so bietet er normalerweise reichlich zu fressen, zumindest für kurze Zeit. Ward u. Zahavi (1973) stellten die These auf, daß die gemeinsamen Schlaf- und Nistplätze von Vögeln eine Art „Informationszentrum" darstellen, das einigen Individuen Kenntnis von guten Futterquellen verschafft, indem sie anderen Tieren folgen. Die Überlegung geht davon aus, daß ein erfolgloser Vogel bald zur Kolonie zurückkehrt und dann auf die Gelegenheit wartet, anderen, die auf ihrem letzten Nahrungszug erfolgreicher waren, zu folgen. Die erfolglosen Vögel könnten die erfolgreichen beispielsweise an ihrer Startgeschwindigkeit erkennen.

Der von Ward u. Zahavi verwendete Begriff „Informationszentrum" ist vielleicht unglücklich gewählt, da er auf eine wechselseitige Kooperation beim Informationsaustausch, wie sie etwa in Bienen- und Ameisenstaaten besteht, schliessen läßt. Wie wir in Kapitel 10 sehen werden, gibt es spezielle Gründe für eine Zusammenarbeit bei sozialen Hymenopteren, doch sie treffen nicht auf die Schlaf- und Nistplätze von Vögeln zu. „Wechselseitiger Parasitismus" wäre deshalb ein angemessenerer Ausdruck, da die erfolglosen Vögel im Grunde bei den erfolgreichen Futtersuchern schmarotzen. Jedes Individuum ist darauf aus, seinen eigenen Erfolg zu maximieren und nicht den der gesamten Kolonie. Bei einigen Arten mag es für den „Informanten" unmöglich sein, eine Verfolgung zu verhindern, da das Verlassen des Nestes zu auffällig ist, wie zum Beispiel bei Seevögeln auf einem Felsenkliff. Möglicherweise gereicht es dem „Informanten" sogar zum Vorteil, wenn andere Vögel ihm folgen; langfristig etwa, indem er während einer erfolglosen Periode selbst schmarotzt, oder kurzfristig durch eine geringere Wahrscheinlichkeit, Feinden zum Opfer zu fallen. Wenn diese Vorteile die Kosten durch die Konkurrenz an der Futterquelle nicht recht auffällig, und eine Kolonie mit künstlichen Nestern rief mehr Räuber herbei als es einzelne Nester taten. Andererseits werden herumstreunende Krähen und andere Räuber von den brütenden Wacholderdrosseln tatkräftig verscheucht. Andersson u. Wicklund fanden, daß künstliche Nester, die in der Nähe von Kolonien angebracht wurden, besser geschützt waren als solche in der Nähe von vereinzelten Drosselnestern. Sie schlossen daraus, daß der Vorteil des Verteidigungseffekts den Nachteil durch größere Auffälligkeit überwiegt.

Gruppenleben und Nahrungssuche

Auffinden guter Futterplätze

Aus den vergleichenden Studien in Kapitel 2 wurde ersichtlich, daß Arten, die große, kurzlebige und lokal konzentrierte Futterquellen (z. B. Samen und Früchte) aufsuchen, häufig Gruppen bilden. Für diese Tiere liegt das wesentliche Problem darin, die Futterquelle aufzuspüren; ist der Futterplatz einmal gefunden, so bietet er normalerweise reichlich zu fressen, zumindest für kurze Zeit. Ward u. Zahavi (1973) stellten die These auf, daß die gemeinsamen Schlaf- und Nistplätze von Vögeln eine Art „Informationszentrum" darstellen, das einigen Individuen Kenntnis von guten Futterquellen verschafft, indem sie anderen Tieren folgen. Die Überlegung geht davon aus, daß ein erfolgloser Vogel bald zur Kolonie zurückkehrt und dann auf die Gelegenheit wartet, anderen, die auf ihrem letzten Nahrungszug erfolgreicher waren, zu folgen. Die erfolglosen Vögel könnten die erfolgreichen beispielsweise an ihrer Startgeschwindigkeit erkennen.

Der von Ward u. Zahavi verwendete Begriff „Informationszentrum" ist vielleicht unglücklich gewählt, da er auf eine wechselseitige Kooperation beim Informationsaustausch, wie sie etwa in Bienen- und Ameisenstaaten besteht, schliessen läßt. Wie wir in Kapitel 10 sehen werden, gibt es spezielle Gründe für eine Zusammenarbeit bei sozialen Hymenopteren, doch sie treffen nicht auf die Schlaf- und Nistplätze von Vögeln zu. „Wechselseitiger Parasitismus" wäre deshalb ein angemessenerer Ausdruck, da die erfolglosen Vögel im Grunde bei den erfolgreichen Futtersuchern schmarotzen. Jedes Individuum ist darauf aus, seinen eigenen Erfolg zu maximieren und nicht den der gesamten Kolonie. Bei einigen Arten mag es für den „Informanten" unmöglich sein, eine Verfolgung zu verhindern, da das Verlassen des Nestes zu auffällig ist, wie zum Beispiel bei Seevögeln auf einem Felsenkliff. Möglicherweise gereicht es dem „Informanten" sogar zum Vorteil, wenn andere Vögel ihm folgen; langfristig etwa, indem er während einer erfolglosen Periode selbst schmarotzt, oder kurzfristig durch eine geringere Wahrscheinlichkeit, Feinden zum Opfer zu fallen. Wenn diese Vorteile die Kosten durch die Konkurrenz an der Futterquelle nicht

Gruppenleben und Schutz gegen Räuber 95

Abb. **4.4** (a) Das Leben in Gruppen und der Schutz vor Räubern. In dichten Kolonien der Trottellumme (*Uria aalge*) ist der Bruterfolg höher als in aufgelockerten Kolonien, da eine effektivere Abwehr von Nesträubern, z. B. Möwen, möglich ist (Birkhead 1977) (Foto: T. Birkhead). (b) Das Leben in Gruppen und die gemeinsame Jagd: Tüpfelhyänen (*Crocuta crocuta*) können Beutetiere, die größer sind als sie selbst, erfolgreich bewältigen, weil sie in Gruppen jagen (Kruuk 1972) (Foto: H. Kruuk).

Abb. **4.5** Experiment zur Überprüfung der „Informationszentrums"-Hypothese am Blutschnabelweber (*Quelea quelea*). Die Vögel ruhen in dem großen, mit X gekennzeichneten Käfig und fressen in den kleinen, mit 1–4 gekennzeichneten Abteilen.

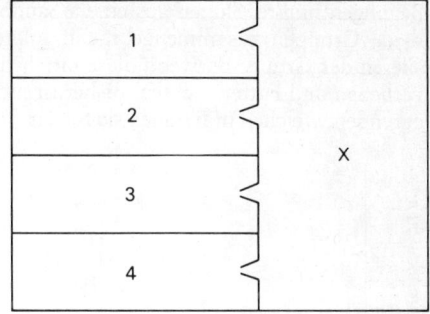

aufwiegen, sollte ein erfolgreicher Vogel alles daran setzen, um seinen Erfolg vor den anderen Koloniemitgliedern zu verheimlichen.

Eine direkte Überprüfung dieser Thesen von Ward u. Zahavi bietet eine Untersuchung von de Groot (1980) an Blutschnabelwebern *(Quelea quelea)* mit gemeinsamen Schlafplätzen. Der Blutschnabelweber nistet in Kolonien und findet sich an den Schlafplätzen manchmal in riesigen Mengen ein, die auf mehr als eine Million Individuen geschätzt werden. Die Tiere stellen in Zentralafrika eine ernsthafte landwirtschaftliche Plage dar und können ein Getreidefeld in wenigen Stunden völlig leerfressen. De Groots Experimente spielten sich allerdings in bescheidenerem Rahmen ab (Abb. 4.5): Zwei Gruppen von Webervögeln bewohnten innerhalb einer großen, mit x bezeichneten Voliere gemeinsame Ruheplätze und hatten zur Futtersuche Zugang zu kleinen Abteilungen, die mit 1–4 gekennzeichnet sind. Die Vögel konnten von den Schlafplätzen nicht in die kleineren Abteilungen sehen, sondern mußten schmale, trichterförmige Öffnungen passieren, um nach Futter oder Wasser zu suchen. In einem Experiment wurde der einen Gruppe von Vögeln (A) beigebracht, wie sie in einer der vier kleineren Abteilungen Wasser finden konnten; die andere Gruppe (B) lernte davon unabhängig, wie sie in einer der anderen Abteilungen Futter finden konnte. Dann wurden beide Gruppen zusammengebracht und auf den gemeinsamen Ruheplätzen ohne Futter oder Wasser gelassen. Es stellte sich heraus, daß durstige Vögel der Gruppe B den Vögeln der Gruppe A zur Trinkstelle folgten und daß umgekehrt Tiere der Gruppe A der Gruppe B folgten, wenn es ums Fressen ging. Die „naiven" Vögel konnten also einschätzen, daß die Mitglieder der anderen Gruppe wußten, wo die Ressourcen lagen und ihnen folgen.

In einem zweiten Experiment wurde der Gruppe A beigebracht, in einer der Abteilungen von einer hochwertigen Futterquelle (reine Samen) zu fressen, während Gruppe B sich in einer anderen Abteilung damit begnügen mußte, Samen aus einem Sandbett herauszupicken. Wurden beide Gruppen zusammengebracht, folgten Tiere der Gruppe B den Tieren der Gruppe A, wenn diese ihre Schlafplätze in der Dämmerung verließen und Futter suchten. Bisher ist nicht bekannt, woran die Vögel erkennen, welchen Individuen sie folgen müssen.

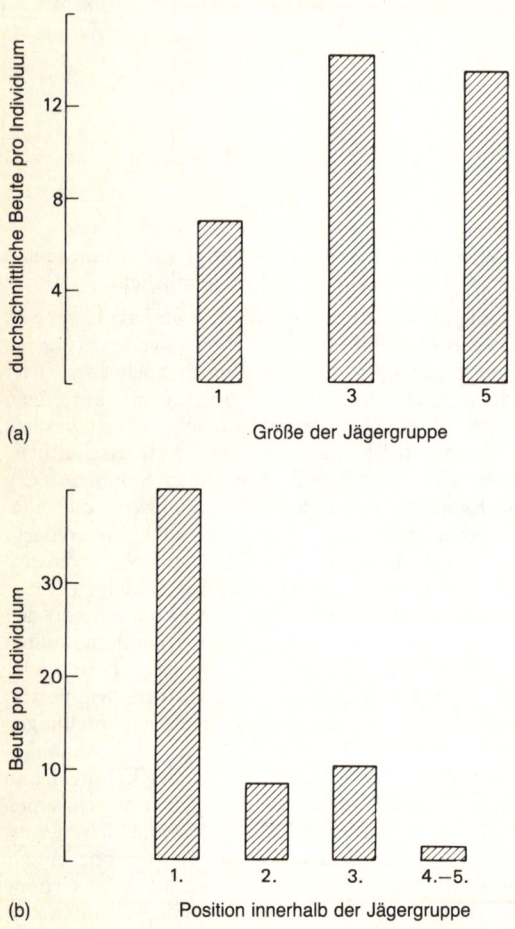

Abb. **4.6** Der Jack (*Caranx ignobilis*) aus der Familie der Stachelmakrelen (*Carangidae*) ist ein Räuber, der in Gruppen jagt. (a) Im Experiment bekommt im Durchschnitt jeder Fisch eine größere Beutemenge, wenn die Tiere in Gruppen jagen. (b) Doch die Fische in der vordersten Position des Schwarms profitieren weitaus am meisten (Major 1978).

Gruppenleben und Nahrungssuche

Bewältigung schwieriger Beute

Individuen, die in Gruppen jagen, können Beutestücke bewältigen, die für einzelne Individuen entweder zu groß (z. B. Löwen, die ausgewachsene Büffel reißen) oder zu flink sind (z. B. Schwertwale, die Tümmler fangen). Wenn die Beutetiere selbst in Gruppen vorkommen, können die Jäger ein Opfer von der Herde abtrennen, es anschließend verfolgen und bewältigen. Auf diese Weise jagen räuberische Fische wie der Jack *(Caranx ignobilis)* nach Schwarmfischen. Jacks in Gruppen haben mehr Erfolg als Einzeltiere, wenn sie Schwärme der Sardellenart *Stolephorus purpureus* angreifen (Abb. 4.6). Gleichwohl kommt der Vorteil nicht allen Tieren der Jägergruppe in demselben Maß zugute: Jacks an der Vorderfront der Gruppe erhalten einen größeren Beuteanteil als die hinteren Tiere (Abb. 4.6). Tatsächlich hätte der vierte oder fünfte Fisch mehr davon, alleine zu jagen, doch es könnte sein, daß die Fische in der vordersten Position von Angriff zu Angriff wechseln. Mit diesem Beispiel wird erneut ein zentrales Problem angesprochen, daß nämlich der Nutzen einer Gruppenbildung nicht gleichmäßig auf alle Individuen verteilt zu sein braucht.

Ernährung aus sich erneuernden Futterquellen

Man stelle sich ein Tier vor, das sich von regenerierenden Futterquellen, wie z. B. nachwachsender Vegetation, ernährt. Der Betrag an verfügbarer Nahrung wird an einem solchen Platz um so größer, je mehr Zeit seit der letzten Ernte vergangen ist. Deshalb erzielt ein Individuum den größten Futterertrag, wenn es dieselbe Stelle in angemessenen Zeitintervallen aufsucht. Kehrt das Tier zu früh an den Platz zurück, ist der Ertrag nur gering, kommt es zu spät, läßt es eine reiche Nahrungsquelle ungenutzt liegen. Das Problem bei der Ernte von sich erneuernden Futterquellen ist, daß die Methode nur solange funktioniert, wie keine Konkurrenten auftauchen. Die Strategie von Individuum A, nach zehn Tagen zurückzukehren, müßte fehlschlagen, wenn Individuum B den Futterplatz nach neun oder acht Tagen aufsuchen würde. Ein Weg, um eine derartige Überschneidung zu verhindern, ist die Verteidigung von Revieren (Charnov u. Mitarb. 1976). Eine andere Methode ist der Besuch der Futterquelle in Gruppen, so daß alle Individuen zur selben Zeit zurückkehren. Überwinternde Gruppen von Ringelgänsen *(Branta bernicla)*, die in holländischen Salzmarschen nach Futter suchen, scheinen letztere Strategie anzuwenden. Revierabgrenzung wäre in diesem Fall nicht möglich, da die Marsch regelmäßig überflutet wird. Kontinuierliche Beobachtungen an 40 Marschflächen von je einem Hektar Größe, die während des Frühlings 24 Tage lang von Sonnenauf- bis -untergang beobachtet wurden, zeigten, daß die Gänse alle vier Tage zu ein- und demselben Platz zurückkehrten. Diese Intervalle erlauben dem

Strandwegerich *(Plantago maritima)*, nicht nur nachzuwachsen, sondern das regelmäßige Abweiden fördert sogar das Wachstum der jungen, stark stickstoffhaltigen Blätter. Experimente, in denen das Abweiden der Pflanzen durch regelmäßiges Schneiden simuliert wurde, zeigten, daß die Gänse zu einem Zeitpunkt zurückkehren, der das Wachstum der jungen Sprosse maximiert (Prins u. Mitarb. 1980).

Es stellt sich die Frage, ob auch hier die „Schlußlichter" der Gruppe schlechter abschneiden als die Individuen an der Spitze, ähnlich wie bei den Jacks. Die Antwort ist bislang unbekannt, doch erscheint es möglich, daß die durchschnittliche Nährstoffversorgung für alle Mitglieder der Gänseschar gleich ist. Die vordersten Gänse fressen zwar die größte Menge, doch befinden sich die jüngeren und nahrhafteren Teile der Pflanze an der Basis des Stengels nahe dem Boden. Diese Teile werden erst freigelegt, wenn die darüberliegenden älteren und größeren Blätter abgeweidet sind. Deshalb läßt sich vermuten, daß die ersten Vögel größere Mengen fressen, während die letzten Gänse Nahrung besserer Qualität zu sich nehmen. Die Folge könnte eine ausgewogene Nährstoffversorgung aller Mitglieder der Gänseschar sein.

Kosten die mit der Futtersuche verbunden sind

Die Studie an den Gänsen macht einen wesentlichen Nachteil der Futtersuche in Gruppen deutlich: die Konkurrenz um die Nahrung. Konkurrenz kann eine direkte Form der Ausnutzung sein, wie beim Jack, wo die vorderen Fische den hinteren die Beute wegfangen. Oder sie kann als Folge einer Beeinträchtigung auftreten, indem die Verfügbarkeit von Futter für einige Gruppenmitglieder durch das Verhalten der Nachbartiere reduziert wird. Ein Beispiel hierfür bietet der Rotschenkel *(Tringa totanus)*, ein Küstenvogel, der von Goss-Custard (1976) auf den Wattflächen der britischen Küsten beobachtet wurde. Nachts gehen die Rotschenkel in dichten Gruppen auf Futtersuche; tagsüber stöbern sie in lockeren Verbänden oder einzeln nach Freßbarem. Am Tage ernähren sich die Vögel von kleinen Wattkrebsen *(Corophium)*, deren Schwanzenden aus dem Schlick herausragen. In der dunklen Nacht tasten sie hingegen nach Wattschnecken *(Hydrobia)*, indem sie ihre langen Schnäbel durch den Schlamm schwenken. Beim Krebsfang stören sich die Vögel gegenseitig, da die Beutetiere im Schlick verschwinden, sobald sie den schweren Fußtritt eines Rotschenkels wahrnehmen. Das konnte in Experimenten mit gefangenen Vögeln nachgewiesen werden. Der Fangerfolg steigt deshalb mit zunehmender Entfernung der futtersuchenden Nachbarvögel, so daß sich die Tiere möglichst weit verteilen. Nachts treten keine Beeinträchtigungen auf, da die Vögel nicht darauf angewiesen sind, die Beute zu sehen und die Schnecken nur schwerfällig auf Störungen reagieren. In diesem Fall steht der Futterertrag in keiner Beziehung zur Schargröße, und die Vögel ziehen sich zu dichten Scharen zusammen (Goss-Custard 1976). Eine Interpretation dieser Befunde muß davon ausgehen, daß der nächtliche enge Zusammenschluß für den Rotschenkel einen Vorteil, vielleicht durch einen größeren Schutz gegen Feinde im Zentrum der Schar, mit sich bringt und keinen Nachteil durch Beeinträchtigung bei der Futtersuche. Am Tage hingegen behindert das enge Beieinandersein die Futtersuche, und die Vögel verteilen sich. Die Distanz zum Nachbarn scheint in diesem Fall ein Gleichgewicht zwischen Kosten und Nutzen der Gruppenbildung darzustellen.

Abwägung von Kosten und Nutzen – optimale Gruppengrößen

Das Fazit dieses Kapitels besagt soweit, daß es viele verschiedene Kosten und Nutzen bei der Gruppenbildung gibt, die alle mehr oder weniger wichtig für eine bestimmte Tierart sein können. Tauben, Pferde, Strauße und Zikaden bilden nicht unbedingt aus denselben Gründen Verbände, doch könnte jeder einzelne oder auch sämtliche der erörterten Gründe Motiv für einen Zusammenschluß sein. Natürlich ist die bisherige Aufzählung nicht vollständig; es ließen sich weitere Kosten, wie die Ausbreitung von Infektionskrankheiten und Parasiten, Kannibalismus oder Ehebruch, anführen oder Vorteile, wie Schutz vor den Naturgewalten, gemeinsame Revierverteidigung oder effektivere Fortbewegung. Einige dieser Punkte sind in Tab. 4.1 aufgeführt. Doch anstatt die Liste sämtlicher denkbaren Kosten und Nutzen bis zu einem erschöpfenden Abschluß zu führen, soll die interessantere Frage aufgegriffen werden, wie verschiedene Kosten und Nutzen kombiniert werden können, um eine optimale Gruppengröße vorauszusagen.

Vergleichende Studien

Ein qualitativer Eindruck davon, wie Kosten und Nutzen sich beeinflussen, läßt sich durch einen Artenvergleich erhalten. Beispielsweise suchen einige Küstenvogelarten, wie der Knutt, in dichten Scharen nach Futter, andere, wie der Sandregenpfeifer, hingegen in lockeren Verbänden oder alleine (Abb. 4.7). Da gefunden wurde, daß das Auftreten in Gruppen bei Küstenvögeln Schutz gegen Greifvögel gewährt (Page u. Whitacre 1975), stellt sich die Frage, warum nicht alle Arten diese Strategie wählen. Vögel, die in dichten Gruppen nach Futter suchen, finden ihre Beute durch Berührung, indem sie langsam schreiten und mit ihren Schnäbeln im Schlamm herumtasten oder sie hin- und herschwenken. Arten, die einzeln oder in lockeren Verbänden fressen, spüren ihre Nahrung mit den Augen auf und bewegen sich schnell voran, um die

Tabelle 4.1 Beispiele von Studien, in denen mögliche andere als die im Text erwähnten Kosten und Nutzen bei der Gruppenbildung von Tieren gemessen wurden

	Nutzen	
Hypothese	Test	Literatur
1. Warmblütige Tiere sparen Energie durch bessere Isolierung bei engem Zusammenschluß	Blasse Fledermäuse (Antrozous pallidus), die in Gruppen schlafen, verbrauchen weniger Energie als Einzeltiere	Trune u. Slobodchikoff (1976)
2. Kleine Arten können im Wettbewerb gegenüber großen Arten überlegen sein, wenn sie sich zusammenschließen	Schwärme von gestreiften Papageienfischen (Scarus croicus) fressen erfolgreich in den Revieren der im Wettbewerb überlegenen Riffbarsche Eupomacentrus flavifrons	Robertson u. Mitarb. (1976)
3. Fische im Schwarm haben hydrodynamische Vorteile. Sie sparen Energie, indem sie sich in eine Position begeben, die die Strömungswirbel der anderen Fische ausnutzt	Messungen der Entfernungen und Winkel der Fische ergaben, daß sie sich nicht genau an den von der Theorie vorausgesagten Positionen aufhalten	Weihs (1973) Partridge u. Pitcher (1979)
	Kosten	
Hypothese	Test	Literatur
4. Erhöhtes Vorkommen von Krankheiten durch körperliche Nähe	Messungen der Anzahlen von Ektoparasiten in Bauten des Präriehundes (Gattung Cynomys). Es gibt mehr Parasiten in den Bauten großer Kolonien als in denen kleiner Kolonien	Hoogland (1979b)
5. Risiko des Ehebruchs durch Nachbarn	In Kolonien des Rotschulterstärlings (Agelaius phoeniceus) legten die Partnerinnen von sterilisierten Männchen befruchtete Eier. Sie mußten also von anderen Männchen begattet worden sein	Bray u. Mitarb. (1975)

Tabelle **4.1** Fortsetzung

Hypothese	Kosten Test	Literatur
6. Risiko der Kindestötung durch kannibalische Nachbarn	In Kolonien des Belding-Ziesels *(Spermophilus beldingi)* haben Weibchen mit kleinen Revieren eine größere Wahrscheinlichkeit, ihre Jungen durch kannibalische Nachbarn zu verlieren als Weibchen mit großen Territorien um ihren Bau	Sherman (1981)

Beute von der Schlick- oder Wasseroberfläche wegzupicken. Vielleicht sind die Nachteile durch gegenseitige Behinderung bei den letztgenannten Arten so groß, daß, wie beim Rotschenkel, der Nettogewinn für ein Individuum trotz der größeren Bedrohung durch Feinde höher ist, wenn es alleine frißt.

Zeiteinteilungen

Um das Zusammenspiel der verschiedenen Kosten und Nutzen bei der Bestimmung der Gruppengröße exakter einschätzen zu können, soll auf einen Ansatz aus Kapitel 3 zurückgegriffen werden. Kosten und Nutzen beeinflussen letztendlich die Fitness, also die Überlebens- und Fortpflanzungsrate. Doch wie schon bei den Optimalitätsmodellen in Kapitel 3 ausgeführt wurde, ist es häufig praktischer, statt der Fitness andere Meßgrößen zu verwenden, die in Beziehung zu ihr stehen.

Pulliam (1976) und Caracao (1979a) haben die Zeit als derartige Meßgröße angesehen und ein Modell entwickelt, das die optimale Gruppengröße aufgrund von Zeiteinteilungen charakterisiert. Das Modell dient zur Veranschaulichung von Faktoren, die den Zusammenschluß kleiner Vögel im Winter beeinflussen. Zwei Hauptrisiken bestimmen die Überlebenswahrscheinlichkeit der Vögel im Schwarm: Hunger und Feinde. Die einem Vogel zur Verfügung stehende Zeit kann drei Verhaltensweisen zugeordnet werden, die mit den beiden Risiken zusammenhängen: Umherspähen nach Feinden, Fressen und Kämpfen um Futter. Aufgrund ihrer Beobachtungen an Schwärmen des Rotrückkenjunko teilten Pulliam und Caraco das Kämpfen in zwei Kategorien ein; kurze Streitereien um einzelne Futterbrocken und Angriffe eines dominanten Tieres gegen Untergeordnete mit dem Ziel, sie von den

Abb. **4.7** Der Knutt (*Calidris canutus*) (oben) findet seine Nahrung durch Ertasten im Schlick und begibt sich in dichten Verbänden auf Futtersuche, während der Sandregenpfeifer (*Charadrius hiaticulata*) (unten) seine Beute erspäht und in lockeren Scharen oder einzeln auf Futtersuche geht (Goss-Custard 1970). Der Unterschied kann über die Abwägung von Kosten und Nutzen der Gruppenbildung interpretiert werden.

guten Futterplätzen zu vertreiben und sich den Futtervorrat für den Rest des Winters zu sichern. Die Autoren gehen davon aus, daß die Tätigkeiten sich gegenseitig ausschließen; ein Vogel kann also beispielsweise nicht gleichzeitig umherspähen und fressen. Zum Spähen muß er den Kopf hochrecken, zum Picken hingegen nach unten richten. Schließlich wird angenommen, daß Wachsamkeit gegenüber Feinden Vorrang vor dem Fressen hat, da ein übersehener Räuber gefährlichere Folgen hat als ein verpaßtes Korn. Für dominante Tiere ist die Deckung ihres täglichen Futterbedarfes wichtiger als die langfristige Vertreibung von Rangniederen aus guten Futterplätzen, während für untergeordnete Vögel Aggression Priorität gegenüber dem Fressen hat, da das Individuum nicht fressen kann, solange es angegriffen wird. Abb. 4.8a gibt eine vereinfachte Version von Pulliams und Caracos Modell wieder. Es weist folgende Hauptmerkmale auf:

1 Der zeitliche Anteil, den ein Individuum mit Umherspähen verbringen muß, sinkt mit zunehmender Gruppengröße. Grundlage für diese Annahme ist, daß ein vorgegebenes Maß an Wachsamkeit mit weniger Zeitaufwand pro Individuum erzielt werden kann, wenn die Gruppengröße steigt (s. S. 91).

2 Mit zunehmender Gruppengröße begegnen sich die Vögel häufiger, und die Anzahl der Auseinandersetzungen steigt.

3 Die Zeit, die mit Fressen verbracht werden kann, erreicht deshalb bei mittleren Gruppengrößen ein Maximum.

Es stellt sich die Frage, ob dieses Modell der Zeiteinteilung zur Voraussage von optimalen Gruppengrößen taugt. Wenn es lediglich darauf ankommt, den zeitlichen Anteil der Futteraufnahme bei einem festen Mindestmaß an Wachsamkeit zu steigern, wird die optimale Gruppengröße der in Abb. 4.8a entsprechen. Wenn andere Vorteile, wie der Schutz durch Verdünnungseffekte oder eine erhöhte Wachsamkeit (s. S. 91f) von Bedeutung sind, nimmt die optimale Gruppengröße gegenüber der in Abb. 4.8a zu. Deshalb kann das Modell eingesetzt werden, um zu überprüfen, ob die Maximierung der Futteraufnahme der einzige Vorteil der Gruppenbildung ist. Allerdings scheint das Problem komplizierter zu sein als die Darstellung in Abb. 4.8a vermuten läßt, da es für dominante und untergeordnete Vögel verschiedene optimale Gruppengrößen geben kann. Dominante Vögel erzielen einen langfristigen Vorteil, indem sie die rangniederen Individuen von den guten Futterplätzen fernhalten, so daß sie kleinere Gruppengrößen bevorzugen sollten.

Caraco (1979b) und Caraco u. Mitarb. (1980) testeten einige ihrer Modellannahmen an Winterverbänden von Rotrückenjunkos in Arizona, indem sie deren Zeiteinteilungen maßen. Sie fanden, daß sich der Zeitaufwand für Spähen und Kämpfen mit der Gruppengröße in den vom Modell vorausgesagten Richtungen änderte. Allerdings nahm der Anteil für Spähen mit zunehmender Schwarmgröße erheblich stärker ab und die Anzahl an Auseinandersetzungen weniger stark zu als erwartet. Die zur Verfügung stehende Futterzeit stieg also mit der Schwarmgröße ständig an, was dem Kurvenverlauf links vom Gipfel in Abb. 4.8a entspricht.

Um zu prüfen, ob die Gruppengröße von den Zeiteinteilungen entsprechend dem Modell beeinflußt wird, sagten Caraco u. Mitarb. den Effekt

106   4 Leben in Gruppen und Verteidigung von Ressourcen

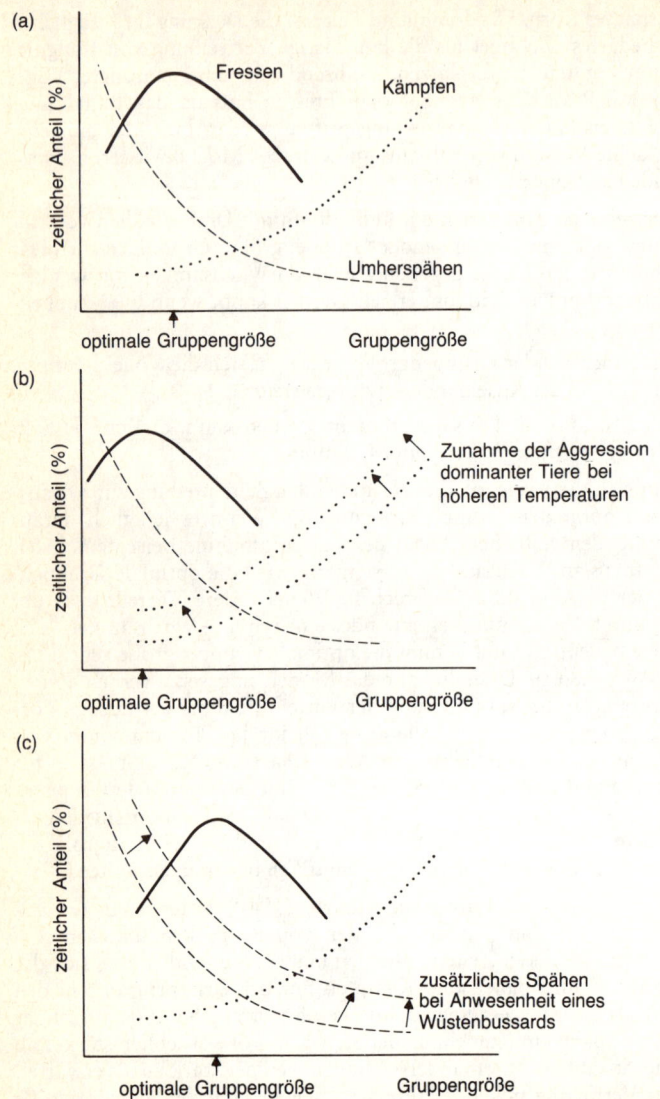

Abb. **4.8** Ein Modell der optimalen Gruppengröße. (a) Mit zunehmender Gruppengröße steigt die Anzahl von Auseinandersetzungen, während pro Individuum weniger Zeit mit Umherspähen verbracht werden muß. Mittlere Gruppengrößen gewährleisten ein Maximum an Zeit und Fressen. (b) Bei verschiedener Umweltveränderungen auf die Gruppengröße voraus. Folgende Aussagen wurden gemacht:

1 Bei höheren durchschnittlichen Temperaturen würden dominante Vögel mehr Zeit damit verbringen, rangniedere Tiere von den Futterplätzen fernzuhalten, da sie ihren eigenen Energiebedarf schneller dekken können. Die Gruppengröße sollte deshalb abnehmen (Abb. 4.8b). Diese Annahme konnte durch Beobachtungen bestätigt werden. Bei 2°C zählten die Verbände durchschnittlich 7 Vögel, bei 10°C nur 2 Vögel. Entsprechend verbringen die dominanten Tiere bei höheren Temperaturen und geringeren Gruppengrößen mehr Zeit mit Auseinandersetzungen.

2 Aufgrund gleicher Argumente sollte man eine Abnahme der Gruppengröße bei erhöhter Futtermenge erwarten und damit zusammenhängend eine verstärkte Aggression der dominanten Vögel. Auch hier wurden die Erwartungen durch die Ergebnisse der Freilanduntersuchungen bestätigt. Wurde Futter in der Schlucht ausgestreut, fraßen die Vögel in kleineren Verbänden.

3 Eine erhöhte Gefährdung durch Feinde sollte einen gegenteiligen Effekt wie die beiden bisher erwähnten Faktoren bewirken und die Vögel zu gesteigerter Wachsamkeit veranlassen. Deshalb müßten sie in größeren Gruppen fressen, um eine konstant hohe Futterrate zu erzielen und gleichzeitig den Zeitanteil an Spähen zu erhöhen (Abb. 4.8c). Caraco u. Mitarb. (1980) ließen einen gezähmten Wüstenbussard *(Parabuteo unicinctus)* über die Schlucht fliegen und stellten fest, daß die Junkos, wie erwartet, mehr Zeit mit Umherspähen verbrachten und die Gruppengröße zunahm. Die durchschnittliche Anzahl von Tieren pro Verband betrug 3,9 ohne und 7,3 mit dem Bussard.

4 Schließlich sagte Caraco voraus, daß zusätzliche Versteckmöglichkeiten, z. B. Büsche, die Gefährlichkeit von Raubvogelangriffen vermindern würden, da die Junkos schneller flüchten könnten. Die Vögel sollten deshalb weniger Zeit mit Umherspähen verbringen und statt dessen mehr Zeit zum Fressen und Streiten haben. Auch diese Annahme ließ sich durch ein Experiment, in dem ein zusätzlicher Busch in der Nähe eines der bevorzugten Futterplätze aufgestellt wurde, bestätigen. Wie erwartet sank die Gruppengröße.

---

höheren Temperaturen (oder wenn reichlich Futter vorhanden ist) verbringen die dominanten Vögel mehr Zeit mit Angriffen auf rangniedere Tiere. Die optimale Gruppengröße verringert sich deshalb. (c) Wenn die Bedrohung durch Räuber wegen eines in der Nähe befindlichen Wüstenbussards erhöht ist, sollten sich die Wachsamkeit und der mit Umherspähen verbrachte Zeitanteil steigern, so daß die optimale Gruppengröße zunimmt (verändert nach Pulliam; Caraco, Martindale, Witham).

Welche Schlußfolgerungen ergeben sich aus diesen Resultaten? Zunächst bestätigen sie, daß die Gruppengröße tatsächlich von der Zeiteinteilung beeinflußt wird, wie es nach dem Modell in Abb 4.8a zu erwarten war. Der Zusammenschluß erlaubt es den Tieren, mehr Zeit mit Fressen zu verbringen, da pro Individuum weniger Zeit für die Wachsamkeit gegenüber Räubern eingesetzt werden muß. Die maximale Größe der Schar hängt von dem Zeitanteil ab, der den dominanten Vögeln erlaubt, untergeordnete Tiere von den Futterquellen fernzuhalten. Zweitens lassen die Versuchsergebnisse die einfachste Hypothese über die optimale Schwarmgröße ausschließen; es wird nicht diejenige Gruppengröße gebildet, die den Zeitanteil, der mit Fressen verbracht werden kann, maximiert. Unter normalen Bedingungen formierten die Junkos in der Schlucht Gruppen von durchschnittlich 3,9 Tieren, doch ergaben Messungen, daß bei einer Gruppengröße von 6-7 Vögeln mehr Zeit für die Futteraufnahme zur Verfügung stehen würde. Wie schon erwähnt, ist die optimale Gruppengröße für dominante und untergeordnete Tiere verschieden, da die dominanten Vögel davon profitieren, wenn sie die anderen von ihrer Futterquelle fernhalten können. Die beobachteten Schargrößen könnten einen Kompromiß zwischen den Optima für dominante und untergeordnete Vögel darstellen. Weiter kompliziert wird das Bild dadurch, daß Vögel in größeren Schwärmen von Verdünnungs- und Schutzeffekten profitieren, wie wir sie schon bei den Straußen erwähnten (Caraco u. Mitarb. 1980).

Das Modell in Abb. 4.8 ist natürlich gegenüber den wirklichen Verhältnissen stark vereinfacht, doch zeigt die Studie zumindest, daß Zeiteinteilungen verwendet werden können, um die Auswirkungen der verschiedenen Kosten und Nutzen auf die Gruppengröße zu analysieren. Weiter läßt sich mit dem Modell die Überlegung veranschaulichen, daß Gruppenbildung und Verteidigung von Ressourcen zwei Enden desselben Kontinuums sein können. Dies wird deutlich, wenn man das Modell dazu verwendet, um Bedingungen vorauszusagen, unter denen es sich für die dominanten Vögel lohnen würde, untergeordnete Tiere auszuschließen und ein Revier zu verteidigen. Wenn reichlich Futter vorhanden oder die Bedrohung durch Feinde gering ist, haben die dominanten Vögel genügend Zeit zur Verfügung, um ein Gebiet abzugrenzen und zu verteidigen. Mit anderen Worten: Die Verteidigung eines Reviers ist ökonomisch sinnvoll geworden.

Verteidigung von Ressourcen

Viele Tiere, von der Seeanemone bis zu den Affen, verteidigen Ressourcen wie Balz-, Futter- oder Nistplätze gegen Konkurrenten. Die Verteidigung einer Ressource durch Kämpfe oder andere Maßnahmen wird üblicherweise als Revierverhalten bezeichnet. Warum aber konkurrieren Tiere um Ressourcen, indem sie sie verteidigen, anstatt sie direkt auszubeuten? Der erste Versuch, diese Frage zu beantworten, bestand in einer Auflistung der Funktionen von Revieren (Hinde 1956, Tinbergen 1957). Mit diesem Ansatz konnte gezeigt werden, daß es unterschiedliche Arten von Revieren gibt; einige Tiere, wie manche Arten der Echten Netzspinnen, besetzen zeitweilig kleine Territorien, um sich zu paaren, andere, wie die Amsel, beanspruchen große Gebiete während ihres gesamten Lebens. Es konnte jedoch nicht generell erklärt werden, warum Tiere Reviere verteidigen.

Konzept der ökonomischen Verteidigung

Brown (1964) führte das Konzept der ökonomischen Verteidigung eines Revieres ein. Er wies darauf hin, daß die Verteidigung einer Ressource sowohl mit Kosten (Energieaufwand, Verletzungsrisiko usw.) als auch mit Nutzen (freier, alleiniger Zugang zur Ressource) verbunden ist. Revierverhalten sollte sich immer dann ausprägen, wenn der Nutzen größer ist als es die Kosten sind (Abb. 4.9). Diese Schlußfolgerung erscheint trivial, doch regte sie einige Forscher an, die Zeiteinteilungen von revierbesitzenden Tieren genauer unter die Lupe zu nehmen. Dazu wurden Freilanduntersuchungen an nektarfressenden, revierbildenden Vögeln durchgeführt. Browns Konzept läßt sich zwar prinzipiell auf alle Arten von Revieren anwenden, hat sich jedoch am besten an Vögeln wie Kolibris, Nektar- und Zuckervögeln bewährt, bei denen sich Kosten und Nutzen im Freiland in Kalorien messen lassen. Gill u. Wolf (1975) gelang es beispielsweise, den Nektargehalt in Revieren des Sichelnektarvogels *(Nectarinia reichenowi)* in Ostafrika zu messen. Dort beanspruchen die Vögel außerhalb der Brutsaison Ansammlungen des Löwenohrs *(Leonotis)* für sich. Die Autoren berechneten aus den beobachteten Zeitanteilen sowie Labordaten über den Energiebedarf der Aktivitäten (z. B. Fliegen, Sitzen, Streiten), wieviel Energie ein Vogel pro Tag benötigt. Ein Vergleich der täglichen Kosten mit dem durch die Verteidigung des Reviers und dem Ausschluß von Konkurrenten zusätzlich gewonnenen Nektarbetrag ergab, daß die revierbesitzenden Vögel einen kleinen Nettogewinn an Energie erzielen. Die Verteidigung der Ressource ist deshalb ökonomisch (Schaukasten 4.1).

Das Konzept der ökonomischen Verteidigung ist auch verwendet worden, um den Betrag an verfügbaren Ressourcen abzuschätzen, der zur Bildung von Revieren führen sollte. Wenn die Ressourcen sehr spärlich sind, ist der Gewinn durch den Ausschluß von Konkurrenten im Vergleich zum Verteidigungsaufwand gering. Statt dessen könnte das Tier sein Revier aufgeben und sich auf die Suche nach einem besseren Ort machen. Es könnte auch eine obere Grenze der Ressourcenmenge

4 Leben in Gruppen und Verteidigung von Ressourcen

Schaukasten 4.1 Die ökonomische Revierverteidigung beim Sichelnektarvogel (Gill u. Wolf 1975).

(a) Der Energiebedarf für verschiedene Aktivitäten wurde im Labor gemessen:

Nektarsuche	1000 cal/h
Sitzen auf einer Stange	400 cal/h
Revierverteidigung	3000 cal/h

(b) Freilandbeobachtungen zeigten, daß revierbesitzende Vögel weniger Zeit für eine ausreichende Nektar- und damit Energieversorgung aufbringen müssen, wenn die Blüten einen größeren Nektargehalt aufweisen:

Nektargehalt pro Blüte (µl)	Zeitaufwand zur Erlangung eines bestimmten Energiebetrages (h)
1	8
2	4
3	2,7

(c) Ein Vogel der ein Revier verteidigt, hält weitere Nektarkonsumenten fern und findet deshalb größere Nektarmengen in jeder Blüte vor. Er muß weniger Zeit mit der Futtersuche verbringen, da sein Energiebedarf schneller gedeckt ist. Die eingesparte Zeit verbringt er auf einem Zweig sitzend, was weniger anstrengend als die Futtersuche ist. Wenn beispielsweise die Revierverteidigung den durchschnittlichen Nektargehalt der Blüten von 2 µl auf 3 µl ansteigen läßt, spart der Vogel 1,3 Stunden an Futterzeit je Tag (nach [b]). Das entspricht einem Energiegewinn von:

$(1000 \times 1{,}3) - (400 \times 1{,}3) = 780$ Kalorien
Futtersuche   Sitzen

(d) Doch diese Einsparung muß mit dem Aufwand für die Revierverteidigung bezahlt werden. Messungen im Freiland ergaben, daß die Vögel etwa 0,28 Stunden pro Tag mit der Verteidigung beschäftigt sind. Diese Zeit könnte sonst mit Sitzen verbracht werden, so daß folgender zusätzlicher Aufwand durch die Revierverteidigung entsteht:

$(3000 \times 0{,}28) - (400 \times 0{,}28) = 728$ Kalorien

> Mit anderen Worten: Die Verteidigung der Blüten ist ökonomisch, wenn der Nektargehalt von 2 auf 3 µl gesteigert wird. Gill u. Wolf fanden, daß die meisten der untersuchten Nektarvögel Reviere bildeten, wenn die Verteidigung der Blüten ökonomisch sinnvoll war.

geben, ab der eine Ressourcenverteidigung nicht mehr ökonomisch ist. Diese Obergrenze kann aus mehreren Gründen auftreten:

1 In Gebieten mit reichen Ressourcenquellen kann die Anzahl der Eindringlinge so groß werden, daß die Kosten für eine Revierverteidigung nicht mehr tragbar sind.

2 Bei überreichem Ressourcenangebot nützt es einem Tier unter Umständen wenig, sich zusätzliche Ressourcen zu verschaffen, weil es sie nicht verwerten kann. Bei den Nektarvögeln lag ein Vorteil der Revierverteidigung darin, daß der Nektargehalt der Blüten durch den Ausschluß von Nektardieben anstieg und die Vögel weniger Zeit mit der Futtersuche verbringen mußten (Schaukasten 4.1). Wenn der Nektargehalt in den Blüten jedoch schon sehr hoch ist, erzielt der Vogel durch die Revierverteidigung kaum noch einen Zeitgewinn, weil die je Zeiteinheit aufgenommene Nektarmenge durch die Zeit, die der Vogel benötigt, um mit seinem Schnabel in der Blüte herumzutasten, begrenzt ist. Gill u. Wolf schätzen, daß eine Zunahme des Nektargehaltes von 4 µl auf 6 µl je Blüte den Vögeln weniger als 0,5 Stunden Zeitersparnis bringt, während ein Anstieg von 1 µl auf 2 µl 4 Stunden einspart (Schaukasten 4.1). Bei einem hohen Nektargehalt wird der Ausschluß von „Dieben" also kaum in Form von Zeitersparnis belohnt.

3 Eine dritte Hypothese, die eine Obergrenze voraussagt, wurde von Carpenter u. McMillen (1976) aufgestellt. Sie nehmen an, daß die Revierverteidigung mit Risiken, wie z. B. einer erhöhten Auffälligkeit gegenüber Räubern, verbunden ist. Deshalb sollten Reviere aufgegeben werden, sobald genügend Ressourcen vorhanden sind, um den Bedürfnissen eines Individuums ohne Ausschluß von Konkurrenten zu genügen. Bislang gibt es jedoch noch keine entscheidenden Hinweise, die diese Annahme unterstützen.

Optimale Reviergröße

Die Verwendung von Browns Konzept zur Voraussage der Ressourcenspanne, die den Tieren eine ökonomische Revierverteidigung erlaubt, ist schon ein Schritt weiter als die einfache Aussage, daß eine Revierverteidigung ökonomisch sein muß. Noch besser wäre allerdings eine quantitative Aussage, die die optimale Ressourcenmenge für ein revierverteidigendes Tier vorhersagt. Gill u. Wolf (1975) fanden, daß die von ihnen untersuchten Nektarvögel stets 1600 Blüten für sich beanspruchten,

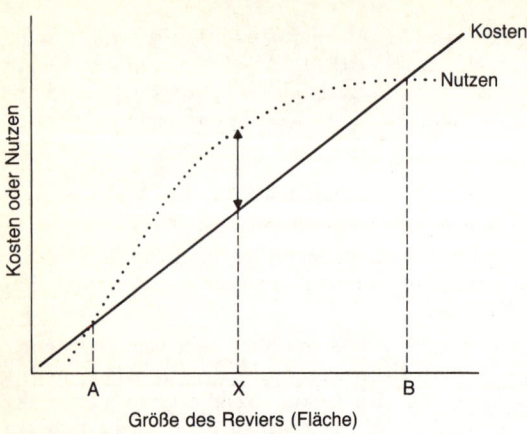

Abb. **4.9** Das Konzept der ökonomischen Verteidigung. Mit der Menge der Ressource (oder der Reviergröße) steigen die Kosten der Verteidigung. Der Nutzen, z. B. die verfügbare Nahrungsmenge, wird zunächst größer, bis die Ressource überreichlich vorhanden ist und keinerlei zusätzlichen Gewinn mehr bringt. Eine Verteidigung der Ressource ist zwischen den Punkten A und B ökonomisch. Der maximale Nettogewinn wird bei X erzielt (z. B. in Form von Nahrung), und die geringsten Kosten entstehen bei A.

obwohl die Flächen der Reviere um den Faktor 300 schwankten! Pyke (1979a) versuchte, die Bedeutung dieser Blütenzahl herauszufinden, indem er ein ökonomisches Modell der optimalen Reviergröße konstruierte. Er verwendete die Daten von Gill u. Wolf zur Berechnung der Zeit- und Energiebeträge von Vögeln, die unterschiedliche Anzahlen von Blüten verteidigen und nahm an, daß ein Revier mit vielen Blüten auch viele Eindringlinge anlocken würde. Wie wir schon gesehen haben, erfordert die Aufstellung eines Optimalitätsmodells die Wahl eines Kriteriums für den zu maximierenden Gewinn. Pyke zog vier Möglichkeiten in Betracht. Die Vögel könnten eine Reviergröße bevorzugen, die den täglichen Energiebetrag maximieren würde (X in Abb. 4.9). Das trifft sicher auf einen Vogel zu, dessen Futter knapp ist oder der sich Vorräte für zukünftige schlechte Zeiten anlegen will. Die zweite Überlegung war, daß die Vögel das Verhältnis zwischen Gewinn und Kosten maximieren würden. Eine dritte Hypothese nimmt an, daß der Vogel seine Ruhezeit maximieren wird, da er auf einem Zweig sitzend sicherer gegenüber Feinden ist, als wenn er herumflöge. Die vierte Hypothese geht davon aus, daß der Vogel bestrebt ist, seinen täglichen Energieaufwand minimal zu halten (A in Abb. 4.9). Da ein hoher Stoffwechselumsatz die Körpersubstanz verschleißt, könnte man erwarten, daß die

Schaukasten 4.2 Pykes Modell der optimalen Reviergröße bei Nektarvögeln.

1 Die Zeiteinteilung setzt sich aus vier Komponenten zusammen:

$$\text{Schlafen} + \text{Fressen} + \text{Sitzen} + \text{Verteidigen}$$
$$Z \qquad\quad F \qquad\quad S \qquad\quad D \qquad\qquad (i)$$

2 Der gesamte tägliche Energieaufwand (C) setzt sich aus den „festen Kosten" für Schlafen (Z) und den variablen Beträgen von F, S und D zusammen. Sie können als variabel angesehen werden, weil der Vogel in der Lage ist, seine Zeiteinteilung im Hinblick auf die Gesamtkosten zu verändern.

3 Der gesamte tägliche Ertrag (G) eines Reviers ergibt sich als:

$$\begin{array}{c}\text{konstanter Ertrag}\\ \text{an Energie/Blüte}\end{array} \times \begin{array}{c}\text{Anzahl von}\\ \text{Besuchen}\end{array} \times \begin{array}{c}\text{Futter-}\\ \text{zeit/Tag}\end{array} = erF \qquad (ii)$$

Pyke geht davon aus, daß die Nektarerzeugung sich mit dem Verbrauch im Gleichgewicht befindet, d. h. daß die Vögel genausoviel fressen, wie täglich produziert wird. Die tägliche Produktion ergibt sich als:

$$\text{Anzahl der Blüten} \times \text{tägliche Produktion/Blüte} = np$$

$$G = erF = np$$

$$e = \frac{np}{rF} \qquad\qquad (iii)$$

4 Der Verteidigungsaufwand hängt von der Qualität des Reviers ab. Reviere von besserer Qualität locken mehr Eindringlinge an.

$$D = kne^\alpha = \frac{k'n^{\alpha+1}}{F^\alpha} \quad \text{(durch Substitution aus iii)} \qquad (iv)$$

k und k' sind Konstanten, α beschreibt den Zusammenhang zwischen D und dem konstanten Energieertrag aller Blüten (ne). Die Verlaufsform der Kurve D in Abhängigkeit von ne wird steiler, wenn $\alpha > 1$ ist. Bei großem α nimmt der Verteidigungsaufwand also mit steigender Revierqualität unverhältnismäßig stark zu.

5 Pyke stellte vier Hypothesen auf, nach denen die Vögel n und F (Größe des Reviers, gemessen an der Anzahl der Blüten und Futterzeit) so wählen können, daß entweder E = G − C maximiert, C minimiert, S maximiert oder G/C maximiert wird. Alle Möglichkeiten unterliegen der Einschränkung, daß E ≥ 0 sein muß, da der Vogel sonst verhungern würde. Man beachte, daß die Wahl von n und F die Zeiteinteilung vollständig festlegt: n und F bestimmen D (Gleichung iv) und dadurch auch S (Gleichung i). Damit ist wiederum der Wert für C festgelegt (s. Punkt 2).

6 Pyke bestimmte die Kosten je Minute von F, S, D und Z anhand von Labormessungen und benutzte Freilandbeobachtungen, um e und n abzuschätzen. Er nahm für α Werte zwischen 1 und 3 an und berechnete k' nach Gleichung (iv).

7 Bei α = 2 führen die verschiedenen Hypothesen zu folgenden Voraussagen:

vier unterschiedliche Hypothesen

	Max E	Max G/C	Max S	Min C	beobachtet
Anzahl Blüten	7070	6722	1653	1595	1600
Futterzeit (h)	7,45	8,18	1,72	2,41	2,42
Verteidigungsaufwand (h)	2,55	1,82	0,61	0,28	0,28
Ruhezeit (h)	0	0	7,67	7,31	7,30

Sowohl die Annahme einer Maximierung von S als auch die einer Minimierung von C machen exakte Voraussagen über die Anzahl der Blüten, doch die letztere Hypothese trifft genauer auf die Zeiteinteilung zu. Die Ursache liegt in dem hohen Energieaufwand, der zur Revierverteidigung notwendig ist, so daß eine Minimierung von C zu einem geringeren Zeitanteil für die Verteidigung führt. Bei der Maximierung von S wird hingegen keine Rücksicht auf den hohen Energieverbrauch durch die Verteidigung genommen, so daß sich ein höherer Wert für D ergibt.

Eine Möglichkeit zur weiteren Bestätigung von Pykes Modell läge in der Messung eines Zusammenhanges zwischen Revierqualität und Verteidigungsaufwand. Der Autor sagt voraus, daß α etwa bei 2 liegen sollte.

Tiere sich bis zur nächsten Brutsaison möglichst schonen. Pykes Berechnungen zeigten, daß das dritte Modell sowohl die Anzahl der Blüten im Revier als auch die Zeiteinteilung der Nektarvögel zutreffend beschreibt (Schaukasten 4.2). Die zweite Hypothese stimmt zwar ebenfalls mit der Anzahl Blüten überein, jedoch nicht mit der Zeiteinteilung.

Dieses Beispiel zeigt, wie das Konzept der ökonomischen Verteidigung zu einem quantitativen Modell der optimalen Reviergröße weiterentwickelt werden kann. Bisher wurde der Ansatz nur bei Futterrevieren verwendet, doch wäre es reizvoll, ihn auch an anderen Arten von Territorien zu erproben. Die wesentliche Beschränkung des Ansatzes wurde schon am Ende von Kapitel 3 erwähnt; sie liegt darin, daß die beste Strategie eines Tieres von den Strategien der übrigen Populationsmitglieder abhängt. Die optimale zu verteidigende Ressourcenmenge kann mit der von den anderen beanspruchten Ressourcenmenge schwanken. Um die Frage zu analysieren, wird das Problem folgendermaßen formuliert: Wenn alle Populationsmitglieder ein Revier der Größe X beanspruchen, könnte dann ein einzelnes, „mutiertes" Individuum mit der Verteidigung eines größeren oder kleineren Territoriums Vorteile erzielen? Dieser Ansatz soll im folgenden Kapitel weiterentwickelt werden.

Zusammenfassung

Das Leben in Gruppen kann einem Individuum größeren Schutz gegen Feinde verschaffen und seine Fähigkeit steigern, Nahrung zu finden oder zu jagen. Der Zusammenschluß zu Gruppen bringt nicht nur Vorteile mit sich, sondern verursacht auch Kosten, wie erhöhte Auffälligkeit oder Futterkonkurrenz. Die Größe einer Gruppe resultiert aus einem Kompromiß zwischen Vor- und Nachteilen, doch können sich Kosten und Nutzen innerhalb der Gruppe unterschiedlich auf die Individuen verteilen. Eine Methode, um Kosten und Nutzen gegeneinander abzuwägen, liegt darin, die verschiedenen Tätigkeiten eines Individuums mit dem Maßstab „Zeit" zu messen und optimale Gruppengrößen anhand von Zeiteinteilungen vorauszusagen.

Häufig besteht ein Zusammenhang zwischen dem Gruppenleben und der Verteidigung von Ressourcen. Eine Revierbildung erfolgt in der Regel dann, wenn die Verteidigung der Ressourcen ökonomisch wird. Das Konzept der ökonomischen Verteidigung kann eingesetzt werden, um die Zeiteinteilungen von revierbesitzenden Tieren zu messen und vorauszusagen, welche Ressourcenmengen sie verteidigen werden.

Weiterführende Literatur

Leben in Gruppen:

Bertram (1978) und Wilson (1975, Kapitel 3) geben gute Übersichten über die Gründe, weshalb sich Tiere zusammenschließen.

Hooglands (1979a, b) Studien an Präriehunden umfassen eine Darstellung der Kosten und Nutzen des Gruppenlebens bei Tieren.

Morse (1970) beschreibt einige der Gründe, warum Vögel in gemischten Artgruppen auftreten, während Rubenstein (1978) in allgemeiner Form darlegt, wie die Vorteile der Gruppenbildung in bezug auf die Futtersuche und den Schutz vor Feinden zusammenwirken.

Eine ausgezeichnete Freilandstudie stellt Kruuks (1972) Arbeit an der Tüpfelhyäne, einem rudelbildenden Räuber dar. Barnard (1980) beschreibt die Vorteile der Schwarmbildung bei Sperlingen: Vögel in einem Schwarm verbringen weniger Zeit mit Umherspähen und mehr Zeit mit Fressen.

Verteidigung von Ressourcen:

Myers u. Mitarb. (1980) bieten einen detaillierten Überblick über die Ökonomie von Ressourcenverteidigung und optimaler Reviergröße.

Verner (1977) entwickelte die Hypothese, daß Tiere mehr Ressourcen für sich beanspruchen, als sie verwerten können, um ihren eigenen Erfolg zu maximieren, indem sie anderen Individuen schaden und deren Erfolg reduzieren (Superreviere). Diese zum Widerspruch reizenden Überlegungen Verners wurden von mehreren Autoren (z. B. Rothstein 1978, Parker u. Knowlton 1980) anhand von theoretischen Argumenten kritisiert. Der wesentliche Einwand besteht darin, daß die Verteidigung eines Superreviers sich nur lohnen kann, wenn diese Verhaltensweise selten ist, jedoch nicht, wenn die Mehrzahl der Individuen einer Population eine derartige Strategie verfolgt.

Davies u. Houston (1981) analysierten Kosten und Nutzen von gemeinsamen Revieren bei der Bachstelze *(Motacilla alba)* und konnten zeigen, daß es mit zunehmender Futtermenge für einen Revierbesitzer vorteilhaft wird, sein Gebiet mit einem zweiten Vogel zu teilen.

5 Kampfstrategien und Einschätzung von Konkurrenten

Bei der Frage nach den Einflußgrößen, die das Verhalten von Tieren bestimmen, wurde bisher vor allem die Bedeutung der ökologischen Faktoren hervorgehoben. Als besonders wichtig stellten sich dabei Nahrung und Räuber heraus. Doch es gibt weitere Einflüsse auf das Individuum, die zunächst vernachlässigt worden sind, insbesondere das Verhalten von Konkurrenten.

Wenn ein Tier vor der Frage steht, wo es nach einer knappen Ressource wie Nahrung, Partner oder Territorium suchen soll, wird seine Entscheidung vom Verhalten der anderen Individuen in der Population mitbestimmt werden. Konkurriert das Tier in direkter Form mit den anderen, wird sein Entschluß, zu kämpfen oder sich zurückzuziehen, vom Auftreten und der Stärke seines Gegners beeinflußt. In diesem Kapitel soll erörtert werden, auf welche Weise das Verhalten von Konkurrenten die Evolution der Such- und Kampfstrategien des Individuums beeinflußt.

Wo suchen?

Betrachten wir zwei extreme Modelle des Wettbewerbs um Ressourcen (Abb. 5.1). Im Fall A sei es nur einer begrenzten Anzahl von Konkurrenten möglich, den Zugang zu einer Ressource zu gewinnen, so daß einige Individuen durch das despotische Verhalten der anderen ausgeschlossen werden. Im Fall B soll die Ressource geteilt werden und allen Individuen zugänglich sein.

Fall A: Despotismus

Man stelle sich zwei Typen von Habitaten vor, das eine reichlich mit Ressourcen ausgestattet, das andere nur knapp. Die ersten eintreffenden Konkurrenten werden in das reiche Habitat wandern. Ist es erst einmal besetzt, sind alle weiteren Individuen gezwungen, sich mit dem ärmeren Habitat zu begnügen. Wenn dies ebenfalls voll ist, werden sämtliche anderen Tiere völlig von der Ressource ausgeschlossen (Abb. 5.2).

Derartige Situationen kommen in der Natur häufig vor. In Wytham Woods (s. S. 18) befinden sich die besten Nistplätze für Kohlmeisen in Eichenwäldern. Diese Wälder werden im Frühjahr schnell vereinnahmt

118   5 Kampfstrategien und Einschätzung von Konkurrenten

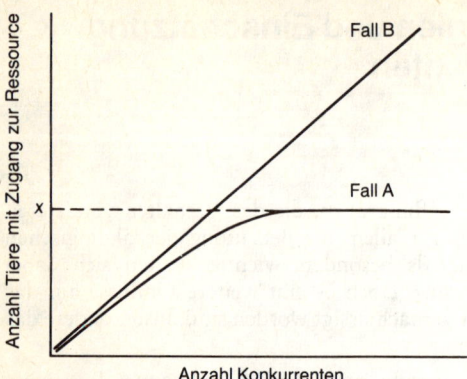

Abb. 5.1 Zwei einfache Modelle der Konkurrenz um Ressourcen. Im Fall A verhalten sich einige Individuen als Despoten und schließen Konkurrenten von den Ressourcen aus. Lediglich x Individuen haben die Möglichkeit, Zugang zu der Ressource zu gewinnen. Im Fall B wird die Ressource geteilt und ist allen Tieren zugänglich.

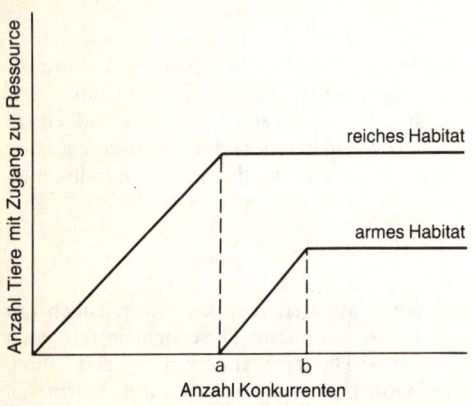

Abb. 5.2 Fall A: despotisches Verhalten. Konkurrenten besetzen zunächst das reiche Habitat. Ist es voll (Punkt a), sind alle Neuankömmlinge gezwungen, das ärmere Habitat zu besiedeln. Wenn dieses ebenfalls voll ist (Punkt b), werden alle weiteren Konkurrenten von beiden Ressourcen ausgeschlossen und müssen als „Vagabunden" umherziehen (nach Brown).

und vollständig in Reviere aufgeteilt. Die restlichen Individuen sind aus den Wäldern ausgeschlossen und gezwungen, in den nahegelegenen Baumhecken zu nisten, wo sie weniger Futter finden und deshalb einen geringeren Fortpflanzungserfolg erzielen. Werden Kohlmeisen aus den besten Habitaten entfernt, wandern sofort Vögel aus den Baumhecken nach und füllen die Lücken (Krebs 1971). Entsprechend besetzen und verteidigen Schottische Moorschneehühner *(Lagopus lagopus scoticus)* die reichhaltigsten Heideflächen als Brutplätze und Nahrungsquellen. Ausgeschlossenen Vögeln bleibt nichts anderes übrig, als sich zu Scharen zusammenzuschließen und die ärmeren Habitate zu besiedeln, in denen die Überlebenschancen geringer sind. Wird ein Revierbesitzer entfernt, ist sein Platz schnell von einem Vogel aus der Schar der revierlosen Tiere besetzt (Watson 1967).

In diesen Beispielen werden die stärksten Individuen zu Despoten, die die besten Ressourcen an sich reißen und Konkurrenten in minderwertige Gebiete abdrängen oder ganz von den Ressourcen ausschließen.

Fall B: Gemeinsame Ressourcen

Man stelle sich wieder zwei Habitate vor, eines reichhaltig, das andere arm, doch soll es in diesem Fall kein despotisches Verhalten geben. Allen Individuen steht es frei, das Habitat ihrer Wahl aufzusuchen und über die Ressource zu verfügen. Das klingt wie nach einer idealen Welt und wird mit dem Begriff „ideale freie Verhältnisse" („ideal free conditions") bezeichnet (Fretwell u. Lucas 1970).

In diesem Fall werden die ersten eintreffenden Konkurrenten das reiche Habitat aufsuchen. Es gibt keine Revieransprüche oder Kämpfe zwischen den Individuen, so daß eine unbegrenzte Anzahl von Tieren in das Habitat einwandern könnte. Da aber die Ressourcen des reichen Habitats um so stärker beansprucht werden, je mehr Konkurrenten sich in ihm befinden, wird es zunehmend unattraktiver für Neuankömmlinge. Schließlich wird ein Punkt erreicht, an dem es sich für weitere Einwanderer lohnt, das ärmere Habitat trotz des geringeren Ressourcenangebots aufzusuchen, weil dort weniger Konkurrenz herrscht (Abb. 5.3). Danach sind beide Habitate besetzt, und der Nutzen für ein Individuum ist in jedem von ihnen gleich groß. Unter idealen freien Verhältnissen regulieren die Konkurrenten ihre Verteilung auf die Habitate so, daß jedes Individuum denselben Nutzen erzielt.

Ein Beispiel aus dem Alltag veranschaulicht diesen Vorgang: die Warteschlange an der Kasse eines Supermarktes. Wenn sämtliche Kassierer gleich schnell arbeiten und die Abfertigungszeit für alle Kunden identisch ist, werden die Schlangen gleich lang sein. Ist eine der Schlangen kürzer, sparen die Kunden Zeit, wenn sie sich dort anstellen, und es werden so viele Kunden dorthin wandern, bis diese Schlange genauso

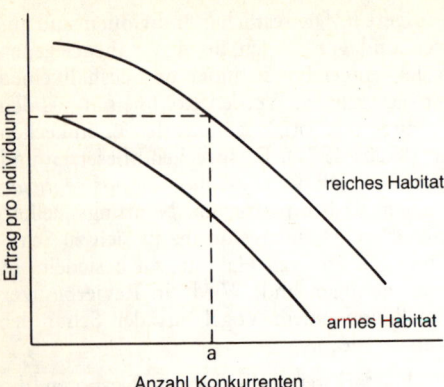

Abb. **5.3** Fall B: gemeinsame Ressourcen. Es gibt keine Begrenzung der Anzahl von Konkurrenten, die die Ressource ausbeuten, und jedes Individuum hat freie Wahl, wohin es gehen will. Die ersten Ankömmlinge suchen das reiche Habitat auf. Je mehr Individuen eintreffen, desto geringer wird der Ertrag für jedes Individuum, da die Ressourcen sich erschöpfen. Deshalb gibt es einen Punkt (a), an dem beide Habitate gleich attraktiv werden. Ab diesem Punkt werden die Habitate in gleichem Maße aufgefüllt, und die Erträge sind für ein Individuum in beiden identisch (nach Fretwell).

lang ist wie die anderen. Da jeder Kunde in seiner Entscheidung frei ist, kann er die Schlange seiner Wahl aufsuchen. So wählt jeder den gerade günstigsten Platz, und die Warteschlangen füllen sich in „idealer freier Weise" mit dem Resultat, daß jeder Kunde die gleiche Wartezeit in Kauf nehmen muß.

Ein ganz ähnliches Beispiel stellen Milinskis (1979) Experimente an Stichlingen dar. Sechs Fische wurden in einen Behälter gebracht und erhielten als Nahrung Wasserflöhe *(Daphnia)* aus zwei Pipetten an den beiden Enden des Behälters. Aus der einen Pipette wurden doppelt so viele Wasserflöhe entlassen wie aus der anderen. Der beste Platz eines Fisches hing von der Position der anderen Fische ab. Es gab keine Verteidigung der Ressourcen (kein Despotismus), und die Fische verteilten sich im Verhältnis der Nahrungsmengen an jeder Futterquelle, also vier Fische an der reichhaltigen und zwei Fische an der ärmeren Seite des Behälters. Wenn die Mengenverhältnisse an Wasserflöhen vertauscht wurden, erfolgte eine schnelle Umverteilung der Stichlinge, so daß sich erneut vier Fische an der reichhaltigen Nahrungsquelle aufhielten (Abb. 5.4). Das ist die einzige stabile Verteilung unter idealen freien Verhältnissen. Bei jeder anderen Verteilung wäre es für eines der Individuen von Vorteil, die Futterquelle zu wechseln. Wenn beispielsweise drei Tiere an jeder Seite fressen würden, würde ein Stichling mehr Wasserflöhe abbekommen, wenn er von der ärmeren zur reichhaltigeren Futterquelle schwimmen würde. Übertragen auf die Supermarktanalo-

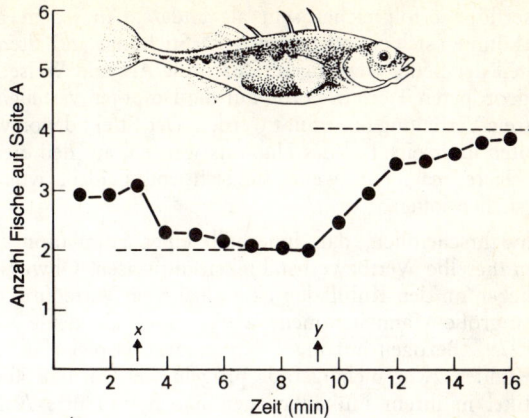

Abb. **5.4** Milinskis (1979) Fütterungsexperiment an sechs Stichlingen. Ab Punkt X wurde auf Seite B des Behälters die doppelte Futtermenge gegeben wie auf Seite A. Am Punkt Y wurden die Verhältnisse umgekehrt. Die gestrichelte Linie stellt die erwartete Anzahl Fische auf Seite A unter Annahme einer idealen freien Verteilung dar. Die durchgezogene Linie gibt die tatsächlich beobachtete Anzahl wieder (Mittelwerte aus mehreren Experimenten).

gie entspricht dieser Fall der Situation, daß ein Kassierer doppelt so schnell arbeitet wie ein anderer.

Eine stabile Verteilung der suchenden Individuen kann auf zwei Wegen erreicht werden. Wenn z. B. das eine Habitat doppelt so ergiebig ist wie ein anderes, kann Stabilität erzielt werden, indem

1 sich die Anzahl der Konkurrenten so reguliert, daß sich in dem reichhaltigen Habitat doppelt so viele Tiere aufhalten wie in dem ärmeren.

2 alle Individuen beide Habitate besuchen, jedoch doppelt so viel Zeit in dem reicheren Habitat verbringen.

Ideal freie Verteilung und Despotismus

Die meisten Beispiele in der Natur werden Merkmale aus beiden der oben besprochenen einfachen Modelle aufweisen. Am häufigsten wird wahrscheinlich die Situation auftreten, daß zwar die Güte eines Habitats davon abhängt, wo sich gerade die übrigen Konkurrenten aufhalten, daß jedoch innerhalb des Habitats einige Individuen mehr von der Ressource profitieren als andere. In dem Stichlingsexperiment hat die Zählung der Tiere ergeben, daß sie sich in einer stabilen, ideal freien Verteilung befinden, doch könnten einige der Fische im Wettbewerb um die Wasserflöhe erfolgreicher sein als andere. An jedem Ende des Behälters könnten sich ein oder zwei große Stichlinge aufhalten, die den Löwenanteil der Beute wegfangen. Durch die Art und Weise, wie sich die untergeordneten Tiere in bezug auf die Despoten verteilen, könnte die ideal freie Verteilung beeinflußt werden. Der Effekt davon wäre, daß die Despoten ihrerseits Teil des Habitats werden, auf den die untergeordneten Tiere reagieren, wenn sie sich entscheiden, wo sie nach Nahrung suchen sollen.

Es ist unwahrscheinlich, daß innerhalb einer Population sämtliche Individuen dieselbe Wettbewerbsfähigkeit aufweisen. Obwohl männliche Kotfliegen an den Kuhfladen eine ideal freie Verteilung befolgen, bekommen große Männchen mehr Weibchen ab als kleine Männchen (Borgia 1979). Bezogen auf unser Supermarktbeispiel heißt das, daß sich die Kunden zwar nicht gerade prügeln werden, daß aber einige mehr Artikel in ihrem Einkaufswagen haben und ihre Abfertigung deshalb längere Zeit in Anspruch nimmt. In gewissem Sinn sind sie größere Konkurrenten, da alle Kunden in der Reihe hinter ihnen längere Wartezeiten in Kauf nehmen müssen.

Ein schönes Beispiel, das Merkmale sowohl des despotischen als auch des ideal freien Modells aufweist, stellt Withams (1978, 1979, 1980) Studie über die Habitatselektion bei Pappelblattläusen *(Pemphigus betae)* dar. Im Frühling besiedeln als „Stammütter" bezeichnete Weibchen Blätter der Pappelart *Populus angustifolia*, werden dort vom wachsenden Pflanzengewebe umschlossen und bilden eine Galle. Eine Stammutter pflanzt sich parthenogenetisch fort, und die Anzahl ihrer Nachkommen richtet sich nach Menge und Qualität des Saftes, den sie aus dem Blatt zapft. Die größten Blätter bieten die reichhaltigsten Saftquellen und führen zu einem Fortpflanzungserfolg, der bis zu siebenfach höher sein kann als bei Individuen auf einem kleinen Blatt. Wie zu erwarten, werden sämtliche großen Blätter schnell besetzt, und weitere eintreffende Blattläuse stehen vor der Wahl, ein größeres Blatt mit anderen zu teilen oder ein kleines Blatt alleine zu besiedeln.

Witham maß den Fortpflanzungserfolg und zeichnete eine Reihe von Graphen, die die Fitness in Abhängigkeit von der Qualität des Habitats (unterschiedliche Blattgröße) und von der Konkurrentendichte (Anzahl Gallen pro Blatt) wiedergeben. Abb. 5.5 zeigt die Resultate, die drei Schlußfolgerungen zulassen. Erstens steigt der Fortpflanzungserfolg bei jeder Besiedlungsdichte mit der Qualität des Habitats. Zweitens sinkt der Erfolg innerhalb einer gegebenen Habitatqualität mit zunehmender Anzahl von Konkurrenten. Das beweist, daß Stammütter auf demselben Blatt um die Ressourcen konkurrieren. Drittens wurden keine signifikanten Unterschiede zwischen den durchschnittlichen Fortpflanzungserfolgen von Individuen gefunden, die Blätter allein besiedelten oder mit einem oder zwei Konkurrenten teilen mußten. Auch wenn andere

Wo suchen? 123

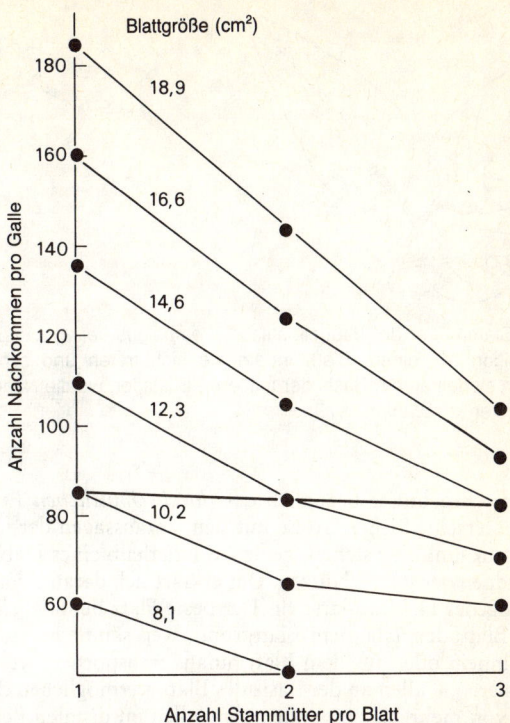

Abb. **5.5** Die dünnen Linien stellen Fitnesskurven in Abhängigkeit von der Habitatqualität (Blattgröße) und der Konkurrentendichte (Anzahl Stammütter je Blatt) bei der Pappelblattlaus (*Pemphigus betae*) dar. Die dicke horizontale Linie gibt die durchschnittlichen Erfolge für eine, zwei oder drei Stammütter je Blatt wieder (zur Erklärung s. Text) (aus T. G. Witham: Amer. Nat. 115 [1980] 449).

Fitnessmerkmale wie Körpergewicht der Stammutter, Rate von Aborten, Entwicklungsrate oder Gefährdung durch Feinde betrachtet wurden, ließen sich keine signifikanten Unterschiede im durchschnittlichen Erfolg auf Blättern mit unterschiedlicher Konkurrentendichte nachweisen. Diese Ergebnisse sprechen für das Modell der ideal freien Verteilung. Es läßt sich deshalb schließen, daß die Stammütter die unterschiedlich großen Blätter so besiedeln, daß der durchschnittliche Erfolg in guten Habitaten aufgrund hoher Besiedlungsdichte dem von schlechten Habitaten mit geringer Besiedlungsdichte entspricht.

Abb **5.6** Stammütter der Pappelblattlaus (*Pemphigus betae*) kämpfen um die beste Position auf einem Blatt, indem sie sich treten und schieben. Die Gewinnerin siedelt an der Basis der mittleren Blattader, wo die Nährstoffzufuhr am günstigsten ist (Witham 1979).

Obwohl die Ergebnisse bezüglich des *durchschnittlichen Erfolges* auf Blättern unterschiedlicher Größe mit den Voraussagen der ideal freien Verteilung in Einklang stehen, genießen innerhalb eines Habitats nicht alle Individuen denselben Nutzen. Das erklärt sich daraus, daß das Blatt kein homogenes Habitat darstellt. Der beste Platz befindet sich auf der mittleren Blattader nahe dem Blattgrund, weil sämtliche Stoffe, die in das Blatt hinein oder aus dem Blatt hinaus transportiert werden, diese Stelle passieren. Gallen an der Basis des Blattes ermöglichen deshalb die Aufzucht von mehr Nachkommen als Gallen im distalen Bereich, und die Stammütter streiten sich um diese Vorzugsplätze wie Boxer in einem Ring (Abb. 5.6). Nach dem Despotismusmodell müßten freie Plätze an der Blattbasis nach Entfernen eines Individuums schnell von einer anderen Blattlaus aus dem distalen Bereich eingenommen werden. Dies ist tatsächlich auch der Fall.

Im Streit der Blattläuse scheinen „Stemm"-Kämpfe ein Maß für die Stärke zu sein, und normalerweise gewinnt die größere Stammutter. Da nicht alle Individuen innerhalb einer Population gleiche Wettbewerbsfähigkeiten aufweisen, läßt sich allgemein erwarten, daß ein Tier die Stärke der Konkurrenten genauso abschätzt wie ihre Anzahl, bevor es sich zu einer Besiedlung des Habitats entscheidet. Das Individuum steht nun vor der Frage, wie es sich verhalten soll, falls es zu einer direkten Konfrontation um eine knappe Ressource kommt. Soll es kämpfen oder sich zurückziehen? Im folgenden Abschnitt werden wir sehen, daß die Evolution von Kampfstrategien vom Verhalten der anderen Individuen in der Population abhängt.

Kampfstrategien

Wenn Tiere um Futter, Reviere oder Partner konkurrieren, versuchen sie häufig, sich zunächst durch großes Imponiergehabe gegenseitig einzuschüchtern; Hirsche röhren, Frösche quaken, Fische wedeln mit den Flossen, und Vögel plustern das Gefieder auf. Manchmal kommt es daraufhin zu tätlichen Auseinandersetzungen, doch normalerweise tritt einer der beiden Konkurrenten nach kurzem Drohritual zurück, und der andere gewinnt die Ressource ohne ernsthaften Kampf. Wie entscheiden die Tiere, wer gewinnt und wer verliert? Warum legen sie Konflikte durch Drohgebärden bei, anstatt sie auszukämpfen?

Lange Zeit akzeptierte man als Antwort auf diese Frage die Ansicht, daß Beschädigungskämpfe zur ernsthaften Verletzung von vielen Individuen führen würden und damit das Überleben der Art gefährdet wäre (z. B. Lorenz 1966, Huxley 1966). Dieses Argument ist zweifelsohne dem Gedankengut der Gruppenselektionstheorie zuzuordnen und erklärt nicht, wie die am Individuum ansetzende Selektion zu Imponierkämpfen geführt haben sollte. In der Mitte der 60er Jahre wurde von vielen Leuten erkannt, daß die Antwort mittels einer Kosten-Nutzen-Betrachtung der kämpfenden Individuen zu finden sei. Dennoch haben erst in den letzten Jahren Maynard Smith und andere die formalen Grundlagen geschaffen, um die Evolution des Kampfverhaltens durch die Selektion von individuellen Strategien zu verstehen (Maynard Smith u. Price 1973, Maynard Smith 1976b, 1979, Maynard Smith u. Parker 1976). Der wesentliche Fortschritt dieser neuen Modelle beruht in der Erkenntnis, daß es sinnlos ist, eine optimale Kampfstrategie für ein Individuum aufzustellen, ohne dabei das Verhalten der anderen Populationsmitglieder zu berücksichtigen.

Falken und Tauben

Man stelle sich die Evolution als ein Spiel vor, in dem die Individuen verschiedene Strategien verfolgen. Eine Strategie soll als ein vorprogrammierter Verhaltensablauf, der eine unter mehreren alternativen Möglichkeiten darstellt, definiert werden. Als einfaches hypothetisches Beispiel soll ein Spiel betrachtet werden, in dem lediglich zwei Strategien auftauchen. „Falken" kämpfen auf Beschädigung und töten ihren Gegner, wobei sie selbst Verletzungen riskieren. „Tauben" lassen sich nur auf Kommentkämpfe, also auf Drohungen ein und verwickeln sich niemals in ernsthafte Auseinandersetzungen. Diese Strategien stellen zwei mögliche Extreme dar, die in der Natur zu finden sein könnten.

Nehmen wir an, daß in diesem Evolutionsspiel der Gewinner eines Kampfes +50 Punkte erzielt, der Verlierer 0 Punkte. Die Kosten einer ernsthaften Verletzung sollen −100 Punkte, der Aufwand für einen

Tabelle **5.1** Das Spiel zwischen Falken und Tauben (nach Maynard Smith)

(a) Punktwertung: Gewinner +50   Verletzung: −100
                  Verlierer 0   Kommentkampf: −10

(b) Bilanzmatrix: durchschnittliche Punktbewertung des Angreifers

Angreifer	Gegner	
	Falke	Taube
Falke	(a) $\frac{1}{2}(50) + \frac{1}{2}(-100)$ $= -25$	(b) $+50$
Taube	(c) 0	(d) $\frac{1}{2}(50-10) + \frac{1}{2}(-10)$ $= +15$

Bemerkungen:
(a) Wenn ein Falke auf einen anderen Falken trifft, soll er die Hälfte der Kämpfe gewinnen und bei der anderen Hälfte verletzt werden.
(b) Ein Falke schlägt eine Taube in allen Fällen.
(c) Tauben treten gegenüber Falken sofort zurück.
(d) Wenn eine Taube auf eine andere Taube trifft, wird immer ein Kommentkampf ausgetragen, und die angreifende Taube gewinnt in der Hälfte der Fälle.

Kommentkampf −10 Punkte betragen. Diese Bilanzen sind ein Maß für die Fitness, und wir nehmen der Einfachheit halber weiter an, daß jeder Falke und jede Taube eine Anzahl von Nachkommen hervorbringt, die der Punktebilanz aus den Kämpfen entspricht. Außerdem sollen die Nachkommen dieselben Eigenschaften aufweisen wie die Eltern. (Die genauen Punktbewertungen sind nicht von Bedeutung und wurden für das Beispiel nur deshalb gewählt, weil runde Summen leichter für den Leser nachzuvollziehen sind als komplizierte Algebra.) Der nächste Schritt besteht darin, eine 2 × 2-Matrix aufzustellen und die durchschnittlichen Bilanzen der vier möglichen Begegnungsformen einzutragen. Diese Berechnungen sind in Tab. 5.1 dargestellt.

Wie verläuft die Evolution unter diesen bestimmten Voraussetzungen? Nehmen wir an, alle Individuen in der Population seien Tauben. Es finden nur Kämpfe zwischen Tauben statt, und die durchschnittliche Bilanz beträgt +15 Punkte. In dieser Population hätte jeder durch Mutation entstandene Falke große Vorteile und würde sich schnell ausbreiten, weil er bei jeder Begegnung mit einer Taube +50 Punkte

Kampfstrategien

gewinnen würde. Damit wird klar, daß die reine Taubenpopulation keine evolutionsstabile Strategie (ESS) darstellt.

Trotzdem würden die Falken die Tauben nicht vollständig verdrängen. In einer reinen Falkenpopulation beträgt die durchschnittliche Bilanz –25 Punkte. Eine durch Mutation entstandene Taube hätte Vorteile, da sie bei der Begegnung mit einem Falken 0 Punkte bekommt, was zwar nicht viel, jedoch besser als –25 Punkte ist! Die Taubenstrategie würde sich ausbreiten, wenn die Population hauptsächlich aus Falken bestehen würde. Deshalb stellt eine reine Falkenpopulation ebenfalls keine ESS dar.

Stabile Verhältnisse müssen also irgendwo dazwischen liegen und aus einer Mischung aus Falken und Tauben bestehen. Das Gleichgewicht findet sich an dem Punkt, an dem die durchschnittlichen Bilanzen für Falken und Tauben identisch sind. Wenn die Häufigkeiten von Falken und Tauben sich von diesem Gleichgewichtspunkt entfernen, gewinnen entweder die Falken oder die Tauben Vorteile, und die Population ist nicht mehr stabil. Jede Strategie schneidet am besten ab, wenn sie relativ selten auftritt. Die Tendenz in diesem Evolutionsspiel geht dahin, daß sich die Häufigkeiten von Falken und Tauben über eine frequenzabhängige Selektion so entwickeln, daß beide Typen gleiche Erfolge haben. Nach den Werten aus Tab. 5.1 kann die stabile Zusammensetzung folgendermaßen berechnet werden:

Der Anteil der Falken in der Population sei mit h bezeichnet. Daraus folgt, daß die Häufigkeit der Tauben gleich (1 – h) ist. Die durchschnittliche Bilanz der Falken errechnet sich aus der Bilanz eines jeden Kampftypes multipliziert mit der Häufigkeit, mit der ein Gegner des entsprechenden Typs getroffen wird.

$\overline{H} = -25\,h + 50(1-h)$.

Entsprechend ist die Bilanz der Tauben:

$\overline{D} = 0\,h + 15(1-h)$.

Bei einem stabilen Gleichgewicht, also der ESS, ist $\overline{H}$ gleich $\overline{D}$. Kombiniert man die beiden Gleichungen, indem man $\overline{H} = \overline{D}$ setzt, ergibt sich für $h = 7/12$. Daraus errechnet sich die Häufigkeit der Tauben als (1 – h). Sie beträgt $5/12$.

Die ESS kann über zwei verschiedene Wege erreicht werden:

1 Die Population besteht aus Individuen, die reine Strategien anwenden. Jedes Individuum ist entweder Falke oder Taube, und die ESS wird erreicht, wenn $7/12$ der Population Falken und $5/12$ Tauben sind.

2 Die Population besteht aus Individuen, die sämtlich Mischstrategien anwenden. Sie kämpfen in $7/12$ der Fälle als Falken und in $5/12$ der Fälle als Tauben, wobei die Strategie unabhängig vom Gegner gewählt wird.

Wenn die Population aus einer anderen Mischung von Individuen als in (1) besteht oder die Individuen ihre Strategien mit anderen Häufigkeiten anwenden als in (2), existiert keine ESS; entweder Falken oder Tauben haben einen zeitweiligen Vorteil und vermehren sich so lange, bis die Population wieder in das Gleichgewicht zurückschwenkt.

Falken, Tauben und Bourgeois

Man stelle sich eine weitere Strategie vor, die mit „Bourgeois" bezeichnet werden soll. Bei dieser Strategie soll das Individuum Falke spielen, wenn es der Eigentümer einer Ressource ist und Taube, wenn es Eindringling ist. Anders ausgedrückt: Das Tier kämpft auf Beschädigung, falls es Eigentümer ist, schreckt hingegen zurück, sobald es zum Eindringling wird. Es soll von denselben Punktbewertungen wie im ersten Spiel ausgegangen und der Einfachheit halber angenommen werden, daß der Bourgeois in der einen Hälfte der Fälle Eigentümer und

Tabelle **5.2** Das Spiel zwischen Falken, Tauben und Bourgeois (nach Maynard Smith)

(a) Punktwertung (wie in Tab. 5.1)
   Gewinner: +50   Verletzung: −100
   Verlierer: 0   Kommentkampf: −10

(b) Bilanzmatrix: durchschnittliche Punktbewertung des Angreifers

Angreifer	Gegner		
	Falke	Taube	Bourgeois
Falke	−25	+50	+12,5
Taube	0	+15	+7,5
Bourgeois	−12,5	+32,5	+25

Bemerkungen:
1 Die Bilanzen zwischen Falken und Tauben sind identisch mit denen in Tab. 5.1.
2 Wenn ein Bourgeois entweder einen Falken oder eine Taube trifft, nehmen wir an, daß er in der Hälfte der Fälle Eigentümer ist und Falke spielt, während er in den übrigen Fällen Eindringling ist und die Taubenstrategie anwendet. Die Bilanz des Bourgeois entspricht deshalb dem Durchschnitt aus den beiden Bilanzen von Falke und Taube.
3 Wenn ein Bourgeois auf einen anderen trifft, ist er in der Hälfte der Fälle Eigentümer und gewinnt; in den restlichen Fällen ist er Eindringling, der zurücktritt. Deshalb entstehen weder Kosten durch Kommentkämpfe noch durch Verletzung.

in der anderen Hälfte der Fälle Eindringling ist. Tab. 5.2 gibt die Bilanzen der drei Strategien wieder.

In diesem Spiel stellt der Bourgeois eine ESS dar. Wenn alle Individuen einer Population diese Strategie anwenden, wird kein Tier in einen ernsthaften Kampf verwickelt. Denn bei einem Kampf um eine Ressource muß einer der Eigentümer und der andere der Eindringling sein mit der Folge, daß letzterer immer kampflos davonziehen wird. Wenn alle Individuen die Bourgeoisstrategie anwenden, beträgt die durchschnittliche Bilanz eines Streites +25 Punkte. Sie ist damit stabil gegen eine Invasion durch Falken, die nur 12,5 Punkte erzielen, und ebenfalls gegen eine Invasion durch Tauben, die 7,5 Punkte bekommen. Tatsächlich ist Bourgeois die einzige ESS in Tab. 5.2. Wenn alle Individuen die Falkenstrategie anwenden würden, könnten sowohl Tauben als auch Bourgeois erfolgreich eindringen. Auch bei einer reinen Taubenpopulation hätten sowohl einwandernde Falken als auch Bourgeois Vorteile.

Einfache Modelle und Realität

Die Modelle sind durch ihre starke Vereinfachung so weit von den tatsächlichen Vorgängen in der Natur entfernt, daß man sich fragen muß, welchen Beitrag sie zum Verständnis von realen Auseinandersetzungen zwischen Tieren liefern. Maynard Smiths Ansatz läßt drei wesentliche Schlußfolgerungen zu:

1 Die wichtigste Folgerung besteht in der Erkenntnis, daß die beste Kampfstrategie eines Individuums vom Verhalten der Konkurrenten abhängt, weil die Bilanzen bei der Anwendung von Strategien frequenzabhängig sind. Wenn man z. B. fragt, ob „Falke" eine gute Strategie darstellt, ist die Antwort zu bejahen, solange die Population hauptsächlich aus Tauben besteht; sie ist zu verneinen, wenn überwiegend Falken vorhanden sind. Statt zu fragen, welche Strategie eine „gute" ist, sollte man besser fragen, ob sie stabil ist und eine ESS darstellt.

2 Die ESS ist abhängig von den verschiedenen, im Spiel angewendeten Strategien. Im ersten Beispiel gab es nur zwei Strategien und die ESS bestand aus einer Mischung von Falken und Tauben. Nachdem jedoch eine dritte Strategie, der Bourgeois, hinzukam, stellte sich das Ergebnis anders dar; Bourgeois entpuppte sich als reine ESS, ist also für sich allein stabil. Diese drei Modellstrategien sind zweifellos zu einfach, um die von Tieren in der Natur angewendeten Strategien ausreichend zu beschreiben. Dennoch stellen sie einleuchtende Alternativen dar, die sich als vereinfachte Formen von tatsächlich vorkommenden Strategien ansehen lassen. Es ist bemerkenswert, daß in unseren Spielen weder Falken noch Tauben alleine eine ESS darstellen, sondern daß eine Mischung der Verhaltensweisen stabil ist. Genau dies läßt sich auch an Tieren in der Natur beobachten: eine Mischung aus Drohen und

Kämpfen. Es soll nicht unterstellt werden, daß die Modelle die natürliche Evolution perfekt widerspiegeln. Sie können jedoch ein wertvolles Mittel sein, um Einsichten darüber zu gewinnen, wie sich das Kampfverhalten entwickelt haben könnte.

Modelle, die natürliche Vorgänge exakter beschreiben sollen, müßten eine größere Anzahl noch komplizierterer Strategien miteinbeziehen. Die Bandbreite aller möglichen Strategien läßt sich jedoch nur schwer abschätzen und bleibt der Intuition des Wissenschaftlers überlassen. ESS-Modelle machen keine Aussage darüber, welche Strategien sich entwickeln können, sondern sie beschreiben nur, welche Strategien unter vorgegebenen Bedingungen stabil sind. Kein Zweifel, daß ein mit einem Maschinengewehr bewaffnetes Tier sich nach seinem Erscheinen in der Falken-Tauben-Population ausbreiten würde. Doch solange kein Tier mit diesem Verhalten beobachtet wurde, ist es auch nicht notwendig, eine solche Strategie zu berücksichtigen.

3 Die ESS ist auch von den Punktbewertungen der Bilanzen im Spiel abhängig. Wenn wir diese Werte in Tab. 5.1 ändern, verschiebt sich das Mischungsverhältnis zwischen Falken und Tauben, das den Gleichgewichtspunkt der ESS darstellt. Tatsächlich kann gezeigt werden, daß solange die Kosten durch ernsthafte Verletzungen den Punktegewinn beim Siegen übersteigen, weder reine Falken- noch reine Taubenpopulationen eine ESS darstellen können. Die erwartete, relative Häufigkeit des Falkenverhaltens muß jedoch von den Kosten und Nutzen des Streites abhängen.

Wenn also mittels der Spieltheorie genaue Voraussagen über das Kampfverhalten gemacht werden sollen, müssen nicht nur alle möglichen Strategien bekannt sein, sondern auch die Kosten und Nutzen in der Bilanzmatrix. In der Natur werden ökologische Faktoren, wie Ressourcenverteilung und Konkurrentendichte, die Bilanzen des Evolutionsspiels bestimmen. Für einen Feldbiologen wird es nicht einfach sein, im Freiland die Kosten von Kommentkämpfen oder schweren Verletzungen und den Punktegewinn des Siegers in ihren Auswirkungen auf die Fitness zu messen. Trotzdem läßt sich intuitiv erkennen, daß Kampfstrategien in der Natur in Abhängigkeit vom Wert der Ressource variieren.

Nicht immer bleibt es bei Kommentkämpfen; manche Auseinandersetzungen sind heftig und enden mit Verletzungen oder dem Tod eines Individuums. Einige Waffen, wie Hörner und Geweihe, entwickelten sich zu wirkungsvollen Instrumenten für Angriff und Verteidigung (Geist 1966). Bei den Moschusochsen sterben jährlich zwischen fünf und zehn Prozent der erwachsenen Bullen durch Kämpfe um die Weibchen (Wilkinson u. Shank 1977). Bis zu zehn Prozent der männlichen Großohrhirsche, die älter als 1,5 Jahre sind, weisen jedes Jahr Zeichen von Verletzungen auf (Geist 1974). Narwale *(Monodon monoceros)* setzen ihren Stoßzahn zum Kämpfen ein, und in einer Untersuchung wiesen über 60 Prozent der Tiere gebrochene Stoßzähne auf; die meisten erwachsenen Männchen waren am Kopf mit Narben bedeckt, und in den Kiefern mancher von ihnen fanden sich eingebohrte Stoßzahnspitzen (Silverman u. Dunbar 1980). Auch kleinere Tiere können grimmige Kämpfe ausfechten. So tragen einige männliche Feigenwespen große Mandibeln, die sie befähigen, Rivalen in zwei Hälften zu zerbeißen. Wenn mehrere Männchen in derselben Feigenfrucht zusammentreffen, kann ein tödlicher Streit um die Begattung der Weibchen entbrennen (Hamilton 1979). In einer solchen Frucht wurden 15 Weibchen, 12 unverletzte Männchen und 42 beschädigte Männchen, schon tot -oder im Sterben liegend, gefunden. Die Verletzungen umfaßten komplett abgebissene Beine, Antennen und Köpfe, Löcher im Thorax und ausgeweidete Abdomen.

Diese Beispiele stehen für Kämpfe um wertvolle Ressourcen, vor allem um Paarungsmöglichkeiten mit Weibchen. Wie wir im folgenden Kapitel sehen werden, ist die Konkurrenz zwischen den Männchen häufig sehr intensiv, und viele Männchen werden von der Fortpflanzung vollständig ausgeschlossen. In diesen Fällen wäre ein falkenähnliches Verhalten zu erwarten, da das Verlieren eines Streites bedeuten kann, die Gelegenheit zur Fortpflanzung zu versäumen und keinerlei Gene in zukünftige Generationen einzubringen. Bezüglich ihres genetischen Fortbestandes kämpfen diese Individuen um Leben oder Tod.

In vielen Streitfällen lohnt es sich jedoch nicht, ernsthafte Verletzungen zu riskieren, weil die Ressource nicht wertvoll genug ist. Einen Kampf zu verlieren, braucht nicht weiter tragisch zu sein, weil es vielleicht weitere Gelegenheiten zur Erlangung von Futter oder Partnern gibt. Die Annahme im Falken-Tauben-Spiel, daß die Kosten einer ernsthaften Verletzung den Wert der Ressource übersteigen, wird in der Natur häufig zutreffen. Deswegen würden wir entweder eine Mischung aus Komment- und Beschädigungskämpfen oder eine andersgeartete, ritualisierte Beilegung des Streites erwarten. Wenn, wie im Falken-Tauben-Bourgeois-Spiel, die Ressource in ausreichender Menge vorkommt, so daß sich die Individuen mit etwa gleicher Häufigkeit in der Rolle des Eigentümers und des Eindringlings befinden, ließe sich das Bourgeoisverhalten als stabile Strategie zur Beilegung von Streitigkeiten voraussagen. Die Spielregel müßte lauten, als Eigentümer Falken- und als Eindringling Taubenverhalten zu zeigen, so daß man beobachten müßte: „Der Eigentümer gewinnt; der Eindringling schreckt zurück".

Es folgen zwei unterschiedliche Beispiele, bei denen die Voraussetzungen des Bourgeoisspieles zuzutreffen und die Tiere ihre Streitigkeiten tatsächlich mit dieser Strategie beizulegen scheinen; Untersuchungen an gefangenen männlichen Pavianen zur Konkurrenz um Weibchen (Kummer u. Mitarb. 1974) und Studien an männlichen Waldbrettspielen

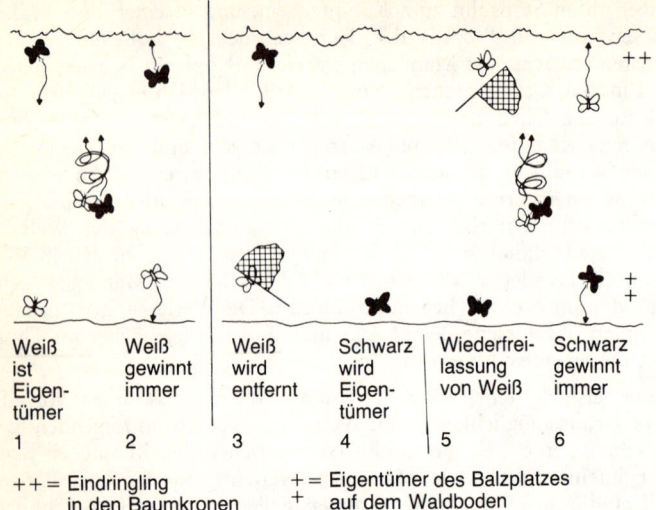

Abb. **5.7** Dieses Experiment zeigt, daß männliche Waldbrettspiele (*Pararge aegeria*) die Bourgeoisstrategie zur Beilegung von Streitigkeiten um Balzplätze verwenden. Der Eigentümer gewinnt, der Eindringling zieht sich zurück. Welches der beiden Männchen gewinnt, hängt ausschließlich davon ab, wer an dem Ort ansässig ist (Davies 1978a).

(*Pararge aegeria*), Schmetterlingen, die in Wäldern um Balzplätze konkurrieren (Davies 1978a). In beiden Fällen zeigten Experimente, daß die Auseinandersetzungen kurz waren und immer vom Eigentümer gewonnen wurden. Bei einem Streit zwischen zwei Individuen konnte der Ausgang vertauscht werden, indem durch einen experimentellen Eingriff die Rollen zwischen Eigentümer und Eindringling vertauscht wurden (Abb. 5.7). Wenn zwei Tieren durch einen Trick der Eindruck vermittelt wurde, sie seien beide die rechtmäßigen Eigentümer, eskalierte der Streit zu einem heftigen Kampf, der zur Verletzung beider Individuen führte. In diesem letzten Experiment wurde die Asymmetrie zwischen Eigentümer und Eindringling aufgehoben, und beide Tiere verhielten sich wie Falken.

Kampf und Körperstärke

Bisher wurde allgemein erörtert, wie der Wert von Ressourcen und das Verhalten der anderen Individuen das Kampfverhalten beeinflussen können. Ein weiterer wichtiger Faktor ist jedoch die Tüchtigkeit oder die Körperstärke der verschiedenen Gegner. Wenn ein Individuum um eine Ressource kämpft, kann seine Strategie nicht nur vom Wert des Streitobjektes, sondern auch von der relativen Stärke seines Gegners bestimmt werden. In den oben besprochenen einfachen Modellen der Spieltheorie nahmen wir an, daß die Kosten für eine Verletzung und einen Kommentkampf in allen Auseinandersetzungen dieselben seien. Das ist natürlich sehr vereinfacht. Die Tiere in einer Population unterscheiden sich hinsichtlich ihrer Körperstärke, und der Kampf gegen ein großes Individuum erfordert mehr Aufwand als der gegen ein kleines Individuum. Man sollte deshalb Signale erwarten, die die Kampfstärke des Gegners anzeigen und auf diese Weise schnelle Entscheidungen ohne eine kostenaufwendige Auseinandersetzung zulassen (Parker 1974). Weiter sollten diese Signale eine zuverlässige Einschätzung erlauben, da schwächere Individuen sie andernfalls imitieren und sich einen Vorteil „erschummeln" könnten.

Jeden Herbst findet die Brunft der Rothirsche *(Cervus elaphus)* statt, und die männlichen Tiere konkurrieren um den Besitz der Weibchen. Der Fortpflanzungserfolg hängt von den Qualitäten im Kampf ab; die stärksten Hirsche beherrschen die größten Harems und können am häufigsten kopulieren. Obwohl das Kämpfen letztendlich große Vorteile bringt, verursacht es zunächst schwerwiegende Kosten. Fast alle Männchen tragen leichte Wunden davon, und etwa 20 bis 30 Prozent der Hirsche erhalten eine bleibende Verletzung, z. B. ein gebrochenes Bein oder ein ausgestochenes Auge. Konkurrierende Hirsche verringern die Kosten, indem sie die Kampfstärke des Gegners abschätzen und aussichtslose Turniere vermeiden (Clutton-Brock u. Mitarb. 1979, Clutton-Brock u. Albon 1979).

Die erste Phase der Auseinandersetzung besteht darin, daß Haremsbesitzer und Herausforderer gegeneinander röhren (Abb. 5.8). Sie beginnen langsam und steigern die Häufigkeit ihrer Rufe kontinuierlich. Wenn der Verteidiger seine Rufe in schnellerer Folge ausstoßen kann als der Angreifer, gibt letzterer meistens auf. Das Röhren ist ein verläßliches Maß für die Fähigkeit zum Kampf, da eine gute körperliche Verfassung notwendig ist, um die Rufe in schneller Folge ausstoßen zu können. Auf dem Höhepunkt der Brunft sind die Haremsbesitzer manchmal gezwungen, Tag und Nacht gegen Eindringlinge „anzuröhren" und verlieren zunehmend an Gewicht, weil nur wenig Zeit zum Fressen bleibt. Das kann so weit gehen, daß sie vor Erschöpfung nicht mehr fähig sind, ihr Stimmorgan richtig zu entfalten und ihre Weibchen an andere Hirsche verlieren. Wenn der Herausforderer den Verteidiger „übertönt" oder es ihm zumindest gleichtut, nähert er sich weiter, und in der zweiten Phase der Auseinandersetzung schreiten beide Hirsche parallel nebeneinander her (Abb. 5.8). Das ermöglicht ihnen vermutlich, sich gegenseitig besser einzuschätzen. Viele Auseinandersetzungen

Abb. **5.8** Stadien im Kampf zweier Rothirschmännchen. Der Haremsbesitzer röhrt gegenüber dem Herausforderer (a). Anschließend gehen beide parallel nebeneinander her (b). Schließlich verschränken sie die Geweihe ineinander und versuchen, sich gegenseitig wegzudrücken (c) (Fotos: T. Clutton-Brock).

Abb. **5.8** c

enden hier, doch wenn beide Tiere sich noch immer gleichwertig fühlen, entbrennt ein ernsthafter Kampf, in dem die Geweihe ineinander verschränkt und gegeneinander gedrückt werden. Körpergewicht und geschickte Fußarbeit sind die wesentlichen Voraussetzungen zum Sieg, doch besteht immer die Möglichkeit, daß selbst der Sieger verletzt wird. Wichtig ist, daß diese ernsten Kämpfe selten sind und die meisten Auseinandersetzungen auf einem früheren Stadium beigelegt werden.

Viele Kampfhandlungen unter Tieren entwickeln sich auf ähnliche Weise und stellen mehr oder weniger direkte Vergleiche der Körperkräfte dar. Büffel rammen sich gegenseitig und messen ihre Kampfstärke an der Wucht der Kopfstöße (Sinclair 1977); Käfer halten Schiebeturniere ab, aus denen der größere als Sieger hervorgeht (Eberhard 1979). Männliche Frösche und Kröten führen „Ringkämpfe" aus, in denen sie sich umarmen und pressen, und das kräftigere Tier erhält das bessere Revier oder die meisten Weibchen (s. Kap. 6).

Bei vielen Fröschen und Kröten steht die Tonhöhe der Rufe in enger Beziehung zur Körpergröße; je größer das Männchen, desto größer sind die Stimmbänder und desto tiefer fällt das Quaken aus. Erdkröten *(Bufo bufo)* schätzen die Körpergröße und damit die Kampfstärke ihrer Rivalen anhand der Tonhöhe der Rufe. Ein paarungslustiges Männchen macht deutlich weniger Eroberungsversuche, wenn tiefe Rufe über einen Lautsprecher neben dem Paar abgestrahlt werden als wenn ein hohes Quaken ertönt (Abb. 5.9).

Oftmals werden sowohl Körperstärke als auch Eigentumsverhältnisse dazu benutzt, Streitigkeiten beizulegen. Wenn Krabben um eine Erdhöhle konkurrieren (Hyatt u. Salmon 1978) oder sich Spinnen um

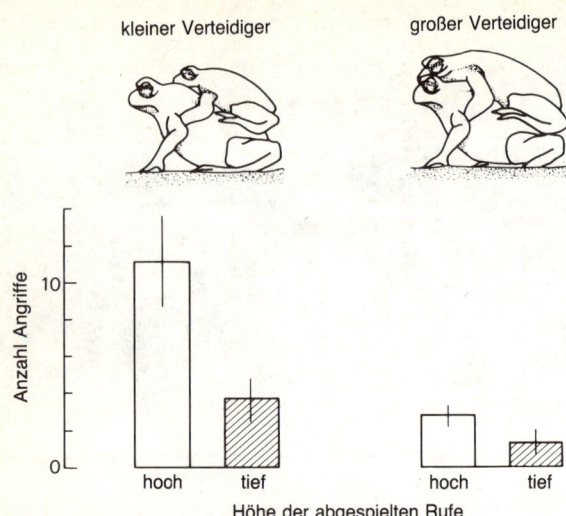

Abb. 5.9 Ein Experiment zur Einschätzung der Kampfstärke bei der Erdkröte (*Bufo bufo*). Mittelgroße Männchen greifen sowohl kleine als auch große, auf einem Weibchen sitzende Männchen an, die sämtlich mittels eines Gummibandes stumm gemacht waren. Während der Angriffe wurden Tonbandaufnahmen von Rufen über einen Lautsprecher nahe dem Paar abgestrahlt. Bei beiden stummen Verteidigern war die Anzahl der Angriffe geringer, wenn über den Lautsprecher das tiefe Quaken eines großen Tieres ertönte, als wenn die hohen Rufe eines kleinen Männchens abgespielt wurden. Die Höhe der Rufe wird also benutzt, um die Körpergröße und damit die Kampfkraft des Gegners abzuschätzen. Rufe können jedoch nicht das einzige Maß zur Einschätzung des Gegners sein, da bei beiden Tonhöhen weniger Angriffe auf den großen Verteidiger erfolgten. Die Stärke der Fußtritte des Verteidigers könnte ebenfalls eine Rolle spielen (Davies u. Halliday 1978).

Netze streiten (Riechert 1978, 1979), gewinnen normalerweise die größeren Individuen. Sind die Gegner jedoch gleich groß, behält der Eigentümer meistens die Oberhand. Die Regel für eine Entscheidung lautet: „Wenn du größer bist, verhalte dich wie ein Falke, bist du kleiner, wende die Taubenstrategie an, und bei gleicher Körperstärke versuche es als Bourgeois". Das bedeutet, daß die zuerst betrachteten Modelle der Spieltheorie zu einfach waren, weil die Tiere in der realen Welt keine festgelegten Strategien anwenden, sondern ihr Verhalten von der Kampfstärke des Gegners abhängig machen.

Dominanzkämpfe in Gruppen

Einige Tiere leben in Gruppen, und die individuellen Unterschiede in der Fähigkeit zu kämpfen bestimmen, wer vorrangig Zugang zu Nahrung und Weibchen bekommt. Vielerlei Signale innerhalb von Gruppen erlauben wahrscheinlich eine zuverlässige Einschätzung der Körperstärke, obwohl der genaue Zusammenhang zwischen Signal und der Fähigkeit zum Kampf nicht immer offensichtlich ist.

Beim Großammerfink *(Zonotrichia querula)* besteht im Winter, wenn die Tiere in Gruppen auf Futtersuche gehen, eine starke Variabilität hinsichtlich der Gefiederfärbung (Abb. 5.10). Die Individuen mit dem dunkelsten Gefieder sind dominant und verdrängen die helleren regelmäßig von den Futterquellen (Rohwer u. Rohwer 1978). Da die dunkle Färbung Dominanz zu signalisieren scheint, fragt man sich, warum den untergeordneten Tieren nicht einfach dunkle Federn wachsen und sie dadurch einen besseren Status erzielen. Im Frühjahr bekommen alle Männchen, auch die untergeordneten, ein dunkles Hochzeitskleid, so daß das dunkle Gefieder kein untrügliches Zeichen für die Körperstärke wie das Röhren eines brünftigen Hirsches oder das tiefe Quaken einer männlichen Kröte sein kann.

Rohwer u. Rohwer versuchten, „Betrüger" in die Gruppe zu schmuggeln, indem sie untergeordnete Tiere manipulierten (Tab. 5.3). Im ersten Experiment malten sie untergeordnete Tiere einfach schwarz an. Die so behandelten Vögel wurden von den anderen angegriffen und konnten ihren Status nicht erhöhen. Der zweite Versuch bestand in einer Injektion von Testosteron, doch blieb die Gefiederfärbung davon unbeeinflußt. Die mit Testosteron behandelten Tiere waren aggressiver und versuchten, ihren Status zu verbessern, hatten jedoch keinen Erfolg, weil ihre Gegner sich nicht abschrecken ließen. Schließlich wurden die untergeordneten Vögel sowohl gefärbt als auch mit Testosteron behandelt. In diesem Fall hatte der Betrug Erfolg: Die Tiere gewannen mehr Kämpfe und stiegen in der Achtung der anderen Gruppenmitglieder.

Abb. **5.10** Variabilität der Gefiederfärbung beim Großammerfink. Die dunklen Männchen sind im Schwarm dominant und gewinnen die meisten Kämpfe.

Tabelle 5.3 Zusammenfassung der Experimente zu den Dominanzsignalen in Schwärmen von Großammerfinken (nach Rohwer u. Rohwer)

experimentelle Manipulation der untergeordneten Tiere	dominantes Aussehen	dominantes Verhalten	Erhöhung des Status
1. Schwarzfärbung	ja	nein	nein
2. Injektion von Testosteron	nein	ja	nein
3. sowohl Schwarzfärbung als auch Testosterongabe	ja	ja	ja

Der erste Versuch, die anderen Vögel zu täuschen, schlug also nicht deshalb fehl, weil sie die Bemalung nicht akzeptierten, sondern weil sich die gefärbten Tiere trotz des dominanten Aussehens nicht entsprechend verhielten. Gefiederfärbung allein ist also kein Freifahrschein für sozialen Aufstieg in der Vogelschar; das Signal bedarf der Unterstützung durch dominantes Verhalten. Dennoch wirkt das dunkle Gefieder als ein Rangabzeichen, das die Häufigkeit von Kämpfen im Schwarm reduziert. In einem weiteren Experiment wurden dominante Vögel gebleicht, so daß sie niederen Rang signalisierten. Sie wurden daraufhin von anderen Schwarmmitgliedern häufig attackiert, sanken jedoch nicht im sozialen Status ab, da sie ihren hohen Rang im Verlauf von vielen Auseinandersetzungen behaupten konnten.

Aus den Experimenten läßt sich eindeutig ableiten, daß ein Betrug unmöglich ist, da ein untergeordnetes Individuum nicht allein durch dunkles Gefieder dominant werden kann. Doch warum kann ein Vogel der unteren Rangstufe seinen Testosteronspiegel nicht ebenfalls steigern? Dieselbe Frage erhebt sich nach Studien am Schottischen Moorschneehuhn (Watson 1970), in denen Männchen Testosteron injiziert wurde und die unmittelbar darauf ihr Revier verdoppelten und eine größere Anzahl von Weibchen anlockten. Vermutlich liegt die Antwort auf dieses Rätsel darin, daß eine Erhöhung des Androgenspiegels das Verhalten des untergeordneten Vogels über seine tatsächlichen Fähigkeiten hinaus steigern würde. Obwohl er einen kurzzeitigen Erfolg für sich verbuchen kann, würde sich über kurz oder lang herausstellen, daß er seine Kräfte aufgezehrt hat, und er würde in seiner Fitness stark zurückfallen (Silverin 1980).

Informationsaustausch in Auseinandersetzungen zwischen Tieren

Es gibt zwei Sorten von Informationen, die während eines Streites zwischen Tieren an den Gegner übermittelt werden können.

(a) Informationen über die Stärke

Z. B.: „Ich bin 2 m groß". Diese Art der Information ist in tierischen Imponiergesten häufig enthalten und läßt sich schwer fälschen. Es wurden schon Beispiele wie Röhren oder tiefes Quaken vorgestellt, die zuverlässige Anzeiger für die Kampfstärke eines Tieres sind.

(b) Informationen über Absichten

Z. B. „Ich werde dich jetzt angreifen" oder „Ich werde jetzt genau drei Minuten lang drohen". Diese Art der Information läßt sich leichter fälschen, und nach der Spieltheorie ist zu erwarten, daß Informationen über die Absichten nicht in Kommentkämpfen mitgeteilt werden.

Um sich das klarzumachen, stelle man sich eine Population vor, in der jedes Individuum genaue Angaben darüber macht, wie lange es einen Kommentkampf um eine Ressource durchhalten kann, bevor es aufgeben muß. In dieser Population hätte jedes Individuum, dessen Gegner ein längeres Durchhaltevermögen ankündigt, mehr davon, sofort zurückzutreten, anstatt seine Kräfte in einem aussichtslosen Turnier zu vergeuden. Eine solche Population wäre jedoch nicht stabil, weil jede „Lügner"-Mutante, die ein sehr langes Durchhaltevermögen ankündigte, sich durchsetzen würde. Selbst schwächliche Individuen könnten von diesem Trick profitieren, und schließlich würden alle lügen; es hätte keinen Sinn mehr, der Mitteilung zu glauben. Wie Maynard Smith (1979) betont, besagt das nichts anderes, als daß man niemals glauben sollte, was einem der Gegner beim Pokern vormacht (Schaukasten 5.1).

Aus diesen Argumenten läßt sich also ableiten, daß sich bei Kommentkämpfen keinerlei Informationsaustausch über die Absichten entwickeln sollte. Diese Erwartung wird durch eine Vielzahl von Beispielen aus der ethologischen Literatur bestätigt. Bei Blaumeisen *(Parus caeruleus)* können einer bestimmten Imponiergeste mehrere verschiedene Verhaltensweisen folgen, und es gibt keine Körperhaltung, aus der heraus ein Angriff mit höherer Wahrscheinlichkeit erfolgt als bei anderen Körperhaltungen (Stokes 1962, Caryl 1979). Beim Siamesischen Kampffisch *(Betta splendens)* gibt es bis kurz vor Ende des Kampfes keine Verhaltensunterschiede, die den voraussichtlichen Gewinner oder Verlierer erkennen ließen. Diese Hinweise unterstützen die Annahme, daß keine Informationen über die Absichten ausgetauscht werden (s. Kap. 11).

Es gibt zwei Forschungsbereiche, die weiterverfolgt werden sollten. Einerseits ist offenkundig, daß unter streitenden Tieren eine große Anzahl verschiedener Imponier- und Drohgebärden eingesetzt wird und daß die Spieltheorie diese Mannigfaltigkeit nur unzureichend erklären kann. Zweitens sind, obwohl aus kaum einer einzelnen Drohgeste das

Schaukasten 5.1 Der Zermürbungskrieg (nach Maynard Smith).

Man stelle sich zwei Tiere vor, die sich um eine Ressource (z. B. Futter oder Partner) mit dem Wert V streiten. Die Gegner sollen gleiche Kampfesfähigkeiten aufweisen und die Auseinandersetzung von demjenigen gewonnen werden, der den Kommentkampf am längsten durchhält. Je länger ein Individuum durchhält, desto größer sind die Kosten m, die als lineare Funktion der Dauer des Kampfes entstehen.

Individuum A soll eine Dauer von T_A und Individuum B eine Dauer von T_B wählen. Die Kosten, die mit diesen Zeiten verbunden sind, betragen m_A und m_B. Wenn $T_A > T_B$ ist, erhalten wir:

Bilanz für A = $V - m_B$
Bilanz für B = $- m_B$

Man beachte, daß A nur die Kosten für einen Kommentkampf der Dauer T_B tragen muß, da B zuerst aufgibt.

Es stellt sich das Problem, wie ein Tier seine Kampfdauer wählen soll. Keine Strategie mit festen Werten kann evolutionsstabil sein. So würde eine Population mit einer Kommentkampfdauer von beispielsweise 1 Minute schnell von einer Mutante unterwandert werden, die eine leicht verlängerte Dauer, z. B. 1,1 Minuten, aufweisen würde. Aus diesem Grund wird sich wahrscheinlich die höchstmögliche Kampfdauer herausbilden, so daß es für einen Gegner schwierig wird, sie zu überbieten. Diese Grenze ist erreicht, wenn

$$m > \frac{V}{2},$$

da sich an diesem Punkt eine Mutante durchsetzen könnte, die überhaupt nicht kämpft. Diese Folgerung ergibt sich, wenn jeder Streitende einen durchschnittlichen Aufwand von m pro Streit hat und die Hälfte der Auseinandersetzungen gewinnt. Damit beträgt der durchschnittliche Punktegewinn

$$\frac{V}{2}. \text{ Ist } m > \frac{V}{2},$$

dann ist die durchschnittliche Bilanz negativ, das heißt also, der Aufwand ist größer als der Gewinn.

Es kann gezeigt werden, daß die ESS in diesem Spiel eine Mischstrategie ist, wobei die Dauer des Kommentkampfes anhand einer negativen Exponentialfunktion gewählt wird.

$$p(x) = \frac{1}{V} \exp. - x/V$$

Dabei ist x die Dauer des Kommentkampfes und V der Preis des Sieges. Die Konsequenz daraus ist, daß ein Individuum eine zufällige Dauer des Kampfes wählen und seinem Gegner keinerlei Hinweise über dessen Länge geben sollte.

Bemerkungen:

1 Weitere Diskussionen und Anwendungen dieses Spiels auf reale Streitfälle zwischen Tieren finden sich bei Caryl (1979). Der Autor erwähnt, daß die Dauer von Kommentkämpfen als ESS von der Beziehung zwischen m und x abhängt.

2 In der Natur läßt sich nicht direkt beobachten, bis zu welcher Kampfdauer ein Tier in diesem Spiel entsprechend der obigen Gleichung „reizt", weil der Streit immer durch den Gegner beendet wird, der die geringere Dauer ausspielt. Parker u. Thompson (1980) leiteten die erwartete Verteilung der Streitdauer theoretisch ab und testeten ihr Modell an der Dauer von Kämpfen zwischen männlichen Kotfliegen *(Scatophaga stercoraria)*.

3 Die meisten realen Streite in der Natur werden durch ungleiche Voraussetzungen entschieden: Ein Tier wird stärker sein oder Eigentümer, und der Gegner wird schnell zurücktreten. Aus diesem Grund sind die Voraussetzungen für einen Zermürbungskampf, nämlich gleichausgestattete Gegner und identische Kampfbedingungen, unter natürlichen Verhältnissen selten gegeben. Trotzdem stellt das Modell eine konstruktive theoretische Übung dar, die deutlich zeigt, daß Kampfstrategien, wie z. B. die Kommentkampfdauer, mit einem ESS-Ansatz analysiert werden müssen.

weitere Verhalten vorhergesagt werden kann, die Sequenzen der Drohgesten bei Kämpfen von Bedeutung. Eine Filmanalyse von Muhammad Alis Boxkämpfen ergab, daß etwa die Hälfte seiner Faustöße mit der Linken in ihrer Dauer unterhalb der visuellen Reaktionszeit lagen. Trotzdem konnten seine Gegner die meisten dieser Schläge parieren. Ein kommender Faustoß läßt sich nicht anhand der direkt vorangegangenen Bewegung erkennen. Deshalb müssen Alis Gegner die Sequenzen seines Boxverhaltens entschlüsselt haben und auf diese Weise den Schlag vorausahnen, bevor er tatsächlich beginnt (Stern 1977).

Zusammenfassung

Die stärksten Individuen verfügen häufig über die besten Ressourcen (Reviere, Futter, Partner) und drängen andere in minderwertige Habitate ab. Wenn Tiere sich entscheiden, wo sie sich ansiedeln sollen, schätzen sie wahrscheinlich zuvor die Konkurrentendichte und die

Stärke ihrer Rivalen ab. Streitigkeiten werden häufig durch Kommentkämpfe beigelegt, und einige einfache Modelle zeigen, daß dieses Verhalten eine ESS darstellt, wenn die Kosten durch schwere Verletzungen in einem Kampf den Preis des Sieges übersteigen (Waldbrettspiel). Ist der Gewinn für den Sieger sehr hoch, kann es zu ernsthaften Kämpfen kommen (Feigenwespen, Narwale), doch schätzen die Streitenden das Kräftepotential ihres Gegners häufig anhand seines Imponier- und Drohgehabes ein, so daß der Stärkere gewinnt, bevor der Kampf ernsthaft wird (Röhren der Hirsche). Wenn Tiere ihre Kampfkraft auch deutlich mittels Imponier- und Drohgesten signalisieren, sollte man jedoch nicht erwarten, daß sie Hinweise auf ihre Absichten während des Kampfes geben.

Weiterführende Literatur

Maynard Smith (1979) und Caryl (1980) geben Übersichten zur Anwendung der Spieltheorie auf Konflikte zwischen Tieren. Morton (1977) diskutiert, warum Drohlaute zu tiefen Frequenzen tendieren. Kroodsma (1979) fand Hinweise, daß bei Zaunkönigen die Lautstärke des Gesanges ein Dominanzmerkmal zu sein scheint. Schließlich beschreibt Yasukawa (1979) Experimente mit Junkoschwärmen, die zeigen, daß Vögel auf gleicher Rangstufe Streitigkeiten mit der Bourgeoisstrategie beilegen.

6 Sexueller Konflikt und sexuelle Selektion

Unter den Verhaltensforschern war lange Zeit die Ansicht vorherrschend, daß Balzverhalten und Paarung ein harmonisches Zusammenspiel darstellen, das den Männchen und Weibchen dazu dient, ihre jeweiligen Gene zu verbreiten. Ein paar Ausnahmen, z. B. die weibliche Gottesanbeterin, die ihr Männchen während der Paarung verspeist, paßten zwar nicht in dieses Bild der friedlichen Zusammenarbeit, doch insgesamt schien die Balz den gemeinsamen Interessen beider Geschlechter zu dienen. Das Balzverhalten sollte die „sexuelle Erregung der Partner synchronisieren", eine „Paarbindung aufbauen", die „Erkennung der Artzugehörigkeit gewährleisten" usw. Heute kann diese Ansicht nicht mehr ohne Einschränkung vertreten werden und wird mehr und mehr durch die Betonung der Interessengegensätze zwischen Männchen und Weibchen bei Balz und Paarung abgelöst. Die Geschlechter werden nunmehr als Partner einer unbequemen Allianz betrachtet, innerhalb derer jeder versucht, den eigenen Erfolg bei der Weitergabe seiner Gene zu maximieren. Sie arbeiten zusammen, weil beide ihre Gene über dieselbe Nachkommenschaft verbreiten und deshalb jeder zu 50 Prozent an den Kindern beteiligt ist. Doch die Wahl des Partners, die Versorgung der Zygote mit Nährstoffen, der Schutz der Eier und der Jungen sind sämtlich Angelegenheiten, über die beide Elternteile verschiedener Meinung sein können. Die Folge dieses sexuellen Konfliktes ähnelt häufig eher einer Ausbeutung des einen Geschlechtes durch das andere als einer gegenseitigen Kooperation.

Um zu verstehen, warum man die sexuelle Fortpflanzung aus dieser Perspektive sehen sollte, müssen wir den Konflikt bis an die Wurzel zurückverfolgen und auf die fundamentalen Unterschiede zwischen Männchen und Weibchen zu sprechen kommen.

Männchen und Weibchen

Sexuelle Fortpflanzung umfaßt eine Gametenbildung während der Meiose und die Verschmelzung des genetischen Materials zweier Individuen zur Zygote. Fast immer, aber nicht mit zwingender Notwendigkeit, sind dabei zwei Geschlechter beteiligt, die als männlich und weiblich bezeichnet werden. Bei höheren Tieren sind die Geschlechter oftmals leicht anhand von äußeren Merkmalen wie Genitalien, Gefieder, Größe oder Färbung zu unterscheiden, doch handelt es sich bei diesen Kennzeichen nicht um die fundamentalen Unterschiede. Bei sämtlichen Pflanzen- und Tierarten liegt der grundlegende Unterschied zwischen den Geschlechtern in der Größe der Gameten: Weibchen produzieren große, unbewegliche und nährstoffreiche Gameten, die als Eier bezeichnet werden, während die männlichen Gameten (Spermien) klein und beweglich sind und wenig mehr als einen sich vorwärts schlängelnden Chromosomensatz enthalten. Sexuelle Reproduktion ohne Männchen und Weibchen kommt bei vielen Protisten wie *Paramecium* vor, bei denen die verschmelzenden Gameten gleiche Größe aufweisen. Dieser Vorgang wird als *isogame geschlechtliche Fortpflanzung* bezeichnet. Die Verschmelzung von zwei Keimzellen unterschiedlicher Größe ist allerdings weitaus verbreiteter und tritt bei fast allen sich sexuell reproduzierenden mehrzelligen Pflanzen und Tieren auf. Diese Form wird als *anisogame geschlechtliche Fortpflanzung* bezeichnet.

Wie im weiteren Verlauf dieses Kapitels gezeigt werden soll, hat diese fundamentale Asymmetrie weitreichende Konsequenzen für das sexuelle Verhalten. Da die Weibchen mehr Ressourcen in die gemeinsame Zygote investieren als die Männchen, stellt sich das männliche Balz- und Paarungsverhalten zu einem großen Teil als Konkurrenzkampf um die Weibchen und die Ausbeutung der weiblichen Investitionen dar. Doch bevor die Konsequenzen der Anisogamie erörtert werden sollen, sei ein Blick auf den evolutiven Ursprung dieser Art der Fortpflanzung geworfen.

Ursprung der Anisogamie

Isogame geschlechtliche Fortpflanzung findet sich heutzutage nur bei einfachen, einzelligen Organismen und wird allgemein als die ursprüngliche Form der Sexualität angesehen. Parker u. Mitarb. (1972) haben eine geistreiche und überzeugende Hypothese für die Entstehung der Anisogamie aus der Isogamie entwickelt. Sie gehen davon aus, daß das Überleben einer Zygote von ihrer Größe abhängt: Je größer sie ist, desto mehr Nahrung steht während der Entwicklung zur Verfügung und desto höher sind die Überlebenschancen. So ist klar, daß beispielsweise Embryonalentwicklung und Überleben eines Hühnerkükens von den Nahrungsreserven im Ei abhängen. Dasselbe trifft mehr oder weniger auf alle vielzelligen Organismen zu. Nun stelle man sich vor, daß in der ursprünglichen, isogamen Population genetische Variation bezüglich der Gametengröße auftritt. Aus überdurchschnittlich großen Gameten würden überdurchschnittlich große Zygoten entstehen, die höhere Überlebenswahrscheinlichkeiten aufweisen. Große Gameten würden von der natürlichen Selektion gefördert werden, wenn die Zunahme der Überlebensfähigkeit den Nachteil der geringen Anzahlen, die aus einer vorgegebenen Materialmenge hergestellt werden können, mehr als wettmachen würde. Wenn z. B. das Material von vier Gameten zur Bildung von zwei doppelt so großen Gameten verwendet würde, müßte die Fitness der Zygoten aus den großen Gameten mehr als doppelt so hoch sein, damit sie selektioniert werden.

Wenn die großen Gameten häufiger werden, entsteht gleichzeitig ein Selektionsmechanismus, der kleine Gameten veranlaßt, sich einen großen Partner zu suchen, mit ihm zur Zygote zu verschmelzen und im Grunde von dessen Nahrungsreserven zu parasitieren. Selbst sehr kleine Gameten, die miteinander verschmolzen keine lebensfähigen Zygoten bilden könnten, hätten als Parasiten bei einem großen Gameten gute Überlebenschancen. Diese winzigen Gameten ständen unter einem starken Selektionsdruck, einen großen Partner zu finden und mit ihm zu verschmelzen. Gleichzeitig werden große Gameten darauf selektioniert, kleine Partner zurückzuweisen, da die lebensfähigste Zygote diejenige ist, die aus der Verschmelzung zweier großer Gameten hervorgeht. Doch der Nachteil für einen großen Gameten durch eine Vereinigung mit einem sehr kleinen ist nicht so hoch wie der bei einer Verschmelzung von zwei winzigen Gameten, da mittelgroße Zygoten immerhin eine gewisse Überlebenschance haben, kleine Zygoten hingegen gar keine. Die Selektion wirkt also stärker auf die sehr kleinen Gameten. Die Tatsache, daß kleine Gameten in größerer Zahl hergestellt werden können, fördert ihren Erfolg bei der Ausbeutung der großen Gameten. Da die kleinen Typen mit einer größeren Variabilität an Genotypen auftreten und eine höhere Mortalitätsrate aufweisen (beides Konsequenzen ihrer zahlenmäßigen Überlegenheit), werden sie sich schneller weiterentwickeln und so den Widerstand der großen Gameten überwinden.

Parker u. Mitarb. nehmen deshalb an, daß es einen anfänglichen evolutiven Wettlauf gab, in dessen Verlauf die kleinen Gameten (Spermien) erfolgreich zu Nutznießern der großen Gameten (Eiern) wurden. Während dieses Wettlaufes wurde die Isogamie allmählich durch die Anisogamie ersetzt. Spermien entwickelten eine große Beweglichkeit, um die Eier finden zu können und transportierten dabei fast keine Nahrungsreserven mehr, während die Eier ihre Beweglichkeit aufgaben – und damit die Möglichkeit, einen Partner aktiv aufzusuchen – und sich ausschließlich darauf konzentrierten, Nährstoffe zu speichern. Diese Entwicklung war letztlich derart extrem, daß sie zur größten Einzelzelle des Tierreichs führte, dem Straußenei.

Was aber geschah mit den mittelgroßen Gameten in den ursprünglichen Populationen? Sie verloren das evolutive Rennen und starben aus, da sie weder den Vorteil der großen Anzahlen noch den der reichhaltigen Nahrungsreserven aufwiesen.

Obwohl die Hypothese von Parker u. Mitarb. nicht direkt überprüft werden kann, da sie sich auf einen stammesgeschichtlichen Vorgang

Tabelle **6.1** Innerhalb der Algenfamilie *Volvocales* tendieren einzellige Gattungen zur Isogamie, mehrzellige Gattungen zur Anisogamie. Mittlere Typen sind leicht anisogam. Diese Befunde unterstützen die Hypothese von Parker u. Mitarb. (1972) über die Entstehung der Anisogamie (Knowlton 1974). Andere Algenfamilien zeigen entsprechende, jedoch weniger deutlich ausgeprägte Tendenzen (Bell 1978)

Gattung	Größe der adulten Form (Anzahl Zellen)	Gameten
Lobomas	einzellig	isogam
Sphaerella	einzellig	isogam
Polytomella	einzelig	isogam
Pandorina	16	leicht anisogam
Volvox	20 000	anisogam
Pleodorina	128	anisogam

bezieht, lassen sich Argumente zumindest für eine ihrer grundlegenden Annahmen finden. Die Beziehung zwischen Überlebensfähigkeit der Zygote und ihrer Größe konnte in einer vergleichenden Untersuchung an Algen bestätigt werden. Einzellige Algen, bei denen die Nahrungsreserven für das Wachstum der Zygote relativ unwichtig sind, tendieren zur Isogamie, während mehrzellige Gattungen, bei denen die Nährstoffreserven der Zygote eine größere Rolle spielen, meistens anisogam sind (Tab. 6.1).

Die Annahme, daß die Anisogamie sich aus der Isogamie entwickelt hätte, wurde von Alexander u. Borgia (1979) in Frage gestellt. Sie wiesen darauf hin, daß die sexuelle Fortpflanzung einiger rezenter Bakterien und Protisten (z. B. Ciliaten und Diatomeen) den Austausch von Mikrokernen umfaßt, welche fast ausschließlich aus genetischem Material bestehen und wenig oder kein Zytoplasma enthalten. Ein solcher Mikrokern ist nach Meinung der Autoren mit einem Spermium zu vergleichen, während die Zelle des eigentlichen Organismus der Eizelle entspricht. Wenn, wie Alexander u. Borgia vermuten, der Austausch der Mikrokerne tatsächlich die ursprüngliche Art der sexuellen Fortpflanzung war, dann wäre die Anisogamie der Isogamie vorausgegangen. Doch es stellt sich die Frage, warum der Austausch von Mikrokernen eine Weitergabe von Genen ohne Zytoplasma umfassen sollte. Ein Grund dafür könnte sein, daß der Spender keine Kontrollmöglichkeiten über die Verwendung der Ressourcen hätte, nachdem sie in den Empfänger übertragen wurden. Wären die weitergegebenen Gene in reiche Nahrungsreserven verpackt, hätte der Empfänger die Möglichkeit, sich die Nährstoffe einzuverleiben und die Gene abzustoßen. Statt dessen überträgt der Spender seine Gene ohne Nährstoffe, und der Empfänger akzeptiert sie nur, wenn er im Gegenzug seine eigenen Gene übertragen kann. Bislang ist unbekannt, ob dieser Austausch von Genen bei einzelligen Organismen gegen „Betrug" (Übertragung der eigenen Gene, aber Weigerung, fremde Gene zu akzeptieren) gesichert ist. Es existiert aber eine entsprechende Situation bei hermaphroditischen Fischen, bei denen jeder Partner die Spermien des anderen wechselseitig in kleinen Portionen akzeptiert und seine eigenen abgibt (Fischer 1980). Dieses einzigartige Paarungsritual scheint sich entwickelt zu haben, um „Betrug" zu verhindern.

Weibchen als knappe Ressource

Anisogame sexuelle Fortpflanzung umfaßt also eine Ausbeutung des großen Eies durch das kleine Spermium. Weibchen produzieren wenige, relativ große Gameten und Männchen eine Vielzahl kleiner Keimzellen. Daraus folgt, daß die Männchen potentiell in der Lage sind, die Eier schneller zu besamen, als sie neu produziert werden können. Das wird anschaulich, wenn man bedenkt, daß 5 ml menschliches Sperma genügend Spermien enthalten, um theoretisch doppelt so viele Eier, wie es Menschen in den USA gibt, zu besamen. Deshalb stellen Eier und Weibchen *knappe Ressourcen* dar, um die die Männchen konkurrieren. Ein Männchen kann seinen Fortpflanzungserfolg erhöhen, indem es möglichst viele Weibchen findet und besamt, während ein Weibchen seinen Erfolg nur durch Steigerung der Nährstoffzufuhr in die Eizellen oder eine schnellere Produktionsrate der Nachkommen erhöhen kann. Dieser Unterschied wird besonders deutlich bei Säugetieren und vor allem beim Menschen, bei dem eine Frau viele Monate damit verbringt, um ein einziges Kind heranwachsen zu lassen, während ein Mann in derselben Zeit potentiell Hunderte weiterer Frauen besamen könnte. Nur durch eine schnellere Erzeugung von Jungtieren kann ein Weibchen seine Nachkommenzahl erhöhen. Dasselbe Argument trifft auf den häufigen Fall zu, daß das Weibchen mehr in die Nachkommenschaft investiert als das Männchen, gleichgültig ob es sich dabei um die Versorgung der Eier mit Nährstoffen oder die Betreuung der Eier und später der Jungtiere handelt.

Diese Eigenheit wurde von Trivers (1972) treffend zusammengefaßt. Er wies als erster nachdrücklich auf die Beziehung zwischen elterlichen Investitionen in Form von Gametenressourcen oder anderen Arten der Versorgung bzw. Betreuung und der sexuellen Konkurrenz hin. Trivers schrieb: „Wenn ein Geschlecht erheblich mehr investiert als das andere, werden Mitglieder des letzteren um die Möglichkeit zur Paarung mit Mitgliedern des ersteren Geschlechtes konkurrieren." Der Begriff „Investition" wurde von Trivers verwendet, um die Leistung zu kennzeichnen, die zur Aufzucht eines Nachkommens aus dem begrenzten Ressourcenmaterial der Eltern erforderlich ist. Die Summe aller elterlichen Investitionen für sämtliche Nachkommen während ihres Lebens wird als „elterliche Leistung" bezeichnet. Weibchen bringen den größten Teil ihrer reproduktiven Leistung als „elterliche Leistung" durch die Erzeugung und Aufzucht von Nachkommen ein, während die Männchen ihre Kräfte vor allem in eine „Paarungsleistung", also in Balz- und Kopulationsaktivitäten investieren (Abb. 6.1).

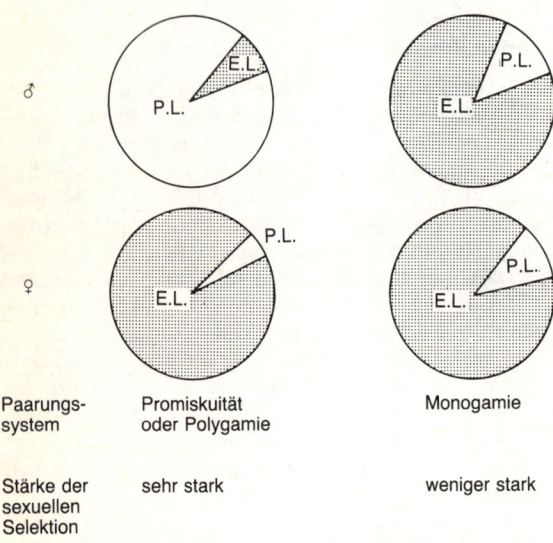

Abb. **6.1** Der Gesamtbetrag an Energie und Zeit, der von einem Tier für die Fortpflanzung aufgebracht werden muß, wird als reproduktive Leistung bezeichnet und durch den Kreis dargestellt. Die reproduktive Leistung kann in die elterliche Leistung (E.L., Erzeugung und Aufzucht der Jungen) und die Paarungsleistung (P.L., Balz- und Kopulationsaktivitäten) aufgeteilt werden. Sie werden durch die dunklen und hellen Segmente der Kreise symbolisiert. Im allgemeinen investieren Männchen relativ mehr in die Paarungsleistung als Weibchen, doch bestehen Unterschiede zwischen den Arten. Die Stärke der sexuellen Selektion variiert ebenfalls. Unterschiede zwischen den Geschlechtern bezüglich der relativen elterlichen Leistungen hängen oft mit dem Paarungssystem zusammen. Bei monogamen Arten sind die Leistungen von Männchen und Weibchen ähnlicher als bei Arten mit Polygamie oder Promiskuität (s. Kap. 7) (nach Alexander u. Borgia).

Tabelle **6.2** Zwei Beispiele, die illustrieren, daß die Männchen der meisten Arten eine wesentlich höhere potentielle Fortpflanzungsrate aufweisen als die Weibchen. Die Daten für den Menschen stammen aus dem Guinness-Buch der Rekorde. Der Mann war der Sultan Marokkos Mulay Ismail (1672–1727), genannt „der Blutdürstige"; die Frau gebar ihre Kinder im Verlauf von 27 Schwangerschaften. Die Daten für die See-Elefanten stammen aus der Arbeit von Le Boeuf (1974)

	maximale Nachkommenzahl eines Individuums während seines Lebens	
Art	männlich	weiblich
See-Elefant	200	ca. 15
Mensch	888	69

Die Folge ist, daß Männchen ein wesentlich größeres Fortpflanzungspotential aufweisen (Tab. 6.2) und deshalb einer starken Selektion unterliegen, was das Auffinden der Weibchen und die Konkurrenz um sie betrifft. Der Gewinn für ein erfolgreiches Männchen ist enorm, gemessen an der Anzahl erzeugter Nachkommen. Viele Eigenheiten des männlichen Fortpflanzungsverhaltens werden aus diesem Blickwinkel gesehen verständlich.

Die unterschiedlichen Faktoren, die den Fortpflanzungserfolg von Männchen und Weibchen begrenzen, wurden erstmals von Bateman (1948) experimentell demonstriert. Er brachte gleiche Anzahlen von männlichen und weiblichen Taufliegen *(Drosophila)* in eine Flasche und zählte die Anzahl der Paarungen und die von jedem Individuum erzeugten Nachkommen. Dabei verwendete er genetische Markierungsfaktoren, die die Elternschaft erkennen ließen. Bateman konnte die beiden wesentlichen, oben erwähnten Charakteristika nachweisen. Erstens hängt der Fortpflanzungserfolg eines Männchens von der Anzahl der Weibchen ab, die es besamt hat, während bei einem Weibchen eine einzige Kopulation ausreicht, um mit genügend Spermien für ihr gesamtes Dasein versorgt zu sein und in etwa maximalen Erfolg zu erzielen. Mit anderen Worten: Es lohnt sich für ein Männchen, jedoch nicht für ein Weibchen, mehrere Partner zu finden und zu besamen. Zweitens wurden zwischen den Männchen starke Unterschiede hinsichtlich ihrer Nachkommenzahlen beobachtet, während alle Weibchen etwa gleichen Erfolg aufwiesen. Der männliche Fortpflanzungserfolg variiert stärker, weil zwischen den Männchen starke Konkurrenz um die Weibchen besteht; manchen Männchen gelingt es, viele Weibchen zu besamen, andere haben weniger oder gar keinen Erfolg.

Geschlechterverhältnis

Da ein Männchen die Eier von Dutzenden von Weibchen besamen kann, stellt sich die Frage, warum es nicht ein Geschlechterverhältnis von beispielsweise einem Männchen auf 20 Weibchen gibt. Bei diesem Verhältnis wäre der Fortpflanzungserfolg der gesamten Population höher als bei einem Verhältnis von 1 : 1, da mehr Eier zur Besamung zur Verfügung ständen. Dennoch finden wir in der Natur normalerweise ein Geschlechterverhältnis, das nahe bei 1 : 1 liegt, selbst wenn die Männchen keinen anderen Beitrag zur Fortpflanzung liefern als die Begattung der Weibchen. Wie schon im 1. Kapitel erwähnt wurde, sollte der adaptive Wert von Merkmalen nicht unter dem Aspekt „zum Vorteil der Population", sondern „zum Vorteil für das Individuum" oder präziser „zum Vorteil für das Gen" gesehen werden. Wie schon Fisher (1930) erkannte, kann das Geschlechterverhältnis leicht als Folge der Selektion am Individuum erklärt werden; sein Argument ist genauso einfach wie stichhaltig.

Nehmen wir an, eine Population enthält 20 Weibchen pro Männchen. Jedes Männchen hat einen 20fach höheren zu erwartenden Fortpflanzungserfolg als ein Weibchen, da jedes Männchen durchschnittlich 20 Weibchen begatten kann. Tritt jetzt ein Elternpaar auf, das ausschließlich Söhne produziert, kann es eine 20fach höhere Anzahl von Enkeln erwarten als ein Elternpaar mit überwiegend weiblichen Nachkommen. Ein Geschlechterverhältnis zugunsten der Weibchen ist evolutiv nicht stabil, da ein Gen, das die Eltern veranlassen würde, mehr männliche Nachkommen zu produzieren, sich schnell ausbreiten und den Anteil der Männchen in der Population erhöhen würde. Nun stelle man sich das Gegenteil vor. Wenn Männchen 20fach häufiger wären als Weibchen, hätte jedes Elternpaar einen Vorteil, das ausschließlich Töchter erzeugen würde. Da jedes Ei nur von einem Spermium befruchtet werden kann, hat nur eines unter 20 Männchen die Möglichkeit, seine Gene an die Nachkommen weiterzugeben und jedes Weibchen hat einen 20fach höheren Fortpflanzungserfolg als ein Männchen. Deshalb ist ein Geschlechterverhältnis zugunsten der Männchen genausowenig stabil. Die Folge ist, daß das seltenere Geschlecht immer im Vorteil ist und daß Eltern, die sich auf die Produktion von Nachkommen des selteneren Geschlechts spezialisieren, durch die Selektion begünstigt werden. Nur bei einem exakten 1 : 1-Verhältnis wird der zu erwartende Erfolg von Männchen und Weibchen gleich und die Population stabil sein. Selbst kleine Abweichungen fördern das seltene Geschlecht: in einer Population von 51 Weibchen und 49 Männchen, in der jedes Weibchen ein Kind hat, entfallen auf jedes Männchen durchschnittlich $51/49$ Kinder. Dieser Durchschnittswert bleibt derselbe, gleichgültig ob ein Männchen Vater der meisten Nachkommen ist oder ob alle Männchen gleich stark beteiligt sind.

Die Argumentation für ein Geschlechterverhältnis von 1 : 1 läßt sich noch verfeinern, wenn man mit dem Begriff der elterlichen Investition operiert. Man stelle sich vor, daß die Aufzucht von Söhnen doppelt so viel Aufwand erfordert wie die von Töchtern, weil die Männchen beispielsweise doppelt so groß sind und während ihrer Entwicklung das Zweifache an Nahrung benötigen. Bei einem Geschlechterverhältnis von 1 : 1 hätte ein Sohn die gleiche Anzahl von Nachkommen wie eine Tochter. Da aber die Söhne den Eltern eine doppelte Aufzuchtleistung abfordern, stellen sie eine Fehlinvestition dar; jedes Enkelkind, das über einen Sohn erzeugt wurde, kostete doppelt so viel Aufwand wie eines über eine Tochter. Es wäre deshalb für die Eltern von Vorteil, sich auf die Erzeugung von Töchtern zu konzentrieren. Wenn das Geschlechterverhältnis sich zu einem Weibchenüberschuß hin verschiebt, erhöht sich der Fortpflanzungserfolg eines Sohnes. Schließlich wird, bei einem Verhältnis von zwei Weibchen auf ein Männchen, jeder Sohn doppelt so viele Nachkommen produzieren wie eine Tochter. An diesem Punkt ist der Ertrag pro investierter Leistungseinheit der Eltern für Söhne und Töchter wieder gleich. Ein Sohn erfordert den zweifachen Aufwand, aber er liefert auch die doppelte Anzahl der Nachkommen. Das heißt, daß bei unterschiedlichen Aufwänden für Söhne und Töchter eine stabile Strategie dann entsteht, wenn die Eltern gleich viel in jedes Geschlecht investieren und nicht, wenn sie gleiche Anzahlen erzeugen (Schaukasten 6.1).

Anders liegen die Verhältnisse für Brüder, die um Weibchen konkurrieren („lokale Paarungskonkurrenz"). Nehmen wir an, daß zwei Brüder nur eine einmalige Gelegenheit haben, sich zu paaren, und daß sie um dasselbe Weibchen konkurrieren. Nur einer von beiden kann sich erfolgreich fortpflanzen, so daß der andere aus der Sicht der Mutter einen „vergeudeten Aufwand" darstellt. Dieses Beispiel stellt zwar ein Extrem dar, veranschaulicht aber den Grundgedanken, daß konkurrierende Brüder für ihre Mutter an Wert verlieren. Die Mutter sollte deshalb ihre elterlichen Investitionen zugunsten der Töchter verlagern. Das genaue Maß dieser, nach Fishers Theorie zu erwartenden Verschiebung hängt vom Grad der lokalen Paarungskonkurrenz ab. Extremer Wettbewerb ist bei Arten zu erwarten, deren Ausbreitungsradius sehr begrenzt ist, da in diesem Fall die Brüder sehr eng zusammenbleiben und Tendenzen zur Inzucht bestehen. Bei extremer Inzucht kann die Mutter sicher sein, daß alle ihre Töchter ausschließlich von Söhnen befruchtet werden. Das günstigste Geschlechterverhältnis wäre in dieser Situation, gerade so viele Söhne zu produzieren, daß alle Töchter besamt werden können, da alle weiteren Söhne einen überflüssigen Aufwand darstellen würden. Der wesentliche Unterschied zwischen dieser Sicht und der früheren Argumentation für ein Geschlechterverhältnis von 1 : 1 besteht darin, daß in diesem Fall das Verhältnis von

Schaukasten 6.1 Überprüfung von Fishers Theorie der Geschlechterverhältnisse.

Es wurde allgemein gefunden, daß das Geschlechterverhältnis bei Arten mit gleichgroßen Männchen und Weibchen 1 : 1 beträgt. Dieser Befund ist jedoch kein überzeugender Beweis für die Theorie, da das 1 : 1-Verhältnis auch ein Nebeneffekt der Chromosomenverteilung während der Meiose sein könnte. Durch die zufällige Verteilung der Geschlechtschromosomen besteht für jede Zygote eine gleich große Chance, männlich oder weiblich zu werden. Eine bessere Überprüfung der Theorie läßt sich anhand von Abweichungen vom 1 : 1-Verhältnis vornehmen, die mit folgenden Voraussagen in Einklang stehen müssen:

1 Das Verhältnis verschiebt sich zugunsten der Weibchen, wenn lokale Konkurrenz zwischen den Männchen um Weibchen auftritt. Werren (1980) überprüfte die Voraussage, daß das Ausmaß des Ungleichgewichtes von der Intensität der lokalen Paarungskonkurrenz abhängt. Er beobachtete Tiere der parasitoiden Wespenart *Nasonia vitripennis*, die ihre Eier in Puppen von Fliegenarten wie *Sarcophaga bullata* legen. Wenn nur ein Weibchen die Puppe besiedelt, werden alle weiblichen Nachkommen von Brüdern befruchtet, und das Geschlechterverhältnis des Geleges ist zugunsten der Weibchen verschoben. Nur 8,7 Prozent der Nachkommen sind männlich. Es fragt sich, welches Geschlechterverhältnis auftritt, wenn ein zweites Weibchen seine Eier in dieselbe Puppe legt. Werden nur wenig Eier abgelegt, sollten es vor allem Söhne sein, weil das erste Weibchen vorwiegend Töchter erzeugt. Doch mit der Zunahme der Anzahl Eier, die vom zweiten Weibchen gelegt werden, steigt auch die Wahrscheinlichkeit, daß die Söhne des zweiten Weibchens miteinander um Partner konkurrieren. Deshalb sollten schließlich die weiblichen Nachkommen überwiegen. Genau diese Verteilung fand Werren: Wenn das Gelege des zweiten Weibchens nur $\frac{1}{10}$ der Größe des vom ersten Weibchen produzierten ausmachte, enthielt es ausschließlich Männchen. War es hingegen doppelt so groß wie das Gelege des ersten Weibchens, enthielt es nur 10 Prozent Männchen.

2 Wenn die Kosten der Erzeugung von Männchen und Weibchen unterschiedlich sind, wird die elterliche Investition durch Verschiebung des Geschlechterverhältnisses ausgeglichen. Metcalf (1980) ermittelte die Geschlechterverhältnisse bei den beiden Feldwespenarten *Polistes metricus* und *P. variatus*. Bei ersterer sind die Weibchen kleiner als die Männchen, während bei letzterer beide Geschlechter gleich groß sind. Wie erwartet, ist das Geschlechterverhältnis bei *P. metricus* zugunsten der Weibchen verschoben, nicht jedoch bei *P. variatus*. Als Ergebnis findet sich in beiden Populationen ein

Verhältnis der elterlichen Investitionen von 1 : 1 bezüglich der Geschlechter.

3 Wenn in einer Population das Verhältnis der elterlichen Investitionen von 1 : 1 abweicht, sollte eine kompensierende Vermehrung zugunsten des selteneren Geschlechtes erfolgen. Metcalf fand im Verlauf seiner Studie in einigen Nestern von *P. metricus* ausschließlich männliche Nachkommen. Wie in Kapitel 10 erläutert wird, entstehen diese Männchen aus unbesamten Eiern und werden von Arbeiterinnen erzeugt, in deren Nest die Königin gestorben ist. Bei den restlichen Nestern in der Population fand Metcalf ein zugunsten der Weibchen erhöhtes Geschlechterverhältnis, so daß das gesamte Verhältnis der elterlichen Investitionen in der Population 1 : 1 betrug.

Es ist wichtig darauf hinzuweisen, daß sämtliche Überprüfungen von Fishers Hypothese an Hymenopteren gemacht wurden, deren Weibchen das Geschlechterverhältnis der Nachkommen durch Besamung oder Nichtbesamung ihrer Eier kontrollieren können. (Unbesamte Eier werden zu Männchen, besamte Eier zu Weibchen, s. Kap. 10.) Bei Arten, deren Geschlechtsbestimmung über Geschlechtschromosomen erfolgt, gibt es wenig Hinweise darauf, daß das Verhältnis von 1 : 1 abweicht. Künstliche Selektionen an domestizierten Tieren zeitigten keinerlei Erfolg in Richtung auf einen erhöhten Weibchenanteil. Das weist darauf hin, daß bei vielen Tieren keine oder nur eine geringe Variabilität hinsichtlich der Geschlechterverhältnisse besteht. Möglicherweise tritt also die hier beschriebene Regulierung des Geschlechterverhältnisses nur bei Hymenopteren und anderen Gruppen mit entsprechenden Mechanismen zur Geschlechtsbestimmung auf (Williams 1979). Die sich daraus ergebenden Schlußfolgerungen werden von Maynard Smith (1980) diskutiert.

Männchen zu Weibchen in der übrigen Population ohne Bedeutung ist. Eine erhöhte Anzahl von Weibchen innerhalb einer Brut gibt anderen Eltern nicht die Chance, durch eine vermehrte Erzeugung von Söhnen zu profitieren. Für diese Annahme spricht das Beispiel der lebendgebärenden Milbe *Acarophenox*, die eine Nachkommenschaft von einem Sohn und bis zu 20 Töchtern erzeugt. Das Männchen paart sich mit seinen Schwestern innerhalb des Mutterleibes und stirbt, bevor es geboren wird (Hamilton 1967).

Zum Schluß sei darauf hingewiesen, daß die hier besprochene Theorie der Geschlechterverhältnisse nur ein Beispiel für die allgemeinere Theorie der *Differenzierung der Geschlechter (theory of sex allocation)* ist. Andere Beispiele wie das Problem der Aufteilung der Ressourcen bezüglich männlicher und weiblicher Fortpflanzung umfassen die Einteilung der Ressourcen in Eier und Spermien bei simultanen Hermaphroditen und den Zeitpunkt des Geschlechtswechsels bei konsekutiven Hermaphroditen (s. Kap. 8).

Sexuelle Selektion

Die Kombination von Gametendimorphismus und einem Geschlechterverhältnis von 1 : 1 hat zur Folge, daß Männchen normalerweise um Weibchen konkurrieren. Der Gewinn eines erfolgreichen Männchens ist hoch, so daß eine sehr starke Selektion auf die Fähigkeit des Männchens wirkt, sich Zugang zu den Weibchen zu verschaffen. Diese Art von Selektion wird als sexuelle Selektion bezeichnet. Sie kann auf zwei Wegen wirksam werden: durch die Förderung der Fähigkeit des Männchens, direkt mit anderen Männchen um die Besamung zu konkurrieren, z. B. in Kämpfen *(intrasexuelle Selektion)*, oder durch Förderung von Merkmalen, mit denen Männchen Weibchen anlocken *(intersexuelle Selektion)*. Häufig arbeiten beide Selektionstypen zusammen.

Die Stärke der sexuellen Selektion hängt vom Ausmaß der Paarungskonkurrenz ab. Diese wird wiederum von zwei Faktoren beeinflußt: den Unterschieden zwischen den beiden Geschlechtern bezüglich ihrer elterlichen Leistungen und dem Verhältnis zwischen Männchen und Weibchen, die zu einem bestimmten Zeitpunkt zur Verfügung stehen (wirksames Geschlechterverhältnis; operative sex ratio). Wenn die elterlichen Leistungen etwa gleich groß sind wie bei monogamen Vögeln, bei denen Männchen wie Weibchen die Jungtiere füttern, wirkt die sexuelle Selektion weniger stark als bei Arten, deren elterliche Leistungen sehr unterschiedlich ausfallen (Abb. 6.1). Dies ergibt sich aus der schon besprochenen Tatsache (s. S. 147), daß das Geschlecht mit der geringeren Investition im Wettbewerb um das Geschlecht mit der höheren Investition steht. Wenn gleiche Anzahlen beider Geschlechter zum selben Zeitpunkt in Fortpflanzungsstimmung kommen, wird das Ausmaß der sexuellen Selektion reduziert, weil sich die vielen Weibchen schwer von nur wenigen Männchen kontrollieren und gegen die übrigen Männchen abschirmen lassen. Treten die Weibchen dagegen nacheinander in ihre Fortpflanzungsperioden, ergibt sich für eine kleine Anzahl Männchen die Möglichkeit, ein Weibchen nach dem anderen für sich zu beanspruchen. Bei einem derart hohen Vorteil ist die sexuelle Konkurrenz äußerst intensiv (s. Kap. 7).

Männchen in der Brunst

Am anschaulichsten und deutlichsten läßt sich die Konkurrenz der Männchen in Kämpfen und ritualisierten Auseinandersetzungen erkennen. Männchen können um den direkten Zugang zu den Weibchen oder

Sexuelle Selektion 155

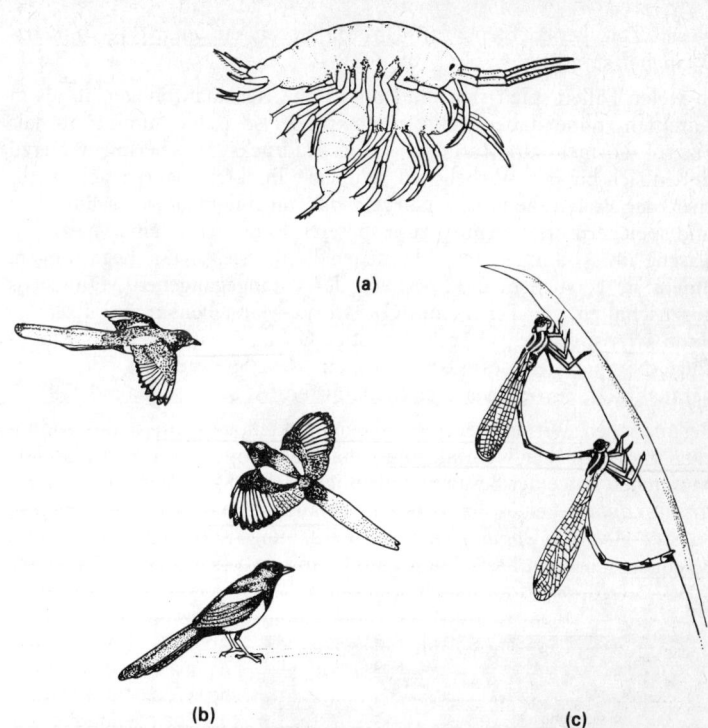

Abb. **6.2** Die Bewachung des Partners als Form der sexuellen Konkurrenz. (a) Partnerbewachung vor der Kopulation beim Süßwasserflohkrebs *Gammarus*. Die reifen Weibchen sind kurz vor der Häutung begattungsfähig und werden von den Männchen schon einige Tage zuvor bewacht (Birkhead u. Clarkson 1980). (b) Männliche Elstern (*Pica pica*) bewachen ihre Weibchen eifrig und verscheuchen Eindringlinge vor und während der Periode der Eiablage (Birkhead 1979). (c) Nach der Kopulation bewacht das Männchen dieser Kleinlibellenart sein Weibchen während der Eiablage, indem es dessen Thorax mit der Spitze seines Abdomens in „Tandem"-Anordnung umklammert (Corbet 1962).

um Plätze, an denen die Weibchen auftauchen, streiten; z. B. in der Art, wie männliche Waldbrettspiele *(Pararge aegeria)* um sonnige Flecken konkurrieren (s. Kap. 5). Wie die ebenfalls in Kapitel 5 erwähnten Verletzungen der Rothirsche belegen, sind Kämpfe häufig voller Risiken. Die heftigsten Auseinandersetzungen treten bei vielen Arten dann auf, wenn die Weibchen bereit zur Begattung sind. Häufig kann man zu dieser Zeit beobachten, daß ein Männchen ein einmal gefundenes Weibchen ständig bewacht (Abb. 6.2).

In vielen Fällen spielt sich die Konkurrenz viel unauffälliger ab als in Kämpfen, ohne dabei weniger effektiv zu sein und nimmt oftmals bizarre Formen an. Zahlreiche und eindrucksvolle Beispiele hierzu finden sich bei den Wirbellosen. Wie viele Insekten, paaren sich Weibchen der Prachtlibelle *Calopteryx maculata* mit mehreren Männchen und speichern die Spermien zum späteren Gebrauch in einer speziellen Tasche im Abdomen. Die Männchen konkurrieren um Begattungen, indem sie versuchen, die Spermien des vorangegangenen Männchens auszuschalten. Der Penis eines *Calopteryx*-Männchens trägt an seinem Ende zwei spezielle, schöpfkellenartige Gebilde, mit denen das Männchen die Spermien des Vorgängers aus dem Speicher des Weibchens herauskratzt, bevor es seine eigenen injiziert (Abb. 6.3; Waage 1979).

Bei manchen Wirbellosen, vor allem Insekten, zementiert das Männchen die weibliche Genitalöffnung nach der Kopulation zu, um andere Männchen von einer Besamung abzuhalten. Die Männchen von *Moniliformes dubius*, eines parasitären Schlauchwurmes *(Nemathelmintes,* Klasse: *Acanthocephala)*, der im Verdauungstrakt von Ratten lebt, erzeugen eine Art „Keuschheitsgürtel", mit dem sie das Weibchen nach

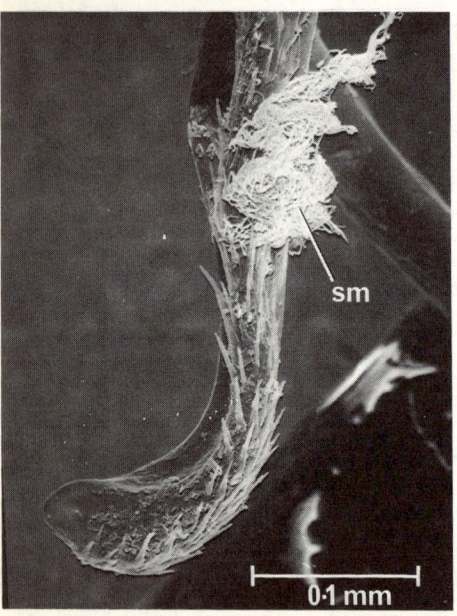

Abb. **6.3** Der Penis einer männlichen Prachtlibelle (*Calopteryx*) zeigt die Spermienmasse des Vorgängermännchens (sm), die an den Auswüchsen des Penis hängengeblieben ist (Foto: J. K. Waage).

der Kopulation versiegeln. Manchmal „vergewaltigen" sie sogar rivalisierende Männchen und versuchen, deren Genitalien zu verschließen, um sie von weiteren Paarungen abzuhalten (Abele u. Gilchrist 1977). Nicht weniger erstaunlich ist das Verhalten der zu den Schnabelkerfen *(Hemiptera)* gehörenden Wanze *Xylocoris maculipennis*. Bei einer normalen Kopulation durchbohrt das Männchen die Körperwand des Weibchens und injiziert seine Spermien, die dann im Körper des Weibchens umherschwimmen, bis sie einem Ei begegnen und es besamen. Wie bei den Schlauchwürmern kommt es gelegentlich zu „Vergewaltigungen" von Männchen, wobei ein männliches Individuum von *Xylocoris* seine Spermien in das rivalisierende Männchen injiziert. Diese Spermien schwimmen im Körper des Opfers und sammeln sich an dessen Keimdrüsen. Paart sich das Männchen nun mit einem Weibchen, werden die fremden Spermien mit übertragen (Carayon 1974).

Eine Konkurrenzform, die darin besteht, daß Männchen gegenseitig versuchen, die Spermien eines anderen Männchens an der Besamung von Eiern zu hindern, wird als „Spermienkonkurrenz" bezeichnet. Ein weiteres Beispiel hierzu wurde schon in Kapitel 3 besprochen: Bei den Kotfliegen verdrängen die Spermien des Männchens, das zuletzt mit dem Weibchen kopuliert hat, die Spermien des vorangegangenen Männchens. Konkurrenz zwischen Spermien tritt auch bei Wirbeltieren auf. So setzen männliche Wassermolche und andere Schwanzlurche während der Balz kleine spermienbeladene Gallertstäbchen (Spermatophoren) auf dem Boden des Teiches ab und versuchen, die Weibchen dorthin zu manövrieren, um eine Besamung zu erwirken. Beim Fleckenquerzahnmolch *(Ambystoma maculatum)* konkurrieren die Männchen, indem sie ihre Spermatophoren auf die von anderen Männchen aufsetzen. Die oberste Spermatophore besamt die Eier des Weibchens (Arnold 1976).

Ein viertes Beispiel für die eigenartigen Methoden bei der Konkurrenz zwischen Männchen stellt die Verwendung von abschreckenden Duftstoffen dar, die bei Wirbellosen gefunden wurde. Gilbert (1976) stellte fest, daß weibliche Tiere der Schmetterlingsart *Heliconius erato* regelmäßig einen eigenartigen Geruch ausströmten, nachdem sie begattet worden waren. Der Autor konnte zeigen, daß der Geruch nicht von den Weibchen selbst stammte, sondern vom Männchen am Ende der Paarung übertragen wurde. Gilbert fand weiter, daß dieser Geruch andere Männchen von der Paarung abhält, vielleicht , weil er Duftstoffen ähnelt, die Männchen in anderen Zusammenhängen, z. B. um sich gegenseitig abzuschrecken, benutzen.

Spröde Weibchen

Da die Weibchen bei der überwiegenden Mehrzahl der Arten den Löwenanteil der Zygotenressourcen liefern, sollte man erwarten, daß sie sich ihren Partner sorgfältig auswählen, um eine Gegenleistung zu bekommen. Anders ausgedrückt macht eine Eizelle im Vergleich zu einem Spermium einen relativ großen Anteil an der Gametenproduktion des gesamten Lebens eines Weibchens aus. Deshalb hat das Weibchen bei einer Fehlentwicklung mehr zu verlieren als das Männchen. Eine Paarung mit einem Partner der falschen Art kann einem Froschweibchen den gesamten Eiervorrat eines Jahres kosten, während das Männchen wenig mehr als ein bißchen Zeit verliert, es kann sich schon am nächsten Tag mit einem Weibchen der richtigen Art paaren. Deshalb ist es nicht verwunderlich, daß Weibchen während der Balz im allgemeinen wählerischer sind als Männchen. Das betrifft nicht nur die Auswahl des artzugehörigen Partners, sondern auch verschiedene Männchen innerhalb der eigenen Art. Weibchen wählen sich ihre Männchen häufig nach Menge und Qualität der Ressourcen, die der Partner anzubieten hat, oder sie versuchen, optimales genetisches Material für ihre Nachkommen zu erhalten.

(a) Hochwertige Ressourcen

Bei vielen Tierarten verteidigen die Männchen Brutplätze, die lebenswichtige Ressourcen für die Entwicklung der Eier oder der Jungtiere enthalten (s. auch Kap. 7). So beanspruchen beispielsweise Ochsenfrösche *(Rana catesbeiana)* Reviere in Tümpeln und kleinen Seen, in die die Weibchen einwandern, um ihre Eier abzulegen (Abb. 6.4). Manche dieser Reviere bieten bessere Voraussetzungen für das Überleben der Eier und werden von den Weibchen bevorzugt. Ein wichtiger Faktor für das Überleben der Eier ist der Schutz vor Egeln *(Macrobdella decora)*. Zwei Umwelteigenschaften beeinflussen den Befall mit Egeln: Wenn das Wasser warm ist, entwickeln sich die Eier schneller und sind der Gefährdung kürzere Zeit ausgesetzt, und wenn die Vegetation nicht zu dicht ist, formieren sich die Eier zu einer festen Kugel, in die die Egel nur schwer eindringen können. In Revieren mit dichtem Pflanzenbewuchs liegen die Eier in einer dünnen Schicht oben auf der Vegetation und werden leichter befallen. An den Ochsenfröschen läßt sich weiter zeigen, daß die Partnerwahl durch die Weibchen und die Konkurrenz zwischen den Männchen Hand in Hand gehen. Die bevorzugten Reviere werden von den Männchen heftig umkämpft, und die größten, stärksten Frösche erobern die besten Plätze.

Häufig wird die Eiproduktion eines Weibchens durch die Nahrungsressourcen begrenzt. Deshalb wählen manche Weibchen ihre Männchen nach deren Fähigkeit, Futter heranzuschaffen aus. Bei einigen Vögeln

Abb. **6.4** Sexuelle Selektion bei männlichen Ochsenfröschen. Die Männchen konkurrieren in „Ringkämpfen" und mit Rufen um die besten Reviere (oben), in die die Weibchen bevorzugt ihre Eier legen (unten). Gute Reviere bieten den Eiern größere Überlebenschancen, weil sie warm sind und die Vegetation nicht so dicht ist (Howard 1978a, b).

und Insekten präsentieren die Männchen den Weibchen während der Balz Nahrungsbrocken („Hochzeitsgeschenke"), die einen wesentlichen Beitrag zur Eiproduktion liefern. Männliche Skorpionsfliegen der Art *Hylobittacus apicalis* werden zur Kopulation nur zugelassen, wenn sie dem Weibchen während der Begattung ein großes Beuteinsekt zu fressen geben. Je größer das Hochzeitsmahl, desto länger dauert die Kopulation und desto mehr Eier werden vom Männchen besamt (Abb. 6.5). Das Weibchen profitiert von dem üppigen Mahl, indem es zusätzliche Nährstoffe für seine Eiproduktion bekommt. Bei Vögeln hilft das Männchen normalerweise bei der Fütterung der Jungen, und das Hochzeitsgeschenk kann dem Weibchen als ergänzender Hinweis dienen, wie eifrig das Männchen bei der Versorgung der Jungen sein wird. Bei der Rußseeschwalbe *(Sterna fuscata)* besteht eine Korrelation zwischen der Fähigkeit des Männchens, während der Balz Futter heranzutragen, und der späteren Fähigkeit zur Versorgung der Jungen mit Nahrung. Paare brechen die Balz häufig während des Hochzeitsmahls ab, und es erscheint möglich, daß die Weibchen ihre Männchen nach deren Beitrag bewerten und unzureichende Partner zurückweisen (Nisbet 1977).

(b) Genetische Qualitäten

Nimmt man an, daß einige Männchen „besseres" genetisches Material besitzen als andere, stellt sich die Frage, ob ein Weibchen den Erfolg seiner Nachkommen steigern kann, indem es Männchen mit geeigneten Genen bzw. Allelen auswählt. Geeignete, also hochwertige Allele sind solche, die die Überlebens-, Konkurrenz- und Fortpflanzungsfähigkeit der Nachkommen erhöhen. Eine der wenigen Studien, in denen diese Überlegung mit einer geschickten Versuchsanordnung getestet wurde, stellt die Arbeit von Partridge (1980) dar. Die Autorin gestattete weiblichen Taufliegen *(Drosophila)*, entweder innerhalb einer Population von Männchen ihren Partner frei auszuwählen, oder sie brachte einzelne Weibchen dazu, mit einem bestimmten, von der Autorin zufällig ausgewählten Partner zu kopulieren. Bei den Nachkommen dieser beiden Weibchentypen wurde sodann die Konkurrenzfähigkeit gemessen, indem die Larven in Flaschen gebracht wurden, die eine feste Anzahl von genetisch markierten Standardkonkurrenten enthielten. Partridge fand, daß die Larven der Weibchen, die freie Partnerwahl gehabt hatten, eine nur leicht, aber übereinstimmend höhere Fitness aufwiesen als die Larven der Vergleichsgruppe ohne Wahlmöglichkeit. Das Weibchen kann also die Überlebensfähigkeit seiner Nachkommen steigern, indem es den richtigen Partner wählt. Da die männlichen Taufliegen lediglich ihre DNA an die Nachkommen vererben, muß das Weibchen in irgendeiner Weise fähig sein, die geeigneten Gene bzw. Allele zu erkennen. Bisher ist unbekannt, warum die ausgewählten Allele eine höhere Eignung bewirken als die anderen. Eine Möglichkeit wäre, daß die Weibchen Männchen erkennen können, die einen anderen

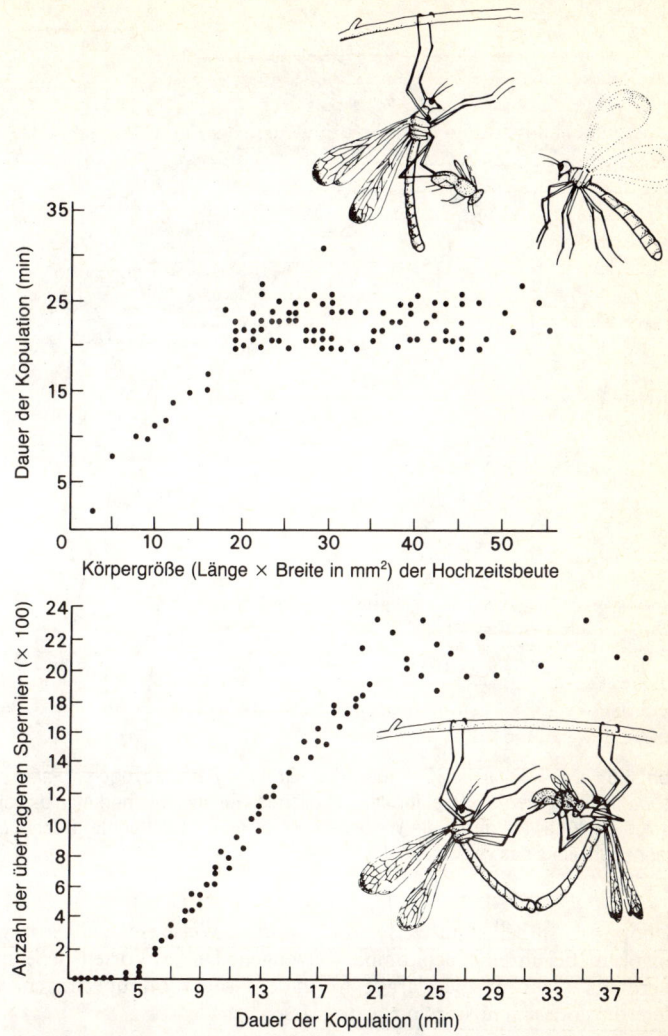

Abb. 6.5 Auswahl reichhaltiger Ressourcen durch das Weibchen. Weibliche Skorpionsfliegen der Art *Hylobittacus apicalis* paaren sich um so länger, je größer das Beutestück ist, das die Männchen ihnen zum Verspeisen während der Kopulation bringen. Das Männchen profitiert von der längeren Kopulation, indem es mehr Eier besamt (Thornhill 1976).

Abb. **6.6** Das exotische Gefieder des Großen Paradiesvogels (*Paradisea apoda*) ist ein gutes Beispiel für ein männliches Geschlechtsmerkmal, das sich infolge der Auswahl durch die Weibchen entwickelt haben könnte. Rechts das Männchen, links das Weibchen.

Genotyp als sie selbst aufweisen und auf diese Weise einen Heterozygotenvorteil bei ihren Nachkommen erzeugen. Dieser Vorteil ließe sich allerdings nicht in die darauf folgende Generation übertragen, da Heterozygote sich nicht rein züchten lassen.

Die Theorie der sexuellen Selektion wurde am bekanntesten durch den Versuch, die Evolution der besonders ausgefallenen Gefiederpracht und der Balzschauspiele bei männlichen Pfauen, Fasanen, Paradiesvögeln usw. zu erklären (Abb. 6.6). Einige dieser kunstvollen Darbietungen könnten sich im Konkurrenzkampf der Männchen entwickelt haben, doch die am häufigsten akzeptierte (und noch immer umstrittene) Erklärung für die Evolution derartiger Merkmale geht von einer Selektionswirkung des Weibchens, das optimales genetisches Material wählt, aus. In diesem Fall sind die selektionierten Gene, bzw. Allele allerdings nicht solche, die die Überlebens- und Konkurrenzfähigkeit steigern, sondern solche, die die sexuelle Attraktivität der Söhne erhöhen.

Fisher (1930) war der erste, der klar erkannte, daß das auffällige Gefieder der Männchen ganz einfach deshalb selektioniert worden ist, weil es die Männchen attraktiv gegenüber den Weibchen macht. Das klingt wie ein Zirkelschluß, doch genau darin liegt die Eleganz von Fishers Argument. Er nahm an, daß die Weibchen anfangs ein bestimmtes männliches Merkmal, z. B. einen langen Schwanz, bevorzugten, weil es etwas über die Qualität des Männchens aussagte. So könnten die Männchen mit den langen Schwänzen zunächst die besseren Flieger gewesen sein, die mehr Nahrung herbeischafften oder Räubern entkamen. Ein alternativer Ausgangspunkt wäre die Vermutung, daß längere Schwänze für die Weibchen leichter zu erkennen waren und daß langschwänzige Männchen deshalb mehr Partner anzogen. Wenn die unterschiedliche Schwanzlänge der Männchen eine genetische Basis besitzt, wird sich der Vorteil auf die Söhne übertragen. Gleichzeitig wird eine genetische Veranlagung, die die Weibchen veranlaßt, überdurchschnittlich lange Schwänze zu bevorzugen, sich ebenfalls ausbreiten, da diese Weibchen Söhne mit besseren Flugeigenschaften erzeugen. Hat sich die Vorliebe der Weibchen für langschwänzige Männchen erst einmal durchgesetzt, gewinnen die Männchen mit langem Schwanz doppelten Vorteil: Sie können besser fliegen *und* haben größere Chancen, ein Weibchen zu bekommen. Das Weibchen profitiert in gleicher Weise, indem es Söhne erzeugt, die sowohl gute Flieger als auch attraktiv für Weibchen sind. Wenn die positive Rückkopplung zwischen Vorliebe der Weibchen und langen Schwänzen sich weiterentwickelt, wird die Attraktivität der Söhne der wichtigere Grund für die Wahl des Weibchens werden. Das kann soweit gehen, daß das bevorzugte Merkmal die Überlebensfähigkeit der Männchen mindert. Eine solche Verminderung der Überlebensfähigkeit durch überlange Schwänze erzeugt ein Gegengewicht zur sexuellen Attraktivität, so daß die Selektion auf zunehmende Schwanzlänge an irgendeinem Punkt zum Stillstand kommen wird.

Diese einfache, aber logische Darstellung der sexuellen Selektion extremer Merkmale wurde von Zahavi (1975, 1977) kritisiert. Er betont, daß der lange Schwanz eines Pfaus zweifellos eine Behinderung für das tägliche Überleben darstellt. Zahavi argumentiert weiter, daß die Weibchen lange Schwänze gerade deshalb bevorzugen, weil sie eine Behinderung für die Männchen und damit ein Maß für deren Qualität sind. Der lange Schwanz beweist, daß das Männchen trotz dieses Handikaps überleben konnte und deshalb hinsichtlich anderer Merkmale besonders gut ausgestattet sein muß. Diese anderen genetischen Merkmale werden auf Söhne und Töchter weitervererbt. Die Schwierigkeit dieser Argumentation liegt darin, daß die Nachkommen nicht nur das hochwertige genetische Material, sondern auch die Behinderung erben. Unter den meisten Bedingungen werden sie besser ohne beides als mit beidem überleben können.

Es gibt erstaunlich wenig Untersuchungen über die Frage, ob die langen Schwänze der Pfauenmännchen von den heutigen Weibchen überhaupt noch bevorzugt werden. Eine entsprechende Studie wurde an Teichrohrsängern *(Acrocephalus scirpaceus)* durchgeführt, deren Männchen einen so ausgefallenen Gesang erzeugen, daß Catchpole (1980) ihn als „akustischen Pfauenschwanz" bezeichnete. Der Gesang besteht aus einer langen Folge von scheinbar endlos variierenden Trillern, Pfiffen und Summtönen und wird von den Männchen angestimmt, nachdem sie aus den Winterquartieren in die heimischen Brutreviere zurückgekehrt sind. Sobald das Männchen sich verpaart hat, verstummt der Gesang. Teichrohrsänger leben monogam, so daß man eine weniger starke sexuelle Selektion erwartet als bei vielen anderen Arten (s. Abb. 6.1). Andererseits ist der Teichrohrsänger ein Zugvogel mit relativ kurzer Brutperiode, so daß eine starke Konkurrenz der Männchen um die ersten eintreffenden Weibchen anzunehmen ist. Bei einer Reihe von saisonbrütenden Vögeln wurde festgestellt, daß die ersten Paare am erfolgreichsten brüten, wahrscheinlich, weil sie ihre Jungen in einer Zeit aufziehen, in der die saisonabhängigen Ressourcen am reichhaltigsten sind (Perrins 1970). Wenn diese Feststellung auch auf den Teichrohrsänger zutrifft, dann dürfte ein deutlicher Vorteil für Männchen bestehen, die die ersten eintreffenden Weibchen für sich gewinnen können. Catchpoles Messungen ergaben, daß die Männchen mit den kompliziertesten Gesängen sich als erste verpaarten (Abb. 6.7), wie das nach Fishers Hypothese der sexuellen Attraktivität zu erwarten war.

Der wohl umstrittenste Aspekt bei der Überlegung, daß Weibchen Männchen nach der Qualität ihrer Gene aussuchen, ist das Problem der genetischen Varianz. Dazu ein hypothetisches Beispiel: Angenommen, ein Farmer möchte seine Truthühnerpopulation auf großes Körpergewicht selektionieren. Er wählt die schwersten Männchen und Weibchen zur Weiterzucht aus und wiederholt diesen Vorgang über etliche Generationen. Was wird passieren? Nehmen wir an, anfangs besteht eine gewisse Varianz hinsichtlich des Körpergewichts. Dann wird die Selektion zunächst recht effektiv verlaufen, doch bald wird der Zuchtstamm eine geringe Varianz aufweisen, da nur die schwersten Genotypen weitergezüchtet wurden. Wenn die genetische Varianz erschöpft ist, wird eine weitere Selektion auf Veränderung der Körpergröße unmöglich. In gleicher Weise kann ein Weibchen die genetische Qualität ihrer Nachkommen nicht unbegrenzt steigern, indem sie Männchen mit hochwertigem Genmaterial wählt. Darin liegt ein Paradoxon. Einerseits

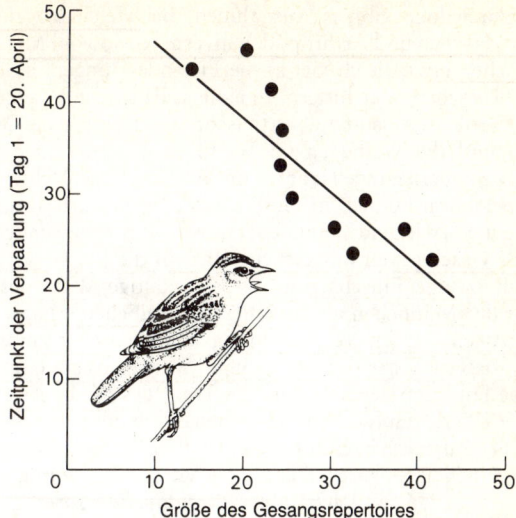

Abb. **6.7** Den männlichen Teichrohrsängern mit den größten Gesangsrepertoires gelingt es, die ersten im Frühling eintreffenden Weibchen für sich zu gewinnen. Die Größe des Repertoires wurde aus einer Reihe von Tonbandaufnahmen eines jeden Männchens geschätzt. Die Ergebnisse wurden so gewonnen, daß das Alter der Männchen und die Revierqualität als wesentliche Ursachen für die Anlockung der Weibchen ausgeschlossen werden konnten (Catchpole 1980).

scheinen weibliche Taufliegen fähig zu sein, hochwertiges genetisches Material zu selektieren, und die einzige akzeptable Erklärung für extrem ausgefallene Gefieder und Verhaltensweisen liegt in einer Selektion über hochwertiges Genmaterial. Andererseits sollten uns die einfachen Theorien der Populationsgenetik skeptisch machen, doch sind sie vielleicht zu einfach. Eine genetische Variabilität für fitnessabhängige Merkmale könnte z. B. durch Neumutationen aufrechterhalten bleiben. Wahrscheinlicher ist, daß sie erhalten bleibt, weil der optimale Genotyp in verschiedenen Umwelten unterschiedlich ist oder sich mit der Zeit verändert, so daß die Selektion nicht lange genug wirken kann, um die genetische Varianz auszulöschen.

Männliche Investitionen

Bisher sind wir davon ausgegangen, daß die Weibchen investieren, die Männchen hingegen konkurrieren. Das trifft zwar auf die meisten

Tierarten zu, jedoch gibt es Ausnahmen. Bei vielen Vögeln, einigen Amphibien, Fischen und Arthropoden investieren sowohl Männchen als auch Weibchen etwa gleich viel in die Eier oder Jungen, indem sie sie bebrüten, bewachen oder füttern. In einigen Fällen sind die gewohnten Geschlechterrollen vollständig vertauscht, so daß nur die Männchen investieren und die Weibchen im Wettbewerb zueinander stehen (s. Kap. 7). Die Überlegungen zum Konflikt der Geschlechter und zur sexuellen Selektion können in modifizierter Form auch auf Arten mit gleicher oder vorwiegend männlicher Investition angewendet werden. Wenn beide Geschlechter in gleichem Maß für die Jungen sorgen, dann sollte die Balz eine Einschätzung und sorgfältige Wahl des Partners sowohl für das Männchen als auch für das Weibchen erlauben. Männchen von Arten mit innerer Besamung können sich niemals absolut sicher sein, daß sie Vater der Kinder ihres Weibchens sind, und deshalb könnte eine Funktion der Balz sein, die Treue des Weibchens zu testen. Nach dieser Überlegung sollten Männchen durch die Balz eine Möglichkeit gewinnen, abzuschätzen, ob sich ihre Partnerinnen kurz zuvor mit anderen Männchen gepaart haben. Diese Voraussage wurde von Erickson u. Zenone (1976) an Lachtauben *(Streptopelia risoria)* getestet. Sie fanden, daß Männchen dieser Art Weibchen attackieren, anstatt sie zu umwerben, wenn sie die „Verbeugungs"-Haltung (eine Handlung der fortgeschrittenen Balz) zu schnell einnehmen. Da auf diese Weise nur solche Weibchen reagierten, die zuvor mit einem anderen Männchen gebalzt hatten, stellt das Zurückweisen der „begierigen" Weibchen eine adaptive Handlung dar. So kann das Männchen durch die Balz prüfen, ob es seiner Vaterschaft sicher sein kann, bevor es in die Nachkommen investiert. Nach der älteren Sichtweise, die das männliche Balzverhalten nur im Dienste der sexuellen Erregung des Weibchens sah, wäre ein solches Verhalten nicht zu erwarten gewesen.

Sexueller Konflikt

Kehren wir zum Ausgangspunkt dieses Kapitels, dem sexuellen Konflikt zurück und erinnern wir, daß Parker u. Mitarb. im Ursprung der Anisogamie das erste Beispiel für einen sexuellen Konflikt sahen. Die Makrogameten hätten vielleicht mehr davon gehabt, wenn sie sich gegen die Mikrogameten zur Wehr gesetzt, sie diskriminiert und ausgeschlossen hätten, doch haben die Mikrogameten diesen evolutiven Wettlauf gewonnen. Ähnliche, aber deutlicher sichtbare Interessenkonflikte finden wir noch heute, nicht nur in Hinsicht auf die Entscheidung zur Kopulation, sondern auch in Zusammenhang mit elterlichen Investitionen, Mehrfachpaarungen und Kindestötungen.

(a) Entscheidung zur Kopulation

Wie schon früher in diesem Kapitel hervorgehoben wurde, haben die Weibchen mehr zu verlieren und sind deshalb wählerischer als die Männchen. Daher stellt bei einer Begegnung der Geschlechtspartner jede Kopulation für das Männchen einen Erfolg dar, während das Weibchen sie eher zu vermeiden sucht (Parker 1979). Eine extreme Erscheinungsform dieses Konfliktes stellen erzwungene Kopulationen oder „Vergewaltigungen", z. B. bei den Skorpionsfliegen (Gattung *Panorpa*), dar. Männliche Skorpionsfliegen werden normalerweise zur Begattung nur zugelassen, wenn sie dem Weibchen ein Hochzeitsgeschenk in Form einer speziellen Speicheldrüsenabsonderung oder eines toten Insektes präsentieren (ganz ähnlich wie bei der schon beschriebenen Art *Hylobittacus apicalis*). Das Weibchen frißt das Geschenk während der Kopulation und investiert die Nährstoffe in seine Eier. Manchmal kommen jedoch Vergewaltigungen vor: Das Männchen packt das Weibchen mit einem speziellen, zangenförmigen Anhang des Abdomens, ohne ein Geschenk anzubieten (Thornhill 1980). Die Vergewaltigung scheint einen Fall des sexuellen Konfliktes darzustellen; das Weibchen verliert, weil es keine Nährstoffe für seine Eier erhält, während das Männchen gewinnt, weil es sich das risikoreiche Beschaffen des Geschenkes erspart. Skorpionsfliegen fressen Insekten, die sie aus Spinnennetzen holen und verheddern sich dabei oft selbst im Netz, so daß die Futtersuche ein hohes Risiko bildet. (65 Prozent der erwachsenen Tiere sterben auf diese Weise.) Warum aber werden nicht alle Männchen zu „Vergewaltigern"? Das genaue Kosten-Nutzen-Verhältnis ist bislang unbekannt, doch ist es wahrscheinlich, daß Vergewaltigungen zu einer sehr geringen Befruchtungsrate führen, so daß diese Strategie nur von Männchen angewendet wird, die keine Beute finden oder nicht genug Speichel produzieren konnten, um die Weibchen gnädig zu stimmen.

(b) Elterliche Investitionen

Zu diesem Thema werden wir im nächsten Kapitel zurückkehren. Hier sei nur erwähnt, daß bei Arten mit Investitionen, die über die Gametenstadien hinausgehen, für beide Geschlechter Möglichkeiten bestehen, das andere Geschlecht auszubeuten und den eigenen Anteil an den Investitionen zu reduzieren. Der Ausgang des Konfliktes hängt von praktischen Umständen ab, z. B. welches Geschlecht als erstes in der Lage ist, das andere im Stich zu lassen. Bei innerer Besamung besteht beispielsweise für das Männchen die Möglichkeit, das Weibchen direkt nach der Kopulation zu verlassen und ihm die Obhut für Eier und Jungtiere zu überlassen.

(c) Kindestötung

In Kapitel 1 wurde berichtet, daß männliche Löwen häufig die Jungtiere eines Rudels kurz nach der Machtübernahme töten. Dieses Verhalten, das auch bei einigen Primaten beobachtet wurde, erhöht wahrscheinlich den männlichen Fortpflanzungserfolg und reduziert den der Weibchen. Dabei handelt es sich wohl um einen sexuellen Konflikt, den die Männchen gewonnen haben. Es ist jedoch überraschend, daß die Weibchen keine Gegenanpassungen „erfunden" haben. Sie könnten z. B. die eigenen Jungtiere fressen, nachdem sie einmal umgebracht worden sind, um wenigstens einen Teil des investierten Materials zurückzuholen.

(d) Mehrfachpaarungen

Wie Batemans Experimente an *Drosophila* zeigten (s. S. 149), gewinnen die Weibchen nur wenig, wenn sie sich mit mehr als einem Männchen paaren. Männchen können aufgrund der Spermienkonkurrenz von Paarungen mit einem bereits begatteten Weibchen profitieren. Mehrfachpaarungen gehen also auf Kosten des Weibchens, während sie dem Männchen nützen. Das wird auf dramatische Weise bei den Kotfliegen aus Kapitel 3 deutlich. Während sich zwei Männchen auf dem Rücken des Weibchens um die Begattung streiten, versinkt das Weibchen manchmal im Kuhfladen und geht dabei zugrunde!

Interessenkonflikte zwischen den Geschlechtern führen zu einem evolutiven Wettrennen, wie es von Parker u. Mitarb. für Spermien und Eier angenommen wurde. Die Frage, welches Geschlecht den Wettlauf gewinnen wird, läßt sich nicht ohne weiteres beantworten. Wie wir schon erörterten, bestimmen Faktoren wie die Stärke der Selektion und das Ausmaß der genetischen Varianz die Geschwindigkeit der Evolution von Anpassung und Gegenanpassung. Es ist jedoch nicht möglich, irgendwelche darüber hinausgehenden Angaben über den Ausgang des Wettlaufes zwischen den Geschlechtern zu machen.

Bedeutung der Balz

Weiter vorne in diesem Kapitel wurde erwähnt, daß einige Merkmale des Balzverhaltens unter dem Aspekt des sexuellen Konflikts und der sexuellen Selektion gesehen werden können. Das trifft jedoch nicht auf alle Balzelemente zu; viele dienen der Arterkennung, und in dieser Hinsicht sind die Interessen der Geschlechter gleich, weil beide davon profitieren, sich mit einem Partner der eigenen Art zu paaren. Eines der eindeutigsten Beispiele für diese Funktion der Balz stammt aus Studien an Froschrufen. Wenn mehrere Froscharten in demselben Teich leben, stößt jedes Männchen einen charakteristischen, artspezifischen Ruf aus, der ausschließlich Weibchen der eigenen Art anlockt. Bei einigen Fröschen (z. B. dem Westlichen Grillenfrosch, *Acris crepitans*) konnte nachgewiesen werden, daß die Selektivität der Reaktion des Weibchens von der Tatsache abhängt, daß sein Gehörsystem auf die charakteristischen Frequenzen des männlichen Rufes abgestimmt ist (Capranica u. Mitarb. 1973).

Balzdarbietungen können auch eine Rolle im innerartlichen Wettbewerb von Männchen um Paarungsgelegenheiten spielen. Oft dienen dieselben Balzelemente gleichzeitig dazu, Rivalen abzuschrecken und Weibchen anzulocken. Ein Beispiel, an dem dies experimentell demonstriert werden konnte, ist der Balzruf des Pazifik-Laubfrosches *(Hyla regilla)* (Whitney u. Krebs 1975a, b). Männchen wurden abgestoßen und Weibchen angezogen, wenn aus Lautsprechern der Balzruf ertönte, und die Weibchen bevorzugten aus einer Gruppe von Lautsprechern diejenigen mit der längsten Rufdauer. Vielleicht wählen die Weibchen zwischen den Balzdarbietungen verschiedener Männchen ausschließlich nach der größeren sexuellen Attraktivität, wie es nach Fishers Theorie der sexuellen Selektion zu erwarten ist. Doch es besteht auch die Möglichkeit, daß die Unterschiede in der Balz etwas über die Habitatqualität aussagen. Z. B. könnten sich Männchen in Revieren mit reichlich Futter eine längere Balzdauer leisten.

Eine dritte Bedeutung der Balz, die schon angesprochen wurde, liegt in der Einschätzung des Partners. Bei einer Art mit Jungenfürsorge sollten die Weibchen versuchen, die Brutpflegefähigkeit des Männchens vor der Verpaarung einzuschätzen, während sich die Männchen vergewissern sollten, daß ihr Weibchen noch nicht besamt ist. Frühe ethologische Studien an Vögeln und Fischen zeigten, daß die Männchen zu Beginn der Balz häufig aggressiv und die Weibchen zurückhaltend oder ablehnend waren. Die Balz wurde deshalb als ein Instrument zur Synchronisierung der sexuellen Erregung beider Partner angesehen. Eine Erklärung, *warum* diese Überwindung von Aggression und Zurückhaltung notwendig ist, bietet die Annahme, daß die frühen Phasen der Balz eine Einschätzung des Partners erlauben, bevor in eine Nachkommenschaft investiert wird.

Während des gesamten Kapitels wurde die Rolle des Weibchens als Investor in die Zygote und die Nachkommen betont, aber es wurde ebenfalls erwähnt, daß die Männchen in manchen Fällen genausoviel oder mehr als die Weibchen beitragen. Warum ist das bei einigen Arten so, bei anderen nicht? Um diese Frage zu beantworten, werden wir uns im folgenden Kapitel dem Einfluß der ökologischen Zwänge zuwenden.

Zusammenfassung

Konflikte wohnen der sexuellen Fortpflanzung seit ihrer Entstehung inne. Der grundlegende Unterschied zwischen Männchen und Weibchen liegt in der Größe ihrer Gameten. Männchen produzieren winzige Keimzellen, die als erfolgreiche Parasiten der großen weiblichen Keimzellen betrachtet werden können. Da Spermien mit einem geringen Aufwand und in großen Mengen hergestellt werden können, kann ein Männchen seinen Fortpflanzungserfolg steigern, indem es mit vielen Weibchen kopuliert. Weibchen können ihren Erfolg nur erhöhen, wenn sie die Geschwindigkeit der Eiproduktion oder Jungenaufzucht steigern. Für die Männchen stellen die Weibchen eine knappe Ressource dar, um die ein Wettbewerb zwischen den Männchen entbrennt. Viele Elemente der männlichen Balz können im Hinblick auf diese Konkurrenz um Paarungen verstanden werden. Weibchen können solange zurückhaltend gegenüber Partnern sein, bis sie ein Männchen mit hochwertigen Ressourcen oder (möglicherweise) eines mit geeignetem Genmaterial finden. In einigen Fällen ist die Regel, daß die Weibchen den größten Teil der Investitionen in die Nachkommen tragen, vertauscht, und die Männchen liefern den größeren Beitrag.

Weiterführende Literatur

Trivers (1972) formulierte in seiner Arbeit erstmals die Beziehung zwischen elterlicher Investition und sexueller Selektion.

Maynard Smith (1978b) vermittelt einen Überblick über verschiedene Aspekte der Sexualität inklusive Geschlechterverhältnis und Anisogamie. (Eine kürzere Fassung derselben Arbeit findet sich in Maynard Smith 1978c.) Halliday (1978) gibt eine Übersicht über die sexuelle Selektion und die Partnerwahl. Das Buch von Blum u. Blum (1979) enthält eine Anzahl interessanter Artikel, unter anderem von Parker über den sexuellen Konflikt. Lloyd (1979) verfaßte eine recht unterhaltsame Übersicht über Konflikte innerhalb der Männchen und über die sexuelle Selektion bei Insekten. O'Donald (1980) betrachtet die sexuelle Selektion aus der populationsgenetischen Perspektive. Die ersten beiden Kapitel und die Kritik an Zahavis Handikapprinzip sind von besonderer Bedeutung.

Williams (1979) Arbeit stellt eine zum Nachdenken anregende Erörterung der Geschlechterverhältnisse dar. Der Autor weist darauf hin, daß bei vielen Wirbeltieren adaptive Modifikationen des Geschlechterverhältnisses, die nach Anwendung von Fishers Theorie zu erwarten wären, nicht aufzutreten scheinen. Williams stellt die Frage, ob es eine ausreichende genetische Varianz für die evolutive Veränderung des

Geschlechterverhältnisses gibt und ob ein evolutiver Eltern-Embryo-Konflikt dazu geführt hat, daß die Mütter nicht fähig sind, das Geschlecht ihrer Nachkommen zu manipulieren.

Eine erwähnenswerte Arbeit zum sexuellen Konflikt stammt von Smith (1979). Der Autor zeigte, auf welche Weise sich die Männchen einer bestimmten Wanzenart vergewissern, daß die Eier, die sie später auf ihrem Rücken herumtragen, wirklich von ihnen befruchtet wurden.

7 Brutpflege und Paarungssystem

Im vorangegangenen Kapitel wurden die fundamentalen Unterschiede zwischen Männchen und Weibchen ergründet. Ein Männchen ist in der Lage, Eier schneller zu besamen, als das Weibchen sie produzieren kann. Deshalb stellen die Weibchen eine begrenzende Ressource für die Männchen dar, und zwischen den Männchen ist ein Konkurrenzkampf zur Maximierung der Anzahl ihrer Paarungen zu erwarten. Auf der anderen Seite investieren die Weibchen den Löwenanteil in die Zygote, so daß sie dem Ansturm der drängenden Männchen widerstehen und sich ihre Partner sorgfältig auswählen sollten.

Allerdings endet der Aufwand für die Zygote nicht mit der Produktion der Gameten. Bei vielen Tieren gibt es in irgendeiner Form Brutpflegeverhalten, z. B. als Bewachung der Eier oder Fütterung der Jungtiere. Die Brutpflege kann von beiden Eltern geleistet werden (z. B. Stare, *Sturnus vulgaris*), vom Weibchen allein (z. B. Rothirsch, *Cervus elaphus*) oder ausschließlich vom Männchen (z. B. Seepferdchen, *Hippocampus*, bei denen das Männchen die befruchteten Eier in einer Bruttasche mit sich herumträgt).

Oft sind Unterschiede zwischen den Arten hinsichtlich der Brutpflege mit Unterschieden in den Paarungssystemen gekoppelt. Paarungssysteme können nach folgenden, groben Gesichtspunkten eingeteilt werden.

1 *Monogamie*. Zwischen einem Männchen und einem Weibchen bildet sich eine Paarbindung aus, die nur kurz, aber auch länger dauern kann (einen Teil oder eine ganze Brutsaison oder sogar ein ganzes Leben lang). Häufig kümmern sich beide Eltern um Eier und Jungtiere.

2 *Polygynie*. Ein Männchen paart sich mit mehreren Weibchen, während sich jedes Weibchen nur mit einem Männchen paart. Das Männchen kann mit den Weibchen gleichzeitig (simultane Polygynie) oder nacheinander (sukzessive Polygynie) in Beziehung stehen. In der Polygynie fällt die elterliche Fürsorge in der Regel den Weibchen zu.

3 *Polyandrie*. Polyandrie ist die genaue Umkehrung der Polygynie. Ein Weibchen lebt mit mehreren Männchen gleichzeitig (simultane Polyandrie) oder nacheinander (sukzessive Polyandrie). In diesem Fall führen die Männchen den größten Teil der Brutpflege durch.

4 *Promiskuität*. Sowohl Männchen als auch Weibchen paaren sich mehrfach und mit verschiedenen Partnern, so daß sich eine Mischung aus Polygynie und Polyandrie ergibt. Beide Geschlechter können an der

Brutpflege beteiligt sein. Häufig wird der allgemeinere Ausdruck *Polygamie* verwendet, um die Tatsache zu beschreiben, daß ein Individuum eines beliebigen Geschlechtes mehr als einen Partner hat.

Diese Einteilung ist nicht streng, sondern soll als generelle Richtlinie dienen. Da das Paarungssystem häufig mit einer bestimmten Art der elterlichen Fürsorge korreliert ist, sollte man sich fragen, ob ersteres eine *Ursache* oder *Konsequenz* der unterschiedlichen Aufteilung der Fürsorge zwischen den Geschlechtern ist. Bei einem monogamen Vogel wie dem Star leistet beispielsweise das Männchen einen erklecklichen Beitrag zur Brutpflege. Stimmt nun die Annahme, daß Stare monogam sind, weil die Männchen sich um Eier und Junge kümmern oder daß männliche Stare helfen, weil sie zur Monogamie neigen? Es gibt keine einfache Antwort auf diese Frage. Statt sich mit dem Problem herumzuplagen, was von beidem zuerst da war, sollte man besser danach fragen, aus welchen Gründen verschiedene Arten verschiedene Brutpflegetypen und Paarungssysteme entwickelt haben.

Das ideale Leben eines Männchens könnte man sich als ein fortwährendes Herumstreunen vorstellen, immer auf der Suche nach Kopulationsmöglichkeiten mit Weibchen, die in ihrem Nest bleiben und sich allein um die Nachkommenschaft kümmern. Für ein Weibchen wäre es ideal, sich zu paaren und dann die Brutfürsorge dem Männchen zu überlassen, während es selbst Reserven für neue Eier sammelt. Wie wir sehen werden, gibt es in der Praxis zwei Faktoren, die den Ausgang dieses Konfliktes zwischen den Geschlechtern beeinflussen. Erstens gibt es bei unterschiedlichen Tiergruppen unterschiedliche physiologische und entwicklungsgeschichtliche Zwänge, die ein Geschlecht zu größerer Jungenfürsorge prädisponieren als das andere. Zweitens werden die Kosten und Nutzen, welche mit Brutpflege und Paarungssystemen verbunden sind, von ökologischen Faktoren beeinflußt.

Hauptfaktoren, die die Brutpflege beeinflussen

Diese Faktoren können durch die Gegenüberstellung von drei Wirbeltierklassen – Fischen, Vögeln und Säugetieren – veranschaulicht werden (Tab. 7.1). Es stellt sich die Frage, ob es grundlegende Unterschiede hinsichtlich der Physiologie und Entwicklungsgeschichte zwischen diesen drei Gruppen gibt, die für die Unterschiede hinsichtlich der Jungenfürsorge und der Paarungssysteme verantwortlich gemacht werden können. Bei der Erörterung dieser Frage sollte man im Gedächtnis behalten, daß sowohl Männchen als auch Weibchen auf die Maximierung ihres eigenen Fortpflanzungserfolges selektiert werden und sei es, indem sie sich zum Nachteil für das andere Geschlecht verhalten (Trivers 1972).

Tabelle **7.1** Häufige Typen von Brutpflegeverhalten und Paarungssystemen bei drei Wirbeltierklassen[++]

	Brutpflege	Paarungssystem
Vögel	beide Geschlechter	Monogamie
Säugetiere	nur Weibchen	Polygamie
Fische	nur Männchen	Polygamie/Promiskuität

[++] Es handelt sich um sehr starke Verallgemeinerungen; eine Vielzahl von Ausnahmen wird später in diesem Kapitel besprochen.

Vögel

Wie im ersten Kapitel dargelegt wurde, kann der Fortpflanzungserfolg bei Vögeln durch die Futtermenge, die dem Nest zugetragen wird, begrenzt sein. Zumindest bei den Arten, für die das Füttern der Jungen einen begrenzenden Faktor darstellt, kann man sich vorstellen, daß zwei Eltern doppelt so viele Jungen versorgen können wie ein einzelnes Elterntier. Deshalb erhöhen sowohl das Weibchen als auch das Männchen ihren Fortpflanzungserfolg, wenn sie zusammenarbeiten. Würde sich einer der Partner davonmachen, wäre der Erfolg der Brut um die Hälfte reduziert, und der „Flüchtling" brauchte Zeit und Energie, um einen neuen Partner und einen Nistplatz zu finden, bevor er eine zweite Nachkommenschaft erzeugen könnte. So ist der Zusammenhang zwischen Monogamie und Brutpflege durch beide Partner nicht schwer zu verstehen. Bei einigen Vögeln wie der Dreizehenmöwe *(Rissa tridactyla)* (Coulson 1966) und dem Schwarzschnabel-Sturmtaucher *(Puffinus puffinus)* (Brooke 1978) scheint sich eine längerfristige Gattentreue auszuzahlen, weil Paare, die zuvor schon einmal zusammen gebrütet hatten, einen höheren Fortpflanzungserfolg aufwiesen als frisch vermählte Paare.

Wenn die Notwendigkeit entfällt, die Jungen unter Mitarbeit von beiden Eltern zu füttern, macht sich in der Regel das Männchen aus dem Staube und überläßt dem Weibchen die Sorge um die Nachkommenschaft. Vergleichende Beobachtungen zeigen, daß Polygynie häufig bei Frucht- und Körnerfressern vorkommt, vielleicht weil diese Nahrungsquellen während der Brutsaison so reichlich vorhanden sind, daß ein Elter die Jungen fast genauso effektiv füttern kann wie beide (z. B. Webervögel, s. Kap. 2). Warum aber ist es das Männchen, das sich davonstiehlt? Es gibt zwei Gründe, die dafür verantwortlich sein könnten. Erstens bekommt das Männchen früher als das Weibchen die Gelegenheit, das Nest im Stich zu lassen; bei innerer Besamung beherbergt das Weibchen die Nachkommen zunächst in ihrem Körper, kann sich also anfangs nicht davonmachen. Zweitens hat das Männchen durch die Flucht mehr zu gewinnen, weil der Fortpflanzungserfolg seines gesamten Lebens stärker von der Anzahl Paarungen abhängt als beim Weibchen (s. Kap. 6). Ein anderes, häufig angeführtes Argument besagt, daß das Männchen seiner Vaterschaft nie ganz gewiß sein kann und deshalb einen weniger sicheren genetischen Anteil an den Nachkommen hat. Diese Tatsache sollte seine Fluchttendenzen jedoch nicht beeinflussen, weil seine Vaterschaft bei einer neuen Partnerin entsprechend ungewiß ist. Ein Männchen wird nur von der Flucht profitieren, wenn es dadurch einen größeren Fortpflanzungserfolg erzielt, als wenn es beim Partner bleiben würde.

Säugetiere

Bei Säugetieren sind die Weibchen noch mehr dazu prädestiniert, für die Jungen zu sorgen. Die Nachkommen verbringen eine ausgedehnte Wachstumsperiode im Inneren des schwangeren Weibchens, während derer das Männchen wenig zum direkten Wohl der Jungen beitragen kann. Allerdings kann es das Weibchen schützen und mit Futter versorgen. Sind die Jungen geboren, werden sie zunächst mit Milch ernährt, die nur das Weibchen erzeugen kann. Aufgrund dieser Zwänge durch die Jungenfürsorge und innere Besamung ist es nicht verwunderlich, daß die meisten Säugetiere polygyne Paarungssysteme aufweisen und die elterliche Fürsorge allein bei den Weibchen liegt.

Monogamie und gemeinsame Jungenfürsorge tritt bei wenigen Arten auf, bei denen die Männchen zur Ernährung beitragen (Carnivoren) oder die Jungen umhertragen (z. B. Marmosets). Eigentlich ist es erstaunlich, daß sich in diesen Fällen nicht auch beim Männchen Brustdrüsen zur Versorgung der Jungen mit Milch entwickelt haben (siehe Daly 1979).

Fische

Bei den Echten Knochenfischen *(Teleostei)* weisen die meisten Familien keinerlei Brutpflege auf (191 von 245 untersuchten Familien). Bei den Familien, die sich um Eier oder Junge kümmern, geschieht dies überwiegend nur durch einen Elter (46 von 54 Familien). Verglichen mit der aufwendigen Brutpflege bei Vögeln stellt sich die elterliche Fürsorge der Fische eher bescheiden dar und besteht oft nur aus einer Bewachung oder Befächerung der Eier mit frischem Wasser. Diese Aufgabe kann in der Regel von nur einem Elternteil effektiv geleistet werden. Es stellt sich die Frage, welches der beiden Geschlechter sich aus dem Staub

Tabelle **7.2** Anzahl von Knochenfischfamilien, innerhalb derer bei einigen oder sämtlichen Arten Brutpflege von den Männchen, Weibchen oder beiden Geschlechtern geleistet wird (nach Maynard Smith; die Daten stammen aus Breder u. Rosen 1966)

	Brutpflege		
	Männchen	Weibchen	beide
äußere Besamung	28	6	8
innere Besamung	2	10	0

machen wird, wenn die Fürsorge eines Elters reicht, um den Erfolg der Jungen zu gewährleisten. Tab. 7.2 zeigt, daß bei Familien mit innerer Besamung eine Brutpflege durch die Weibchen häufiger vorkommt, während diese Aufgabe bei äußerer Besamung vorwiegend den Männchen zufällt.

Der Grund für diesen Unterschied läßt sich verstehen, wenn man überlegt, welcher Elternteil die Möglichkeit hat, als erster zu fliehen und dem anderen die Verantwortung für die Nachkommen zu überlassen. Wie bei den Vögeln und Säugetieren gibt die innere Besamung den Männchen Gelegenheit, das Weibchen im Stich zu lassen. Bei äußerer Besamung sind die Rollen dagegen vertauscht. Die Weibchen legen die Eier ab, und erst danach kann das Männchen sie besamen. Da die Spermien leichter sind als die Eier, muß das Männchen warten, bis die Eier abgelegt sind, da die Spermien andernfalls davontreiben würden. Deshalb kann sich das Weibchen davonmachen, während das Männchen noch mit der Besamung der Eier beschäftigt ist (Dawkins u. Carlisle 1976). Es gibt weitere Faktoren, die das Männchen bei äußerer Besamung zur Brutpflege prädestinieren können. Beispielsweise kann das Männchen sich die Mühe gemacht haben, ein Nest zu bauen, um weitere Weibchen zur Paarung heranzulocken (siehe folgenden Abschnitt). In einigen Fällen von äußerer Besamung, in denen Männchen und Weibchen gemeinsam ablaichen, ohne daß andere Männchen zugegen sind, kann sich das Männchen seiner Vaterschaft sicherer sein als bei innerer Besamung. Deshalb entfällt hier die Unsicherheit der Vaterschaft, die die Entscheidung des Männchens, bei den Eiern zu bleiben oder nicht, beeinflussen könnte (s. oben).

Ursprung der uniparentalen Brutpflege

Ein weiterer Faktor, der darauf Einfluß nehmen kann, welcher Elter die Brutpflege wahrnimmt, könnte in der ursprünglichen Entstehung der uniparentalen Brutpflege liegen. Bei Vögeln ist der ursprüngliche Zustand wahrscheinlich die gemeinsame (biparentale) Pflege, da sich bei den meisten Arten sowohl Männchen als auch Weibchen um Eier und Jungtiere kümmern. Das bedeutet, daß das Weibchen seine Reservestoffe nicht sämtlich in die Produktion der Eier stecken kann, weil es seine Kräfte schonen muß, um sich später um die Jungen kümmern zu können. Es ist allgemein bekannt, daß weibliche Vögel innerhalb kurzer Frist neue Eier produzieren können, wenn das erste Gelege zerstört worden ist. Wenn sich das Männchen aus dem Staub machen sollte, hätte das Weibchen immer noch einige Reserven, um die Jungen zu versorgen.

Bei den Fischen gab es ursprünglich wohl keinerlei Brutpflege. Das Weibchen könnte deshalb all seine Kräfte zur Produktion der Eier verwendet haben, so daß keinerlei Leistungsreserve für die Brutpflege übrig blieb. Aus diesem Grunde könnte eine eventuell notwendige Brutpflege eher an die Männchen fallen (Maynard Smith 1977a).

Es wurde festgestellt, daß Unterschiede zwischen Tieren hinsichtlich Brutpflege und Paarungssystem offensichtlich auf Zwänge wie die Reihenfolge der Gametenabgabe oder physiologische Spezialisierungen (z. B. die Milchbildung bei Säugetieren) zurückzuführen sind. Doch müssen die eigentlichen Ursachen dieser Unterschiede in Beziehung zu ökologischen Faktoren stehen. So ist die Frage noch immer unbeantwortet, warum einige Fische Brutpflegeverhalten zeigen und andere nicht. In den nächsten beiden Abschnitten soll ergründet werden, wie die Ökologie einer Art ihr Paarungs- und Brutpflegeverhalten beeinflußt.

Wechselbeziehungen zwischen Ökologie und Brutpflege bei Fischen

Die Echten Knochenfische stellen eine brauchbare taxonomische Gruppe dar, an der sich Wechselbeziehungen zwischen Ökologie und Brutpflege darstellen lassen. Sie leben in einer Vielzahl unterschiedlicher Habitate und weisen eine große Mannigfaltigkeit an Brutpflegetypen auf.

Eine vergleichende Analyse der Familien, für die Daten vorliegen, zeigt, daß marine Fische sehr viel seltener Brutpflegeverhalten aufweisen als Süßwasserfische (Tab. 7.3). Baylis (1981) schlug folgende Deutung vor, auf welche Weise die ökologischen Unterschiede der beiden Habitate die Brutpflege beeinflußt haben könnten.

Der offene Ozean stellt die größte und einheitlichste Umwelt der Erde dar. Er ist mit einem gigantischen, homogenen Organismus vergleich-

Tabelle **7.3** Anzahl Familien von Süßwasser- und Meeresfischen, die Eier und Jungtiere bewachen oder nicht bewachen (Baylis 1981)

	nicht bewacht	bewacht	Prozent bewacht
Süßwasser	23	31	57,4
marin	104	19	15,4

bar, dessen Inhalte ständig durchmischt werden. Alle Zygoten, die in das Meerwasser abgegeben werden, sind überwiegend denselben, konstanten Temperatur- und chemischen Bedingungen während ihrer Entwicklung ausgesetzt. Im Gegensatz hierzu sind Süßwasserhabitate wie Seen und Flüsse heterogen in Raum und Zeit. Da sie kleinere Wassermengen enthalten, üben Boden und Luft größere Effekte auf Temperatur, Bewegung und chemische Zusammensetzung des Wassers aus. In einem See der gemäßigten Zone können die Oberflächentemperaturen an zwei 100 m entfernten Punkten um 10°C differieren, und in vertikaler Richtung kann eine Tiefenzunahme von nur 40 cm schon einen Temperatursprung von 4°C bedeuten. Wenn die Zygoten ins freie Wasser abgegeben würden, wären sie schwankenden Bedingungen ausgesetzt, die zu Entwicklungsstörungen führen könnten. Außerdem ist es in Süßwassergebilden wahrscheinlicher, daß einige Mikrohabitate bessere Bedingungen für die Entwicklung der Zygote und größeren Schutz vor Räubern bieten als andere.

Deshalb bestehen im Süßwasser weitaus mehr Möglichkeiten für die Fische, den Erfolg ihrer Zygoten zu erhöhen, indem sie bestimmte Laichplätze aufsuchen. Wenn gute Stellen im Verhältnis zur Anzahl der laichenden Fische selten sind, kann ein Wettbewerb um die Laichplätze entbrennen. Jedes Männchen, das einen guten Laichplatz als Revier verteidigen kann, wird viele Weibchen anlocken und einen höheren Fortpflanzungserfolg erzielen. Bei dem Zahnkärpfling *Cyprinodon* ziehen die Weibchen beispielsweise felsigen Boden zum Ablaichen vor, und Männchen, die derartige Plätze beherrschen, haben größere Erfolge als Männchen mit Revieren auf Sandböden (Kodric-Brown 1977).

Hat sich die Territorialität erst einmal herausgebildet und legen die Weibchen ihre Eier in den Revieren ab, dann besteht die Möglichkeit zur Evolution des Brutpflegeverhaltens beim Männchen. Das Männchen könnte einen Vorteil erzielen, wenn es das Habitat so verändert, daß es zu einer optimalen Umgebung für die Eier wird, z. B. indem es ein Nest baut. Weiter könnte es die Überlebenschancen der Zygoten erhöhen, indem es sie vor Räubern schützt, ihnen zur besseren Sauerstoffversorgung Frischwasser zufächelt oder infizierte Eier wegschafft. Wenn die guten Laichplätze beständig und wiederverwendbar sind, wird es sich für das Männchen auszahlen, dort zu bleiben, um weitere Weibchen anzulocken. Beim Garibaldi-Fisch *(Hypsypops rubicunda)* bestehen enorme Unterschiede im Fortpflanzungserfolg der Männchen: Nestbesitzende Männchen besamen durchschnittlich 129 000 Eier je Nest, während Männchen ohne Nest gänzlich leer ausgehen (Clarke 1970).

Die Strategie der Eierbewachung an Laichplätzen ist in sehr unbeständigen Habitaten wie seichten, temporären Tümpeln, Gezeitenzonen und Flußmündungen ungeeignet. In Habitaten, in denen die Zygotenentwicklung durch rasche Wechsel der physikalischen und chemischen Bedingungen ungünstig beeinflußt werden könnte, hat sich eine besondere Form der Brutpflege herausgebildet. Sie besteht darin, daß die Jungen im Maul der Erwachsenen (z. B. Buntbarsche, *Cichlidae*) oder in einer Bruttasche (z. B. Seepferdchen, *Syngnathidae*) beherbergt werden, um sie gegen die Umweltschwankungen zu schützen. Diese Form der Brutpflege wird immer dann von Vorteil sein, wenn die zeitlichen Schwankungen des Habitats kürzer sind als die Entwicklungsdauer bis zu lebensfähigen Larven.

Baylis Übersicht zeigt also, daß das Brutpflegeverhalten bei Fischen mit der Unberechenbarkeit der räumlichen und zeitlichen Schwankungen der Umwelt für Zygoten und Jungtiere korreliert ist. Bei einem mittleren Ausmaß dieser Unberechenbarkeit entwickelt sich Brutpflege über die Verteidigung guter Laichplätze. Ist die Umwelt extrem unberechenbar, kann sich regelrechtes „Brüten" entwickeln.

Wechselbeziehungen zwischen Ökologie und Paarungssystem

Es soll nun im einzelnen der Frage nachgegangen werden, wie bestimmte Umweltfaktoren den Fortpflanzungserfolg von Männchen und Weibchen beeinflussen und so den Brutpflegetyp und das Paarungssystem bestimmen. Diese Überlegungen können am besten anhand der verschiedenen Formen der Polygamie bei Vögeln und Säugetieren veranschaulicht werden. Das Männchen hat in der Regel einen größeren Vorteil davon, seine Anzahl von Paarungen zu maximieren als das Weibchen. Deshalb wird der wesentliche ökologische Einfluß auf das Paarungssystem darin bestehen, inwieweit Umweltfaktoren die Fähigkeit der Männchen, Zugang zu den Weibchen zu bekommen, festlegen.

Ein Männchen könnte seinen Fortpflanzungserfolg entweder durch die Beherrschung der Weibchen selbst erhöhen oder indem es die Kontrolle über knappe Ressourcen ausübt, um sich dann mit den Weibchen zu paaren, wenn sie die Ressourcen aufsuchen (z. B. Laichplätze bei Fischen, wie oben beschrieben, oder bei Fröschen wie in Kap. 6). Wie in

Kapitel 4 deutlich wurde, hängt die Möglichkeit für ein Individuum, begrenzende Ressourcen zu kontrollieren, davon ab, ob die Verteidigung ökonomisch ist. Wenn die Ressourcen oder Weibchen leicht zu verteidigen sind, bestehen gute Aussichten für die Herausbildung der Polygynie. Ob eine Verteidigung von Weibchen oder Ressourcen rentabel ist, wird von deren Verteilung in Raum und Zeit abhängen (Emlen u. Oring 1977, Wittenberger 1980).

(a) Räumliche Verteilung

Wenn Partner oder Ressourcen gleichmäßig verteilt sind, gibt es kaum Möglichkeiten für ein Individuum, einen größeren Teil von ihnen für sich zu beanspruchen als für andere Individuen. Treten sie gehäuft auf, können einige Individuen in der Lage sein, sich mehr Partner oder Ressourcen von besserer Qualität (z. B. Nistplätze, Futter) anzueignen als andere. Eine Umwelt, in der Partner oder Ressourcen an bestimmten Orten gehäuft vorkommen, bietet deshalb ein größeres Potential für die Entstehung der Polygamie (Abb. 7.1).

(b) Zeitliche Verteilung

Der Schlüssel für die zeitliche Verteilung der Partner ist das „wirksame Geschlechterverhältnis" (operational sex ratio) (s. auch Kap. 6), das sich als Anzahl der empfängnisbereiten Weibchen zur Anzahl der sexuell aktiven Männchen zu einem bestimmten Zeitpunkt ergibt. Werden alle Weibchen zur selben Zeit empfängnisbereit, beträgt das

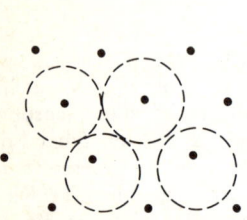

gleichmäßige Verteilung; geringes Potential für Polygamie

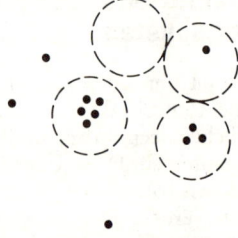

ungleichmäßige, gehäufte Verteilung; hohes Potential für Polygamie

Abb. **7.1** Der Einfluß der räumlichen Verteilung von Ressourcen (Futter, Nistplätze) oder Partner auf die Fähigkeit einiger Individuen, mehr Ressourcen oder Partner für sich zu haben als andere Mitglieder der Population. Die Punkte stellen Individuen, die Kreise Reviere dar. Bei einer ungleichmäßigen, gehäuften Verteilung bestehen mehr Möglichkeiten für einige wenige Individuen, sich einen unverhältnismäßig großen Teil der Ressourcen oder Partner anzueignen.

wirksame Geschlechterverhältnis bei einem tatsächlichen Geschlechterverhältnis von 1 : 1 ebenfalls 1 : 1. Es bestehen dann geringe Aussichten für ein Männchen, sich mit mehr als einem Weibchen zu paaren, da die anderen Weibchen ihre Brunstperiode schon abgeschlossen haben, wenn das Männchen die erste Verpaarung beendet hat. Bei einer Synchronisation der Weibchen besteht deshalb nur ein geringes Potential für die Polygamie. Knowlton (1979) nimmt an, daß die Synchronisation der Weibchen im Verlauf der Evolution entstanden ist, um die Monogamie bei den Männchen zu verstärken. Wenn andererseits die Weibchen nacheinander empfängnisbereit werden, bestehen größere Aussichten für ein Männchen, sich mehrfach zu verpaaren. Natürlich wird die Tendenz zur Polygamie dabei um so größer, je stärker das wirksame Geschlechterverhältnis von 1 : 1 abweicht.

Der Einfluß der Weibchensynchronisation kann an zwei Arten von Froschlurchen veranschaulicht werden. Bei der Erdkröte *(Bufo bufo)* legen sämtliche Weibchen ihre Eier innerhalb einer Woche ab. Das bedeutet, daß ein Männchen sich in der Regel nur mit einem, im Höchstfall mit zwei Weibchen paaren kann, bevor die Laichzeit zu Ende ist. Ochsenfrösche *(Rana catesbeiana)* haben hingegen eine ausgedehntere Fortpflanzungsperiode, und die Weibchen treffen im Verlauf von mehreren Wochen am Teich ein. Männchen, die ein attraktives Revier zum Ablaichen besitzen, können sich mit bis zu sechs Weibchen pro Saison paaren.

Es soll nun der Frage nachgegangen werden, wie die Evolution der Polygamie durch die räumliche und zeitliche Verteilung von Ressourcen und Weibchen beeinflußt wird. Um die Erörterung deutlicher zu machen, wird die Polygamie nach ökologischen Gesichtspunkten eingeteilt und besprochen.

Polygynie durch Verteidigung von Ressourcen

Es gibt viele Beispiele von Fällen, in denen Männchen, die Nahrungsquellen oder Nistplätze der besten Qualität verteidigen, Zugang zu mehreren Weibchen erzielen, während Männchen mit bescheidenen Ressourcen leer ausgehen. Männliche Goldbürzel-Honiganzeiger *(Indicator xanthonotus)* verteidigen Bienennester, und wenn ein Weibchen kommt, um von dem Wachs zu fressen, kopuliert das Männchen mit ihm. Das Männchen tauscht also Nahrung gegen Sex ein. Je mehr Bienennester es verteidigen kann, um so mehr Weibchen wird es anlocken. Ein revierbesitzendes Männchen wurde bei der Paarung mit insgesamt 18 Weibchen beobachtet, während Männchen ohne Revier sich überhaupt nicht paarten (Cronin u. Sherman 1977).

Wenn ein Weibchen sich einem schon verpaarten Männchen anschließt, steht es vor dem Problem, daß es die Ressourcen oder die Fürsorge des

Männchens mit anderen Weibchen teilen muß, worunter sein Fortpflanzungserfolg leiden kann. Beim Gelbbäuchigen Murmeltier *(Marmota flaviventris)* locken die Männchen mit den zum Höhlenbau geeignetsten Territorien die meisten Weibchen an. Jedoch nimmt der Fortpflanzungserfolg des einzelnen Weibchens um so stärker ab, je mehr Weibchen in demselben Bautensystem Junge bekommen (Abb. 7.2). Das beste Paarungssystem aus der Sicht der Weibchen wäre die Monogamie. Doch das Männchen erzielt mit zwei oder drei Weibchen den größten Fortpflanzungserfolg (Abb. 7.2). Die beobachtete Anzahl von Weibchen liegt normalerweise bei zwei je Revier, so daß es sich hier um eine Art von Kompromiß zwischen den widerstreitenden Interessen der Geschlechter handeln könnte.

Verner u. Willson (1966) nehmen an, daß Polygynie unter der folgenden Bedingung entstehen könnte, indem die Weibchen Männchen anhand von deren Ressourcenqualitäten auswählen: Der Qualitätsunterschied zweier Reviere müßte so groß sein, daß ein Weibchen in dem besseren Revier trotz einer Rivalin mehr Junge aufziehen kann als in dem schlechteren Revier bei monogamer Lebensweise. Orians (1969) faßt diese Überlegungen in einem graphischen Modell zusammen, das in Abb. 7.3 wiedergegeben ist. Das Modell läßt folgende Voraussagen zu. Wenn die Qualität des männlichen Reviers tatsächlich die Evolution der Polygamie beeinflußt, würden wir erwarten, daß Polygynie vor allem in Habitaten mit ungleichmäßigen, gehäuften Ressourcenverteilungen auf-

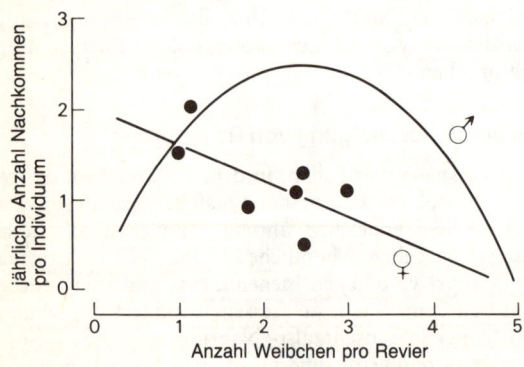

Abb. **7.2** Fortpflanzungserfolg beim Gelbbäuchigen Murmeltier in Abhängigkeit von der Anzahl Weibchen pro Männchenrevier. Der Erfolg der Weibchen nimmt mit zunehmender Anzahl Weibchen ab (dunkle Kreise). Der Erfolg des Männchens, der sich aus dem Erfolg je Weibchen multipliziert mit deren Anzahl errechnet, erreicht mit 2–3 Weibchen einen Höhepunkt (Downhower u. Armitage 1971).

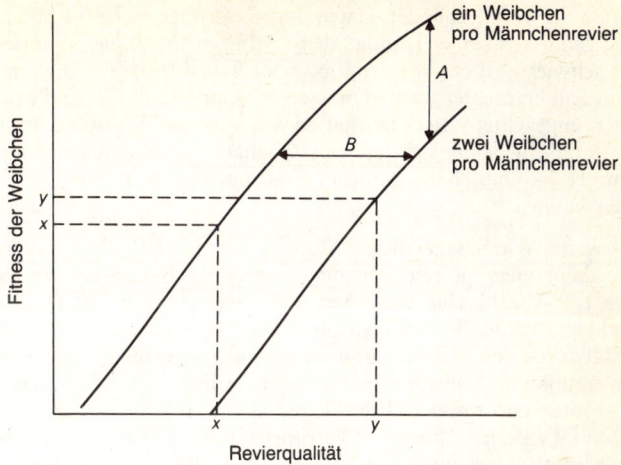

Abb. **7.3** Das Schwellenwertmodell für Polygynie (nach Orians 1969). Es wird angenommen, daß der Fortpflanzungserfolg des Weibchens mit Umweltfaktoren zusammenhängt, z. B. der Qualität des Männchenreviers, in der das Weibchen brütet. Weiter wird angenommen, daß das Weibchen sich aus den verfügbaren Männchen einen Partner auswählt. In dem Modell erfährt ein Weibchen einen Fitnessverlust von A, wenn es sich einem schon verpaarten Männchen zugesellt, verglichen mit der Fitness, die es in demselben Revier bei monogamer Paarung hätte. Trotz dieser Herabsetzung der Fitness kann ein Weibchen einen größeren Fortpflanzungserfolg mit einem schon verpaarten Männchen haben, wenn der Qualitätsunterschied zwischen den Revieren ausreichend groß ist (B = Schwellenwert für Polygynie). Z. B. schneidet ein Weibchen, das sich in Revier y das Männchen mit einem anderen Weibchen teilt, besser ab als ein Weibchen, das in Revier x mit einem Männchen allein brütet.

tritt, in denen also große Qualitätsunterschiede zwischen Revieren existieren (s. Abb. 7.1). Verner u. Willson (1966) testeten diese Voraussage, indem sie Habitate und Paarungssysteme aller nordamerikanischen Arten von Sperlingsvögeln verglichen. Von den 291 Arten leben 14 regelmäßig polygyn oder in Promiskuität. 13 von ihnen bewohnen Sumpfgebiete, Prärien oder savannenähnliche Habitate, in denen häufig starke Produktivitätsunterschiede selbst zwischen kleinen, benachbarten Arealen auftreten. Zwei Probleme erschweren die Interpretation der Daten. Wie wir schon früher gesehen haben, besteht die Gefahr, Ressourcenanhäufungen als Erklärungen heranzuziehen, ohne exakte Messungen der Ressourcenverteilung und -menge durchzuführen. Das andere Problem betrifft die Frage, welche taxonomische Ebene für die

Analyse der vergleichenden Daten angemessen ist. 9 der 14 polygynen Arten gehören zu einer Familie, den Stärlingen *(Icteridae)*, und deshalb ist es schwierig zu entscheiden, ob sie als 9 unabhängige Fälle oder nur als ein Fall betrachtet werden müssen (s. Kapitel 2 zu diesem Problem). Dessen ungeachtet weist die Analyse von Verner u. Willson darauf hin, daß Unterschiede hinsichtlich der Qualität des Männchenreviers als wichtiger ökologischer Faktor in Zusammenhang mit der Polygynie stehen können.

Die zweite Voraussage dieses Modells besagt, daß die Qualität des Männchenreviers dessen Fortpflanzungserfolg beeinflußt, vor allem durch die Anzahl von Weibchen, die angelockt werden. Die beiden ausschlaggebenden Ressourcen für den Erfolg sind wahrscheinlich die Verfügbarkeit von Nahrung und die Anzahl geeigneter Nistplätze. Beim Sumpfzaunkönig *(Telmatodytes palustris)* gelingt es den Männchen mit den größten und futterreichsten Revieren, zwei Weibchen anzulocken, während die Besitzer kleinerer Territorien nur ein Weibchen abbekommen oder ganz leer ausgehen (Verner 1964). Beim Rotschulterstärling *(Agelaius phoeniceus)* ziehen diejenigen Männchen am meisten Weibchen an, deren Reviervegetation die sichersten Nistplätze gewährleistet (Holm 1973).

Eines der eindruckvollsten Beispiele für den Einfluß der Qualität des Männchenreviers auf den Fortpflanzungserfolg der Weibchen stellt Pleszczynskas (1978) Studie an Trauerammern *(Calamospiza melanocorys)* dar. Dieser Vogel bewohnt während der Sommermonate Graslandhabitate in Nordamerika. Im Frühjahr tauchen zunächst die Männchen auf, konkurrieren um die Reviere und versuchen, die bald darauf eintreffenden Weibchen durch ihre Gesangskünste im Flug zu beeindrucken. Wenn ein Weibchen sich für ein Revier entschieden hat, baut es ein Nest und wird vom Männchen bei der Aufzucht der Jungen unterstützt. Pleszczynska fand, daß einige Männchen ein zweites Weibchen für sich gewinnen konnten, obwohl es in der Population noch unverpaarte Männchen gab. Diese „Nebenweibchen" erhielten bei der Aufzucht ihrer Jungen keinerlei Unterstützung durch das Männchen, das mit der Hilfeleistung für sein Hauptweibchen voll ausgelastet war. Obwohl die Nebenweibchen also einen geringeren Bruterfolg erzielten als die Hauptweibchen, hatten sie die polygyne Paarung vorgezogen. Die für die Fortpflanzung wichtigste Ressource im Revier stellten schattige Nistplätze dar, da die Hauptursache der Jungensterblichkeit in einer Überhitzung in der prallen Sonne lag. Beobachtungen ergaben, daß schattige Nester wesentlich größere Anzahlen flügger Jungen hervorbrachten. Dies wurde experimentell bestätigt, indem der Sonne ausgesetzte Nester und Jungen durch kleine Plastikstreifen mit „Sonnenschirm"-Wirkung beschattet wurden. Der Erfolg dieser experimentell manipulierten Nester war signifikant höher als der der unbeschatteten Kontrollen. Wie erwartet, wiesen die Reviere der Männchen mit zwei Weibchen den besten Schutz gegen das Sonnenlicht auf. Pleszczynska war es sogar möglich, in Arealen, die der Autorin zuvor unbekannt waren, den Status eines Männchens (bigam, monogam, Junggeselle) anhand der beschatteten Flächen vorauszusagen, bevor die Weibchen eintrafen.

Die dritte Voraussage aus dem Modell in Abb. 7.3 besagt, daß der Fortpflanzungserfolg von Weibchen, die es vorziehen, sich einem schon verpaarten Männchen anzuschließen, mindestens genauso groß sein sollte wie bei Weibchen, die einen Junggesellen als Gatten wählen. Bei der Trauerammer sollte man z. B. erwarten, daß das polygyn paarende Weibchen seine Wahl deshalb trifft, weil der Vorteil durch den besseren Nistplatz den Nachteil überwiegt, der dadurch entsteht, daß es seine Jungen ohne männliche Hilfe aufziehen muß. Tatsächlich fand Pleszczynska bei den Nebenweibchen einen mindestens ebenso hohen Fortpflanzungserfolg wie bei monogamen Paaren, die zur selben Zeit brüteten.

An dieser Stelle sollten einmal die Schwierigkeiten erwähnt werden, die der experimentellen Messung des Fortpflanzungserfolges bei der Überprüfung einer derartigen Voraussage im Wege stehen. Wie schon bei der Kohlmeisenstudie im 1. Kapitel festgestellt wurde, reicht die Anzahl flügger Jungen als Maß für den Erfolg nicht immer aus, da das Gewicht der Jungtiere deren Überlebenswahrscheinlichkeit beeinflußt. Weiter wird ein Weibchen vermutlich darauf selektioniert werden, den Fortpflanzungserfolg seines gesamten Lebens zu maximieren. Dieser muß nicht unbedingt der maximalen Anzahl von Jungtieren in jedem Jahr entsprechen, da die Größe der Brut die Überlebenswahrscheinlichkeit des Weibchens und damit die Wahrscheinlichkeit für eine weitere Nachkommenschaft beeinflußt.

Polygynie durch Verteidigung von Weibchen: Harembildung

Polygynie kann auch ohne Ressourcenverteidigung auftreten, wenn einige Männchen Weibchen in Form von Harems beherrschen können. Weibchen lassen sich ökonomisch verteidigen, wenn sie Gruppen bilden, z. B. um sich vor Raubtieren zu schützen oder um die Effektivität der Nahrungsaufnahme zu steigern (s. Kap. 4). Polygynie kann deshalb als Folge eines Selektionsdruckes, der die Gruppenbildung bei Weibchen fördert, angesehen werden. Besonders verbreitet ist die Harembildung bei Säugetieren.

Weibliche Tiere des Nördlichen See-Elefanten *(Mirounga angustirostris)* finden sich alljährlich an bestimmten Stränden ein, um dort ihre Jungen zu werfen und sich zur Besamung der Eier für das kommende

186　7 Brutpflege und Paarungssystem

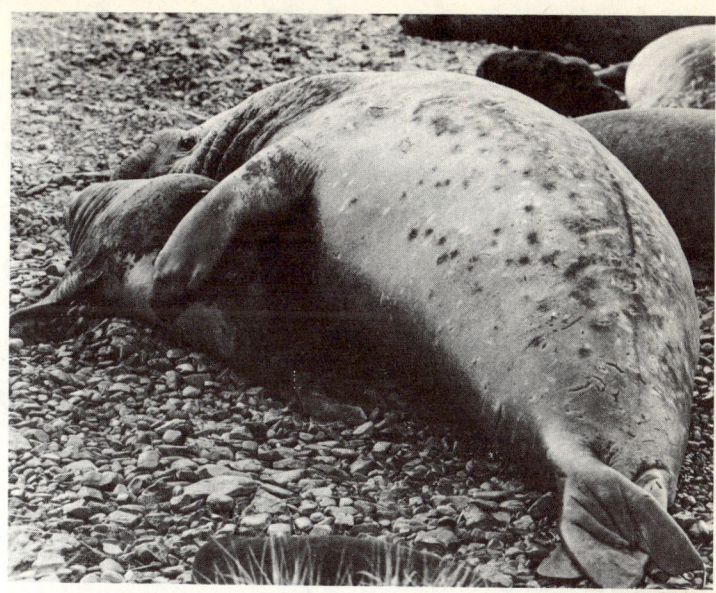

Abb. **7.4** (a) (gegenüberliegende Seite) Weibchen des Südlichen See-Elefanten robben an den Strand, um ihre Jungen zu gebären. (b) (gegenüberliegende Seite) Die größten Bullen kämpfen um die Vorherrschaft über die Harems. (c) Die erfolgreichen Bullen kopulieren mit den Weibchen (Fotos: T. S. McCann).

Jahr zu paaren. Da die Weibchen sich an wenigen, traditionell festgelegten Plätzen zusammendrängen, stellen sie eine beherrschbare Ressource dar, die von den Männchen heftig umkämpft wird. Die größten und stärksten Bullen gewinnen die größten Harems, und in jedem Jahr wird der Großteil aller Paarungen von nur wenigen Männchen bewerkstelligt (Le Boeuf 1972, 1974). Ein entsprechendes Paarungssystem weist der Südliche See-Elefant *(M. leonina)* auf (McCann 1981; s. Abb. 7.4).

Die Rolle des Haremsherrschers ist derart aufreibend, daß sie einem Männchen gewöhnlich nur für ein oder zwei Jahre zufällt, bevor es stirbt. Es muß ständig darum bemüht sein, Rivalen von seinen Weibchen fernzuhalten und zertrampelt bei dieser hektischen Aufgabe gelegentlich einige der neugeborenen Säuglinge. Natürlich liegt ein solcher „Unfall" nicht im Interesse der Mutter. Andererseits ist der Bulle höchstwahrscheinlich nicht Vater des Säuglings, da er im Vorjahr wohl kaum Haremsherrscher gewesen ist. Aus der Sicht des Männchens ist es also relativ gleichgültig, ob es Jungtiere beschädigt und tötet; sein wesentliches Anliegen ist es, die eigene Vaterschaft für die Jungen des kommenden Jahres sicherzustellen (Le Boeuf 1974, Cox u. Le Boeuf 1977).

Polygynie durch männliche Dominanz: Balzplätze

Gelegentlich findet sich auch Polygynie, ohne daß eine Verteidigung von Ressourcen oder Weibchen vorliegt. Statt dessen wird die Priorität bei Paarungen durch den Dominanzstatus des Männchens festgelegt. Bei einigen Vögeln und Säugetieren sammeln sich die Männchen zur gemeinsamen Werbung an bestimmten Balzplätzen. Sie führen Kampfspiele gegeneinander aus und verteidigen winzige Reviere. Beim Weißsäbelpipra *(Manacus m. trinitatis)* handelt es sich dabei um kahle Bodenflecken von nicht mehr als einem oder zwei Meter Durchmesser, die offensichtlich keinerlei bedeutende Ressourcen enthalten (Lill 1974). Die Weibchen suchen diese Balzplätze auf und wählen sich überwiegend Männchen aus dem Zentrum der Gruppe zum Partner. Ein oder zwei Männchen aus der Gruppe eines jeden Balzplatzes erzielen dabei die meisten Kopulationen (Abb. 7.5). Männliche Individuen des

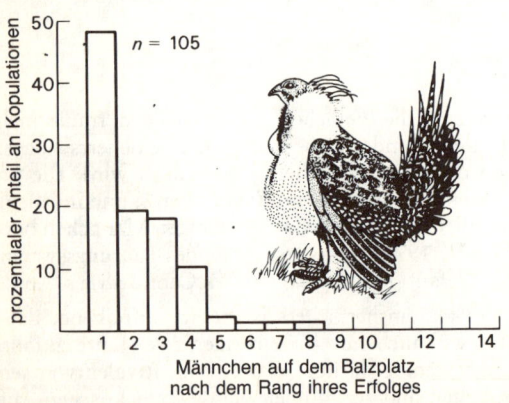

Abb. **7.5** Auf den Balzplätzen des Beifußhuhns (*Centrocercus urophasianus*) fallen fast alle Kopulationen nur wenigen Hähnen zu. Die erfolgreichsten Männchen sind diejenigen, die ihr Revier in der Mitte des Balzplatzes haben (aus R. H. Wiley: Anim. Behav. Monogr. 6 [1973] 87).

Hammerkopfes *(Hypsignathus monstrosus)*, eines afrikanischen Flughundes, treffen sich ebenfalls an traditionellen Balzplätzen; sie besetzen mit bis zu hundert Tieren kleine Reviere in den Baumkronen und stoßen Rufe aus, um weibliche Flughunde anzulocken. Die Versammlungsorte enthalten keine Futterquellen, sondern werden ausschließlich zur Balz aufgesucht. Auch hier werden die meisten Kopulationen von nur wenigen Männchen bewerkstelligt. Beispielsweise wurden an einem Balzplatz mit 85 Männchen 79 Prozent der Kopulationen von nur 5 Männchen ausgeführt (Bradbury 1977).

Die genauen ökologischen Bedingungen, die diese Art von Polygynie fördern, sind bislang nicht erarbeitet worden. Paarungssysteme mit Balzplätzen könnten im Verlauf der Evolution entstanden sein, wenn weder die Weibchen selbst, noch die für sie lebensnotwendigen Ressourcen ökonomisch zu verteidigen sind und die Weibchen ihre Nachkommen allein aufziehen können. Die Männchen könnten sich zur gemeinsamen Balz zusammengeschlossen haben, um die Gefährdung durch Räuber zu verringern. Oder die Auswahltätigkeit der Weibchen könnte zur Gemeinschaftsbalz geführt haben, weil sie auf diese Weise die geeignetsten Männchen am einfachsten wählen konnten. Doch gibt es bislang kaum eine Vorstellung davon, welche Faktoren ein Männchen am geeignetsten erscheinen lassen, wenn sein einziger Beitrag zu den Nachkommen aus Spermien besteht (s. Kap. 6). Vielleicht bevorzugen die Weibchen den Mittelpunkt des Balzplatzes zur Paarung einfach nur deshalb, weil sie dort am sichersten vor Räubern sind.

Zusammengefaßt ist festzustellen, daß Polygynie sich entwickeln kann, wenn Männchen hochwertige Ressourcen verteidigen oder Gruppen von Weibchen beherrschen können oder wenn sie auf Balzplätzen direkt um den Zugang zu den Weibchen konkurrieren.

Polyandrie bei Vögeln

Polyandrie tritt sehr viel seltener auf als Polygynie, weil die Männchen in der Regel mehr als die Weibchen gewinnen, wenn sie die Anzahl ihrer Paarungen maximieren. Trotzdem gibt es einige wenige Vogelarten, bei denen das Verhalten der Geschlechter umgekehrt ist und die Weibchen um den Zugang zu den Männchen konkurrieren (Jenni 1974).

Der evolutive Weg zur Polyandrie läßt sich am besten anhand der arktischen Watvögel verstehen (Oring 1981, Maxson u. Oring 1980). Bei einigen Arten, wie Temmincks Strandläufer *(Calidris temminckii)* und dem Sanderling *(Calidris alba)*, verteidigt das Männchen ein Revier. Das Weibchen legt einen ersten Satz Eier, die das Männchen bebrütet, während das Weibchen ein weiteres Gelege produziert, um das es sich selbst kümmert. Das Pärchen erzeugt also zwei Nachkommenschaften, von denen die eine durch das Männchen, die andere durch das Weibchen betreut wird. In den Regionen der arktischen Tundra, in denen der Sommer kurz, aber produktiv ist, stellt dieses Verhalten eine wirkungsvolle Brutstrategie dar. Das Weibchen ist fähig, zwei Gelege in rascher Folge zu produzieren, da das Nahrungsangebot an Insekten reichlich ist und die klare Arbeitsteilung zwischen den Geschlechtern die Tiere dazu befähigt, zwei Nachkommenschaften in einer kurzen, aber sehr produktiven Periode aufzuziehen. Zwei Gelege stellen außerdem eine größere Sicherheit gegenüber der Bedrohung durch Räuber, die ein beträchtliches Ausmaß erreichen kann, dar.

Das System der doppelten Gelege könnte zur Entstehung der Polyandrie führen, wenn das Weibchen seinem ersten Männchen gegenüber nicht „treu" ist und sein zweites Gelege einem weiteren Männchen anvertraut. Reichen die Nahrungsreserven aus, um mehr als zwei Gelege zu produzieren, wird das Weibchen am erfolgreichsten sein, wenn es nacheinander für mehrere verschiedene Männchen legt.

Genau dies geschieht beim Drosseluferläufer *(Actitis macularia)*, in dessen Lebensraum die Produktivität so hoch werden kann, daß das Weibchen zu einer regelrechten Eilegemaschine wird (Abb. 7.6). Ein Weibchen kann 5 Gelege in 40 Tagen mit einer Gesamtzahl von 20 Eiern erzeugen, die dem Vierfachen des eigenen Körpergewichtes entsprechen! Sein Fortpflanzungserfolg ist nicht länger durch die Fähigkeit begrenzt, Reservestoffe für die Eiproduktion zu speichern, sondern eher durch die Anzahl von Männchen, die sich zur Bebrütung finden lassen. Zu manchen Zeiten sind fast alle Männchen mit dem Brüten beschäftigt. Diese ökologischen Bedingungen machten den evolutiven Weg zu einer Umkehr der Geschlechterrollen frei. Die Weibchen sind etwa 25 Prozent schwerer als die Männchen und konkurrieren untereinander um die andersgeschlechtlichen Partner, die ihre Gelege bebrüten sollen. Sie verteidigen Reviere und haben bis zu drei Männchen gleichzeitig auf ihren Gelegen sitzen. In manchen Fällen bebrüten die Weibchen das letzte Gelege des Jahres selbst.

Ökologie und Abwanderung

Genauso wie ökologische Faktoren die Evolution des Brutpflegeverhaltens und der Paarungssysteme beeinflussen, können sie zu einem wichtigen Faktor für einen anderen Aspekt der Fortpflanzung werden, nämlich für die Abwanderung vom Geburtsort *(natal dispersal)*. Wenn man die Abwanderung vom Geburtsort bei Vögeln und Säugetieren vergleicht, lassen sich folgende, auffällige Tendenzen feststellen (Greenwood 1980; Tab. 7.4).

Abb. **7.6** Der Drosseluferläufer (*Actitis macularia*) ist ein polyandrischer Watvogel. Das Foto zeigt zwei Brutmännchen, die sich an der Reviergrenze feindlich gegenüberstehen. Die Aggressivität der Weibchen ist heftiger als die der Männchen und erreicht ihren Höhepunkt zu Beginn der Saison, wenn die Weibchen um die Männchen konkurrieren (Foto: L. Oring).

1 *Sowohl bei Vögeln als auch bei Säugetieren breitet sich in der Regel ein Geschlecht weiter aus als das andere.* Als Resultat wird starke Inzucht vermieden. Wenn ein Tier sich mit einem nahe verwandten Partner paart, besteht eine größere Gefahr, daß ein nachteiliges, rezessives Allel bei den Nachkommen homozygot wird und geringeren Fortpflanzungserfolg zur Folge hat.

Bei der Kohlmeisenpopulation in Wytham Woods, Oxford, wandern junge Weibchen beispielsweise weiter als Männchen, so daß unter 885 Paaren lediglich in 13 Fällen (1,5 Prozent) Inzuchtkombinationen gefunden wurden. Diese seltenen Fälle traten auf, wenn sich ein Männchen weiter oder ein Weibchen weniger weit als üblich ausbreitete, mit der Folge, daß sich ein Sohn mit seiner Mutter oder ein Bruder mit seiner Schwester paarte. Solche Inzuchtpaare wiesen einen geringeren Fortpflanzungserfolg auf als die übrigen Paare (Greenwood u. Mitarb. 1978). Auch bei Säugetieren ist bekannt, daß Inzucht den Fortpflan-

Tabelle **7.4** Geschlechtsspezifische Unterschiede der Abwanderung von Vögeln und Säugetieren (aus P. J. Greenwood: Anim. Behav. 28 [1980] 1140)

	Anzahl Arten mit vorwiegender Abwanderung		
	der Männchen	der Weibchen	ohne Unterschiede zwischen den Geschlechtern
Vögel	3	21	6
Säugetiere	45	5	15

zungserfolg vermindert, ein Problem, das bei der Zucht von kleinen Populationen in Zoos eine praktische Bedeutung erlangt (Ralls u. Mitarb. 1979).

Ein anderer Weg zur Vermeidung von Inzucht wäre die Identifizierung von nahen Verwandten. Dies könnte durch frühes Lernen geschehen, da zusammen aufwachsende Jungtiere höchstwahrscheinlich verwandt sind. Möglicherweise ist dieser Mechanismus beim Menschen wirksam; eine Studie in israelischen Kibbuzim, in denen Kinder gemeinsam großgezogen wurden, ergab, daß niemals Partner aus demselben Kibbuz geheiratet wurden, auch wenn es sich nicht um nahe Verwandte handelte (Shepher 1971; s. auch Kap. 13).

2 *Bei Vögeln breiten sich die Weibchen weiter aus als die Männchen.* Wie wir oben sahen, helfen bei vielen Vogelarten die Männchen bei der Aufzucht der Jungen. Häufig verteidigt das Männchen ein Revier, und die Weibchen wählen ihre Partner wahrscheinlich aufgrund der Revierqualität. Es könnte sich für ein Männchen auszahlen, in der Nähe seines Geburtsortes zu bleiben, da es einfacher sein wird, ein Revier in der Nähe von Verwandten zu finden, z. B. indem das Individuum einen Teil des väterlichen Reviers erbt (s. Kap. 9). Hat sich dieses Verhalten einmal etabliert, ist es für das Weibchen von Vorteil, sich möglichst weit vom Geburtsort zu entfernen, um Inzucht zu vermeiden. Zusätzlich könnte das Weibchen davon profitieren, daß es viele Männchenreviere zu Gesicht bekommt und so eine optimale Auswahl treffen kann.

3 *Bei Säugetieren wandern die Männchen weiter ab als die Weibchen.* Männliche Säuger leben häufiger polygyn als Vögel, und ihr Paarungssystem basiert normalerweise eher auf einer Beherrschung der Weibchen als auf Ressourcenverteidigung, wobei das Männchen nur wenig Anteil an der Aufzucht der Jungen hat. Bei Säugetieren hat ein Männchen den größten Vorteil, wenn es Zugang zu möglichst vielen Weibchen gewinnt. Aus diesem Grund könnte die Ausbreitung der Männchen stärker gefördert worden sein.

Natürlich sind wesentlich mehr Daten zu den Kosten und Nutzen der Abwanderung einerseits und dem Verbleiben am Geburtsort andererseits erforderlich. Für jedes Individuum hängen die Vor- und Nachteile der beiden Entscheidungen davon ab, was die anderen Mitglieder der Population tun. Deshalb benötigen wir eine Theorie, die es erlaubt, das Problem mit Begriffen zu analysieren, die evolutionsstabile Strategien für Männchen und Weibchen aufzeigen können. Es sei auch daran erinnert, daß in vielen Fällen, besonders bei Säugetieren, deren Männchen wenig zur Jungenfürsorge beitragen, die Kosten der Inzucht für Männchen geringer sind als für Weibchen. Beim Anubispavian *(Papio anubis)* wird beispielsweise Inzucht vermieden, weil die Männchen den Trupp verlassen, in dem sie geboren wurden, während die Weibchen in ihm verbleiben. Trotzdem versuchen junge Männchen, sich hinterrücks mit selbst nahe verwandten Weibchen zu paaren, bevor sie den Trupp verlassen. Die Weibchen vermeiden dieses Inzuchtrisiko, indem sie bevorzugt fremde, d. h. neuhinzugekommene Männchen als Partner wählen und nicht im Trupp geborene, mit denen sie wahrscheinlich verwandt sind (Packer 1979).

Folgen der unterschiedlichen Abwanderung der Geschlechter

Eine Folge der unterschiedlichen Abwanderung der Geschlechter ist, daß die Angehörigen des seßhaften Geschlechts mit ihren Nachkommen oft nahe verwandt sind, so daß wir zwischen ihnen eher Altruismus erwarten als zwischen Mitgliedern des wandernden Geschlechts, die mit ihren Nachbarn selten verwandt sein werden.

Bei Säugetieren, bei denen vorwiegend die Weibchen das seßhafte Geschlecht bilden, sind die Weibchen eines Gebietes häufig miteinander verwandt. Altruismus zwischen ihnen ist die Regel; z. B. stoßen weibliche Erdhörnchen Alarmrufe aus, um andere Weibchen beim Auftauchen eines Räubers zu warnen (Sherman 1977), und Löwenmütter säugen die Jungen anderer Weibchen (Bertram 1975).

Bei Vögeln liegen die Verhältnisse genau umgekehrt. Hier wandern die Männchen weniger, sind deshalb innerhalb eines bestimmten Areals nahe verwandt und verhalten sich altruistisch. In Kapitel 9 werden wir mehrere Vogelarten kennenlernen, deren Männchen bei der Aufzucht von fremden Jungtieren helfen.

Schlußfolgerung

Der Vergleich zwischen verschiedenen Tiergruppen und Habitaten hat deutlich gemacht, daß ökologische Faktoren eine wichtige Rolle bei der Ausprägung von Brutpflegeverhalten und Paarungssystemen spielen. Die Verteilung von Ressourcen, z. B. geeigneten Eiablageplätzen und Nahrung, und die Verteilung der Weibchen in Raum und Zeit beeinflussen die Art und Weise, in der ein Individuum sich verhalten kann, um seinen Fortpflanzungserfolg zu maximieren. Andere Faktoren, wie die Art der Besamung, können das Paarungsverhalten ebenfalls festlegen, indem sie einen Elternteil dazu prädestinieren, für die Jungen zu sorgen und so dem anderen Geschlecht die Möglichkeit geben, sich davonzumachen und nach weiteren Partnern zu suchen. Es wurde auch festgestellt, daß die Evolution des heutigen Verhaltens von der Vorgeschichte abhängt. Welches der Geschlechter die Brutpflege bei Fischen und Vögeln übernommen und wie sich die Polyandrie bei Watvögeln entwickelt hat, ist beides leichter zu verstehen, wenn man das Verhalten der Vorfahren miteinbezieht. Die Einteilung von Arten anhand ihrer charakteristischen Paarungssysteme ist brauchbar, wenn man breitangelegte Vergleiche zwischen Taxa oder Habitattypen durchführt. Doch sollte nicht erwartet werden, daß sich innerhalb einer Art alle Individuen gleich verhalten. Während einige Individuen Turnierkämpfe veranstalten oder Ressourcen verteidigen, um Weibchen anzulocken, könnten andere ihren Fortpflanzungserfolg mit abweichenden, weniger auffälligen Methoden steigern. Im folgenden Kapitel sollen derartige alternative Strategien näher betrachtet werden.

Zusammenfassung

Unterschiede zwischen Arten, die Brutpflege und Paarungssysteme betreffen, können mit Unterschieden hinsichtlich physiologischer Faktoren und der Ökologie korreliert sein. Innere Besamung und Spezialisierungen wie das Säugen prädestinieren die Weibchen dazu, die Brutpflege wahrzunehmen, während äußere Besamung und die Notwendigkeit, daß sich beide Eltern um die Aufzucht der Nachkommen kümmern müssen, auch Männchen zu einer Beteiligung zwingen können. Brutpflege bei Fischen scheint, unabhängig davon, welches Elternteil sie ausführt, mit unvorhersehbaren Umweltschwankungen korreliert zu sein. Bei Vögeln und Säugetieren tritt Polygynie auf, wenn Männchen hochwertige Ressourcen (z. B. Trauerammer) oder Gruppen von Weibchen (z. B. See-Elefanten) verteidigen. Bezüglich der Abwanderung vom Geburtsort gibt es bei Vögeln und Säugetieren Unterschiede zwischen den Geschlechtern, die ebenfalls in Zusammenhang mit ökologischen Faktoren zu stehen scheinen.

Weiterführende Literatur

Einen wichtigen Beitrag zum Thema Brutpflege und Paarungssysteme stellt Maynard Smiths (1977a) Arbeit dar, in der er einen Ansatz mit evolutionsstabilen Strategien (EES) verwendet und betont, daß die beste Strategie eines Elters davon abhängt, was der andere Elter tut. Ridley (1978) gibt einen Überblick über das Brutpflegeverhalten. Gute Übersichten über Paarungssysteme bei einzelnen Tiergruppen geben die Arbeiten von Bradbury u. Vehrencamp (1977) an Fledermäusen, von Wells (1977) an Fröschen und Kröten, von Pitelka u. Mitarb. (1974) an arktischen Watvögeln und von Jouventin u. Cornet (1980) an Robben. Alexander (1975) diskutiert gemeinsame Gesänge und Balzplätze bei Insekten. May (1979) vergleicht die Kosten und Nutzen von Seßhaftigkeit und Inzest mit denen einer Abwanderung und Vermeidung von Inzucht.

8 Alternative Strategien

Im vorangegangenen Kapitel wurde im wesentlichen der vergleichende Ansatz verwendet, um Unterschiede zwischen Arten zu ergründen und zu verstehen. Jede Art wurde durch ein „typisches" Paarungssystem charakterisiert. In den letzten Jahren ist jedoch klar geworden, daß innerhalb einer Art erhebliche Unterschiede zwischen den Individuen bestehen, was ihre Strategien bei der Konkurrenz um Ressourcen betrifft. Vor einem Jahrzehnt sah man jedes Tier, das sich nicht der Mehrheit der Population entsprechend verhielt, als abnorm an. Erpel, die Weibchen vergewaltigten, anstatt sie mit dem üblichen Zeremoniell zu umwerben, erhielten das Etikett „abnorm", und ihr Verhalten wurde auf die Überbevölkerung zurückgeführt. Von einem schweigenden Ochsenfrosch inmitten einer Schar quakender Artgenossen hätte man wahrscheinlich angenommen, daß er krank sei oder gerade Pause macht.

Heute sind wir versucht, jedem Individuum, das sich abweichend verhält, das Etikett „Strategie" aufzudrücken. Schweigende Frösche müssen nicht unbedingt erschöpft sein, sie könnten eine unauffällige Strategie verwenden. Es gibt drei Gründe für den Wandel dieser Ansichten. Erstens hat die Erkenntnis, daß evolutive Argumente in Hinblick auf die Vorteile für das Individuum oder Gen und nicht zum Wohle der Art gesehen werden müssen, dazu geführt, von den Individuen egoistisches Handeln zu erwarten. Wenn sich einige Männchen die Mühe machen, Weibchen durch ihre Rufe anzulocken, läßt sich nun vermuten, daß andere Männchen von diesen Leistungen profitieren und sich als Betrüger betätigen. Nachdem die Balz eher als Konflikt zwischen den Individuen (s. Kap. 6) denn als kooperatives Ereignis akzeptiert wurde, überraschen Vergewaltigungsversuche von Männchen nicht mehr.

Zweitens zeigte die Anwendung der Spieltheorie auf das Verhalten (s. Kap. 5), daß es zumindest theoretisch möglich ist, in einer Population stabile Gleichgewichte zwischen Individuen mit unterschiedlichen Strategien aufrechtzuerhalten. Drittens ergab eine steigende Anzahl von Freilandstudien mit individuell markierten Tieren, daß tatsächlich häufig unterschiedliche Strategien angewendet werden, mit denen um Partner, Nistplätze oder andere knappe Ressourcen konkurriert wird.

In diesem Kapitel sollen einige Beispiele für derartige individuelle Unterschiede im Konkurrenzverhalten untersucht und Möglichkeiten erörtert werden, wie sie sich entwickelt haben könnten.

Evolutiver Weg zu alternativen Strategien

Es können drei Hypothesen aufgestellt werden, um zu erklären, warum sich Individuen innerhalb einer Population unterschiedlich verhalten sollten.

Unterschiedliche Umwelten

Die optimale Strategie kann von der Beschaffenheit des Habitats abhängen. Wenn es heterogen strukturiert ist oder sich im Verlauf der Zeit häufig verändert, könnten sich mehrere Strategien behaupten. Z. B. hat die dunkle Form des Birkenspanners in verschmutzten Gegenden einen Selektionsvorteil, während sich die helle Form in unverschmutzten Gebieten durchsetzt. Solange beide Habitate bestehen, wird es beide Färbungen geben (Kettlewell 1973). In einigen Fällen können die Individuen ihr Verhalten je nach Habitat wechseln. Ein männliches Waldbrettspiel *(Pararge aegeria)*, das auf einem sonnigen Flecken am Waldboden nach Weibchen Ausschau hält, beansprucht ein Revier und macht kurze Ausflüge von seinem Lieblingsruheplatz aus, um vorbeifliegende Objekte zu inspizieren. Wenn dasselbe Männchen sich im Kronenbereich der Bäume aufhält, wendet es ein anderes Suchverhalten an, um die hier selteneren Weibchen aufzuspüren, und patrouilliert über weite Strecken.

Ein anderes Beispiel, das wohl ebenfalls in diese Kategorie gehört, stellen die unterschiedlichen Farbtypen des Dreistachligen Stichlings dar (McPhail 1969, Semler 1971, Moodie 1972). Einige Männchen haben leuchtend rote Bäuche, während andere dunkel gefärbt sind. Die roten Männchen sind für die Weibchen attraktiver; in Experimenten mit einem rotbäuchigen Männchen auf der einen und einem dunkelbäuchigen Männchen auf der anderen Seite eines Wasserbehälters, wählten die meisten Weibchen rote Männchen. Die Attraktivität eines dunklen Männchens kann durch Umfärben gesteigert werden, so daß ausschließlich die Farbe für die Anziehung des Weibchens verantwortlich sein muß. Warum sind aber nicht sämtliche Männchen rot?

Die Antwort liegt in der Tatsache, daß ein roter Bauch zwar einen Vorteil durch erhöhte Attraktivität gegenüber Weibchen bringt, jedoch auch einen Nachteil, da die rotbäuchigen Männchen auffälliger sind und häufiger von Forellen gefressen werden. Experimente zeigten, daß die roten Männchen vor allem bei hellem Licht, wenn sie durch ihre Farbe für den Räuber besonders leicht zu entdecken waren, gefressen wurden. Untersuchungen an nordamerikanischen Seen zeigten, daß die meisten Männchen in tieferem Wasser rot gefärbt sind. Vermutlich überwiegt in diesen dämmerigen Gewässern der erhöhte Paarungserfolg den Nachteil durch die stärkere Raubtierbedrohung. In seichten Gewässern sind hingegen fast alle Männchen unauffällig gefärbt. Hier herrschen helle Lichtverhältnisse, und die dunkeln Männchen überleben häufiger, weil die auffälligen rotbäuchigen Männchen schnell weggefressen sind.

Die Farbe der Stichlinge wurde aufgrund einer Bilanz zwischen Paarungsvorteil und Gefährdung durch Räuber herausgezüchtet. Sowohl rote als auch dunkle Männchen können bestehen, weil jedes in einer bestimmten Umwelt bevorteilt ist.

Das Beste aus seinen begrenzten Möglichkeiten machen

In manchen Fällen ist es kleineren Individuen aufgrund ihrer Körpergröße unmöglich, in Kämpfen oder Imponierdarbietungen erfolgreich zu konkurrieren. Einem derart benachteiligten Individuum bleibt keine andere Wahl, als zu versuchen, aus seinen bescheidenen Mitteln das Beste zu machen, indem es alternative Strategien anwendet. Selbst wenn es damit weniger Erfolge erzielt als andere, kann es auf diese Weise immerhin ein Optimum aus seinen begrenzten Fähigkeiten herausholen.

Körpergröße ist häufig altersabhängig. Unfähig, mit den älteren Artgenossen an Größe zu konkurrieren, könnten jüngere Individuen versuchen, sich Ressourcen durch Betrügereien zu erschleichen. Wie wir schon in Kapitel 6 sahen, gewinnen die größten Ochsenfrösche die besten Reviere und locken mit ihren Rufen Weibchen an. Kleine, junge Männchen sind nicht stark genug, um eigene Reviere zu erwerben und verhalten sich deshalb als „Satelliten", die schweigend in der Nähe eines quakenden Männchens sitzen. Dort versuchen sie, die von den Rufen herbeigelockten Weibchen abzufangen und sich mit ihnen zu paaren (Abb. 8.1). Sie sind dabei nicht sehr erfolgreich: Nur 2 von 73 beobachteten Paarungen wurden von Satellitenmännchen bewerkstelligt (Howard 1978); doch liegt in diesem Verhalten wahrscheinlich die einzige Chance, um an ein Weibchen zu kommen, solange sie klein sind. Die Satellitenmännchen machen das Beste aus ihren begrenzten Möglichkeiten, wenn sie bei den größten Männchen parasitieren, deren Rufe die meisten Weibchen anlocken.

Junge See-Elefanten sind nicht in der Lage, selbst einen Harem zu verteidigen. Statt dessen versuchen sie, sich Kopulationen zu erschleichen, indem sie sich als „vorgetäuschte Weibchen" in den Harem eines großen Männchens einschmuggeln (Le Boeuf 1974)! Sowohl junge Ochsenfrösche als auch junge See-Elefanten ersetzen ihre „heimliche" Strategie durch eine kämpferische, wenn sie älter, größer und stärker werden.

In anderen Fällen kann eine geringe Körpergröße für die gesamte Lebensdauer festgelegt und Folge von unzureichenden Ernährungsbedingungen während des Heranwachsens sein. Ein Beispiel bietet die

Evolutiver Weg zu alternativen Strategien 199

Abb. **8.1** Ein männlicher Ochsenfrosch (links) quakt in seinem Revier und lockt ein Weibchen an, das rechts den Teich erreicht. In der Mitte des Bildes befindet sich ein kleines Männchen, das als Satellit schweigend im Revier des größeren Männchens sitzt und versucht, das Weibchen auf dem Weg zu dem Rufer abzufangen.

Pelzbienenart *Centris pallida*, bei der die größten Männchen das dreifache Gewicht der kleinsten Männchen aufweisen (Alcock u. Mitarb. 1977). Große Männchen suchen nach Weibchen, indem sie über den Boden patrouillieren und nach eingegrabenen Puppen Ausschau halten, aus denen jungfräuliche Weibchen schlüpfen. Wenn sie ein schlüpfendes Weibchen entdecken, graben sie es aus und kopulieren mit ihm. Es dauert einige Minuten, bis das Weibchen freigeschaufelt ist, und durch diese Aktivität werden andere Männchen angelockt. Daraufhin erfolgen heftige Kämpfe, und nur die großen Männchen sind fähig, ihre entdeckten Weibchen erfolgreich zu verteidigen.

So ist es nicht weiter verwunderlich, daß nur große Männchen die Strategie des Patrouillierens und Ausgrabens verfolgen. Kleine Männchen suchen nach Partnerinnen, indem sie über den Gebieten, in denen die Weibchen schlüpfen, schweben und den Weibchen hinterherstellen, die den ausgrabenden Männchen entkommen sind. Mittelgroße Männchen können beide Strategien anwenden. Beobachtungen zeigten, daß die großen Männchen deutlich den größten Paarungserfolg aufwiesen. Deshalb ist es wahrscheinlich, daß den kleinen Männchen keine andere Wahl bleibt, als während ihres gesamten Lebens die Strategie des Schwebens anzuwenden, um das Beste aus ihrer Benachteiligung zu machen.

Das alles sind Beispiele von Strategien, die vom Phänotyp des Individuums abhängen nach dem Motto: „Wenn du groß bist, kämpfe, und wenn du klein bist, betrüge". Die größten und stärksten Individuen sind am erfolgreichsten, und die anderen werden durch die äußeren Umstände dazu genötigt, weniger erfolgreiche, alternative Strategien anzuwenden.

Alternative Strategien im evolutiven Gleichgewicht

Selbst wenn keinerlei Zwänge über die Umwelt oder durch phänotypische Unterschiede wie der Körpergröße bestehen, können Individuen alternative Strategien anwenden. Dies ist möglich, weil die Bilanz einer Strategie davon abhängt, wie sich die anderen Individuen in der Population verhalten. Wir haben in Kapitel 5 Beispiele kennengelernt, in denen unterschiedliche Kampfstrategien wie Falke und Taube nebeneinander als gemischte ESS existieren können. Dasselbe Argument wurde auf die Evolution des Geschlechterverhältnisses angewandt. Wie in Kapitel 6 erörtert wurde, hängt der „Wert" der männlichen oder weiblichen Nachkommen davon ab, wie das Geschlechterverhältnis in der Population aussieht. Männlich und weiblich können als zwei Strategien angesehen werden, die über eine frequenzabhängige Selektion als gemischte ESS stabilisiert werden.

Wenn zwei in der Natur beobachtete Strategien tatsächlich eine gemischte ESS darstellen, sollte man einen Gleichgewichtszustand erwarten, der für alle Individuen einen durchschnittlichen gleichen Erfolg gewährleistet; entsprechend wie bei den Männchen und Weibchen oder bei den Falken und Tauben in den hypothetischen Spielen aus Kapitel 5. Diese Erwartung unterscheidet sich grundsätzlich von der im vorangegangenen Abschnitt. Dort handelte es sich um benachteiligte Individuen, die mit der alternativen Strategie das Beste aus ihren begrenzten Möglichkeiten machten und dabei einen geringeren Erfolg aufweisen dürften als die besserbemittelten Individuen.

Beispiele für alternative Strategien

Es sollen nun einige Beispiele von Individuen betrachtet werden, deren Verhalten innerhalb einer Population von dem der übrigen Populationsmitglieder abweicht. Dabei soll unter Einbeziehung der oben besprochenen drei Hypothesen erörtert werden, wie diese Unterschiede sich im Verlauf der Evolution entwickelt haben könnten. In Tab. 8.1 sind die zu besprechenden Strategien zusammengefaßt.

Rufer und Satelliten

Bei den oben erwähnten Ochsenfröschen quaken nur die großen Männchen, um Weibchen anzulocken, während kleinere als Satelliten fungie-

Tabelle **8.1** Beispiele von alternativen Strategien innerhalb einer Art

Art	Literaturquelle	Strategie 1	Strategie 2
Stichling	Semler 1971	rot	dunkel
Ochsenfrosch	Howard 1978	Rufer	Satellit
Grüner Laubfrosch	Perrill u. Mitarb. 1978	Rufer	Satellit
Feldgrille	Cade 1979	Rufer	Satellit
Kampfläufer	van Rhijn 1973	Ansässiger	Satellit
Grabwespe	Brockmann u. Mitarb. 1979	graben	besetzen
Biene	Alcock u. Mitarb. 1977	patrouillieren	schweben
Feigenwespe	Hamilton 1979	kämpfen	abwandern
Skorpionsfliege	Thornhill 1979	jagen	stehlen

ren. Die Strategie ist also abhängig vom Phänotyp nach dem Leitspruch: „Bist du groß, rufe; bist du klein, sei ein Satellit". Beim Grünen Laubfrosch *(Hyla cinerea)* gibt es jedoch keine Körpergrößenunterschiede zwischen Rufern und Satelliten. Es ist deshalb unwahrscheinlich, daß es sich bei diesen Satelliten um junge Exemplare handelt, die das Beste aus ihrer Benachteiligung machen. Könnte hier ein Beispiel für eine gemischte ESS vorliegen?

Theoretisch ist leicht ersichtlich, daß die Vorteile von Rufer und Satellit frequenzabhängig sein können. Wenn alle Männchen Rufer wären, würden viele Weibchen angelockt werden und die Satellitenstrategie würde zu großem Erfolg führen. Wären alle Männchen Satelliten, würde überhaupt kein Weibchen eintreffen, so daß es sehr vorteilhaft wäre, zu rufen. Wenn die Frösche zwischen diesen beiden Strategien freie Wahl hätten (z. B. keinerlei Nachteil durch unterschiedliche Körpergröße), würde man eine frequenzabhängige Selektion zur Stabilisierung der Anteile von Rufern und Satelliten erwarten, die beiden gleiche Erfolge verschafft.

Perril u. Mitarb. (1978) maßen den Erfolg der beiden Strategien, indem sie Weibchen in der Nähe von Rufern und deren Satelliten freiließen. Die rufenden Männchen paarten sich in 17 Fällen mit den freigelassenen Weibchen, die Satellitenmännchen in 13 Fällen. Im Gegensatz zu den Ochsenfröschen erzielten die Laubfroschsatelliten also einen beachtlichen Erfolg. Die Daten stehen in Einklang mit der Interpretation als einer gemischten ESS, weil die Erfolge der beiden Strategien in diesen

Experimenten nicht signifikant unterschiedlich sind. Allerdings besteht folgende Schwierigkeit bei der Überprüfung einer Theorie, die gleiche Erfolge erwartet: Es ist statistisch gesehen unmöglich zu beweisen, daß zwei Strategien dieselben Bilanzen aufweisen. Man kann lediglich auf Gleichheit schließen, wenn sich keine Unterschiede nachweisen lassen. Das Problem liegt darin, daß sich Unterschiede um so schwerer nachweisen lassen, je geringer die Stichprobengröße ist.

Eine andere Schwierigkeit, der sich Freilandbeobachter bei der Messung der Bilanzen von verschiedenen Strategien gegenübersehen, ist, daß sich zwar die Vorteile, z. B. die Anzahl angelockter Weibchen, leicht messen lassen, daß die Erfassung der Kosten jedoch Probleme bereitet. Wenn man beispielsweise findet, daß Satelliten weniger Weibchen abbekommen als die Rufer, braucht das nicht zu heißen, daß ihr Nettogewinn geringer ist, denn sie könnten auch geringere Kosten haben. Das Rufen erfordert einen erhöhten Energieaufwand und könnte zudem die Bedrohung durch Räuber steigern. Howard (1979) fand, daß einige der quakenden Ochsenfrösche nicht nur Weibchen anzogen, sondern auch hungrige Schnappschildkröten!

Ein schönes Beispiel für die Kosten des Rufens stellt Cades (1979) Studie an der Feldgrille *(Grillus integer)* dar. Revierbesitzende Männchen zirpen, indem sie ihre Vorderflügel aneinanderreiben. Wie bei den Fröschen sitzen schweigende Männchen in der Nähe des Rufers und versuchen, eintreffende Weibchen abzufangen.

Cade konnte mittels eines Lautsprechers, aus dem Tonbandaufnahmen von Grillenrufen ertönten, nachweisen, daß das Zirpen nicht nur Vorteile, sondern auch beträchtliche Nachteile mit sich bringt (Tab. 8.2). Lautere Rufe lockten nicht nur mehr Weibchen, sondern auch mehr Satellitenmännchen herbei, die die Weibchen um den Lautsprecher

Tabelle **8.2** Beim Abspielen des Gesanges einer männlichen Feldgrille *(Grillus integer)* aus einem Lautsprecher werden nicht nur Weibchen, sondern auch Satellitenmännchen und parasitierende Raupenfliegen, die die Grille töten können, angelockt (Cade 1979)

abgespieltes Signal	durch den Lautsprecher angelockt		
	Anzahl Weibchen	Anzahl Satellitenmännchen	Anzahl parasitierender Fliegen
kein Gesang	0	0	0
80 dB Gesang	7	7	3
90 dB Gesang	21	16	18

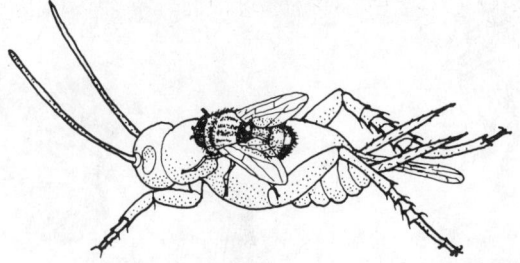

Abb. **8.2** Rufende Grillenmännchen locken nicht nur Weibchen, sondern auch parasitierende Fliegen an, die lebende Larven in den Körper der Grillen legen, so daß die Grille schließlich getötet wird.

herum anbalzten. Darüber hinaus rief das Zirpen eine parasitierende Raupenfliegenart *(Euphasiopteryx ochracea)* auf den Plan, die Larven auf dem Lautsprecher ablegte! Als Cade Grillen einfing, stellte er fest, daß 11 von 14 rufenden Männchen parasitierende Fliegenlarven aufwiesen, jedoch nur 4 von 29 Satellitenmännchen. Parasitismus muß für den Rufer eine schwere Bürde darstellen, da die Grille stirbt, wenn die Raupenfliegennachkommen in ihrem Körper ausschlüpfen (Abb. 8.2).

Balzplätze der Kampfläufer: Ansässige und Satelliten

Männliche Kampfläufer versammeln sich im Frühling an bestimmten Balzplätzen (s. Kap. 7), auf denen sie Kampfspiele veranstalten, um Weibchen zur Paarung zu gewinnen. Die Männchen sind größer als die Weibchen und tragen ein spezielles Balzkleid mit auffälliger Halskrause und einem Federschopf auf dem Kopf (Abb. 8.3). Einige Männchen sind „Ansässige"; sie verteidigen kleine, kahle Bodenflächen von etwa 30 cm Durchmesser und verjagen andere, eindringende Ansässige mit aggressivem Gebaren. Andere Männchen nehmen die Rolle von Satelliten ein, sind nicht aggressiv und gesellen sich einem Ansässigen auf dessen Revier hinzu. Manchmal werden die Satelliten von den Ansässigen toleriert, in anderen Fällen verjagt (Hogan-Warburg 1966, van Rhijn 1973).

Auffällig dabei ist, daß die Verhaltensunterschiede mit der Gefiederfärbung korreliert sind. Ansässige haben dunkle Schöpfe und meistens ebenfalls dunkle Halskrausen. Demgegenüber weisen die Satellitenmännchen helle Schöpfe und Halskrausen auf. Die Männchen neigen dazu, dieselbe Gefiederfärbung ihr ganzes Leben lang zu behalten, und die Unterschiede zwischen Ansässigen und Satelliten besitzen eine genetische Grundlage.

Abb. **8.3** Männliche Kampfläufer (*Philomachus pugnax*) veranstalten auf speziellen Balzplätzen Kampfspiele, um Weibchen anzulocken. Die Weibchen sind kleiner, und ihnen fehlt das auffällige Schmuckgefieder. Die dunklen Männchen links und rechts im Bild sind Ansässige, das weiße Männchen im Vordergrund ist Satellit.

Wenn ein Weibchen das Revier betritt, wird es sowohl vom Ansässigen als auch vom Satellitenmännchen angebalzt. Manchmal jagt der Ansässige den Satelliten fort und kopuliert dann mit dem Weibchen. Gelegentlich kopuliert jedoch auch das Satellitenmännchen mit dem Weibchen, während das ansässige Männchen damit beschäftigt ist, sein Revier gegen andere Männchen zu verteidigen. Es ist schwierig, den Fortpflanzungserfolg der beiden Strategien zu bestimmen, da die Satellitenmännchen mehrere Balzplätze aufsuchen könnten und ein Weibchen möglicherweise mehrfach kopuliert. Außerdem scheinen deutliche Unterschiede im Erfolg der Satelliten zu verschiedenen Zeitpunkten der Brutsaison und auf unterschiedlichen Balzplätzen zu bestehen. Z. B. waren die Kopulationsraten der Satelliten auf kleinen Balzplätzen fast genauso groß wie die der Ansässigen, während die Ansässigen auf großen Balzplätzen den Satelliten gegenüber sehr aggressiv waren und ihnen kaum eine Chance ließen. Bislang ist nicht klar, ob es sich bei den

Feigenwespen: kämpfen oder auswandern?

Gadgil (1972) wies darauf hin, daß innerhalb einer Population eine Selektion auf Dimorphismus bei Männchen stattfinden könnte. Einige Männchen könnten ihre Ressourcen in eine hohe Wettbewerbsfähigkeit investieren und leuchtende Farben oder Waffen entwickeln. Diesen Lebensstil könnte man als „schnell und wild" bezeichnen; das Männchen wird häufig kopulieren, jedoch nur kurz leben, da seine Kräfte schnell verschleißen. Andere Männchen könnten ihre Ressourcen vorwiegend in die eigene Überlebensfähigkeit investieren. Dabei würden sie sich zwar mit einer geringeren Rate fortpflanzen, könnten diesen Nachteil jedoch durch eine längere Lebens- und damit Reproduktionsspanne ausgleichen.

Ein besonders drastisches Beispiel für einen solchen Männchendimorphismus findet sich bei einigen Feigenwespen *(Idarnes)* (Hamilton 1979). Manche Männchen sind flügellos und haben ihre Ressourcen in eine optimale Kampfausrüstung investiert; sie tragen große Köpfe und riesige Mandibeln, mit denen sie Konkurrenten in zwei Hälften zerteilen können. Diese Männchen verbleiben in der Feigenfrucht, in der sie geboren wurden und kämpfen um frischgeschlüpfte Weibchen, die sich aus den Larven innerhalb der Frucht entwickeln. Andere Männchen besitzen Flügel und verwenden ihre Ressourcen, um auszuwandern; sie haben kleine Köpfe und Mandibeln, sind nicht aggressiv und verlassen die Feige, um sich mit Weibchen zu paaren, die aus den Früchten geschlüpft und ausgeflogen sind (Abb. 8.4).

Obwohl bisher nicht sicher ist, wie dieser Dimorphismus aufrechterhalten wird, könnte es sich gut um einen Fall handeln, in dem die beste Strategie umweltabhängig ist. Z. B. wird sich das Auswandern dann lohnen, wenn in einer Feige nur wenige Weibchen schlüpfen. Wenn sich andererseits innerhalb derselben Frucht viele Individuen entwickeln, könnte ein Männchen Zugang zu mehreren Weibchen gewinnen, und es würde sich auszahlen, zu bleiben und zu kämpfen.

Nestbaustrategien bei weiblichen Grabwespen

Weibchen der Grabwespenart *Sphex ichneumoneus* legen ihre Eier in unterirdische Bauten, die sie mit erbeuteten Sattelschrecken als Futter für die Nachkommen ausstatten (Abb. 8.5). Brockmann entdeckte, daß es für die Weibchen zwei Möglichkeiten gibt, zu einem solchen Bau zu gelangen; sie graben ihn entweder selbst oder besetzen einen schon

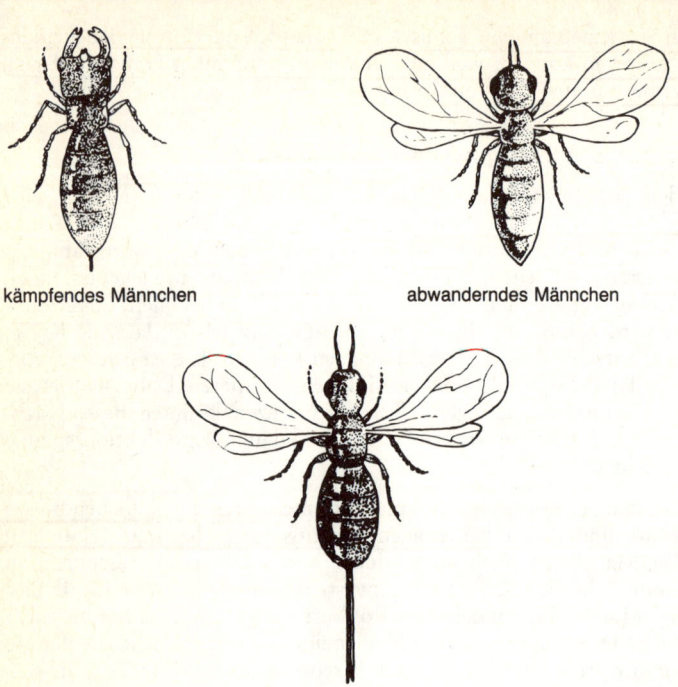

Abb. **8.4** Männchendimorphismus bei Feigenwespen (aus Hamilton 1979). Einige Männchen haben kleine Köpfe und können fliegen; andere sind flügellos und tragen riesige Mandibeln, mit denen sie Konkurrenten in zwei Hälften beißen können.

fertigen Bau. Das Graben eines Baues bedeutet für die Wespe eine harte Arbeit und beansprucht durchschnittlich 100 min. Deshalb scheint die Besetzung eines fertigen Baues eine Strategie zu sein, die Zeit und Energie spart. Die Wespen können jedoch anscheinend nicht im voraus erkennen, ob ein Bau verlassen oder in Gebrauch ist. Ist er leer, können sie friedlich ihre Eier legen und Vorsorge betreiben. Ist er jedoch besetzt, kommt es bei der Begegnung beider Wespen zu einem heftigen Kampf mit der Folge, daß sich in dem Bau nur eine der beiden erfolgreich fortpflanzen kann. Wenn das Weibchen selbst einen Bau gräbt, kann es ihn allerdings genausogut an ein fremdes Weibchen mit Besetzerstrategie verlieren (Brockmann u. Dawkins 1979).

Wie läßt sich die Evolution dieser beiden alternativen Strategien „graben" und „besetzen" erklären? Es ist leicht einsichtig, daß ihr Erfolg

Abb. **8.5** Eine weibliche Grabwespe der Spezies *Sphex ichneumoneus* vor dem Eingang eines Baues (Foto: J. Brockmann).

frequenzabhängig ist. Man stelle sich nur vor, daß sämtliche Weibchen der Population graben würden. Dann würde es viele leere Bauten aus früheren und fehlgeschlagenen Brutversuchen geben, und es würde sich für jedes beliebige Weibchen lohnen zu besetzen, da es die Zeit und Energie für das Graben sparen würde. Graben allein scheint deshalb keine ESS zu sein. Doch auch die Besetzerstrategie kann sich nicht über die gesamte Population ausbreiten, da sich die Besetzer alle vorhandenen Bauten teilen müßten und es viele Kämpfe geben würde. Bei einer hohen Anzahl von Besetzern würde es sich für ein Weibchen lohnen, einen eigenen Bau zu graben und dadurch die Wahrscheinlichkeit zu verringern, ihn mit einem anderen Weibchen teilen zu müssen. Das Besetzen allein ist also ebensowenig eine ESS wie das Graben. Genau wie bei den Falken und Tauben ist jede der beiden Strategien am vorteilhaftesten, wenn sie selten auftritt. Deshalb könnte über eine frequenzabhängige Selektion eine stabile Mischung aus „graben" und „besetzen" (eine gemischte ESS) entstehen, innerhalb derer beide Strategien gleiche Erfolge aufweisen.

Brockmann u. Mitarb. (1979) maßen den Erfolg dieser beiden Strategien anhand der Anzahl abgelegter Eier pro Zeiteinheit. Da dieselben Weibchen mal diese und mal jene Strategie anwendeten, konnten die

Autoren den Erfolg nicht messen, indem sie „Gräber"-Individuen mit „Besetzer"-Individuen verglichen. Statt dessen maßen sie den Erfolg anhand von einzelnen Entscheidungen jeweils für „graben" oder „besetzen". Wenn wir an das Falken-Tauben-Spiel aus Kapitel 5 zurückdenken, erinnern wir, daß eine gemischte ESS entweder durch einen Polymorphismus innerhalb der Population zustande kommt, in der einige Individuen Falken und andere Tauben sind, oder aber, indem dieselben Individuen mal Falke und mal Taube spielen, und zwar in einem Verhältnis, das der gemischten ESS gerecht wird. Wenn die beiden Strategien also eine gemischte ESS darstellen, sollten die Entscheidungen für „graben" und „besetzen" gleiche Erfolge aufweisen.

Um diese Hypothese zu prüfen, wurden die Daten des Nistverhaltens von 68 Weibchen analysiert. Der dazu notwendige Arbeitsaufwand im Freiland betrug mehr als 1500 Stunden an Beobachtungen und umfaßte eine nahezu komplette Aufzeichnung der Entwicklungsgeschichten von 410 Bauten. Die Berechnung der pro Zeiteinheit gelegten Eier in Abhängigkeit von den Strategien „graben" und „besetzen" entpuppte sich als schwierige Aufgabe. Brockmann u. Mitarb. (1979) mußten die möglichen Folgen einer jeden Entscheidung mit berücksichtigen, um den gesamten Erfolg zu berechnen (Abb. 8.6). Wenn z. B. ein Weibchen, das einen Bau besetzen wollte, auf den Besitzer des Baues traf und vertrieben wurde, bevor es Eier legen konnte, mußte der vergeudete Zeitaufwand in die Besetzerstrategie miteinbezogen werden.

Die Ergebnisse zeigten, daß die Entscheidungen der Weibchen, zu graben oder zu besetzen, weder von irgendeinem erkennbaren Phänotyp, z. B. der Körpergröße, abhingen, noch von der Umwelt, z. B. dem Zeitpunkt innerhalb der Brutsaison. Weiter ergaben sich keinerlei signifikante Unterschiede zwischen den Erfolgsquoten der beiden Strategien. Somit werden die Daten am besten durch die Hypothese erklärt, daß „graben" und „besetzen" eine gemischte ESS darstellen. Individuelle Weibchen scheinen einer einfachen Entscheidungsregel zu folgen nach dem Grundsatz: „Grabe mit einer Häufigkeit von p und besetze mit einer Häufigkeit von 1–p". Der Wert von p ist offensichtlich durch frequenzabhängige Selektion so fixiert worden, daß die beiden Entscheidungen identische Erfolge bewirken.

Probleme bei der Deutung der Daten

Anhand der beschriebenen Beispiele wurden drei zu Beginn dieses Kapitels skizzierte Möglichkeiten verdeutlicht, durch die alternative Strategien nebeneinander bestehen zu bleiben scheinen. Feigenwespen und Kampfläufer sind Beispiele für umweltabhängige Strategien; die Strategien des Ochsenfrosches und der Pelzbienenart *Centris pallida*

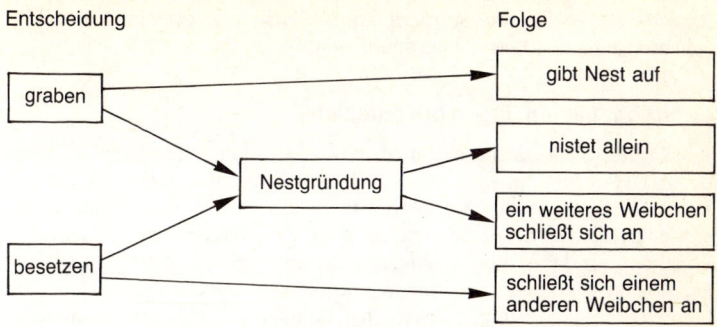

Abb. **8.6** Eine weibliche Grabwespe kann sich entscheiden, entweder selbst einen Bau zu graben oder einen schon vorhandenen zu besetzen. Die Entscheidung zu graben kann drei mögliche Folgen haben: Das Weibchen kann den Bau aufgeben, kann ein Nest gründen und dort entweder allein oder mit einem später hinzukommenden Weibchen zusammen nisten. Die Entscheidung zu besetzen hat ebenfalls drei mögliche Folgen: Das Weibchen kann sich einem anderen Weibchen in dessen Bau anschließen oder einen verlassenen Bau finden, in dem es entweder alleine oder mit einem später hinzukommenden Weibchen zusammen nistet. Um den vollen Gewinn je Zeiteinheit für beide Strategien zu berechnen, müssen Nutzen und Zeitaufwand für jede der möglichen Folgen gemessen werden (aus H. J. Brockmann, A. Grafen, R. Dawkins: J. theor. Biol. 77 [1979] 473).

hängen von Körpergröße und Kampfesfähigkeit ab; bei Grünen Laubfröschen und Grabwespen scheinen die verschiedenen Strategien durch ein Gleichgewicht aufgrund von frequenzabhängiger Selektion nebeneinander bestehen zu bleiben.

In vielen Fällen ist jedoch schwer zu entscheiden, welche der Erklärungen zutrifft. Im Fall der Feldgrille könnten alle drei Möglichkeiten eine Rolle spielen. Zirpen und Satellitenverhalten könnten nebeneinander bestehen bleiben, weil beide Verhaltensweisen in verschiedener Umwelt unterschiedliche Fitness zur Folge haben: Zirpen ist bei geringer Parasitendichte von größerem Vorteil, das Satellitenverhalten hingegen an Plätzen mit hoher Parasitendichte. Andererseits könnten die Strategien vom Phänotyp abhängen, indem nur die größten Männchen oder diejenigen mit den meisten Energiereserven als Rufer effektiv sind. Schließlich könnten die beiden Strategien als gemischte ESS an einem frequenzabhängigen Gleichgewichtspunkt koexistieren und gleiche durchschnittliche Erfolge aufweisen. Es ist einleuchtend, daß eine große Anzahl exakter Daten zu den Kosten und Nutzen des Rufens und zu den individuellen Zwängen erforderlich ist, um die Richtigkeit einer der Hypothesen zu beweisen. Doch selbst mit guten quantitativen Daten lassen sich die Ergebnisse nicht immer leicht interpretieren. Das läßt sich am folgenden Beispiel verdeutlichen.

Skorpionsfliegen: jagen oder stehlen?

Im Kapitel 6 wurde beschrieben, daß eine männliche Skorpionsfliege der Art *Hylobittacus apicalis* dem Weibchen ein Hochzeitsmahl anbieten muß, bevor es zur Kopulation zugelassen wird. Thornhill (1979) entdeckte, daß es für die Männchen zwei Möglichkeiten gibt, um an das Geschenk für das Weibchen zu gelangen. Entweder wird die Beute selbst gejagt und gefangen oder aber von anderen Männchen gestohlen. Das Stehlen kann so erfolgen, daß ein Männchen direkt auf ein anderes Männchen losfliegt und ihm seine Beute mit Gewalt entreißt. Oder das Männchen wählt eine seltenere Methode, indem es die Körperhaltung eines Weibchens nachahmt, um auf diese Weise andere Männchen zu täuschen und sie zu veranlassen, ihre Beute preiszugeben. Ein derartiges „Transvestiten"-Verhalten hat gelegentlich Erfolg, doch reißt das betrogene Männchen die Beute manchmal wieder an sich, nachdem es bemerkt hat, daß das andere Individuum eine Kopulation verweigert!

Beide Strategien können von denselben Männchen angewendet werden: manchmal jagen, in anderen Fällen stehlen sie. Der Erfolg mußte deshalb anhand von einzelnen Entscheidungen gemessen werden. Thornhills Daten zeigten, daß das Stehlen ergiebiger war als das Jagen: Beim Stehlen betrug die Dauer zwischen zwei Kopulationen 17 Minuten, beim Jagen 26 Minuten. Wie lassen sich diese Daten interpretieren? Es gibt drei Möglichkeiten.

1 Die Bilanzen für „Jagen" und „Stehlen" können frequenzabhängig sein. Es ist klar, daß nicht sämtliche Männchen gleichzeitig stehlen können. Wenn jedoch die meisten Männchen Jäger wären, würden die Diebe einen beträchtlichen Erfolg erzielen. Falls keine phänotypischen Zwänge (z. B. Körpergröße) bei der Wahl der Strategie eine Rolle spielen, sollte man erwarten, daß eine frequenzabhängige Selektion zu einem Gleichgewicht führt, in dem beide Strategien identische Erfolge aufweisen. Wenn die Annahme einer gemischten ESS richtig ist, dann würden die Daten besagen, daß das System nicht sehr stabil sein kann. Unsere erste Interpretationsmöglichkeit geht deshalb von einer gemischten ESS aus, mit der Einschränkung, daß die Daten nicht die korrekten Kosten und Nutzen der beiden Strategien widerspiegeln. Vielleicht existieren Kosten beim Stehlen, die nicht erfaßt wurden.

2 Die zweite Möglichkeit ist, daß die Bilanzen durch die Daten exakt wiedergegeben wurden und deshalb die Annahme einer gemischten ESS falsch sein muß. „Jagen" und „Stehlen" könnten Bestandteile einer bedingten Strategie sein nach dem Motto: „Wenn du groß bist, stehle, und wenn du klein bist, jage". Entsprechend den Ochsenfröschen, bei denen nur die größten in der Lage sind, ein Revier zu verteidigen, könnten bei den Skorpionsfliegen nur die stärksten Männchen fähig sein zu stehlen.

3 Die dritte Möglichkeit besagt, daß sowohl die Annahme einer gemischten ESS als auch die Daten korrekt sind, daß die Population jedoch noch kein stabiles Gleichgewicht erreicht hat. Vielleicht nimmt die Häufigkeit des Stehlens im Lauf der Zeit zu, bis die Bilanzen gleich geworden sind. Diese Interpretation muß besonders deshalb in Erwägung gezogen werden, weil viele der Daten in von Menschen veränderten Habitaten wie verschmutzten Flüssen oder Vorstadtgärten gewonnen worden sind. Das kann bedeuten, daß die Tiere Entscheidungsregeln benutzen, die an andere als die gegenwärtigen Umweltbedingungen angepaßt sind.

Diese Auswahl von Möglichkeiten ähnelt sehr stark derjenigen aus Kapitel 3, die sich auf Optimalitätsmodelle bezog (s. S. 84): Fehler bei der Messung von Kosten oder Nutzen, falsche Annahmen über die Zwänge sowie die Möglichkeit einer nichtoptimalen Anpassung der Tiere.

Die Schlußfolgerung hieraus ist, daß obwohl zweifellos mehrere evolutive Entstehungsmöglichkeiten für Unterschiede zwischen Individuen innerhalb einer Population existieren, häufig Schwierigkeiten bestehen, die auf ein bestimmtes Beispiel zutreffende Hypothese herauszusortieren. Messungen von Nutzen und Kosten, zusammen mit Daten über individuelle Zwänge wie Alter und Körpergröße, sind erforderlich, bevor sich eine bedingte Strategie von einer gemischten ESS unterscheiden läßt.

Geschlechtsumwandlung als alternative Strategie

Wechsel vom Weibchen zum Männchen

Bei einer intensiven Konkurrenz von mehreren Männchen um die Weibchen, weist das größte und stärkste Männchen in der Regel den höchsten Fortpflanzungserfolg auf. Wir haben gesehen, daß junge und kleine Männchen die Möglichkeit haben, den direkten Wettbewerb mit den stärkeren Rivalen zu vermeiden, indem sie sich „betrügerischer" Paarungsstrategien bedienen. Doch gibt es einen anderen, erstaunlichen Weg, um den Nachteil der geringen Größe als Jungtier zu umgehen. Er besteht darin, die reproduktive Lebensspanne als Weibchen zu beginnen und sich nach Erreichen einer konkurrenzfähigen Körpergröße in ein Männchen umzuwandeln (Abb. 8.7a). Ein solches System der Geschlechtsumwandlung ist bei Fischen verbreitet und wird als proto-

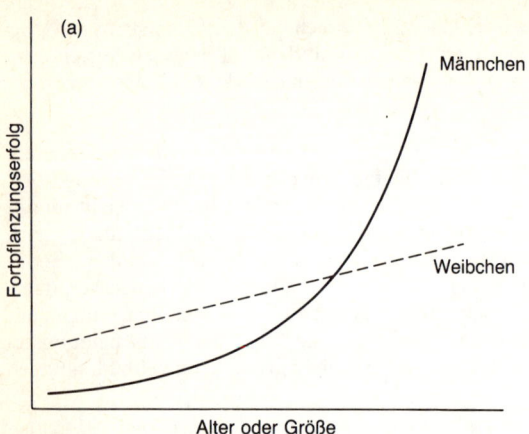

Abb. **8.7** (a) Bei starker Konkurrenz zwischen den Männchen weisen nur die größten hohe Paarungserfolge auf. Obwohl der Fortpflanzungserfolg der Weibchen ebenfalls mit der Größe zunimmt, da große Weibchen mehr Eier legen, ist der Einfluß der Größe des Männchens auf den Paarungserfolg wesentlich stärker. Unter diesen Umständen lohnt es sich für ein Individuum, weiblich zu bleiben, solange es klein ist, da sich alle Weibchen fortpflanzen, während nur die größten Männchen als erfolgreiche Konkurrenten zur Begattung gelangen (nach Warner). Ein Beispiel für einen solchen Fall stellt der Blaukopf (*Thalassoma bifasciatum*) dar (s. Text).

gyner Hermaphroditismus bezeichnet. Unter zwei Voraussetzungen wird es von der Selektion gefördert werden. Erstens sollte sich ein Individuum mit weiblichem Habitus erfolgreicher fortpflanzen als mit männlichem Habitus, solange es klein ist, während die Verhältnisse sich umkehren, sobald es eine gewisse Körpergröße erreicht hat. Zweitens sollte der Fortpflanzungserfolg des gesamten Lebens bei einer Geschlechtsumwandlung höher sein als bei ausschließlicher Zugehörigkeit zu nur einem Geschlecht (Ghiselin 1969, Warner 1975). Wie in Kapitel 6 erwähnt, hängt das Problem der Geschlechtsumwandlung eng mit dem Geschlechterverhältnis zusammen. Beide sind Teil des generellen Problems der Differenzierung der Geschlechter (sex allocation).

Blauköpfe *(Thalassoma bifasciatum)* leben auf Korallenriffen im westlichen Atlantik. Die Männchen sind leuchtend gefärbt und verteidigen Reviere auf dem Riff. Die unauffälligen Weibchen suchen sich unter den Männchen die größten und farbenprächtigsten zur Paarung aus. Auf dem Höhepunkt der Fortpflanzungszeit kann das größte Männchen auf dem Riff bis zu 40mal pro Tag Samen abgeben. Wie sich anhand der Tatsache, daß sich nur die größten Individuen als Männchen erfolgreich

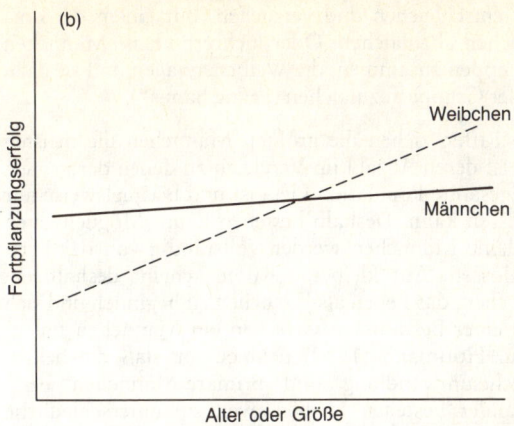

Abb. **8.7** (b) Wenn nur geringe Konkurrenz zwischen den Männchen herrscht, kann der Fortpflanzungserfolg bei Weibchen stärker von der Körpergröße abhängen als bei Männchen. In diesem Fall könnte es sich für ein Individuum auszahlen, sein Leben als kleines Männchen zu beginnen und sich erst mit zunehmendem Alter und Körpergewicht in ein Weibchen umzuwandeln (nach Warner). Ein Beispiel für einen solchen Fall stellt der Anemonenfisch (*Amphiprion*) dar (s. Text).

fortpflanzen, erwarten läßt, lebt diese Art als protogyner Hermaphrodit. Die Fische beginnen ihre reproduktive Lebensspanne als Weibchen und wandeln sich erst nach Erreichen einer bestimmten Körpergröße in Männchen um (Warner u. Mitarb. 1975). Die Geschlechtsumwandlung unterliegt einer sozialen Kontrolle; werden die größten Männchen auf dem Riff entfernt, wandeln sich die größten Weibchen um und werden zu leuchtend gefärbten Männchen.

Die Verhältnisse liegen allerdings noch komplizierter, da auf verschieden großen Riffen unterschiedliches Verhalten auftritt (Warner u. Hoffmann 1980). Auf den größten Riffen mit Blaukopfpopulationen von bis zu 16 000 Individuen haben die wenigen großen Männchen einen enormen potentiellen Fortpflanzungserfolg. Doch bei einer derart großen Anzahl von Weibchen, die nur von wenigen großen Männchen angelockt werden, finden sich viele Gelegenheiten für Betrügereien durch kleinere Männchen. Auf großen Riffen gibt es Individuen, die als Männchen geboren werden und während ihres gesamten Lebens männlich bleiben (primäre Männchen). Solange sie klein sind, versuchen sie sich Paarungen zu „erschummeln", indem sie sich in das Revier eines großen Männchens einschleichen und versuchen, mit einem der dort versammelten Weibchen abzulaichen. Oder mehrere kleine Männchen schließen sich zu Gruppen zusammen, die Weibchen jagen und sie dazu bringen, innerhalb der Gruppe abzulaichen („gang bangs").

Auch auf kleineren Riffen ziehen die größten Männchen die meisten Weibchen an, doch ist deren Anzahl im Vergleich zu denen der großen Riffe gering, da die gesamte Population klein ist und beispielsweise nur 20 Individuen umfassen kann. Deshalb bestehen kaum Möglichkeiten zum Betrug, und kleine Männchen werden vollständig von der Fortpflanzung ausgeschlossen. Auf kleineren Riffen scheint deshalb ein Vorteil darin zu bestehen, das Leben als Weibchen zu beginnen und sich erst nach Erreichen einer bestimmten Größe in ein Männchen umzuwandeln. Warner u. Hoffmann (1980) nehmen an, daß die beiden Strategien „Geschlechtsumwandlung" und „primäre Männchen" beim Blaukopf nebeneinander bestehen bleiben, weil sie unterschiedliche Vorteile auf verschieden großen Riffen mit sich bringen.

Umwandlung vom Männchen zum Weibchen

Seltener finden sich Individuen, die zunächst männlich sind und sich mit zunehmender Größe in Weibchen umwandeln (proterandrischer Hermaphroditismus). Dieser Typ der Geschlechtsumwandlung könnte gefördert werden, wenn die Konkurrenz zwischen den Männchen schwach ist und die Größe des Männchens geringe Auswirkungen auf seinen Fortpflanzungserfolg hat (Abb. 8.7b). Solange es klein ist, kann sich ein Individuum als Männchen effektiver fortpflanzen, weil es in diesem Stadium fähig ist, mit den größten und fruchtbarsten Weibchen abzulaichen.

Ein Beispiel für einen Wechsel von männlich zu weiblich stellt der Weißrücken-Anemonenfisch *(Amphiprion akallopisos)* dar, der die Korallenriffe des Indischen Ozeans besiedelt. Er lebt in einer engen Symbiose mit Seeanemonen, und da in der Regel auf einer Anemone lediglich für zwei Fische Platz ist, leben die Tiere als Paare (Abb. 8.8). Es ist also das Habitat, das die Fische zur Monogamie zwingt. Der Fortpflanzungserfolg eines Paares wird von der Fähigkeit des Weibchens, Eier zu produzieren, und nicht vom Spermienvorrat des Männchens begrenzt. Deshalb schneiden beide besser ab, wenn der größere Partner das Weibchen ist (Fricke 1979). Wie beim Blaukopf wird die Geschlechtsumwandlung sozial kontrolliert. Wird das Weibchen entfernt, gesellt sich dem zurückgebliebenen Partner ein kleineres Individuum zu. Das alteingesessene, größere Männchen wandelt sich dann in ein Weibchen um, während der Neuankömmling die Rolle des Männchens übernimmt (Fricke u. Fricke 1977).

Abb. **8.8** Ein Weißrücken-Anemonenfisch (*Amphiprion akallopisos*) an seiner Anemone (Foto: H. Fricke).

Umwandeln oder betrügen?

Wenn innerhalb eines Geschlechtes größere Individuen Vorteile haben, bleibt den kleineren Individuen die Wahl, sich entweder Paarungen zu „erschummeln" (wie bei den See-Elefanten) oder ihr Geschlecht mit zunehmender Größe umzuwandeln (wie bei einigen Fischen). Warum aber beginnen junge See-Elefanten ihr Leben nicht als Weibchen und wandeln sich wie die Blauköpfe in Männchen um, wenn sie groß und stark geworden sind? Eine Erklärung für diesen Befund liegt wahrscheinlich darin, daß bei Säugetieren die Geschlechtsdifferenzierung ausgeprägter ist als bei vielen Fischen; z. B. erfolgt innere Besamung und eine ausgeprägte Jungenfürsorge durch die Weibchen während der Schwangerschaft und der Stillzeit. Eine Geschlechtsumwandlung könnte deshalb zu große Kosten verursachen. Es ist auffällig, daß alle Fischarten mit Geschlechtsumwandlung einfach gebaute Geschlechtsorgane und äußere Besamung aufweisen. Weiter könnte für ein heranwachsendes Säugetier wie den See-Elefanten Erfahrung notwendig sein, um ein erfolgreiches Männchen zu werden. Es könnte vorteilhafter sein, zunächst auf die Fortpflanzung zu verzichten und statt dessen alle Kräfte in das Wachstum zu investieren und die Techniken der erfolgreichen Haremsverteidigung zu erlernen (Warner 1978).

Zusammenfassung

Individuen innerhalb einer Art konkurrieren häufig mit verschiedenen Methoden um knappe Ressourcen wie Futter, Partner oder Nistplätze. Unterschiedliche Strategien können durch unterschiedliche Umwelten selektioniert werden (z. B. rote und dunkle Stichlingsmännchen). In manchen Fällen ist das Verhalten von der Körpergröße und -stärke abhängig, so daß die größten Männchen Imponier- und Balzdarbietungen aufführen oder kämpfen, um Weibchen anzulocken, während die kleineren Individuen unauffällige, betrügerische Strategien anwenden, um das Beste aus ihrer Benachteiligung zu machen (z. B. Satellitenmännchen bei Ochsenfröschen, Strategie des Schwebens bei der Pelzbiene *Centris pallida*). Schließlich können alternative Strategien eine gemischte ESS darstellen, bei der ein evolutives Gleichgewicht besteht, das unterschiedlichen Strategien gleiche Erfolge zuweist (z. B. „graben" und „besetzen" bei der Grabwespe). In vielen Fällen existieren nicht genügend Daten über die Zwänge und die Erfolge der unterschiedlichen Strategien, so daß sich nicht entscheiden läßt, ob die alternativen Strategien durch die Umwelt oder die Phänotypen bedingt sind oder ob eine gemischte ESS vorliegt.

Einige Fische wechseln ihr Geschlecht, um ihren Fortpflanzungserfolg zu erhöhen, solange sie klein sind. Wenn die Konkurrenz zwischen den Männchen intensiv ist, so daß nur die größten Tiere als Männchen Erfolg haben, können die Individuen konsekutiven Hermaphroditismus als Strategie anwenden und ihr Geschlecht mit zunehmender Größe von weiblich zu männlich umwandeln (z. B. Blaukopf). Seltener ist der Fortpflanzungserfolg des Weibchens stärker von der Körpergröße abhängig als der des Männchens. In diesem Fall kann sich ein Individuum mit zunehmender Größe von einem Männchen in ein Weibchen umwandeln (z. B. Anemonenfisch).

Weiterführende Literatur

Dawkins (1980) und Dunbar (1983) vermitteln gute Übersichten über alternative Strategien. Rubenstein (1980) bespricht alternative Paarungsstrategien sowohl anhand von theoretischen Betrachtungen als auch an einer Vielzahl von Beispielen. Die beiden Arbeiten zur Nestbaustrategie bei Grabwespen (Brockmann u. Dawkins 1979, Brockmann u. Mitarb. 1979) enthalten eine verständliche Darstellung der Methoden und Probleme bei der Anwendung des ESS-Konzeptes auf alternative Strategien innerhalb einer Art. Charnov (1979) stellt ein Modell für den optimalen Zeitpunkt der Geschlechtsumwandlung auf und testet seine Theorie mit Daten, die an Garnelen gewonnen wurden.

9 Zusammenarbeit und Hilfeleistungen bei Vögeln, Säugetieren und Fischen

Tiere sind egoistische Maschinen, die darauf programmiert sind, ihre Gene in zukünftige Generationen zu übertragen. Wir erwarten deshalb nicht, harmonische Zusammenarbeit zwischen ihnen zu finden. Selbst bei kooperativen Tätigkeiten wie dem Paarungsverhalten kommt es gewöhnlich zur Ausbeutung des einen Individuums durch das andere. Dennoch gibt es Fälle, in denen eine Selbstaufopferung zum Wohle von anderen selbstverständlich erscheint, vor allem bei der Jungenfürsorge, die Brüten, Fütterung und Verteidigung der Nachkommen gegen Feinde umfaßt. Diese Aufopferung ist deshalb zu erwarten, weil die Elterntiere ihre Gene bzw. Allele über ihre Nachkommen in zukünftige Generationen einbringen. Selektion heißt ja nichts anderes, als daß bestimmte Allele vorteilhaft sind und in ihrer Häufigkeit von Generation zu Generation zunehmen. Wenn also die Jungenfürsorge dazu beiträgt, daß die Allele eines Individuums sich ausbreiten, wird sie selbst ebenfalls durch die Selektion gefördert werden.

In Kapitel 1 wurde gezeigt, daß es möglich ist, die Wahrscheinlichkeit zu berechnen, mit der ein Elter und ein Nachkomme ein bestimmtes Allel gemeinsam tragen. Der Wert betrug für die sexuell reproduzierenden Arten 0,5; mit anderen Worten: jedes beliebige Allel im Körper des Elters hat eine Wahrscheinlichkeit von 50 Prozent, als identische Kopie in dem Nachkommen aufzutauchen. Wenn ein Elter also einen genetischen Vorteil durch die Aufopferung seines Lebens erzielen will (z. B. bei einigen Arthropoden wie den Gallmücken, *Cecidomyidae*, bei denen sich die Mutter selbst als Futterquelle für die Nachkommen anbietet) (Gould 1978), müssen daraus mehr als zwei Nachkommen hervorgehen. In Kapitel 1 wurde allerdings auch gezeigt, daß zwei Geschwister mit einer Wahrscheinlichkeit von 50 Prozent identische Allele tragen und damit denselben Verwandtschaftsgrad aufweisen wie Eltern und Kinder. Wenn man also Hilfeleistungen und Selbstaufopferung aus der Sicht der egoistischen Gene betrachtet, sollten sich die Argumente für die Jungenfürsorge genausogut auf gegenseitige Fürsorge zwischen Geschwistern anwenden lassen. In entsprechend geringerem Maß sollten sie ebenfalls auf die Fürsorge zwischen Großeltern und Enkeln oder zwischen Vettern bzw. Kusinen zutreffen. Die Gründe, weshalb sich die Jungenfürsorge häufiger findet als Hilfeleistungen zwischen Geschwistern, scheinen eher aus rein ökologischen und praktischen als aus genetischen Gesichtspunkten zu resultieren. So lassen sich die eigenen

> **Schaukasten 9.1** Hypothesen über die ökologischen und praktischen Zwänge, die die Fürsorge zwischen Eltern und Kindern bei den meisten Arten stärker fördern als die Fürsorge zwischen Geschwistern.
>
> **1** Die Jungtiere profitieren mehr von einem bestimmten Betrag an Hilfeleistung. Ein Beuteinsekt, das einem Jungtier verabreicht wird, trägt mehr zu dessen Überleben bei als das gleiche Beutestück zum Überleben eines gesunden, etwa gleichalten Geschwisters. Die Jungtiere sind also „besonders intensive Nutznießer" (West Eberhard 1975). Bei Arten mit überlappenden Generationen trifft dieses Argument nicht zu, da neugeborene Jungtiere von der Hilfe der schon älteren Geschwister genauso intensiv profitieren können wie von den Eltern.
>
> **2** Jungtiere sind im allgemeinen von den Eltern einfach als Verwandte zu identifizieren, während Helfer ihre Geschwister häufig nicht so leicht erkennen können.
>
> **3** Während Jungtiere häufig nahe bei den Eltern geboren werden, können Geschwister vom Geburtsort abwandern und sind deshalb nicht für Hilfeleistungen erreichbar.
>
> **4** Jungtiere, besonders von langsam oder unaufhörlich wachsenden Arten (z. B. Fischen), unterscheiden sich in ihrer Größe sehr stark vom Helfer und werden mit ihm später nicht um Nahrung konkurrieren. Wenn ein Helfer hingegen die Überlebensfähigkeit eines seiner Geschwister aus derselben Nachkommenschaft steigert, ist er einer erhöhten Konkurrenz seitens dieses Geschwisters ausgesetzt.
>
> **5** Jungtiere sind wertvoller in Hinsicht auf ihre spätere Fortpflanzungsrate. Ein erfolgreich aufgezogenes Jungtier läßt für die Zukunft einen höheren reproduktiven Gewinn als ein Geschwister gleichen Alters wie der Helfer erwarten.

Jungen leichter erkennen, und ein bestimmter Betrag an Fürsorge kommt einem Jungtier effektiver zugute, als wenn er zwischen gleichalten Geschwistern geleistet würde. Einige dieser Gründe sind in Schaukasten 9.1 zusammengefaßt.

Genetische Voraussetzungen und ökologische Zwänge

Obwohl die Fürsorge bei Tieren normalerweise auf die eigenen Jungtiere ausgerichtet ist, finden sich auch viele Beispiele für Hilfeleistungen zwischen erwachsenen Individuen. Bei mehr als 150 Vogelarten treten beispielsweise Individuen auf, die zeitweilig oder ihr ganzes Leben lang bei der Aufzucht von Nachkommen anderer Individuen mithelfen: Sie helfen anderen Vögeln beim Füttern oder Beschützen der Jungen und verpassen dabei offenbar eine Gelegenheit, sich selbst fortzupflanzen. Dieses Verhalten scheint altruistisch zu sein, weil die Helfer anderen Vorteile verschaffen und selbst Kosten haben, z. B. den Energieaufwand oder die Gefährdung durch Räuber (s. Kap. 1). In diesem Kapitel soll erörtert werden, wie sich derartige Hilfeleistungen bei Vögeln, Säugern und Fischen entwickelt haben könnten. Die Frage läßt sich in zwei Teilprobleme aufgliedern.

1 *Die genetischen Voraussetzungen für das Helfen*: Wenn der Helfer Geschwister unterstützt, anstatt eigene Nachkommen zu betreuen, läßt sich dies als eine Form der Hilfeleistung zwischen nahen Verwandten oder *Nepotismus* (Vetternwirtschaft) ansehen. Wie oben besprochen wurde, können über die Unterstützung von Geschwistern genauso große oder größere genetische Erfolge erzielt werden wie durch Elternfürsorge.

2 *Ökologische Zwänge, die Hilfeleistungen bei einigen Arten begünstigen, bei anderen jedoch nicht*: Wie Schaukasten 9.1 zeigt, tritt Jungenfürsorge aufgrund von praktischen und ökologischen Zwängen häufiger auf als Hilfe zwischen Geschwistern. Bei Arten, die Geschwister als Helfer haben, könnten einige dieser Zwänge vertauscht oder nicht vorhanden sein.

Es soll nun eins der bestuntersuchten Beispiele für Hilfeleistungen bei Vögeln beschrieben werden. Anschließend folgt eine Erörterung der Schwierigkeiten, die bei dem Versuch entstehen, die Ergebnisse dieser Studie auf andere Arten zu übertragen.

Ein Beispiel für Hilfeleistung bei Vögeln: der Buschblauhäher

Der Buschblauhäher *(Aphelocoma coerulescens)* lebt in Florida und hält sich im Gestrüpp von Eichen auf. Geeignete Habitate sind knapp und konzentrieren sich an bestimmten Orten, so daß man voneinander isolierte Gruppen von brütenden Individuen und dazwischen vollständig häherfreie, für die Tiere unbewohnbare Gebiete findet. Die Vögel beanspruchen während des ganzen Jahres Reviere, die von einem Pärchen und 0–6 Helfern bewohnt werden. Diese Helfer unterstützen die Eltern bei der Aufzucht der Jungen (Abb. 9.1). Etwa drei Viertel aller Helfer sind Nachkommen des brütenden Paares aus der vorangegangenen Brutsaison. Haben beide Eltern überlebt, sind die Helfer Vollgeschwister der Jungen, die sie unterstützen. Ist ein Elter gestorben, sind

Abb. **9.1** Der Buschblauhäher. Helfer unterstützen die Eltern bei der Versorgung der Jungen mit Futter und verteidigen das Nest gegen Räuber, z. B. Schlangen (Foto: G. Woolfenden).

die Helfer Halbgeschwister. Die meisten Nachkommen helfen den Eltern ein oder mehrere Jahre lang, bevor sie im Alter von 3–5 Jahren das elterliche Revier verlassen und selbst brüten. Woolfenden (1975) beobachtete die Buschblauhäher über einen Zeitraum von mehr als zehn Jahren, und seine detailreichen Aufzeichnungen enthalten eine Fülle von Hinweisen, die zeigen, wie genetische und ökologische Faktoren die Hilfeleistung fördern.

1 *Die brütenden Individuen profitieren von der Anwesenheit der Helfer.* Brütende Gruppen von Buschblauhähern mit Helfern ziehen mehr Jungtiere groß als solche ohne Helfer (Tab. 9.1). Die Helfer leisten dabei zweierlei Beiträge.

(a) Sie helfen bei der Nestverteidigung gegen Feinde, z. B. Schlangen, indem sie lärmend über den Angreifer herfallen und Alarmrufe zur Warnung der Jungen ausstoßen. Vor allem dieses Verhalten ist für die erhöhte Anzahl von überlebenden Jungtieren im Nest verantwortlich.

(b) Sie helfen bei der Fütterung der Jungen und bringen dabei bis zu 30 Prozent der Futterversorgung auf. Dieses Verhalten erhöht offenbar nicht die Überlebenswahrscheinlichkeit der Jungtiere, da der Gesamtbetrag an Futter sich durch die Helfer nicht ändert. Statt dessen trägt es zu einer gesteigerten Überlebensfähigkeit der Eltern von einer Saison zur

Tabelle **9.1** Brütende Paare des Buschblauhähers profitieren von der Anwesenheit von Helfern. Sowohl erfahrene als auch unerfahrene (erstmalig brütende) Individuen ziehen mit der Unterstützung von Helfern mehr Jungtiere auf als alleine (Daten von Woolfenden, analysiert durch Emlen 1978)

	Anzahl aufgezogener Jungen		
	ohne Helfer	mit Helfer	durchschnittliche Anzahl von Helfern
unerfahrene Paare	1,03	2,06	1,7
erfahrene Paare	1,62	2,20	1,9

nächsten bei, weil deren Belastung durch die Futtersuche geringer wird. Werden brütende Individuen von Helfern unterstützt, müssen sie weniger Energien für die Fütterung ihrer Jungen aufwenden. Als wahrscheinliche Folge hiervon liegt die jährliche Überlebensrate von Elterntieren mit Helfern bei 87 Prozent, die von Tieren ohne Helfer hingegen nur bei 80 Prozent. Da Helfer und Eltern einen Verwandtschaftsgrad von 0,5 aufweisen, stellt die Zunahme der Überlebenswahrscheinlichkeit der Eltern, zusätzlich zu der erhöhten Anzahl von aufgezogenen Geschwistern, einen weiteren genetischen Gewinn für die Helfer dar.

2 *Habitatssättigung als ökologischer Zwang.* Es stellt sich die Frage, ob es für ein Individuum tatsächlich vorteilhaft ist, bei seinen Eltern zu bleiben und zu helfen. Natürlich erzielt ein Helfer durch seine Leistung bei der Aufzucht von jüngeren Geschwistern einen gewissen genetischen Gewinn. Wie schon zu Beginn des Kapitels erwähnt, entspricht dieser Gewinn etwa dem durch die Aufzucht von eigenen Kindern. Doch die entscheidende Frage ist, ob die Helfer theoretisch nicht besser abschneiden würden, wenn sie von Anfang an ihr eigenes Revier etablieren und selbst brüten würden, statt zunächst ihren Eltern zu helfen. Ein Helfer trägt durchschnittlich zu einer Erhöhung der elterlichen Jungenproduktion um 0,32 Nachkommen bei, während ein erstmals brütendes Paar etwa 1,36 Junge aufzieht. Der letztere Schätzwert trifft also für einen Helfer zu, der sein eigenes Nest anlegt, anstatt die Eltern zu unterstützen. Ein Individuum könnte deshalb durch die Aufzucht von eigenen Nachkommen 0,68 genetische Äquivalente erzielen, wenn man zugrunde legt, daß sowohl die Geschwister als auch die eigenen Nachkommen einen Verwandtschaftsgrad von 0,5 zu ihm aufweisen (Tab. 9.2). Diese Schätzungen sind allerdings zu sehr vereinfacht. Sie berücksichtigen beispielsweise nicht, daß die Sterblichkeit der jungen Vögel steigen kann, wenn sie zu frühzeitig ausfliegen, um sich ein eigenes Revier zu suchen. Sie vernachlässigen, daß die Unterstützung durch die Helfer die Überlebensraten der Elterntiere erhöht, die ebenfalls Teil der

Tabelle **9.2** Ein Buschblauhäher-Männchen würde einen größeren genetischen Gewinn erzielen, wenn es ein eigenes Revier finden und eigene Nachkommen erzeugen würde, anstatt bei den Eltern zu bleiben und ihnen zu helfen (Emlen 1978)

Entscheidung		Gewinn
1. bei den Eltern bleiben und helfen	Anzahl Jungtiere, die von erfahrenen Eltern ohne Hilfe aufgezogen werden	1,62
	Anzahl Jungtiere, die mit der Unterstützung eines Helfers aufgezogen werden	1,94
	zusätzliche Jungtiere aufgrund der Anwesenheit des Helfers	0,32
	genetische Äquivalente für den Helfer ($r = 0,5$)	0,16
2. abwandern und eigene Nachkommen aufziehen	Anzahl Jungtiere, die von erstmalig brütenden Paaren aufgezogen werden	1,36
	genetische Äquivalente ($r = 0,5$)	0,68

genetischen Bilanz des Helfers sind. Sie unterschlagen auch, daß die Hilfeleistung gleichzeitig ein Lernvorgang ist, der den Erfolg des Helfers bei der späteren Aufzucht von eigenen Nachkommen steigert oder daß die optimale Strategie für ein Individuum davon abhängt, was die anderen tun. (Je mehr sich entscheiden, das Elternrevier zu verlassen, desto stärker wird die Konkurrenz um Brutplätze werden.) Doch diese Einwände ändern nichts an der generellen Schlußfolgerung, daß ein junger Häher besser abschneiden würde, wenn er sein Elternrevier verlassen und ein eigenes Revier gründen würde, anstatt seine Geschwister großzuziehen. Daß er es dennoch nicht tut, liegt an einem Mangel an Revieren, der aus einer Übersättigung des Habitats mit Buschblauhähern resultiert. Diese Interpretation wird durch Beobachtungen von Woolfenden unterstützt, die zeigten, daß freiwerdende Plätze sofort von Helfern eingenommen werden, die dann ihr Elternrevier verlassen, um selbst zu brüten.

3 *Männchen profitieren mehr von den Hilfeleistungen als Weibchen.*
Einer der häufigsten Wege, auf denen ein junger Buschblauhäher zu einem eigenen Revier gelangt, ist die Vererbung eines Teils des elterlichen Reviers (Woolfenden u. Fitzpatrick 1978, Abb. 9.2). Die Sterberate der erwachsenen Männchen ist gering, so daß jedes Jahr nur wenige Reviere frei werden. Die größte Chance, zu einem eigenen Revier zu gelangen, hat ein junges Männchen, das seinen Eltern dabei hilft, ihr

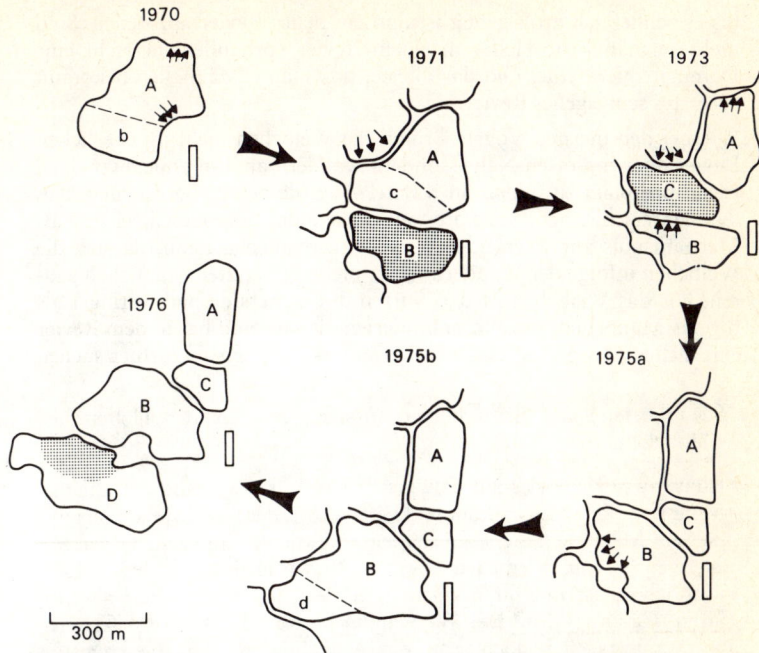

Abb. **9.2** Die Vererbung von Teilen des elterlichen Reviers an männliche Buschblauhäher-Nachkommen, einer der Vorteile des Helfens. Das Diagramm veranschaulicht, wie drei Helfer (B, C, D) zu eigenen Revieren gelangten. Die dunklen Flächen geben Gebiete wieder, die von einem Ursprungspaar (A) an zwei Söhne (B, C) und einen Enkel (D) vererbt wurden. Die gestrichelten Linien zeigen die sich bildende Grenze des abgeteilten Stückes, und die kleinen Pfeile spiegeln die Ausbreitung der Reviergrenzen wider (Woolfenden u. Fitzpatrick 1978).

Revier zu vergrößern, bis es groß genug ist, um einen Teil davon als eigenes Revier abzuspalten. Indem ein junges Männchen den Eltern bei der Aufzucht von Geschwistern hilft, steigt deren Produktion an Jungen und damit die Größe der Gruppe, die das Revier bewohnt. Größere Gruppen können wiederum ihr Territorium auf Kosten von kleineren Gruppen ausdehnen, und so bekommt das junge Männchen die Chance, letztendlich ein Stück vom Rand des elterlichen Reviers abzutrennen und selbst zu brüten. Junge Männchen profitieren also auf zweierlei Weise, wenn sie ihren Eltern helfen. Sie fördern die Verbreitung ihrer Gene, indem sie Geschwister aufziehen, und schaffen sich damit gleichzeitig eine Helferschar, die bei der Ausdehnung des Reviers mitwirkt, bis es schließlich groß genug ist, um ein neues Revier abzuteilen. Sind mehrere männliche Helfer in einem Revier vorhanden, herrscht eine Dominanzhierarchie, und das älteste, dominante Männchen bekommt als erstes sein eigenes Revier.

Wie bei den meisten Vögeln brüten die Weibchen nicht im elterlichen Revier oder in dessen Nähe, sondern wandern ab, um anderswo einen freien Brutplatz zu finden. In Kapitel 7 wurde bereits besprochen, daß das unterschiedliche Ausbreitungsverhalten der Geschlechter als Mechanismus zur Vermeidung von Inzucht dienen kann, da sich die Weibchen infolge der Wanderung mit nichtverwandten Männchen paaren. Für das Weibchen ist der Nutzen des Helfers deshalb geringer als für das Männchen; es zieht nahe Verwandte auf und hat in dem Revier eine sichere Ausgangsbasis, von der aus es nach einem Partner suchen

---

Schaukasten **9.2** Genetische Voraussetzungen für das Helfen bei Männchen.

Charnov (1981) wies auf eine genetische Voraussetzung hin, die die Männchen veranlassen könnte, Helfer zu werden. Man stelle sich vor, daß ein Männchen nicht der Erzeuger sämtlicher Jungen eines Paares ist, weil es vom Weibchen „betrogen" wurde. Eine Tochter dieses Männchens ist mit ihren eigenen Kindern näher verwandt als mit ihren Geschwistern. Der Verwandtschaftsgrad zu ihren Kindern beträgt immer 0,5, doch wenn das Weibchen und seine Geschwister nicht denselben Vater haben, ist der durchschnittliche Verwandtschaftsgrad zwischen den Geschwistern geringer als 0,5. In dem extremen Fall, daß jeder Nachkomme einen anderen Vater hätte, würde der Verwandtschaftsgrad 0,25 betragen.

Betrachten wir den Effekt derselben Situation auf ein Männchen. Wenn es nie Erzeuger der Kinder seines Weibchens ist, wird sein Verwandtschaftgrad zu den Jungtieren gleich 0, während es zu seinen Geschwistern einen Verwandtschaftsgrad von mindestens 0,25 aufweist, weil alle Geschwister von derselben Mutter stammen. Wenn der Vater Erzeuger von der Hälfte der Jungtiere ist, beträgt sein durchschnittlicher Verwandtschaftsgrad zu ihnen 0,5/2 = 0,25. Der Verwandtschaftsgrad zwischen den Geschwistern beträgt in diesem Fall 0,25 (Gene bzw. Allele, die aufgrund der Vererbung über die Mutter identisch sind) + 0,25/2 (identisch über den Vater). Das macht 0,375; auch hier sind die Männchen mit ihren Geschwistern näher verwandt als mit den Nachkommen ihres Weibchens.

Diese Schätzungen machen deutlich, daß jegliche Ungewißheit der Vaterschaft die Männchen dazu prädestinieren sollte, eher bei der Aufzucht von Geschwistern zu helfen, als selbst zu brüten und Nachkommen aufzuziehen.

kann, aber es erbt kein eigenes Revier als Folge der Hilfeleistung. Wie aufgrund dieser Betrachtung zu erwarten ist, helfen die Weibchen weniger als die Männchen, und unter den Männchen sind es die ältesten, dominanten Vögel, die am meisten leisten. Das Ausmaß der Hilfeleistung gegenüber den Eltern wird also durch den später zu erwartenden Gewinn festgelegt. Zusätzlich zu diesen ökologischen Faktoren könnte es genetische Voraussetzungen geben, die die Männchen veranlassen, bei der Aufzucht von Geschwistern mehr zu helfen als die Weibchen (Schaukasten 9.2).

Aus dieser Erörterung lassen sich drei wichtige Schlußfolgerungen für den Buschblauhäher zusammenfassen: (a) Helfer sind normalerweise nahe Verwandte der Jungen und sind deshalb genetisch dazu prädestiniert zu helfen. (b) Der entscheidende ökologische Zwang, der die Jungtiere davon abhält, eigene Reviere zu errichten, liegt in der Verknappung von geeigneten Brutplätzen. (c) Männchen helfen mehr als Weibchen, weil sie später stärker von der Hilfeleistung profitieren (Abb. 9.3).

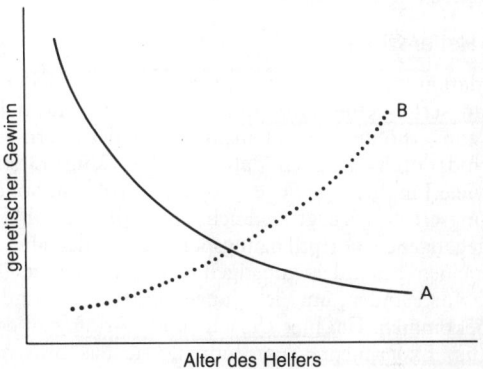

Abb. **9.3** Eine graphische Darstellung der Hilfeleistung beim Buschblauhäher, die auch für viele andere Arten zutrifft. Der genetische Gewinn durch die Unterstützung der Eltern (Linie A) nimmt mit zunehmendem Alter ab, weil es wahrscheinlicher wird, daß ein Elterntier oder beide ersetzt werden und deshalb der Verwandtschaftsgrad zwischen Helfer und Jungtieren sinkt. Der genetische Gewinn durch die Erzeugung eigener Nachkommen (Linie B) steigt mit zunehmendem Alter, da ältere Vögel größere Chancen haben, ein eigenes Revier zu erwerben. Die Lage der Kurven wird von der Ökologie der Art beeinflußt. Wenn beispielsweise reichlich Reviere zur Verfügung stehen, verschiebt sich Linie B nach links, bis schließlich keine Helfer mehr auftreten. Sind Reviere knapp, verlängert sich die Dauer der Hilfeleistung, da Linie B nach rechts verschoben wird. Die beiden Kurven sind nicht notwendigerweise unabhängig voneinander, da das Helfen die Erfahrung der jungen Vögel und damit ihren zukünftigen Fortpflanzungserfolg steigert.

Helfen bei anderen Arten

Das System der Hilfeleistungen, das Woolfenden bei Buschblauhähern fand, scheint auf viele Vogel-, Säuger- und vielleicht Fischarten zuzutreffen. Helfer sind in der Regel Nachkommen des Elternpaares, erhöhen durch ihre Leistung den Fortpflanzungserfolg der Gruppe und haben aufgrund von ökologischen Zwängen geringe Möglichkeiten, sich selbst fortzupflanzen. Der Schabrackenschakal *(Canis mesomelas)* in der Serengeti entspricht diesem Muster. Monogame, sich fortpflanzende Paare werden von 1–3 Nachkommen aus vorangegangenen Würfen unterstützt. Sie helfen bei der Ernährung, indem sie Gefressenes für die Neugeborenen und die säugende Mutter erbrechen; sie putzen die Jungen, bewachen sie und spielen mit ihnen (Abb 9.4, Abb. 9.5). Ganz entsprechend sind auch die Helfer der Buntbarschart *Lamprologus brichardi* Nachkommen des Elternpaares, die aus vorangegangenen Brutperioden stammen und Eier wie Larven gegen Räuber schützen (Taborsky u. Limburger 1981).

Helfen die Helfer wirklich?

Eine Korrelation zwischen der Anwesenheit von Helfern und dem Fortpflanzungserfolg einer Gruppe beweist noch nicht, daß die Helfer tatsächlich zum erhöhten Fortpflanzungserfolg der Eltern beitragen. Sie könnte auch dadurch entstehen, daß besonders fähige Eltern jedes Jahr besonders viele Jungtiere aufziehen, so daß sowohl ein hoher jährlicher Fortpflanzungserfolg vorliegt als auch eine große Anzahl von Helfern aus vorangegangenen Fortpflanzungsperioden. Oder aber das Elternpaar lebt in einem besonders günstigen Revier und hat genügend Futter oder Schutz vor Feinden, um viele Jungen aufzuziehen und damit viele Helfer zu bekommen. Um hier Ursache und Wirkung zu entwirren, ist es notwendig, Experimente auszuführen, wie das Brown u. Mitarb. (1978, 1981) am Grauscheitelsäbler getan haben. Grauscheitelsäbler *(Pomatostomus temporalis)* bilden während des ganzen Jahres revierbesitzende Gruppen aus 2–13 Vögeln und leben in den offenen Waldgebieten von Queensland, Australien. Wie beim Buschblauhäher besteht jede Gruppe aus einem brütenden Paar und einer unterschiedlichen Anzahl von Helfern, bei denen es sich um Nachwuchs aus vorangegangenen Brutperioden handelt. Der Fortpflanzungserfolg einer Gruppe ist mit der Anzahl der Helfer korreliert. Um zu beweisen, daß die Helfer tatsächlich den Fortpflanzungserfolg des brütenden Paares erhöhen, entfernte Brown sämtliche Helfer aus 10 Vogelgruppen und ließ in weiteren 10 Gruppen 4–6 Helfer als Kontrolle bestehen. Die Kontrollgruppen zogen mehr Jungtiere pro Saison auf als die experimentell manipulierten, und zwar hauptsächlich, weil die Helfer bei der Fütterung der Jungen mitwirkten. Auf diese Weise verminderten sie die

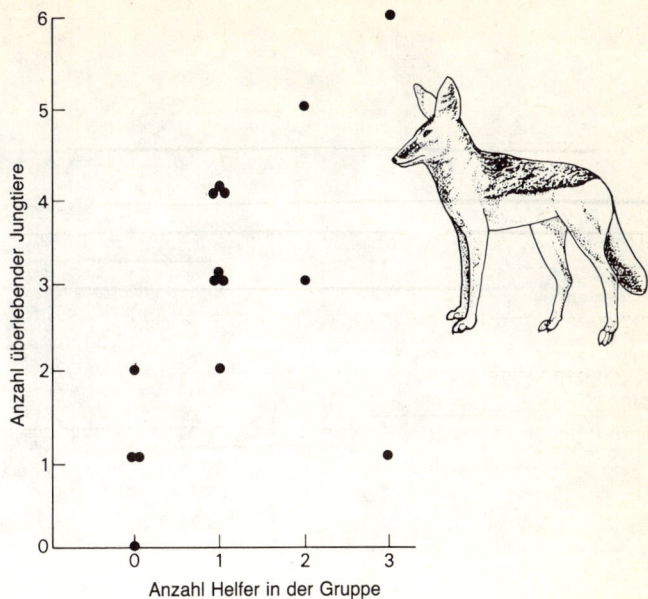

Abb. **9.4** Der Fortpflanzungserfolg des Schabrackenschakals steigt mit der Anzahl Helfer in der Gruppe (Moehlman 1979).

Belastung des brütenden Weibchens, das sich schneller erholen und früher mit dem nächsten Fortpflanzungszyklus beginnen konnte.

Helfer sind nicht immer Verwandte

Das System der Buschblauhähers trifft jedoch nicht auf sämtliche Arten zu, die Helfer aufweisen. In manchen Fällen treten Helfer auf, die in keiner Weise mit den unterstützten Jungtieren verwandt sind. Ein Beispiel stellt der Süd-Zwergichneumon *(Helogale parvula)* dar. Die Tiere sind kleine, tagaktive Fleischfresser und leben in Gruppen von etwa 10 Individuen, die aus einem reproduzierenden Elternpaar und mehreren Helfern bestehen. Die Helfer sind entweder Nachkommen des Paares oder nichtverwandte, zugewanderte Tiere. Weibchen neigen zu größerer Aktivität beim Helfen; sie schaffen für die Jungen Nahrung in Form von Käfern, Termiten und Tausendfüßern herbei oder verteidigen das Lager gegen Feinde, z. B. andere Ichneumonarten (Rood 1978). Rood machte die überraschende Beobachtung, daß die nichtverwandten Helfer genausoviel zur Unterstützung der Jungtiere beitragen wie deren Geschwister. In einem Trupp fand sich ein zugewandertes Weibchen,

228   9 Zusammenarbeit und Hilfeleistungen

Abb. **9.5** a

Abb. **9.5** b

Abb. **9.5** c

Abb. **9.5** d

Abb. **9.5** Schabrackenschakale (*Canis mesomelas*) leben monogam und werden von Helfern unterstützt, bei denen es sich um Nachkommen aus vorangegangenen Würfen handelt. (a) Ein Elternpaar bei der Pflege seines einjährigen Sohnes (Mitte des Bildes), der als Helfer im elterlichen Revier bleibt. Helfer tragen zum Überleben der Jungtiere bei, indem sie Nahrung erbrechen (b), Feinde wie in diesem Fall eine Tüpfelhyäne davonjagen (c) und das Revier gegen Eindringlinge (rechts im Bild) verteidigen (d) (Fotos: P. D. Moehlman 1980).

das aktiver als alle anderen Individuen, einschließlich der Elterntiere, war! Im Gegensatz zu den verwandten Helfern haben die nichtverwandten Individuen keinerlei genetischen Gewinn von den Jungtieren, die sie unterstützen. Der einzige denkbare Vorteil, den sie erlangen können, ist eine Erhöhung ihres zukünftigen Fortpflanzungserfolges. Bei den Ichneumons tritt dieser Fall ein, weil nichtverwandte Helfer, besonders Weibchen, gelegentlich die Stelle des Fortpflanzungspartners einnehmen können, nachdem ein Partner des ursprünglichen Paares gestorben ist. Wie beim Buschblauhäher herrscht bei den Ichneumons eine Verknappung der Fortpflanzungsmöglichkeiten, und das Helfen ist Teil einer Strategie, um sich eine Gelegenheit zur Reproduktion zu verschaffen. Doch warum helfen die nichtverwandten Ichneumons, anstatt im Hintergrund zu bleiben und untätig abzuwarten, bis sich eine Chance zur Fortpflanzung ergibt? Dabei könnten drei Faktoren von Bedeutung sein:

1 Das Helfen könnte eine Art „Eintrittsgeld" darstellen, das die Erlaubnis erteilt, während der Wartezeit im Revier zu verbleiben. Wenn die ansässigen Fortpflanzungspartner keinerlei Vorteil von dem nichtverwandten Tier hätten, könnten sie es einfach davonjagen.

2 Das Helfen stabilisiert die Gruppe und hält das Revier intakt. Das ist eine wichtige Voraussetzung für den zukünftigen Erfolg des Helfers, wenn er später selbst zur Fortpflanzung gelangt.

3 Wenn der ursprüngliche Helfer mit der eigenen Fortpflanzung beginnt, werden ihn die von ihm früher aufgezogenen Jungtiere unterstützen, gleichgültig ob sie mit ihm verwandt sind oder nicht. Diese Punkte können in der Aussage zusammengefaßt werden, daß das Helfen eine langfristige Investition darstellt, die der Steigerung des zukünftigen eigenen Fortpflanzungserfolges dient.

Eine entsprechende Interpretation könnte bei den Helfern des Weißrücken-Anemonenfisches *(Amphiprion akallopisos)* zutreffen. Brütende Paare verteidigen Anemonen, die eine notwendige und knappe Ressource für die Fortpflanzung der Fische sind. Manchmal wird das Paar bei der Verteidigung der Anemone durch einen Helfer unterstützt, der wahrscheinlich nicht verwandt mit ihm ist, weil die Jungfische sich zunächst im Plankton ausbreiten und dort leben, bevor sie ein Revier beanspruchen. Da vermutlich keine Verwandtschaft mit dem ansässigen Paar vorliegt, läßt sich, wie für die Ichneumons, die Hypothese aufstellen, daß die Helfer als „hopeful reproductives" auf eine Chance zur Fortpflanzung hoffen, falls eines der ansässigen Tiere stirbt (Fricke 1979). Auch hier könnte das Helfen eine Art „Eintrittsgeld" sein, durch das eine Erlaubnis zum Verbleib im Revier erworben wird.

Graufischer

Die Vorstellung, daß Hilfeleistungen eine Art „Eintrittsgeld" für die Erlaubnis zum Verbleib in einer Gruppe darstellen, wird am Beispiel des Graufischers *(Ceryle rudis)* deutlich (Abb. 9.6). Bei dieser Art akzeptiert ein brütendes Paar die Unterstützung eines nichtverwandten Helfers offensichtlich nur, wenn seine Leistung einen ausreichenden Vorteil bietet. Anders als die meisten bisher besprochenen Arten nistet der Graufischer in Kolonien und beansprucht keine ganzjährigen Reviere.

Reyer (1980) verglich zwei Kolonien, eine am Viktoria-See, die andere am Naiwascha-See in Ostafrika. Am Naiwascha-See werden die brütenden Paare meistens von einem Helfer unterstützt, der immer ein männlicher Nachkomme des Paares ist („primärer Helfer"). Er hilft, indem er der Mutter Fische bringt, das Nest gegen Feinde verteidigt und für die Jungen Futter herbeischafft. Am Viktoria-See treten gelegentlich sowohl sekundäre wie primäre Helfer auf; die sekundären Helfer sind ebenfalls

Abb. **9.6** Ein Graufischer bringt Nahrung zum Nest (Foto: U. Reyer).

Männchen, jedoch nicht mit dem brütenden Paar verwandt. Sie zeigen sich in beiden Kolonien, kurz nachdem die Jungen ausgeschlüpft sind und versuchen, die Mutter zu füttern. Am Naiwascha-See werden sie grundsätzlich vom brütenden Männchen verjagt, während sie am Viktoria-See in einigen Fällen toleriert werden und die Erlaubnis erhalten, zu bleiben und die Jungtiere zu füttern. Die Gründe, weshalb die sekundären Helfer an dem einen See akzeptiert werden, an dem anderen jedoch nicht, hängen wahrscheinlich mit den Ernährungsbedingungen zusammen. Am Viktoria-See ist das Fischen schwieriger: Das Wasser ist unruhiger, so daß es länger dauert, bis ein Vogel einen Fisch fängt; die Fische sind kleiner, und die Fangplätze sind weiter von der Kolonie entfernt als am Naiwascha-See. Das bedeutet, daß Eltern mit nur einem Helfer Schwierigkeiten bei der Futterbeschaffung haben, so daß die sekundären Helfer den Bruterfolg beträchtlich steigern (Tab. 9.3). Am Naiwascha-See reicht ein Helfer, um sämtliche Jungen ausreichend zu versorgen, so daß ein sekundärer Helfer wenig zum Fortpflanzungserfolg des Paares beitragen kann.

Die Schlußfolgerung daraus ist, daß nichtverwandte Helfer nur dann von einem brütenden Paar akzeptiert werden, wenn ihre Hilfe zu einer tatsächlichen Steigerung des Fortpflanzungserfolges führt. Doch warum helfen Graufischer überhaupt? Es besteht keinerlei Knappheit an Brut-

Tabelle **9.3** Helfer beim Graufischer. Am Naiwascha-See treten an den Nestern keine oder nur ein Helfer auf. Die Futterbeschaffung ist einfach, so daß ein Helfer genügt, um sämtliche Jungen ausreichend zu versorgen. Am Viktoria-See tauchen gelegentlich sekundäre, nichtverwandte Helfer auf. Hier bereitet die Futterbeschaffung Probleme, und die sekundären Helfer leisten einen bedeutenden Beitrag zum Überleben der Brut (Reyer 1980)

	Anteil Nester mit Helfern (%)			Ernährungsbedingungen		Bruterfolg				
				Dauer zum Fangen eines Fisches (min)	Anteil erfolgreicher Sturzflüge (%)	Gelegegröße	geschlüpfte Jungen	Anzahl flügger Jungen mit Helfer		
	0	1	2					0	1	2
Naiwascha-See	72	28	0	5,9	79	5,0	4,5	3,7	4,3	–
Viktoria-See	30	50	20	13,0	24	4,9	4,6	1,8	3,6	4,6

plätzen, da die Vögel zum Nisten einfach Löcher in Steilwände graben, welche ausreichend vorhanden sind. In diesem Fall stellen die Weibchen eine knappe Ressource dar, durch die ein Teil der Männchen am Brüten gehindert wird. Das Geschlechterverhältnis der erwachsenen Tiere ist auf 1 : 1,8 zugunsten der Männchen verschoben, wahrscheinlich weil die brütenden Weibchen einer hohen Sterblichkeit durch räuberische Echsen, Schlangen und Mungos unterliegen. Sämtliche Graufischerhelfer sind Männchen ohne Partner. Primäre Männchen bleiben am elterlichen Nest und erzielen über die Aufzucht von jüngeren Geschwistern einen genetischen Gewinn, bis sie schließlich ein eigenes Weibchen finden. Sekundäre Helfer suchen wohl ebenfalls einen Partner, doch sie warten darauf, das Weibchen des von ihnen unterstützten Paares zu übernehmen. Mehr als die Hälfte der Helfer gelangt im folgenden Jahr zur Fortpflanzung, und wiederum die Hälfte von ihnen brütet mit demselben Weibchen, das sie im Jahr zuvor unterstützt hatten. Die Übernahme des Weibchens erfolgt normalerweise nach dem Tod des ursprünglichen Partners, doch besteht auch die Möglichkeit, daß der Helfer das alte Männchen „betrügt" oder verdrängt. Aus diesem Grunde werden Helfer von den alteingesessenen Männchen nur akzeptiert, wenn sie einen beträchtlichen direkten Nutzen bringen, der gegen mögliche Risiken in der Zukunft abgewogen wird. Die Schlußfolgerungen aus der Studie an Buschblauhähern lassen sich also verallgemeinern, indem man feststellt, daß das Helfen bei Vögeln, Säugetieren und Fischen zu einem genetischen Gewinn, entweder durch Unterstützung von Verwandten oder durch eine Erhöhung des zukünftigen Fortpflanzungserfolges des Helfers, führt. Verwandtschaft ist also keine notwendige Voraussetzung für die Herauszüchtung des Helfens. Der von der Umwelt ausgehende Zwang, der das Helfen fördert, kann in einer Verknappung von Revieren oder Sexualpartnern liegen.

Konflikte in Fortpflanzungsgruppen

Schon das Beispiel des Graufischers zeigte, daß es Konflikte zwischen Helfern und Brütern gibt, die durch unterschiedliche Interessen hervorgerufen werden. Es ist sogar vermutet worden, daß Helfer bei einigen Arten versuchen, die Brut zu vernichten, um die Anzahl künftiger Konkurrenten zu verringern und ihre eigenen Chancen zur Erlangung eines Reviers zu erhöhen (Zahavi 1974). Bislang gibt es allerdings keine überzeugenden Beweise für diese Annahme. Der Interessenkonflikt wird jedoch vor allem an Vogelarten deutlich, bei denen kooperatives Brüten die Benutzung eines gemeinsamen Nestes durch mehrere Weibchen beinhaltet. Im Gegensatz hierzu brüteten die Weibchen der bisher besprochenen Arten jedes in seinem eigenen Nest.

Strauße

Beim Strauß *(Struthio camelus)* teilen sich bis zu sechs Weibchen ein Nest. Der Straußenhahn verteidigt ein etwa 14 km² großes Revier und scharrt eine Mulde in den Boden, die als Nest dient. Dann sucht er sich ein Weibchen („Haupthenne"), das mit der Eiablage beginnt. Nach einigen Tagen beginnen weitere Weibchen („Nebenhennen"), ihre Eier zusätzlich in das Nest zu legen. Sie können sich mit dem Revierbesitzer gepaart haben oder auch mit einem anderen Hahn. Die Nebenhennen beteiligen sich weder am Brüten noch an der Bewachung der Eier; diese Aufgaben werden ausschließlich vom Hahn und der Haupthenne vollbracht. Die Nebenhennen sind im Grunde also Brutparasiten. Zum Schluß enthält das Nest 30–40 Eier; zuviel, um von einem Vogel bebrütet zu werden. Deshalb werden einige Eier an den Rand des Nestes geschoben, wo sie in der Sonnenhitze absterben oder von Räubern zerstört werden (Abb. 9.7). Schon viele Beobachter haben dieses Verhalten bemerkt, doch bis vor kurzem wurde seine volle Bedeutung nicht erkannt. Sauer u. Sauer (1959) sahen es als eine Methode zur Temperaturregulierung der Eier an, und Eingeborene in Ostafrika glaubten, es diene zum Schutz gegen Feuer. Ihrer Überzeugung nach würden die Eier

Abb. **9.7** Gemeinsame Nester beim Strauß. Die Haupthenne brütet und bewacht das Nest. Sie hat die Eier der Nebenhennen an den Rand des Nestes gerollt, wo sie Räubern zum Opfer fallen oder sich überhitzen.

am Rande des Nestes während eines Steppenbrandes zerspringen und den Boden genügend befeuchten, um die Zerstörung des Geleges zu verhindern!

Die wirkliche Erklärung wurde von Bertram (1979) gefunden und klingt nicht weniger phantastisch. Die Haupthenne kann ihre eigenen Eier von denen der anderen Hennen, wahrscheinlich am Gewicht oder anhand der Oberfläche (die Eier sind gleichmäßig weiß, haben jedoch einen sehr unebene Oberfläche), unterscheiden und schiebt nur die fremden Eier weg, während sie ihre eigenen in der Mitte des Nestes hält. In einem typischen Nest werden 100 Prozent der Haupthenneneier und 50 Prozent der Nebenhenneneier erbrütet. Die Haupthenne hält die fremden Hennen nicht davon ab, ihre Eier in das Nest zu legen. Tatsächlich steht sie sogar zuvorkommend auf und wartet neben dem Nest, um den Nebenhennen das Legen zu gestatten. Haupt- und Nebenhennen sind nicht verwandt miteinander, so daß die Haupthenne keinen genetischen Gewinn erzielt, indem sie etwa Nichten, Neffen, Vettern oder Kusinen aufziehen würde. Statt dessen profitiert sie wahrscheinlich von der Schutzwirkung, die die umgebenden Eier auf ihre eigenen Eier ausüben. Ein Straußennest stellt eine reiche Futterquelle für Räuber dar und entspricht insgesamt einer Menge von etwa 900 Hühnereiern. Große Gelege sind jedoch nicht wesentlich anfälliger als kleine gegenüber Raubtierangriffen. Da Feinde wie Schakale oder Geier je Angriff in der Regel nur wenige Eier erbeuten, profitiert die Haupthenne davon, daß ihre Eier mit anderen vermischt sind und der Verdünnungseffekt wirksam wird (s. Kap. 4). Die Wahrscheinlichkeit, daß den Räubern eins der Haupthenneneier zum Opfer fällt, vermindert sich weiter durch ihre zentrale Lage im Nest, weil die Eier hauptsächlich von der Peripherie weggeholt werden. Die Haupthenne scheint also von der Anwesenheit der Nebenhenneneier im Nest zu profitieren, doch fragt sich weiter, warum sie diese Eier auch bebrütet. Sie kann zwischen den eigenen und fremden Eiern unterscheiden und könnte dafür sorgen, daß nur aus den eigenen Eiern Junge schlüpfen. Möglicherweise trifft hier dieselbe Argumentation zu: Die Haupthenne brütet fremde Eier aus, um einen entsprechenden Verdünnungseffekt für ihre Jungenschar zu erzielen (s. Kap. 4).

Und wie sieht es bei den Nebenhennen aus? Es handelt sich häufig um Weibchen ohne Partner oder solche, die ihr eigenes Gelege verloren haben. (Eine Haupthenne in dem einen Revier kann deshalb zur Nebenhenne in einem anderen werden.) Sie haben also keine Möglichkeit, Haupthenne zu werden und versuchen deshalb, Nachkommen in die nächste Generation zu bringen, indem sie bei einer Haupthenne parasitieren. Das gemeinsame Brutverhalten kann deshalb als ein innerartlicher Nestparasitismus angesehen werden, bei dem es den „Wirten" gelungen ist, die Verhältnisse zu ihrem Vorteil zu verändern.

Neben dem offensichtlichen Interessenkonflikt zwischen den Weibchen tritt auch ein Konflikt zwischen Hahn und Haupthenne auf. Der Hahn ist Vater von einigen Nebenhennenjungen, so daß er gleiches Interesse an deren Überleben hat, während die Haupthenne nur auf das Wohl ihrer eigenen Kinder bedacht ist. Bisher ist unbekannt, welche Auswirkung dieser Interessenkonflikt auf das Fortpflanzungsverhalten hat.

Riefenschnabel-Anis

Der Riefenschnabel-Ani *(Crotophaga sulcirostris)* ist eine weitere Art, bei der mehrere Weibchen sich ein Nest teilen. Die Anis leben in Gruppen und verteidigen mit 1–4 monogamen Brutpaaren ein gemeinsames Revier. Die Gruppe hat ein Gemeinschaftsnest, in das alle Weibchen Eier legen und an dem alle Gruppenmitglieder Brutpflege leisten. Wie bei den Straußennestern existieren schließlich mehr Eier als erbrütet werden können, so daß die Weibchen um das Überleben ihrer eigenen Eier konkurrieren. Der Wettbewerb nimmt dabei die Form an, daß ein Weibchen Eier der Konkurrentinnen aus dem Nest rollt, so daß zu Beginn der Brutzeit unter dem Nest am Boden verstreut zerbrochene Eier liegen. Weibliche Anis sind offensichtlich nicht in der Lage, ihre eigenen Eier zu erkennen, so daß jedes Weibchen nur zu Beginn seiner Legeperiode Eier aus dem Nest wirft, um nicht die eigenen zu vernichten. Vehrencamp (1977) fand, daß unter den Weibchen einer Gruppe eine Dominanzhierarchie herrscht und das dominanteste Weibchen zuletzt und damit am meisten Eier legt, weil keins der anderen Weibchen sie zerstören kann. Die untergeordneten Weibchen legen früher als das dominante Tier, verfolgen aber verschiedene Taktiken, um die Überlebenswahrscheinlichkeit ihrer eigenen Eier zu erhöhen: Sie legen mehr Eier als das dominante Weibchen, warten häufig zwei bis drei Tage mit dem Legen zwischen zwei Eiern, produzieren häufig nach Beginn der Bebrütung ein spätes Ei und beginnen früher mit der Bebrütung als das dominante Tier. Sobald die Bebrütung erfolgt, beginnen sich die Embryonen zu entwickeln, und das dominante Weibchen ist gezwungen, mit dem Legen aufzuhören, da seine Jungen dann später schlüpfen und im Futterwettbewerb der Jungen benachteiligt würden. Trotz dieser Taktiken überleben fast alle Eier des dominanten Weibchens, während weniger als die Hälfte bei den untergeordneten Weibchen überleben (Abb. 9.8). Obwohl die Existenz des Konflikts zwischen den Weibchen offenkundig ist, läßt sich bislang nicht erkennen, wie geregelt wird, daß die dominanten Weibchen zuletzt legen.

Hinsichtlich der Pflege von Eiern und Jungtieren besteht ebenfalls eine Asymmetrie. Überraschenderweise kümmert sich das dominante Weibchen am wenigsten um die Nachkommen, obwohl es den größten Anteil an ihnen hat, wohingegen die dominanten Männchen sehr aufmerk-

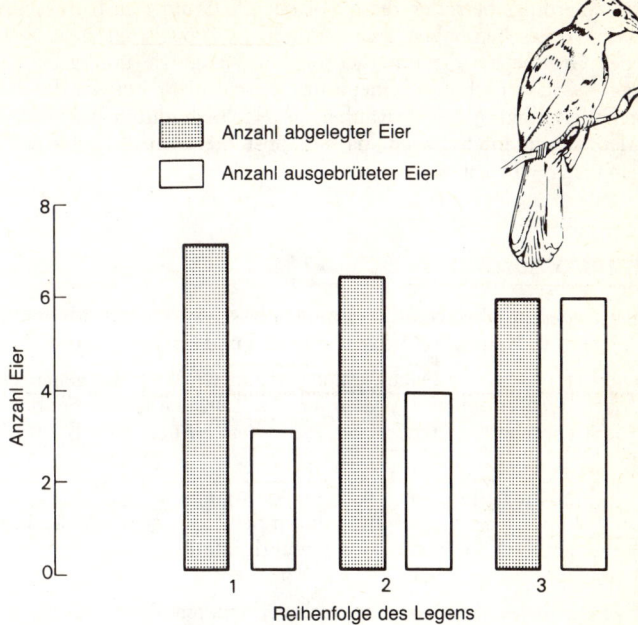

Abb. **9.8** In den Gruppen der Anis legt das erste Weibchen eine größere Anzahl von Eiern als die anderen Weibchen. Von ihnen überlebt jedoch nur ein geringerer Teil bis zum Schlüpfen, so daß das letzte Weibchen den größten Erfolg hat (Vehrencamp 1977).

same Väter sind. Auch hier ist unbekannt, wie die ungleiche Verteilung zustande kommt, jedoch würden sich die untergeordneten Weibchen sicher nicht um die Jungen kümmern, wenn das Nest gar keine ihrer eigenen Nachkömmlinge enthielte. Bei einer anderen Vogelart mit gemeinsamen Nestern, dem Eichelspecht *(Melanerpes formicivorus)*, zeigen Individuen, die keine Eier zum Nest beigetragen haben, auch keinerlei Jungenfürsorge (Stacey 1979).

Die ökologischen Bedingungen, die das gemeinsame Nisten fördern, scheinen wie beim Strauß in der Bedrohung durch Raubtiere zu liegen. In offenen Wiesengebieten, in denen die Nester gegenüber tagaktiven Räubern ohnehin auffällig sind, ist eine Verteidigung, besonders der Eier, besser in der Gruppe möglich. In dichten Sumpfgebieten hingegen werden brütende Anis vor allem nachts von Räubern heimgesucht. Wenn das Brutgeschäft unter den verschiedenen Individuen aufgeteilt wird, hat jeder Vogel eine größere Chance zu überleben (Vehrencamp

1978). Allerdings betreffen diese Vorteile die Gruppe im Durchschnitt, und wie wir gesehen haben, ziehen dominante Vögel weit mehr Nutzen aus der Gruppe als die untergeordneten Tiere. Die untergeordneten müssen jedoch durch das gemeinsame Nisten mehr Nutzen durch die bessere Verteidigung gegen Räuber als Nachteile durch Interaktionen mit den Dominanten haben, da sie sonst die Gruppe verlassen und einzeln nisten würden.

Schlußfolgerung

Folgende wesentliche Schlußfolgerungen lassen sich aus den besprochenen Studien an Helfern bei Vögeln, Säugern und Fischen ziehen.

1 Die Erzeugung von Nachkommen ist nur ein Weg, um genetisch in künftigen Generationen repräsentiert zu sein. Hilfeleistung bei der Aufzucht von Geschwistern ist die verbreitetste Alternative bei Wirbeltieren.

2 Ökologische Bedingungen wie eine Verknappung von Revieren oder Partnern können ein junges Individuum dazu zwingen, mit der Erzeugung eigener Nachkommen zu warten und statt dessen bei der Aufzucht von Geschwistern zu helfen.

3 Es kann sich auch auszahlen, nichtverwandten Tieren bei der Brutpflege zu helfen als eine Art langfristiger Investition zur Schaffung von zukünftigen Fortpflanzungsmöglichkeiten. Ob diese Hilfe akzeptiert wird, hängt von dem Nutzen dieser Leistung für die brütenden Tiere ab.

4 Führen ökologische Bedingungen, wie eine starke Gefährdung durch Raubtiere, zu einer gemeinschaftlichen Benutzung von Nestern durch mehrere Weibchen, lassen sich die Wechselbeziehungen innerhalb der Gruppe einfacher deuten, wenn man sie als Interessenkonflikte zwischen den Tieren sieht, anstatt sie als Anpassungen zur gemeinsamen Fortpflanzung aufzufassen.

Zusammenfassung

Nach der Theorie vom egoistischen Gen läßt sich erwarten, daß Individuen nahen Verwandten helfen, um Gene in zukünftige Generationen einzubringen. Die am weitesten verbreitete Form der Hilfe ist die Brutpflege. Obwohl die Fürsorge für Geschwister mit derjenigen für die eigenen Kinder genetisch gleichbedeutend ist, führen ökologische und praktische Umstände dazu, daß Brutpflege an den eigenen Kindern häufiger auftritt. Bei einigen Vögeln, Säugern und Fischen wird den Jungen durch ältere Geschwister Unterstützung gewährt, solange sich letztere noch nicht selbst fortpflanzen. Das Helfen wird häufig durch ökologische Zwänge gefördert, wie eine Verknappung von Revieren oder Partnern, die den Helfer von einer eigenen Fortpflanzung abhalten. Die Helfer gewinnen nicht nur genetisch, indem sie nahe Verwandte unterstützen, sondern auch, indem sie ihre eigenen zukünftigen Fortpflanzungsaussichten verbessern. Manchmal sind die Helfer nicht mit den von ihnen unterstützten Tieren verwandt und profitieren nur von der letztgenannten Möglichkeit. Bei einigen Vögeln teilen sich mehrere Weibchen ein Nest, doch die Vorteile des gemeinsamen Nistens, die wahrscheinlich in einer besseren Abwehr von Räubern liegen, kommen nicht allen Weibchen gleichermaßen zugute. Dominante Weibchen schneiden weitaus besser ab als untergeordnete.

Weiterführende Literatur

Emlen (1978) und Brown (1978) geben Übersichten über Arbeiten zu Helfern an Vogelnestern.

Vehrencamp (1980) liefert einen guten Überblick über das Helfen bei Vögeln, Arthropoden und Säugetieren und diskutiert Ähnlichkeiten sowie Unterschiede zwischen Insekten und Wirbeltieren. Gaston (1978) entwickelt die Vorstellung, daß Helfer für die Erlaubnis, im Revier bleiben zu dürfen, „bezahlen" müssen.

Watts u. Stokes (1972) beschreiben die Zusammenarbeit von Brüdern im Wettbewerb um Weibchen bei wilden Truthähnen.

10 Zusammenarbeit und Altruismus bei sozialen Insekten

Soziale Insekten

Problematik

Zusammenarbeit und Hilfeleistungen zwischen Wirbeltieren verlieren angesichts der Verhältnisse bei sozialen Insekten an Bedeutung. Bei letzteren erreicht die Selbstaufopferung ein Ausmaß, das zur völligen Sterilität von manchen Tieren führt; sie verbringen ihr gesamtes Erwachsenendasein mit der Aufzucht fremder Jungen, anstatt sich selbst fortzupflanzen. Schon Darwin und viele Biologen nach ihm erkannten das Paradoxon, das hierin liegt. Wie kann die Entwicklung zu völlig sterilen Tieren führen, die sich niemals fortpflanzen, wenn die Selektion nur diejenigen fördert, welche den größten genetischen Beitrag in die nächste Generation einbringen? Im vorangegangenen Kapitel sahen wir, daß die Selektion Selbstaufopferung und Brutpflege bei Wirbeltieren fördern kann, weil die Hilfe nahen Verwandten zugute kommt. Einige Individuen werden durch ökologische Zwänge, wie z. B. fehlendes Revier, davon abgehalten, eigene Nachkommen zu erzeugen und helfen statt dessen, ihre jüngeren Geschwister aufzuziehen. Wir sahen auch, daß Hilfe sowohl unter verwandten als auch nichtverwandten Tieren Teil einer langfristigen Strategie sein kann, die darauf abzielt, einen Partner oder ein Revier zu gewinnen. In diesem Kapitel soll erörtert werden, inwieweit ähnliche Vorstellungen dazu dienen können, die Evolution von sterilen Kasten und Hilfeleistungen bei sozialen Insekten zu verstehen.

Definition: „soziale Insekten"

Was ist unter dem Begriff „soziale Insekten" zu verstehen? Genauer gesagt, beschäftigt sich dieses Kapitel vor allem mit *„eusozialen Insekten"*, die durch drei Merkmale charakterisiert werden können: Sie arbeiten bei der Brutpflege zusammen, so daß mehr Individuen mithelfen als nur die Mutter; es treten sterile Kasten auf; es gibt überlappende Generationen, so daß Mutter, Kinder und Enkel gleichzeitig leben. Letzteres ist wichtig, da auf diese Weise für die Nachkommen eine Möglichkeit entsteht, ihre jüngeren Geschwister aufzuziehen, ähnlich wie beim Buschblauhäher im vorangegangenen Kapitel. Alle drei Merkmale sind erforderlich, um eine Art als eusozial zu bezeichnen, doch gibt es viele Arten in Zwischenstadien, z. B. mit Zusammenarbeit beim Nestbau, jedoch ohne sterile Kasten. Eusoziale Arten treten in drei Insektenordnungen auf: bei Hymenopteren (Ameisen, Bienen, Wespen), Isopteren (Termiten) und Homopteren (Blattläuse). Die Existenz der Eusozialität ist für die ersten beiden Ordnungen schon lange bekannt, wurde bei den Blattläusen jedoch erst vor kurzem entdeckt (Aoki 1977). Wie wir später sehen werden, gibt es spezielle genetische Voraussetzungen für die Evolution der sterilen Kasten bei Hymenopteren und Blattläusen, jedoch nicht bei den Termiten.

Die sozialen Insekten sind nicht nur von Bedeutung, weil sie eine zentrale Rolle bei den Bemühungen der Evolutionstheoretiker spielen, den Ursprung des Altruismus zu verstehen, sondern auch wegen ihrer nicht minder eindrucksvollen naturgeschichtlichen Stellung. E. O. Wilson (1975) hob hervor, daß es mehr als 12 000 Arten an sozialen Insekten gibt, also etwa genausoviele wie sämtliche bekannten Vogel- und Säugetierarten zusammen. Die beeindruckende Entwicklungsgeschichte der sozialen Insekten kann durch die folgenden, wenigen Faktoren veranschaulicht werden: Eine Kolonie der afrikanischen Treiberameise *(Dorylus wilverthi)* kann bis zu 22 Millionen Individuen enthalten und 20 kg wiegen. Die Tanzsprache der Honigbienen, mit der erfolgreiche Sammlerinnen den anderen Arbeiterinnen Richtung und Entfernung zu einer Nahrungsquelle mitteilen, ist das einzige bekannte Kommunikationssystem bei wilden Tieren, das einen abstrakten Code (Geschwindigkeit und Ausrichtung des Tanzes) benutzt, um Informationen über ein entlegenes Objekt mitzuteilen. Die Ernährung von sozialen Insekten ist äußerst vielseitig und umfaßt pflanzliche Nahrung, tierische Beute, Pilze, die in speziellen „Gärten" auf Blättermaterial oder Raupenexkrementen gezüchtet werden, und die Ausscheidungen („Honigtau") von Blattläusen, die in Herden gehütet werden. Die Kolonien sozialer Insekten werden häufig von Individuen bewohnt, die infolge einer Kastenbildung auf die Ausführung bestimmter Aufgaben spezialisiert sind. Manchmal weisen die Kasten bizarre morphologische Veränderungen auf, die ihnen bei der Bewältigung spezieller Aufgaben helfen (Abb. 10.1). Z. B. ist der Kopf von Soldaten der australischen Termitenart *Nasutitermes exitosus* zu einer „Leimpistole" modifiziert, die dazu dient, klebrige Tröpfchen gegen Feinde zu spritzen. Bei der Roßameisenart *Camponotus truncatus* gibt es Soldaten, deren Köpfe wie Stöpsel geformt sind und genau in den Nesteingang passen, um ähnlich dem Deckel eines Schneckengehäuses Eindringlinge fernzuhalten.

In den folgenden Abschnitten soll zunächst an einem Beispiel der Lebenszyklus eines eusozialen Insektes beschrieben werden. Vor diesem Hintergrund erfolgt dann eine Erörterung von zwei Theorien über den evolutiven Ursprung der sterilen Kasten. Anschließend werden die speziellen Eigenschaften der Hymenopterengenetik besprochen, von

242 10 Zusammenarbeit und Altruismus bei sozialen Insekten

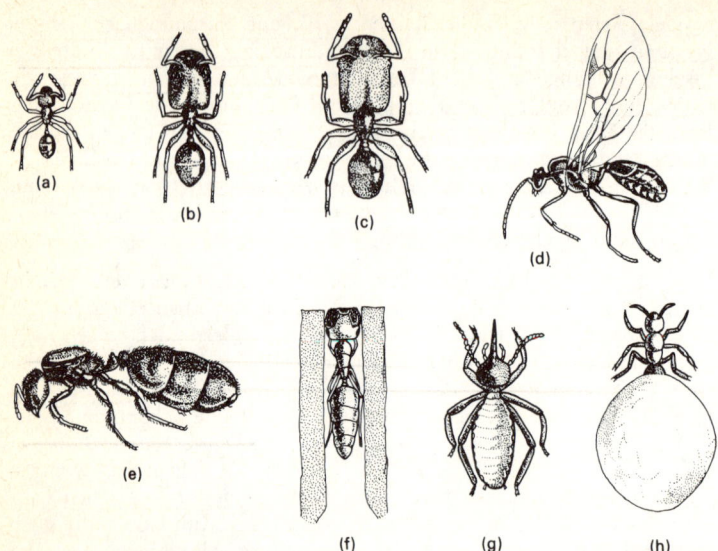

Abb. **10.1** Beispiele für Kasten bei sozialen Insekten. In der oberen Reihe finden sich verschiedene Weibchenkasten sowie ein Männchen der Ameisenart *Pheidole kingi instabilis* aus der Unterfamilie der Knotenameisen. (a) Kleine Arbeiterin, (b) mittlere Arbeiterin, (c) große Arbeiterin, (d) Männchen, (e) Königin. Die untere Reihe bildet verschiedene spezialisierte Kasten bei anderen Arten ab. (f) Soldat der Roßameisenart *Camponotus truncatus*, der den Eingang des Nestes mit seinem stöpselförmigen Kopf verschließt und als lebende „Eingangstür" in das Nest dient. (g) Sterile Kaste bei der australischen Termitenart *Nasutitermes exitosus*, die eine wasserpistolenähnliche Kopfform aufweist und giftige Substanzen auf herannahende Feinde sprühen kann. (h) Angefüllte Arbeiterin der Wüstenameisengattung *Myrmecocystus,* die als ständiger, „lebender Vorratsbehälter" im Nest lebt (aus E. O. Wilson: The Insect Societies, Belknap Press, Harvard 1971).

denen man annimmt, daß sie diese Tiergruppe zur Hervorbildung von sterilen Kasten prädestinieren.

Lebenszyklus und Entwicklungsgeschichte eines sozialen Insektes

Die rote Knotenameise *(Myrmica rubra)* ist eine in Europa verbreitete Art, die in Waldgebieten, Ackerland und Gärten gefunden wird. Sie baut Nester, deren Kammern unter flachen Steinen in die Erde, manchmal in verrottete Baumstümpfe oder in den freien Boden gegraben werden. Das Nest wird von einer einzelnen, fruchtbaren Königin gegründet. Sie ist während eines Hochzeitsfluges im August oder September begattet worden; zu dieser Zeit schwärmen riesige Mengen flugfähiger Weibchen und Männchen durch die Luft und kopulieren. Einzig die sexuellen Formen sind flugfähig, jedoch auch nur in diesem Stadium. Die Königin verliert nach dem Hochzeitsflug ihre Flügel und verbringt den Winter eingeschlossen in ihrer Nestkammer, die sie in ein Loch im Boden oder einen Baumstumpf gegraben hat. Während des folgenden Sommers entwickeln sich die abgelegten Eier zu Larven und reifen bis zum Herbst oder zum folgenden Frühjahr zu erwachsenen Arbeiterinnen heran (den Individuen, die man als eigentliche „Ameisen" in der Nähe des Nestes herumhasten sieht). Solange die Arbeiterinnen noch unausgereift sind, ernähren sich die Königin und ihre Brut ausschließlich von körpereigenen Fett- und Proteinreserven. Doch sobald die Arbeiterinnen erwachsen sind, beginnen sie, ihre jüngeren Geschwister zu versorgen und Futter herbeizuschaffen. Arbeiterinnen sind sterile Weibchen; sie entwickeln niemals Flügel, ihre Ovarien bleiben unterentwickelt, und sie begeben sich auf keinen Hochzeitsflug. In den folgenden Jahren wachsen die Kolonie und das Nest langsam, bis sie nach etwa neun Jahren rund 1000 Arbeiterinnen und noch immer eine einzige Königin, die sämtliche Eier gelegt hat, enthalten. In diesem Stadium produziert die Königin eine neue Generation von fortpflanzungsfähigen Individuen: geflügelte Männchen und Weibchen, die schließlich die Kolonie verlassen, um sich auf einen Hochzeitsflug zu begeben. Das alte Nest kann noch einige Jahre bestehen bleiben, doch sobald die alte Königin stirbt und mit der Eiablage aufhört, können keine neuen Arbeiterinnen erzeugt werden, so daß die Kolonie verfällt und abstirbt.

Dieser Lebenszyklus ist typisch für viele Ameisenarten der gemäßigten Zonen, obwohl Einzelheiten von Art zu Art beträchtlich variieren können. Das Verhalten der Arbeiterinnen kann ebenfalls stark abweichen, doch lassen sich folgende, für viele Arten zutreffende Verallgemeinerungen aufstellen. Arbeiterinnen verbringen die ersten Wochen ihres Lebens im Bau, wo sie von anderen Arbeiterinnen herbeigeschaffte, tote Beute übernehmen und bearbeiten, Larven und Königin mit erbrochenem Futter versorgen, das Nest säubern und den Eingang bewachen. Später in ihrem Lebenszyklus beginnen die Arbeiterinnen, außerhalb des Baues aktiv zu werden, vor allem zur Futtersuche und zur Abwehr von Feinden. Dieser Wechsel tritt beispielsweise bei der Roten Waldameise, *Formica polyctena*, an der detaillierte Studien durchgeführt wurden, nach 40 Tagen ein. Die Gesamtlebensdauer einer Arbeiterin ist bei Ameisen nicht genau bekannt und liegt wahrscheinlich zwischen wenigen Wochen und einigen Jahren. Bei Wespen und Bienen leben die Arbeiterinnen normalerweise 3–10 Wochen. Neben der Arbeitsteilung durch Funktionswandel der Arbeiterinnen mit zunehmendem Alter weisen viele Ameisenarten zwei Hauptklassen von Arbeiterinnen auf: Soldaten und normale Arbeiterinnen, die beide sterile Weibchen sind. Soldaten sind gewöhnlich größer und haben riesige Köpfe mit starken Kiefern oder Drüsen zum Versprühen von Verteidigungsflüssigkeiten. Wie ihr Name besagt, sind sie auf die Verteidigung der Kolonie spezialisiert.

Weibchen, die zu verschiedenen Kasten (Königin, Arbeiterin, Soldat) gehören, unterscheiden sich normalerweise nicht genetisch: Die Festlegung der Kastenzugehörigkeit geschieht durch Umwelteinflüsse während der Larvenentwicklung. Ob sich eine Larve zu einer Königin oder Arbeiterin entwickelt, hängt z. B. bei *Myrmica* von Faktoren wie der Ernährung, der Temperatur und dem Alter der eierlegenden Königin ab. Bei Honigbienen unterdrückt die Königin die Entwicklung neuer Königinnen über chemische Signale, die die Arbeiterinnen davon abhalten, die Larven mit einer speziellen Nahrung („Königinnenfutter") zu versorgen. Dieses Spezialfutter ist notwendig, um aus den Larven Königinnen heranwachsen zu lassen.

Evolution der Eusozialität: zwei Theorien

In diesem Abschnitt sollen zwei Wege rekonstruiert werden, auf denen die Evolution von sterilen Kasten verlaufen sein könnte. Die dabei beschriebenen Theorien beziehen sich naturgemäß auf phylogenetische Abläufe und können insofern nicht experimentell überprüft werden. Statt dessen müssen sie danach beurteilt werden, inwieweit die vorausgesetzten Selektionsdrucke plausibel erscheinen und danach, wie gut sie die vielen eusozialen Erscheinungsformen bei den heutigen Insekten erklären können.

Um die Herausbildung des eusozialen Verhaltens und besonders der sterilen Kasten zu verstehen, sei an die Aufteilung erinnert, die im vorangegangenen Kapitel zwischen *ökologischen Zwängen* und *genetischen Voraussetzungen* gemacht wurde. Die ökologischen Zwänge ergeben sich aus Eigenschaften der Umwelt, die das Leben in Gruppen und eine kooperative Aufzucht fördern und/oder die den Fortpflanzungserfolg junger Individuen vermindern. Die genetischen Voraussetzungen beziehen sich auf den Anteil gemeinsamer Gene zwischen dem Helfer und dem Unterstützten. Je höher der Verwandtschaftsgrad, desto günstiger wird das Kosten-Nutzen-Verhältnis, das eingehalten werden muß, um Hilfeleistungen durch die Selektion zu fördern (s. Kap. 1). Bei den sozialen Insekten sind die Mitglieder einer Kolonie häufig Teil derselben Familie, so daß der Verwandtschaftsgrad hoch ist und die Arbeiter genetisch prädestiniert sind zu helfen. Es gibt zwei Theorien über die Evolution von sterilen Kasten bei sozialen Insekten. Beide gehen von bestimmten ökologischen Zwängen und genetischen Voraussetzungen aus (Abb. 10.2).

Verbleib der Nachkommen im Nest
(a) Ökologische Zwänge

Die Vorfahren der heutigen sozialen Insekten lebten wahrscheinlich als parasitoide Wespen, die ihre Eier im Körper oder an der Oberfläche eines Wirtsorganismus ablegten, der den heranwachsenden Larven Nahrung bot (Evans 1977). Als einfache Form der elterlichen Vorsorge findet man bei heutigen parasitoiden Insekten das Verhalten, den Wirtsorganismus durch Stiche zu lähmen und an einen sicheren Ort, z. B. ein Erdloch oder eine Baumspalte, zu bringen, bevor die Eier abgelegt werden. Eine etwas aufwendigere Form der elterlichen Fürsorge zeigt das Beispiel der Grabwespe (s. Kap. 8), die durch den Bau von Erdhöhlen sichere Brutplätze schafft. Der Bau wird mit einem oder mehreren gelähmten Beuteinsekten versehen, auf denen die Wespen jeweils ein Ei ablegen, bevor sie den Höhleneingang verschließen. Elterliche Fürsorge dieses Typs könnte zur Bildung größerer Gruppen führen, wenn ein ausreichender ökologischer Druck bestünde, der die

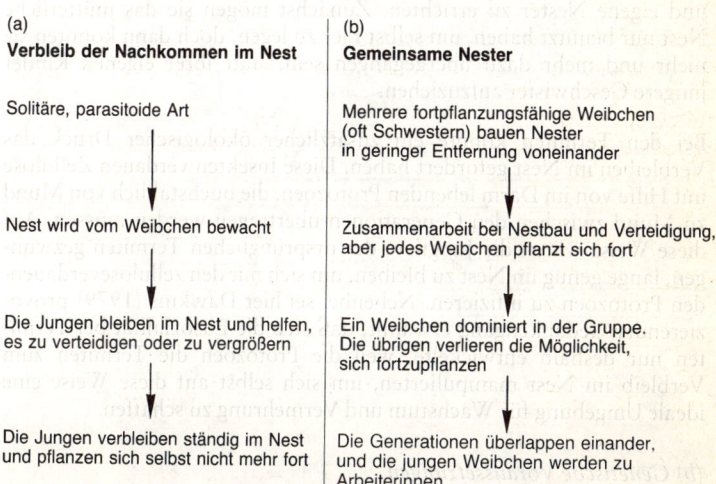

Abb. **10.2** Zwei Hypothesen über den Ursprung der Eusozialität bei Insekten. Nach Hypothese (a) entstanden sterile Kasten aus Töchtern, die im Nest blieben, um der Mutter zu helfen; nach Hypothese (b) entwickelten sich solche Kasten aus Gruppen von sich gemeinsam fortpflanzenden Weibchen, in denen eines über die anderen dominant wurde.

erwachsenen Nachkommen dazu bewegen würde, in der Nähe ihrer Geburtsstätte zu bleiben, und die Mutter, ihre Brut weiterzupflegen. Zwei wichtige ökologische Faktoren könnten ein Verbleiben im Nest gefördert haben.

1 Verteidigung von Eiern und Larven gegen Parasiten. Eine Hauptursache für die Sterblichkeit von Jungtieren bei vorsorgenden Arten wie der Grabwespe ist der häufige Befall durch andere parasitäre Insekten. Bei den eusozialen Arten besteht eine der wichtigsten Aufgaben der Arbeiter gerade darin, das Nest gegen Parasiten und andere Eindringlinge zu schützen.

2 Nestbau. Zwar brachten die ursprünglichen parasitoiden Insekten ihre Beutetiere wahrscheinlich in natürlichen Verstecken wie Spalten und Löchern unter, jedoch begannen sie bald, auch künstliche Zufluchtstätten in Form von Nestern zu bauen. In Habitaten, in denen natürliche Plätze knapp waren, könnte ein starker Selektionsdruck für die Fähigkeit bestanden haben, Nester aus Erde, Schlamm, verrotteten Pflanzen oder ähnlichem zu bauen. Da der Nestbau ein arbeits- und zeitaufwendiger Vorgang ist, läßt sich leicht vorstellen, daß die reif gewordenen Jungtiere einen Anreiz hatten, im Nest zu bleiben und ihrer Mutter bei Ausbau und Reparatur zu helfen, anstatt auszuschwärmen und eigene Nester zu errichten. Zunächst mögen sie das mütterliche Nest nur benutzt haben, um selbst Eier zu legen, doch dann könnten sie mehr und mehr dazu übergegangen sein, statt ihrer eigenen Kinder jüngere Geschwister aufzuziehen.

Bei den Termiten könnte ein zusätzlicher ökologischer Druck das Verbleiben im Nest gefördert haben. Diese Insekten verdauen Zellulose mit Hilfe von im Darm lebenden Protozoen, die buchstäblich von Mund zu Mund zwischen den Generationen übertragen werden müssen. Auf diese Weise waren die Jungtiere der ursprünglichen Termiten gezwungen, lange genug im Nest zu bleiben, um sich mit den zelluloseverdauenden Protozoen zu infizieren. Nebenbei sei hier Dawkins (1979) provozierender Gedankengang erwähnt, daß sich die Eusozialität bei Termiten nur deshalb entwickelte, weil die Protozoen die Termiten zum Verbleib im Nest manipulierten, um sich selbst auf diese Weise eine ideale Umgebung für Wachstum und Vermehrung zu schaffen.

(b) Genetische Voraussetzungen

Indem sie helfen, Geschwister aufzuziehen, sorgen die Arbeiter dafür, daß ihre eigenen Gene mittelbar von Generation zu Generation weitergegeben werden, so daß eine wesentliche genetische Voraussetzung zum Helfen besteht. Charnov (1978) hat allerdings darauf hingewiesen, daß noch mehr dahinter steckt: Die Mutter erzielt nämlich einen genetischen

Gewinn, wenn sie ihre Kinder davon „überzeugt", im Nest zu bleiben und jüngere Geschwister aufzuziehen. Die Kinder selbst haben hingegen keinen genetischen Nachteil und sind deshalb „folgsame" Opfer der mütterlichen „Überredung". Charnovs Argument, das sich aus Alexanders Hypothese der „elterlichen Manipulation" (Alexander 1974) herleitet, besagt folgendes: Vorausgesetzt, daß genug Zeit vorhanden ist, um zwei Generationen von Nachkommen in einer Brutperiode aufzuziehen, könnte die Königin entweder die erste Generation aufziehen und sterben, während die Tochtergeneration Eier legen und die zweite Generation aufziehen würde. Oder aber die Königin legt über die gesamte Brutperiode hin Eier und bewegt die zunächst geschlüpften Töchter dazu, ihre später geborenen Schwestern aufzuziehen. Im ersten Fall sind die Nachkommen, die am Ende der Saison schlüpfen, die Enkel der ursprünglichen Königin mit einem Anteil von 0,25 an gemeinsamem Genmaterial (s. Kap. 1). Im zweiten Fall wären es die Kinder der Königin mit dem üblichen Verwandtschaftsgrad von 0,5. Ist die Anzahl der Nachkommen am Ende der Fortpflanzungsperiode in beiden Fällen dieselbe, dann wird die Königin ihre genetische Repräsentanz verdoppelt haben, wenn sie die Töchter dazu veranlassen konnte, im Nest zu bleiben und zu helfen. Wenn die Mutter eine entsprechend hohe Eilegerate besitzt, kann sie jeder der Töchter so viele Eier zur Verfügung stellen, wie letztere selbst legen und aufziehen könnte.

Aus diesen Verhältnissen ergibt sich ein starker Selektionsdruck auf die Königin, ihre Kinder zum Helfen zu „überreden". Der entscheidende Teil der Argumentation besteht jedoch darin, daß den Töchtern keinerlei Nachteile entstehen, wenn sie im Nest bleiben. Sie ziehen jüngere Geschwister ($r = 0,5$) statt eigener Kinder ($r = 0,5$) auf, vorausgesetzt daß die ursprüngliche Königin sich nur einmal zu Beginn der Saison paarte. Solange die Königin genug Eier legt, haben die Töchter denselben genetischen Nutzen, wie wenn sie eigene Nachkommen aufzögen (Abb. 10.3).

Hypothese zwei: gemeinsame Nester

Bei vielen Wespenarten der Tropen und der gemäßigten Zonen werden Nester nicht von einzelnen, sondern von mehreren kooperierenden Königinnen gegründet. Sehr oft sind die Gründerinnen Geschwister (z. B. bei *Trigonopsis cameroni*), in manchen Fällen vermutlich auch nichtverwandte Tiere (z. B. bei *Cerceris hortivaga*) (West Eberhard 1978a). Bei primitiven sozialen Wespen legt jede Königin selbst Eier und zieht die eigenen Jungen auf. Wenn nun eine der Königinnen erfolgreich über die anderen dominiert und deren Eier an der Entwicklung hindert, würde eine Voraussetzung für die Evolution einer Arbeiterkaste gegeben sein.

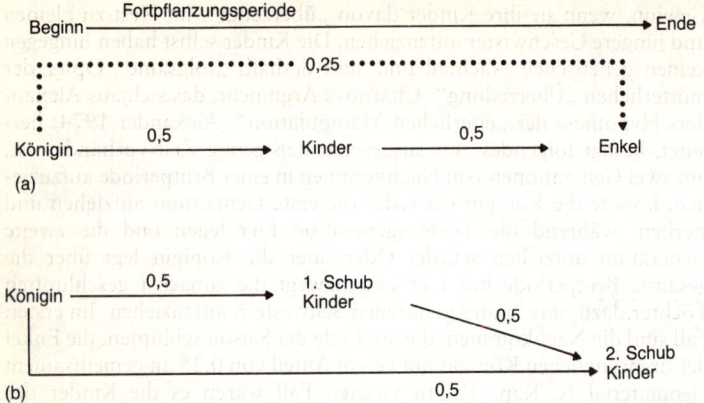

Abb. 10.3 Darstellung von Charnovs (1978) Hypothese. Die Kinder verlieren nichts, wenn sie im Nest bleiben, um der Mutter zu helfen, während die Mutter dadurch einen bedeutenden genetischen Vorteil erzielt. In (a) beginnt die Königin ihre Fortpflanzung mit Kindern und endet bei den Enkeln (Verwandtschaftsgrad 0,25). In (b) hat sie zwei aufeinanderfolgende Schübe von Kindern und endet bei einem Verwandtschaftsgrad von 0,5. In (a) betreuen die Nachkommen der Königin ihre eigenen Kinder und in (b) ihre jüngeren Geschwister, in beiden Fällen bei einem Verwandtschaftsgrad von 0,5.

(a) Ökologische Zwänge

Der ökologische Druck, der dazu führt, Nester zu teilen, ist wahrscheinlich derselbe wie der schon für das Verbleiben der Jungen im Nest erwähnte: Verteidigung gegen Parasiten und Nestbau. Z. B. arbeiten bei der sozialen Wespe *Trigonopsis cameroni* 1–4 Schwestern an einem gemeinsamen Nest aus Schlamm. Obwohl jedes Weibchen seine eigene Brutzelle errichtet, eigene Eier legt und die eigenen Jungen versorgt, kooperieren die Schwestern beim Bau der gemeinsamen Nestmauer und beim Vertreiben von Ameisen und anderen Feinden (Eberhard 1972). Wie diese Art von Zusammenarbeit zwischen Schwestern zu einer ungleichen Verteilung der Fortpflanzungstätigkeit führen kann, läßt sich an *Metapolybia aztecoides*, einer anderen neotropischen Wespenart zeigen, bei der eine sterile Arbeiterkaste auftritt. Hier wird ein Nest von mehreren Königinnen gegründet, die sämtlich Eier legen, aus denen sich Arbeiterinnen entwickeln, die bei der Errichtung des Nestes helfen. Eine Kooperation zwischen den Königinnen ist zu Beginn lebensnotwendig, um genügend Arbeiterinnen zu produzieren, die das Nest und die Kolonie aufbauen. Nach Beendigung der Aufbauphase kämpft jedoch eine Königin gegen die übrigen und vertreibt die überlebenden aus dem Nest, noch bevor diese Gelegenheit haben, fortpflanzungsfähige Nachkommen zu erzeugen. Jede der Königinnen hat so zu Beginn eine gewisse Wahrscheinlichkeit, fortpflanzungsfähige Nachkommen zu erzeugen. Die Verlierer sind „hopeful reproductives", also Tiere, deren einzige Möglichkeit es war, zu Beginn mit den anderen Königinnen zusammenzuarbeiten, um überhaupt eine Chance zu bekommen. Bei *Metapolybia* sind die Gründerinnen wahrscheinlich Schwestern, so daß selbst die Verlierer genetischen Nutzen von der Kolonie haben. Wenn die Erfolgsaussichten bei einer Fortpflanzung ohne Kooperation sehr gering sind, läßt sich vorstellen, daß selbst zwischen Nichtverwandten eine Zusammenarbeit zustande kommt (West Eberhard 1978b).

Gemeinsame Nestbenutzung könnte auch durch Zufall entstehen. Bei der Grabwespenart *Sphex ichneumoneus* bewohnen zwei nichtverwandte Weibchen gelegentlich denselben Bau, weil das zweite Weibchen versuchte, ein scheinbar leeres Nest zu übernehmen, das jedoch schon besetzt war (s. Kap. 8). Obwohl es für *Sphex* ungünstig ist, Nester zu teilen, weil die Tiere miteinander kämpfen und sich gegenseitig Beutetiere abjagen, ist es möglich, daß die zufällige Doppelbesetzung den Anfang einer gemeinsamen Benutzung darstellt, wenn ein starker ökologischer Druck, z. B. durch Parasiten, besteht.

(b) Genetische Voraussetzungen

Falls die Gründerinnen Schwestern sind, wie bei *Metapolybia*, wird selbst von den Verlierern ein gewisser Teil der Allele in der nächsten Generation repräsentiert sein. Das wird durch Metcalfs Studie an der Feldwespe *Polistes metricus* (Metcalf u. Whitt 1977) verdeutlicht. Bei diesen Wespen werden die Nester manchmal von Einzeltieren angelegt und in anderen Fällen von zwei Schwestern gemeinsam bewohnt. Wenn zwei Königinnen vorhanden sind, übernimmt eine, das α-Weibchen, fast die gesamte Eiproduktion, während die andere, das β-Weibchen, ihre Eignung weitgehend über die Nachkommen der Schwester sichert. Mittels elektrophoretisch nachweisbarer Enzympolymorphismen schätzte Metcalf den Grad der Verwandtschaft zwischen zwei Schwestern in gemeinsamen Nestern und ermittelte die Anzahl der Nachkommen von α- und β-Weibchen sowie von solitären Weibchen. Diese Schätzungen zeigen: Das α-Weibchen liegt besser als das β-Weibchen, während das β-Weibchen etwa genausoviel genetisches Material in die nächste Generation einbringt wie das solitäre Weibchen. Dabei wird der genetische Beitrag des β-Weibchens fast ausschließlich über Neffen und Nichten geliefert. Nester, die von zwei Weibchen besetzt sind, erzeugen eine größere Anzahl von Nachkommen als die einzelner Weibchen, da sie besser gegen Parasiten und Räuber geschützt sind. So zeigt Metcalfs Studie, daß ein *Polistes*-Weibchen ebensogut bei seiner Schwester bleiben kann, statt sich ein eigenes Nest zu bauen, selbst wenn es in ersterem Fall kaum eigene Nachkommen erzeugt (Tab. 10.1).

Tabelle 10.1 Metcalfs Schätzung der relativen Geamteignung bei *Polistes metricus*. Die Tabelle gibt einen Vergleich zwischen den genetischen Beiträgen von solitären Königinnen und α- und β-Königinnen, die ein Nest gemeinsam bewohnen, wieder. Die gemeinsamen Nester weisen eine höhere Erfolgsquote auf als die Nester solitärer Königinnen. Die α-Weibchen erzeugen die meisten Jungtiere in einem gemeinsamen Nest, während die β-Weibchen bei der Aufzucht der Nachkommen ihrer Schwester helfen und den größten Teil ihres genetischen Beitrages auf diese Weise liefern. Die Maße für Erfolg und Eignung sind relativ auf die Zahlen der solitären Königin bezogen

	solitäre Königinnen	Königinnen im gemeinsamen Nest	
		α	β
relative Erfolgsquote des Nestes (± Standardfehler)	1	1,38 ± 0,02	1,38 ± 0,02
durchschnittlicher Verwandtschaftsgrad zu den Nachkommen	0,47	0,45	0,34
relative Gesamteignung	1	1,83 ± 0,57	1,39 ± 0,44

Aus der Tatsache, daß Kolonien sozialer Insekten häufig von Schwestern gegründet werden, ergibt sich die Frage, wie sich Geschwister gegenseitig erkennen. Wenn die Ausbreitung sehr begrenzt ist, würde ein einfaches Gesetz wie: „Arbeite mit der ersten Königin, die du triffst, zusammen" ausreichen, jedoch gibt es zumindest bei einigen Arten eine genetisch verankerte Fähigkeit, Verwandte zu erkennen. Greenberg (1979) hat gezeigt, daß Arbeiterinnen der Furchenbienenart *Lasioglossum zephyrum* nichtverwandte Artgenossen selektiv am Betreten des Nestes hindern. Es gibt eine lineare Beziehung zwischen dem Verwandtschaftsgrad und der Tendenz der Arbeiterinnen, fremden Bienen den Zugang zum Nest zu gestatten. Greenberg vermutet, daß die Erkennung auf genetisch determinierte „Familiengerüche" zurückgeht und die Zurückweisung durch die Arbeiterinnen aufgrund eines „nichtfamiliären" Geruches erfolgt.

Fassen wir die Diskussion um die Entstehung steriler Kasten bei sozialen Insekten zusammen: Es gibt zwei wesentliche Hypothesen, von denen die eine davon ausgeht, daß die Nachkommen im Nest bleiben, um der Mutter zu helfen, während die andere annimmt, daß Schwestern oder auch nichtverwandte Königinnen ein gemeinsames Nest bewohnen. In beiden Fällen liegen die ökologischen Zwänge, die zur Eusozialität führen, vermutlich in den Bereichen Nestbau und -verteidigung. Genetische Voraussetzung zum Helfen war eine enge Verwandtschaftsbeziehung zwischen dem Helfenden und dem Empfänger der Hilfe. Die beiden Hypothesen schließen einander nicht notwendigerweise aus, und die Mehrzahl der Autoren ist der Ansicht, daß die erste vermutlich bei Wespen, Termiten, Ameisen und einigen Bienen zutrifft, die zweite hingegen für die restlichen eusozialen Bienen. Beide Hypothesen sind gleichermaßen auf alle sich sexuell reproduzierenden, diploiden Organismen anwendbar, doch wollen wir uns im folgenden einer wichtigen Besonderheit bei den Hymenopteren zuwenden, die eine weitere Voraussetzung für die Entstehung der Eusozialität schafft.

Haplodiploidie und Altruismus

Hamilton (1964) war der erste, der die volle Bedeutung der genetischen Verhältnisse bei Hymenopteren als Voraussetzung zur Bildung steriler Kasten erkannte. Das wesentliche Merkmal dabei ist die *Haplodiploidie*: Männchen entwickeln sich aus unbesamten Eiern und sind haploid, während sich Weibchen aus normal besamten Eiern entwickeln und somit diploid sind.

Ein haploides Männchen bildet Gameten ohne Meiose, so daß sämtliche Spermien genetisch identisch sind. Das heißt, daß sämtliche Töchter von ihm einen identischen Satz Gene erhalten, die die Hälfte ihres gesamten Genoms ausmachen. Ein diploider Vater würde ein beliebiges Allel lediglich mit einer Wahrscheinlichkeit von 50 Prozent an eine Tochter weitergeben. Bei einem haploiden Vater sind jedoch sämtliche väterlichen Allele zwischen zwei Schwestern identisch. Die andere Hälfte des Genoms eines Hymenopterenweibchens stammt von der diploiden Mutter, so daß die mütterlichen Allele mit einer Wahrscheinlichkeit von 50 Prozent bei Schwestern gemeinsam auftreten (Abb. 10.4). Wenn man nun den gesamten Verwandtschaftsgrad zwischen Schwestern betrachtet, kommt man zu einem bemerkenswerten Schluß. Die eine Hälfte ihres Genoms ist immer identisch, die andere zu 50 Prozent übereinstimmend, so daß der gesamte Verwandtschaftsgrad $0{,}5 + (0{,}5 \times 0{,}5) = 0{,}75$ ausmacht. Mit anderen Worten: Durch die Haplodiploidie sind Vollschwestern näher miteinander verwandt als Eltern und Nachkommen bei normalen diploiden Arten. Königinnen bei Hymenopteren sind diploid und weisen deshalb mit ihren Töchtern und Söhnen zu 50 Prozent identische Allele auf (Tab. 10.2). Eine sterile Arbeiterin hat deshalb einen größeren genetischen Nutzen, wenn sie fortpflanzungsfähige Schwestern aufzieht, als wenn sie selbst fruchtbar werden und Töchter erzeugen würde. Dieser ungewöhnliche Sachverhalt gibt auch den Hinweis darauf, warum nur Weibchen helfen, ihre Schwestern aufzuziehen. Männchen weisen zu den Schwestern einen Verwandtschaftsgrad von 0,5 auf, statt der 0,75, die oben für die Weibchen

10 Zusammenarbeit und Altruismus bei sozialen Insekten

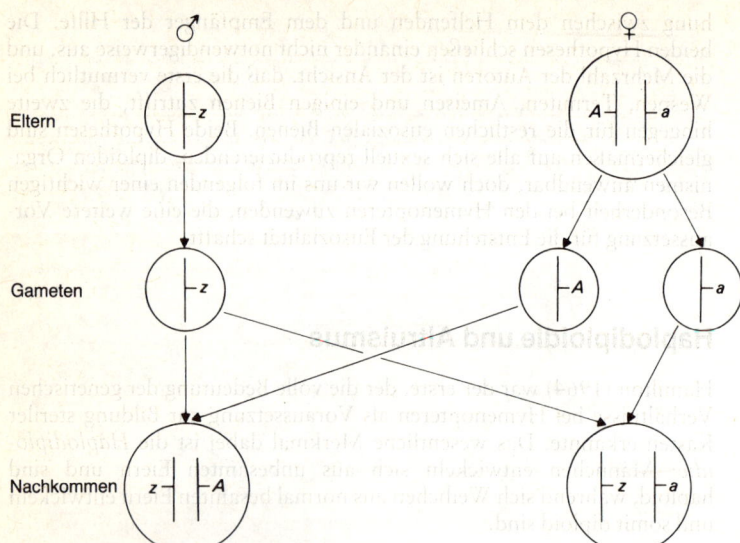

Abb. 10.4 Bei haplodiploiden Arten besteht eine Wahrscheinlichkeit von 50 Prozent, daß zwei Töchter ein mütterliches Allel (A oder a) gemeinsam aufweisen, während sie 100 Prozent der väterlichen Allele (z) gemeinsam haben.

ermittelt wurden. Der Verwandtschaftsgrad von Männchen zu ihren Schwestern wird wie folgt berechnet: Ein haploides Männchen erhält alle seine Allele von der Mutter, und es besteht eine Wahrscheinlichkeit von 50 Prozent, daß eine Schwester dasselbe mütterliche Allel geerbt haben könnte. (Man beachte, daß dagegen die Weibchen lediglich 25 Prozent ihrer Allele mit den Brüdern gemeinsam haben, da sie 50 Prozent ihrer Gene vom Vater bekommen, der ja keinerlei Gene an die Brüder weitergibt, und die andere Hälfte von der Mutter, von denen sie 50 Prozent mit den Brüdern teilen: $0,5 \times 0,5 = 0,25$.)

Tabelle **10.2** Verwandtschaftsgrade zwischen nahe Verwandten bei einer haplodiploiden Art

	Mutter	Vater	Schwester	Bruder	Sohn	Tochter	Nichte oder Neffe
Weibchen	0,5	0,5	0,75	0,25	0,5	0,5	0,375
Männchen	1,0	0,0	0,5	0,5	0,0	1,0	0,25

Im Gegensatz hierzu besitzen Termiten, deren Männchen und Weibchen denselben Verwandtschaftsgrad zu Geschwistern aufweisen, sterile Kasten beiderlei Geschlechts.

Haplodiploidie könnte auch erklären, warum sich sterile Kasten bei Hymenopteren häufiger entwickelt haben als bei anderen Insekten: Wilson (1975) zeigte, daß sich sterile Kasten bei sozialen Ameisen, Bienen und Wespen in 11 Fällen unabhängig voneinander entwickelt haben, obwohl sie nur 6 Prozent sämtlicher Insektenarten ausmachen. Bei allen übrigen Insekten finden sich nur in einem Fall, nämlich bei den Termiten, sterile Kasten. Inzwischen wurden auch bei den japanischen Blattläusen fortpflanzungsunfähige Soldaten entdeckt (Aoki 1977). Jedoch weisen Blattläuse genetisch einen noch stärkeren Hang zur Sterilität auf als die Hymenopteren, da sie sich, zumindest zeitweilig, asexuell fortpflanzen. Die Mitglieder einer Blattkolonie gleichen sich also genetisch wie eine Körperzelle der anderen. Deshalb verblüfft die Existenz von sterilen Arbeiterkasten bei Blattläusen nicht mehr als die Feststellung, daß die Zellen unserer Nase keine Spermien oder Eier produzieren.

Obwohl Haplodiploidie die Hymenopteren zur Eusozialität prädestiniert, ist dies keine *Begründung* dafür, daß sie sich auch tatsächlich herausbildete. Schließlich besitzen nicht alle haplodiploiden Insekten sterile Kasten, während sie umgekehrt bei den Termiten als einer normalen diploiden Art vorkommen. Wie wir schon zu Beginn des Kapitels sahen, wirken ökologische Zwänge und genetische Voraussetzungen bei der Entstehung der Sterilität zusammen. Haplodiploidie bahnt den Weg für die Evolution steriler Kasten, weil das kritische Kosten-Nutzen-Verhältnis (s. Kap. 1), das überschritten werden muß, um Hilfeleistungen zwischen Schwestern lohnend zu machen, bei 3 : 4 liegt, anstatt bei 1 : 2 wie bei normalen diploiden Geschwistern. Weiter ist anzumerken, daß einfache Schätzungen der Verwandtschaftsverhältnisse wie in Tab. 10.2 nur zutreffen, wenn die Kolonie von einer einzelnen Königin gegründet wurde, die sich nur einmal gepaart hat. Hat die Königin mehrfach kopuliert, so daß sich die Spermien verschiedener Männchen vermischen, beträgt der durchschnittliche Verwandtschaftsgrad zwischen Schwestern nur noch 0,5. Jedoch werden sich auch in Kolonien, die von mehreren Schwestern gegründet wurden (wie bei *Trigonum*) Hilfeleistungen eher bei haplodiploiden Arten durchsetzen, da in diesem Fall der Verwandtschaftsgrad zwischen einem Weibchen und den Kindern ihrer Schwester 0,375, bei diploiden Arten hingegen nur 0,25 beträgt.

Konflikt zwischen Arbeiterinnen und Königin

Die bisherige Diskussion bezog sich vorwiegend auf die Evolutionsgeschichte; es wurden ökologische Zwänge und genetische Voraussetzungen beschrieben, die bei der Evolution von sterilen Kasten wahrscheinlich von Bedeutung gewesen sind. Der folgende Abschnitt soll sich nicht mit dem Ursprung der Eusozialität beschäftigen, sondern mit Selektionsdrucken, die innerhalb rezenter Hymenopterenkolonien wirksam sind. Die Frage lautet: „Wie maximieren Königinnen und Arbeiterinnen ihren genetischen Profit, wenn sterile Kasten existieren?" Die Antwort auf diese Frage läßt wahrscheinlich Aussagen über die Selektionskräfte zu, welche die Eusozialität gegenwärtig *aufrechterhalten*. Sie kann jedoch nur indirekte Beweise für den Ursprung der Eusozialität liefern.

Hamiltons Theorie, die im vorangegangenen Abschnitt erläutert wurde, läßt eine Analyse der Art und Weise zu, in der Arbeiterinnen und Königinnen ihren genetischen Profit maximieren. Dabei wird sich zeigen, daß aufgrund dieser Theorie ein Interessenkonflikt zwischen Arbeiterinnen und Königinnen zu erwarten ist, der sich auf das Geschlechterverhältnis der fortpflanzungsfähigen Tiere in der Kolonie bezieht.

Konflikt in bezug auf das Geschlechterverhältnis

Unsere Anwendung von Hamiltons Theorie auf dieses Problem kann folgendermaßen zusammengefaßt werden. Man stelle sich ein junges Weibchen vor, das eine hypothetische Wahl hätte, entweder abzuwandern und einige Töchter aufzuziehen oder in der mütterlichen Kolonie zu bleiben und bei der Aufzucht jüngerer, fortpflanzungsfähiger Schwestern mitzuhelfen. Da es mit den Schwestern näher verwandt ist als mit seinen Töchtern, würde es besser daran tun, im mütterlichen Nest zu bleiben und Schwestern großzuziehen, als eine gleiche Anzahl von Töchtern zu erzeugen. Tatsächlich scheint also die Königin die Verliererin zu sein, da ihr nichts anderes übrig bleibt, als Töchter zu bekommen!

Die Angelegenheit hat jedoch noch eine andere Seite, die bisher nicht erwähnt wurde. Es mag zwar besser für ein junges Weibchen sein, in der Kolonie zu bleiben und Schwestern aufzuziehen, doch setzt diese Annahme natürlich voraus, daß die Königin vorwiegend Schwestern produziert. Ganz offensichtlich hängen aber die Möglichkeiten der Arbeiterinnen vom Verhalten der Königin ab. Wie schon mehrfach erwähnt, lassen sich derartige Situationen am besten analysieren, indem man nach den Bedingungen für eine evolutionsstabile Strategie (ESS) fragt.

Betrachten wir zunächst die Königin. Sie ist in gleichem Maß mit ihren Töchtern und Söhnen verwandt ($r = 0{,}5$ in beiden Fällen) und sollte deshalb, wie jedes diploide Weibchen einer sexuell reproduzierenden

Art, gleiche Anzahlen von männlichen wie weiblichen Nachkommen erzeugen. Präziser formuliert sollte sie in beide Geschlechter *gleich viel investieren* (s. Kap. 6). Dabei muß betont werden, daß sich die Annahme nur auf gleiche Investitionen hinsichtlich der *fortpflanzungsfähigen* Nachkommen bezieht und nicht auf die sterilen Arbeiterinnen. In Kapitel 6 ergab sich das Argument für ein stabiles Geschlechterverhältnis von 50 : 50 aus der Erwartung, daß der *Fortpflanzungserfolg* für Männchen und Weibchen derselbe ist. Die Diskussion über das Geschlechterverhältnis ist also nur in bezug auf fortpflanzungsfähige Tiere sinnvoll.

Nun der Konflikt: Wenn die Königin ein ausgewogenes Geschlechterverhältnis produziert, verbringen die Arbeiterinnen ihre Zeit damit, gleiche Anzahlen von Brüdern (mit denen sie einen Verwandtschaftsgrad von 0,25 aufweisen) und Schwestern (r = 0,75) aufzuziehen. Ihre durchschnittliche Verwandtschaft zu den fortpflanzungsfähigen Geschwistern beträgt deshalb nur 0,5, also genausoviel wie zu den eigenen Nachkommen. Der Effekt ist damit derselbe, als wenn sie sich entschlossen hätten, auszufliegen und eine eigene Kolonie zu gründen!

Wenn die Arbeiterinnen den vollen genetischen Gewinn durch ihr Verbleiben in der Kolonie erzielen wollen, müssen sie mehr Königinnen als Drohnen aufziehen. Wie stark aber sollte diese Bevorzugung von fortpflanzungsfähigen Schwestern sein? Wieder läßt sich ein stabiles Geschlechterverhältnis aufgrund der ESS, dieses Mal aus der Sicht der Arbeiterinnen, finden. Die Arbeiterinnen sind mit ihren Schwestern näher verwandt als mit ihren Brüdern und sollten deshalb bevorzugt Schwestern aufziehen. Doch wenn sie zu viele Schwestern aufziehen würden, würde sich das Geschlechterverhältnis in der Population soweit zugunsten der Weibchen verschieben, daß eine Drohne einen erheblich größeren Fortpflanzungserfolg aufweisen würde. Das stabile Geschlechterverhältnis beträgt 3 : 1 zugunsten der fortpflanzungsfähigen Weibchen. Wenn fortpflanzungsfähige Weibchen in dreifacher Menge wie Männchen auftreten, hat jede Drohne einen dreifach höheren zu erwartenden Erfolg wie eine Königin, weil eine Drohne durchschnittlich mit drei Weibchen kopulieren kann. Aus der Sicht der Arbeiterinnen würde diese Situation gerade die Tatsache kompensieren, daß die Brüder nur ein Drittel des Verwandtschaftsgrades der Schwestern aufweisen. Eine Arbeiterin würde für jede Nichte oder jeden Neffen, die sie über eine Schwester erhält, drei über einen Bruder erzielen. Nichten und Neffen, die von einer Schwester abstammen, sind dreifach näher mit der Arbeiterin verwandt, so daß der gesamte Gewinn pro investierter Einheit über Brüder und Schwestern identisch ist.

Diese relativ komplizierte Argumentation läßt sich in der Aussage zusammenfassen, daß die Königin von einer gleichen Investition in männliche und weibliche Nachkommen profitiert, während die Arbeiterinnen auf ein Verhältnis von 3 : 1 zugunsten der Weibchen aus sind. Es besteht also ein direkter Interessenkonflikt über das Geschlechterverhältnis zwischen Arbeiterinnen und Königin, und es fragt sich, wer ihn gewinnt.

Überprüfung des Konfliktes zwischen Arbeiterinnen und Königin

Trivers u. Hare (1976) versuchten, den Gewinner dieses Konfliktes herauszufinden, indem sie das Verhältnis der Investitionen (eine genauere Methode, als lediglich Individuen zu zählen), an männlichen und weiblichen Nachkommen bei 21 Ameisenarten bestimmten. Die Ameisenarten wurden gewählt, weil sie die Bedingungen für die Hypothese offensichtlich erfüllen, also lediglich eine Königin aufweisen, die nur einmal kopuliert. Neben einer beträchtlichen Streuung ihrer Daten, fanden Trivers u. Hare, daß das durchschnittliche Verhältnis der Investitionen weitaus näher bei 3 : 1 als bei 1 : 1 lag (Abb. 10.5). Sie schlossen daraus, daß die Arbeiterinnen den Konflikt gewinnen und das Geschlechterverhältnis erfolgreich zu ihren Gunsten und zum Nachteil der Königin manipulieren konnten. Um es kraß auszudrücken: Die Arbeiterinnen halten sich die Königin als eine Produzentin von Nichten und Neffen. Das ist eine Auffassung, die weit von der Ansicht entfernt ist, Arbeiterinnen seien unterdrückte Weibchen, die das Beste aus ihrer Zwangslage machen. Trivers u. Hare vermuten, daß die Arbeiterinnen deshalb gewinnen, weil sie mehr praktische Macht haben: sie versorgen die Larven und sind in der Lage, Männchen selektiv zu töten und statt dessen mehr Königinnen aufzuziehen. Vermutlich „rächt" sich die Königin, indem sie im Verlauf der Evolution versucht, die Arbeiterinnen durch Pheromone oder über direkte Aggression zu kontrollieren.

Während Trivers u. Hare zwei Extreme der Machtverteilung annahmen, nämlich eine völlige Kontrolle durch die Königin oder eine völlige Kontrolle durch die Arbeiterinnen, ist es wahrscheinlicher, daß die Macht geteilt wird. Die Königin kann das Geschlecht der produzierten Eier bestimmen (indem sie sie mit gespeicherten Spermien besamt oder nicht), und die Arbeiterinnen können entscheiden, welche der Larven sie aufziehen oder nicht. Bei einer Machtaufspaltung lautet das Problem: „Welches Verhältnis der Eier sollte die Königin wählen, wenn die Arbeiterinnen das Geschlechterverhältnis nach der Eiablage kontrollieren können?", und „Wie sollen die Arbeiterinnen ein von der Königin vorgegebenes Eierverhältnis manipulieren?" Diese Fragen harren noch der Beantwortung, doch sie erfordern wahrscheinlich verfeinerte Voraussagen gegenüber den bisher getesteten einfachen.

Überprüfung des Konfliktes 257

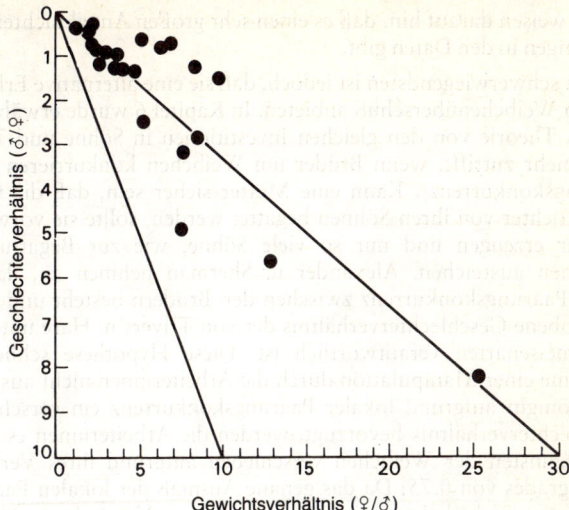

Abb. **10.5** Verhältnis der Investitionen (gemessen als Körpergewicht) bei 21 Ameisenarten. Die x-Achse gibt das Verhältnis der Gewichte von Weibchen zu Männchen wieder und die y-Achse das Verhältnis der Anzahlen von Männchen zu Weibchen in der Kolonie. Die untere Linie gibt die Erwartung bei einem Verhältnis der Investitionen von 1 : 1 wieder, die obere Linie eine Erwartung von 3 : 1 zugunsten der Weibchen. Die Daten liegen dichter an der Linie für ein 3 : 1-Verhältnis, so wie man es erwarten würde, wenn die Arbeiterinnen das Geschlechterverhältnis kontrollieren würden. (Um die Bedeutung der Geraden zu verstehen, nehme man das Beispiel eines Gewichtsverhältnisses der Weibchen zu den Männchen von 6 : 1. Bei gleichen Investitionen würde man sechs Männchen je Weibchen erwarten, bei einem Investitionsverhältnis von 3 : 1 zugunsten der Weibchen müßten zwei Männchen je Weibchen auftreten) (Trivers u. Hare 1976).

Alexander u. Sherman (1977) kritisierten die Ausführungen von Trivers und Hare aus vier Gründen.

1 Sie fragen, ob die Annahme, daß sich die Königinnen der untersuchten Ameisenart nur ein einziges Mal paaren, wirklich zutrifft.

2 Sie führen an, daß Arbeiterinnen gelegentlich unbesamte Eier legen, aus denen sich Männchen entwickeln, so daß das von Trivers u. Hare erwartete Geschlechterverhältnis von 3 : 1 falsch sein könnte. Wenn z. B. sämtliche Männchen Söhne einer Arbeiterin wären, würde sich der Verwandtschaftsgrad und damit das bevorzugte Geschlechterverhältnis für die Arbeiterin von 3 : 1 auf 3 : 2 verschieben.

3 Sie weisen darauf hin, daß es einen sehr großen Anteil nichterklärter Streuungen in den Daten gibt.

4 Am schwerwiegendsten ist jedoch, daß sie eine alternative Erklärung für den Weibchenüberschuß anbieten. In Kapitel 6 wurde erwähnt, daß Fishers Theorie von den gleichen Investitionen in Söhne und Töchter nicht mehr zutrifft, wenn Brüder um Weibchen konkurrieren (lokale Paarungskonkurrenz). Kann eine Mutter sicher sein, daß die meisten ihrer Töchter von ihren Söhnen begattet werden, sollte sie vorwiegend Töchter erzeugen und nur so viele Söhne, wie zur Begattung der Weibchen ausreichen. Alexander u. Sherman nehmen an, daß eine lokale Paarungskonkurrenz zwischen den Brüdern besteht und für das verschobene Geschlechterverhältnis der von Trivers u. Hare untersuchten Ameisenarten verantwortlich ist. Diese Hypothese schließt die Annahme einer Manipulation durch die Arbeiterinnen nicht aus. Wenn eine Königin aufgrund lokaler Paarungskonkurrenz ein verschobenes Geschlechterverhältnis bevorzugt, werden die Arbeiterinnen es zusätzlich zugunsten der Weibchen verschieben aufgrund ihres Verwandtschaftsgrades von 0,75. Da das genaue Ausmaß der lokalen Paarungskonkurrenz nicht bekannt ist, lassen sich von Alexander u. Sherman keine quantitativen Voraussagen für das optimale Geschlechterverhältnis der Königin formulieren. Das von Trivers u. Hare beobachtete Verhältnis von 3 : 1 muß deshalb als ein deutlicher Hinweis, jedoch nicht als schlüssiger Beweis, für eine Manipulation durch die Arbeiterinnen angesehen werden.

Die Erörterung der Arbeit von Trivers u. Hare hat gezeigt, daß zur Überprüfung der Frage, ob nun die Arbeiterinnen oder die Königin das Verhältnis der Investitionen kontrollieren, mehrere Voraussetzungen nötig sind: Der Grad der lokalen Paarungskonkurrenz, der Verwandtschaftsgrad zwischen Arbeiterinnen und fortpflanzungsfähigen Tieren müssen bekannt sein, und es muß geklärt sein, ob Arbeiterinnen Eier legen oder nicht. Metcalf gelang es, alle diese Informationen für zwei Wespenarten der Gattung *Polistes* zu sammeln und das Verhältnis der Investitionen zu messen. Die schon erwähnte Art *P. metricus* und die Art *P. apachus* (Abb. 10.6) sind beide einjährig. Ihre Lebenszyklen laufen wie folgt ab: Im Frühjahr werden von einem Weibchen oder mehreren begatteten Schwestern Nester gegründet. Die Nester bringen im frühen Sommer fortpflanzungsfähige Männchen hervor, denen später Königinnen folgen, während die ganze Saison hindurch kontinuierlich Arbeiterinnen produziert werden. Die jungen Königinnen paaren sich im Spätsommer und überwintern, bevor sie im folgenden Frühjahr eigene Nester gründen.

Metcalfs Ergebnisse waren erstaunlich. Bei *P. metricus* fand sich ein Investitionsverhältnis von 1 : 1 (Metcalf 1980), während es bei *P. apachus* 2,48 : 1 betrug (Metcalf u. Finer 1981). Genetische Analysen

Überprüfung des Konfliktes 259

Abb. **10.6** Arbeiterinnen von *Polistes apachus* am Nest. Diese Wespenart hat ein zugunsten der Weibchen verschobenes Nachkommenverhältnis, ein möglicher Hinweis darauf, daß die Arbeiterinnen genetisch mehr gewinnen als die Königin (Foto mit freundlicher Genehmigung von B. Metcalf).

der Emzympolymorphismen zeigten, daß die Arbeiterinnen zu ihren fortpflanzungsfähigen Schwestern einen Verwandtschaftsgrad von 0,65 aufwiesen (etwas weniger als das theoretische Maximum von 0,75, da die Königinnen sich in manchen Fällen mehrfach paaren). Die Arbeiterinnen legen normalerweise keine Eier. Es gibt wenig Hinweise auf eine lokale Konkurrenz um Weibchen; diese Aussage wurde aus der Tatsache abgeleitet, daß wenig oder keine Inzucht festgestellt wurde, sowie aus der Beobachtung, daß Weibchen sich nicht weit ausbreiten. Die Männchen müssen deshalb über größere Strecken wandern, so daß eine Konkurrenz zwischen Brüdern unwahrscheinlich ist. Daraus läßt sich folgern, daß bei beiden Arten die Arbeiterinnen zugunsten der Weibchen ein verschobenes, die Königinnen jedoch ein 1 : 1-Verhältnis für die Investitionen in fortpflanzungsfähige Nachkommen anstreben sollten.

Betrachten wir zunächst die Art mit dem 1 : 1-Verhältnis. Wenn tatsächlich ein Konflikt zwischen Königin und Arbeiterinnen besteht, wie nach Hamiltons Theorie zu erwarten, scheint die Königin zu gewinnen. Metcalf vermutet, daß sie aus rein praktischen Gesichtspunkten im Vorteil ist. Wie sollten die Arbeiterinnen das Geschlechterverhältnis manipulieren? Angenommen, die Königin legt im Verhältnis 1 : 1, und die Arbeiterinnen können selbst keine weiblichen Eier legen, dann besteht die offensichtlich einzige Möglichkeit der Manipulation im Töten der Männchen oder männlichen Larven. Bei *P. metricus* erzeugt die Königin ihre männlichen Nachkommen jedoch zu einem frühen Zeitpunkt der Brutsaison. In diesem Stadium sind erst wenige Arbeiterinnen geschlüpft, die von der Königin wirksam kontrolliert werden können. Auf diese Weise scheint die Königin den Arbeiterinnen die Möglichkeit zur Beeinflussung des Geschlechterverhältnisses genommen zu haben. Die Arbeiterinnen schneiden also schlechter ab, weil sie fortpflanzungsfähige Geschwister aufziehen, zu denen sie einen durchschnittlichen Verwandtschaftsgrad von 0,45 (0,25 für Brüder und 0,65 für Schwestern) aufweisen. Hingegen beträgt der Wert zwischen der Königin und ihren Nachkommen 0,5.

Wie sieht es bei *P. apachus* aus? Wenn bei dieser Art ein Konflikt zwischen Arbeiterinnen und Königin besteht, scheinen die Arbeiterinnen das Geschlechterverhältnis erfolgreich zu ihren Gunsten manipuliert zu haben. Metcalf vermutet, daß der entscheidende Unterschied zwischen den beiden Arten in der Dauer der Brutperioden liegt. Bei *P. metricus* dauert sie von Mai bis Oktober, bei *P. apachus* von März bis November. Die besonders lange Periode bei *P. apachus* bedeutet, daß die *Apachus*-Arbeiterinnen in ihrer entwicklungsgeschichtlichen Vergangenheit die Möglichkeit hatten, das Nest zu verlassen und ein eigenes zu gründen. Natürlich besteht die Möglichkeit bei den heutigen, sterilen Arbeiterinnen nicht mehr, sondern war vermutlich eine von mehreren alternativen evolutiven Strategien in der Vergangenheit. Die Brutperiode von *P. metricus* ist zu kurz, als daß die Arbeiterinnen das Nest nach dem Schlüpfen der Männchen verlassen könnten, um sich zu paaren und ihre eigenen Nester zu gründen. Hingegen ließ die drei Monate länger dauernde Brutsaison von *P. apachus* eine solche Möglichkeit offen. Nur wenn es den *Apachus*-Arbeiterinnen gelänge, das

Geschlechterverhältnis ausreichend zu manipulieren, würde die Strategie „im Nest bleiben" vorteilhafter sein als die Entscheidung, das Nest zu verlassen. Die beobachtete Abweichung (71 Prozent Weibchen) bedeutet, daß der durchschnittliche Verwandtschaftsgrad zwischen einer Arbeiterin und den fruchtbaren Nachkommen, die sie aufzieht, $(0{,}71 + 0{,}65) + (0{,}29 + 0{,}25) = 0{,}53$ beträgt und damit höher liegt als ein Verwandtschaftsgrad von 0,5 zwischen Mutter und Nachkommen. Wenn alle anderen Umstände identisch wären, würde die Alternative „im Nest bleiben" in diesem Fall vorteilhafter sein, als das Nest zu verlassen. Metcalf nimmt an, daß sterile Helfer bei *P. apachus* deshalb bestehen blieben, weil die Arbeiterinnen das Investitionsverhältnis zu ihren Gunsten manipuliert haben.

Die Interpretation dieser Ergebnisse ist noch immer spekulativ, doch die daraus folgende, allgemeine Erkenntnis lautet: Der Ausgang des Arbeiterinnen-Königin-Konfliktes kann von Art zu Art unterschiedlich sein und hängt von praktischen Umständen ab, die einer der beiden Parteien Entscheidungsmöglichkeiten offen lassen.

Der evolutive Streit zwischen Arbeiterinnen und Königin über das Geschlechterverhältnis findet ungeachtet der Tatsache statt, daß kein genetischer Unterschied zwischen Königin und Arbeiterinnen besteht. Ob ein Individuum steril oder fortpflanzungsfähig ist, wird ausschließlich durch die Ernährung und nicht durch die Gene bestimmt. Wenn man es aus der „Sicht" der Gene betrachtet, ist anzunehmen, daß die Gene eine bedingte Strategie verfolgen in dem Sinne: „Bevorzuge in einem Arbeiterinnenkörper ein Verhältnis von 3 : 1, in einem Königinnenkörper ein Verhältnis von 1 : 1"!

Vergleich zwischen Wirbeltieren und Insekten

Bei Wirbeltieren sind keine sterilen Kasten bekannt, doch gibt es in anderer Hinsicht enge Parallelen zwischen den Schlußfolgerungen aus diesem Kapitel und denen aus Kapitel 9. Die beiden Hypothesen über den evolutiven Ursprung des Helfens bei Insekten entsprechen den beiden Arten des gemeinsamen Nistens, die bei Vögeln in Kapitel 9 beschrieben wurden. Die erste Hypothese ähnelt der Situation beim Buschblauhäher, in der die jungen Vögel am elterlichen Nest bleiben und bei der Aufzucht jüngerer Geschwister helfen. Die zweite Hypothese entspricht den Verhältnissen bei den Anis und Straußen, bei denen mehrere Weibchen an einem gemeinsamen Nest beteiligt sind und ein dominantes Weibchen mehr Nachkommen produziert als die anderen.

Die ökologischen Zwänge, die für die Ausbreitung des Helfens verantwortlich gemacht werden, sind bei Wirbeltieren und Insekten ebenfalls weitgehend dieselben. Beispielsweise spielen sowohl die Helfer beim Buschblauhäher als auch die Arbeiter bei den Insekten dieselbe Rolle bei der Abwehr von Räubern und Parasiten. Auch das gemeinsame Bewohnen eines Nestes durch mehrere fruchtbare Weibchen wird bei Wirbeltieren wie Insekten als Reaktion auf eine Bedrohung durch Feinde angesehen. Ein weiterer ökologischer Hauptfaktor, der zum Helfen führt, ist bei jungen Vögeln der Mangel an Nistplätzen und Revieren. Hier findet sich eine Parallele im gemeinsamen Nestbau der sozialen Insekten: Ein einzelnes Weibchen hat nur geringe Chancen, ein Nest ohne Hilfe zu errichten, so daß es zur Zusammenarbeit gezwungen ist.

Neben diesen Gemeinsamkeiten muß es beträchtliche Unterschiede geben, die dazu geführt haben, daß sich sterile Kasten ausschließlich bei Insekten und nicht bei Wirbeltieren entwickelt haben. Diese Unterschiede könnten sowohl ökologischer als auch genetischer Natur sein. So bestehen zwischen Insekten und Wirbeltieren Differenzen, die sich auf ökologische und entwicklungsgeschichtliche Zwänge gründen.

Helfer bei Wirbeltieren, wie die jungen Buschblauhäher, betreiben eine langfristig angelegte Strategie, um später ein Revier oder einen Partner zu erwerben. Derart weitgesteckte Ziele sind bei den kurzlebigen Insekten von untergeordneter Bedeutung (obwohl es Ausnahmen gibt wie bei *Metapolybia*). Das Gewicht wurde statt dessen auf Gewinne durch Unterstützung von Geschwistern verlagert. Wenn ein junger Blauhäher zum Helfen bei den Eltern bleibt, schneidet er schlechter ab als einer, dem es gelingt, sein eigenes Nest zu errichten (s. Kap. 9). Das liegt an der Unfähigkeit der Mutter, so viele Eier zu legen, daß der Helfer mehr Junge aufziehen könnte, als wenn er selbst brüten würde. Die Beschränkung liegt also darin, daß es der Mutter nicht möglich ist, ein sehr großes Gelege zu produzieren. Demgegenüber kann eine Insektenkönigin ihre Töchter mit so vielen Eiern versorgen, wie diese selbst legen könnten. Die Größe der Nachkommenschaft ist hier durch die Anzahl der Brutzellen begrenzt und nicht durch die Fähigkeit zum Bebrüten. Sowohl bei Insekten als auch bei Wirbeltieren liegt ein Zwang, der die Helfer davon abhält, selbständig zu werden, in der mangelnden Verfügbarkeit von Nestern oder Revieren. Bei Insekten dauert die Errichtung des Nestes relativ länger als bei Wirbeltieren, so daß dieser Zwang schwerer wiegt. Mit anderen Worten: Für ein Insekt stellt das Nest eine knappe Ressource dar, während für ein Wirbeltier der Reviermangel von größerer Bedeutung ist.

Auf der anderen Seite finden sich Unterschiede zwischen Vögeln und Insekten, die sich auf die genetische Voraussetzungen für eine Sterilität beziehen und schon ausführlich besprochen worden sind. Haplodiploidie bei Hymenopteren und Asexualität bei Blattläusen sind Merkmale, die bei keiner der in Kapitel 9 besprochenen Wirbeltierarten auftauchen. Termiten scheinen keine bestimmten genetischen Voraussetzungen für die Sterilität zu besitzen und sind in dieser Hinsicht eher mit den Wirbeltieren zu vergleichen. Vielleicht ist die Seßhaftigkeit der Termiten ein bedeutsamer Faktor. Da sie sich nicht weit ausbreiten, sind alle Individuen einer Kolonie durch Inzucht nahe miteinander verwandt.

Zusammenfassung

Bei den sozialen Insekten gibt es sterile Arbeiterkasten, die niemals Nachkommen erzeugen und statt dessen bei der Aufzucht jüngerer Geschwister helfen. Das scheint auf den ersten Blick der Theorie der natürlichen Selektion zu widersprechen, nach der eine maximale Effektivität bei der Weitergabe von genetischem Material zu erwarten ist. Da die Arbeiter jedoch nahe Verwandte aufziehen, besteht eine genetische Voraussetzung für das altruistische Verhalten.

Es gibt zwei Theorien darüber, wie sterile Kasten im Lauf der Evolution entstanden sein können. Jungtiere können im Nest bleiben und ihrer Mutter helfen. Oder mehrere Schwestern, von denen eine die meisten Nachkommen produziert, bewohnen ein gemeinsames Nest. Für beide Theorien gilt, daß die ökologischen Vorteile des gemeinsamen Nistens in einer besseren Abwehr von Räubern und Parasiten sowie in der Errichtung eines komplizierten Nestes liegen. Die genetischen Voraussetzungen liegen darin, daß die Hilfe nahen Verwandten zugute kommt. Im Fall der ersten Theorie sollte eine starke Selektion darauf hinzielen, daß die Mutter ihre Töchter zum Verbleib im Nest manipuliert, während bei den Töchtern nur eine geringe Selektion dagegenwirkt.

Bei den Hymenopteren existiert eine zusätzliche genetische Voraussetzung zum Helfen: die Haplodiploidie. Sie hat zur Folge, daß sterile weibliche Helfer ihr genetisches Material effektiver als die Königin weitergeben können, wenn sie das Geschlechterverhältnis ihrer fruchtbaren Geschwister zu ihren Gunsten verschieben. Die Ursache hierfür liegt darin, daß Schwestern näher miteinander verwandt sind als die Mutter mit ihren Nachkommen. Es gibt bei einigen Arten deutliche Hinweise auf ein zugunsten der Weibchen verschobenes Geschlechterverhältnis.

Weiterführende Literatur

Hamilton (1972) faßt die Bedeutung der Haplodiploidie bei Hymenopteren als Voraussetzung für die Eusozialität zusammen.

Evans (1977) beschreibt, wie die Eusozialität sich entwickelt haben könnte, indem ökologische Zwänge Nachkommen dazu veranlaßt haben, ihren Müttern zu helfen.

West Eberhard (1978b) gibt einen kritischen Überblick über Theorien zur Entstehung der Eusozialität und favorisiert die Hypothese, daß sie sich über eine Zusammenarbeit von nestgründenden Schwestern entwickelt.

In seinem Kapitel über soziale Insekten gibt Wilson (1975) einen ausgezeichneten Überblick über die Biologie dieser Gruppe.

Micheners (1974) Werk stellt eine grundlegende Arbeit über die sozialen Bienen dar.

Dawkins (1979) führt eine unterhaltsame Reihe von zwölf in der Literatur verbreiteten Mißverständnissen hinsichtlich der Verwandtenselektion vor. Zum Beispiel wurde anhand von DNA-Hybridisierungsexperimenten nachgewiesen, daß alle Individuen einer Art einen hohen Anteil an gemeinsamen Allelen aufweisen; es handelt sich jedoch um einen Fehlschluß, wenn man aus dieser Tatsache folgert, daß alle Individuen einer Art sich altruistisch verhalten sollten. Um zu verstehen warum, sollte man sich Dawkins' Arbeit zu Gemüte führen.

Wilson (1980) diskutiert einen Aspekt des Verhaltens bei sozialen Insekten, der in diesem Kapitel nicht abgehandelt wurde, nämlich die optimale Einteilung der Arbeitertypen einer Kolonie nach verschiedenen Aufgaben. Er führt das Beispiel der Blattschneiderameisen (*Atta*) an und zeigt, daß Arbeiter mit einer bestimmten Körpergröße besser als andere dazu geeignet sind, Blattstückchen zu schneiden und in die Vorratskammern der Kolonie zu schleppen. Ab dieser Größe erfolgt normalerweise ein Funktionswechsel von einer Tätigkeit im Nest zur Aufgabe der Futterbeschaffung. Eine generelle Einführung in die Ökonomie der Kasten bei sozialen Insekten wird von Oster u. Wilson (1978) gegeben.

11 Gestaltung von Signalen: Ökologie und Evolution

Die meisten in diesem Buch beschriebenen Interaktionen zwischen Individuen umfassen irgendeine Form der Kommunikation. Männchen locken Weibchen an oder schrecken Rivalen ab, Kinder betteln ihre Eltern um Nahrung an, giftige Raupen warnen Räuber mit Signalfarben odr Warnverhalten. Bei allen diesen Handlungen werden Verhaltensweisen und Körperstrukturen verwendet, die eigens der Kommunikation dienen. Das folgende Kapitel beschäftigt sich mit der Frage, wie die Signale durch die natürliche Selektion so geformt wurden, daß sie für eine effektive Kommunikation taugen. Dabei soll der Einfluß von zweierlei Selektionsdrucken auf die Signale besprochen werden: ökologische Zwänge, die aus der Umwelt resultieren, und die Reaktion des Signalempfängers. Doch zunächst die Klärung des Begriffes Kommunikation.

Das auffälligste Merkmal der Kommunikation ist, daß ein Signal oder Signalmuster, das von einem Individuum (Sender) abgegeben wird, das Verhalten eines anderen Individuums (Empfänger) in irgendeiner Hinsicht modifiziert. Die Antwort des Signalempfängers kann sofort und deutlich erkennbar erfolgen (ein männlicher Leuchtkäfer bewegt sich unverzüglich auf ein blinkendes Weibchen der richtigen Art zu), oder sie kann subtil und kaum ersichtlich sein (eine männliche Antilope ändert ihre Gangrichtung ein wenig, um keine fremden Reviergrenzen zu überschreiten, nachdem sie die Duftmarken eines ansässigen Rivalen wahrgenommen hat). Die Reaktion kann zeitlich verzögert erfolgen (wie die allmähliche Reifung der Ovarien bei weiblichen Wellensittichen nach Stimulierung durch den Gesang eines Männchens) oder nur zu bestimmten Zeiten auftreten (ein revierbesitzendes Amselmännchen singt mehrere Stunden lang pro Tag, und nur während dieser Zeit werden ein oder zwei Eindringlinge abgeschreckt). Wenn, abgesehen von diesen Schwierigkeiten, eine Reaktion des Signalempfängers zu erkennen ist, läßt sich Kommunikation charakterisieren als ein *Prozeß, in dem ein Sender spezifisch gestaltete Signale oder Signalmuster einsetzt, um das Verhalten eines Signalempfängers zu modifizieren.* Die Bezeichnung „spezifisch gestaltete Signale" verhindert dabei eine zu weite Fassung der Definition. Wenn man in später Nacht einem durch die Straße torkelnden Trunkenbold ausweicht und die Seite wechselt, heißt das noch nicht, daß das Torkeln von der natürlichen Selektion als spezifisches Signal geformt wurde, um starke Trunkenheit zu signalisieren. Deshalb würde das Torkeln nicht unter die obige Definition fallen. Im Gegensatz hierzu läßt sich das beständige Zirpen eines Grashüpfers, das durch das Aneinanderreiben der Beine erzeugt wird und sich wahrscheinlich evolutiv aus einer einfachen Fortbewegungsweise entwickelte, als ein Beispiel von Kommunikation ansehen. Der männliche Grashüpfervorfahre könnte auf ein Weibchen zugekrochen sein und dabei zufällig einen Schnalzer erzeugt haben. Die natürliche Selektion hat jedoch an diesem Laut angesetzt und ihn zu einem geräuschvollen, auffälligen Signal zur Anlockung von Weibchen gestaltet.

Nebenbei sei bemerkt, daß diese Definition von Kommunikation nicht alle Forscher, die sich mit Verhaltensweisen beschäftigen, zufrieden stellen würde. Unser Interesse in diesem Kapitel gilt jedoch der Evolution von Signalen, so daß wir besonderen Wert auf die Bedeutung von spezifisch adaptierten Signalen bei der Kommunikation legen. Für jemanden, der sich mit sozialen Interaktionen bei Menschen und Tieren beschäftigt, kann eine weitergefaßte Definition wie: „jeder Aspekt der Anwesenheit oder des Verhaltens von Individuum A, der das Individuum B beeinflußt" geeigneter sein. Sie würde Beobachtungen wie die von Argyle (1972) miteinschließen, der fand, daß viele subtile Aspekte von Körperhaltungen (Zurücklehnen im Sessel, Übereinanderschlagen der Beine) wichtige Rollen in der menschlichen Kommunikation spielen, obwohl sie sich nicht als spezifische Signale im Verlauf der Evolution herausgebildet haben müssen.

Ökologische Zwänge und Kommunikation

Verschiedene Tiergruppen setzen verschiedene Sinneskanäle zur Kommunikation ein. Kleine Säugetiere leben in einer Duftwelt, Vögel in einer Klangwelt und Korallenfische in einer Welt von leuchtenden Plakatfarben. Warum diese Unterschiede? Ein Teil der Antwort liegt darin, daß die Einsetzbarkeit der verschiedenen Kanäle von ökologischen Zwängen abhängt, die aus den Lebensweisen und Habitaten der Arten resultieren. Es leuchtet ein, daß Geräusche oder Düfte für ein kleines, nachtlebendes Säugetier besser geeignet sind als visuelle Signale oder daß Vögel, die in dichten Gebüschen leben, sich gegenseitig eher hören als sehen können. Rehe, die in dichten Wäldern leben, kennzeichnen ihre Reviere durch laute Rufe und Duftmarken auf der Vegetation, während sie in offenen Habitaten vorwiegend visuelle Signale benutzen (Loudon, persönl. Mitt.). Unterschiede in der Effektivität der Signalübertragung sind jedoch nicht die einzigen Gesichtspunkte, die bei der Einschätzung von Kosten und Nutzen der verschiedenen Kommunikationskanäle eine Rolle spielen (Tab. 11.1). Geräusche und Klänge sind äußerst vielseitig: Eine enorme Anzahl von Signalen kann in kürzester

Tabelle **11.1** Vorzüge der verschiedenen Sinneskanäle der Kommunikation (aus J.Alcock: Animal Behavior: an Evolutionary Approach, 2. Aufl., Sinauer, Sunderland, Massachusetts 1979)

Eigenschaften des Kanals	Art des Signals			
	chemisch	akustisch	visuell	taktil
Reichweite	groß	groß	mittel	gering
Geschwindigkeit der Signaländerung	langsam	schnell	schnell	schnell
Fähigkeit zur Überwindung von Hindernissen	gut	gut	gering	gering
Lokalisierbarkeit	unterschiedlich	mittel	hoch	hoch
Energieaufwand	gering	hoch	gering	gering

Zeit in Form von schnellen Änderungen der Tonhöhe, Lautstärke und der harmonischen Zusammensetzung übermittelt werden. Düfte sind weniger flexibel, erfordern jedoch nur einen geringen Energieaufwand bei der Produktion und weisen Langzeitwirkung auf. Das ist ein Vorteil für Tiere mit sehr großem Revier wie dem Fuchs, der an einer bestimmten Stelle seines Reviers nur alle paar Stunden oder sogar Tage vorbeikommt. Leuchtende Körperfarben üben eine permanente (zumindest über eine gewisse Periode hin) Signalwirkung aus. Während sie zur Anlockung von Weibchen und Abschreckung von Rivalen vorteilhaft sind, verursachen sie jedoch beträchtliche Gefahren, indem sie unerwünschte Räuber herbeirufen.

Kommunikation bei Ameisen

Der Gebrauch von unterschiedlichen Kommunikationskanälen unter verschiedenen ökologischen Bedingungen wurde durch Holldöblers (1977) Studie des „Anwerbungs"-Verhaltens von Ameisen deutlich gemacht. Wenn Ameisenarbeiterinnen von der Futtersuche in das Nest zurückkehren, versuchen sie häufig, andere Koloniemitglieder für eine Mithilfe bei der Einbringung der entdeckten Futterquelle zu gewinnen. Holldöbler beschreibt drei Arten der Anwerbung, von denen zwei in Abb. 11.1 wiedergegeben sind.

1 Arten wie *Leptothorax* ernähren sich von einzelnen, unbeweglichen Beutestücken (z. B. toten Käfern), die die Kräfte einer einzelnen Arbeiterin überfordern, jedoch unter Zusammenwirkung von zwei Individuen

Abb. **11.1** Zwei Kommunikationstypen zur „Anwerbung" bei Ameisen: (a) taktil, (b) chemisch.

ins Nest transportiert werden können. Nachdem eine Arbeiterin von *Leptothorax* ein Beutestück aufgespürt hat, kehrt sie zum Nest zurück, erbricht einen Teil der Nahrung und scheidet mit dem Abdomen Duftstoffe aus, um andere Arbeiterinnen zu mobilisieren. Eine Arbeiterin wird zum Transport der Beute angeworben und „an der Hand" zum Futterplatz geführt. Das geschieht, indem die beiden Ameisen im Tandemgespann laufen, wobei die Angeworbene mit ihren Antennen Kontakt zum Abdomen der Führerin hält (Abb. 11.1a).

2 Knotenameisen der Gattung *Solenopsis* ernähren sich von großen, beweglichen Beutestücken (große Insekten usw.), die nur von mehreren Arbeiterinnen ins Nest geschafft werden können. Zur Anwerbung von Helfern werden hier Duftstoffe eingesetzt. Nachdem eine Ameise auf eine lohnende Beute gestoßen ist, kehrt sie zum Nest zurück und hinterläßt dabei eine Duftspur, die von einer speziellen Drüse des Abdomens abgesondert wird. Der Geruch regt andere Arbeiterinnen zur Verfolgung an, und sie laufen auf der Duftspur zur Beute (Abb. 11.1b). Kehren sie unverrichteter Dinge von der Beute in die Kolonie zurück, sondern sie dabei ebenfalls eine Duftspur ab, so daß noch mehr Arbeiterinnen herbeigerufen werden, bis schließlich genug mobilisiert sind, um den Nahrungsbrocken ins Nest zu schaffen. Die Duftspur wird schnell verstärkt, wenn mehrere Arbeiterinnen ihre Absonderungen hinzufügen, aber sie verfällt auch rasch wieder, wenn die ständige Erneuerung aufhört, da der Duftstoff flüchtig ist und nur für wenige Minuten bestehen bleibt. Das bedeutet, daß die Duftspur nur so lange erhalten bleibt, wie die Beute zur Verfügung steht und daß ihr Verlauf einer sich bewegenden Beute angepaßt werden kann.

3 Eine dritte Art von Futterspur ist für Blattschneiderameisen (*Atta*) und samenfressende Ameisen wie die Ernteameisen (*Pogonomyrmex*) charakteristisch. Diese Tiere ernähren sich aus beständigen oder sich erneuernden Futterquellen, so daß die Wege über Tage, Wochen oder sogar Jahre hinweg dieselben bleiben. Sie werden entweder mit lange beständigen Duftstoffen markiert oder, indem Pfade durch die Vegetation geschnitten werden. Beide Methoden liefern dauerhafte Kennzeichnungen.

Diese Beispiele veranschaulichen, wie unterschiedliche, auf verschiedenen Sinneskanälen basierende Arten von Signalen abgestimmt auf die Ernährungsökologie der Ameisen eingesetzt werden; taktile Signale zur Anwerbung eines einzelnen Helfers bei einer unbeweglichen Futterquelle, leicht flüchtige Duftsignale zur Mobilisierung großer Anzahlen von Arbeiterinnen bei beweglicher Beute und visuelle Zeichen oder beständige Gerüche bei großen, sich erneuernden Futteransammlungen.

Rufe bei Vögeln und Primaten

Die Art und Weise, wie die Beschaffenheit des Habitats und die meteorologischen Verhältnisse die Übertragung von Signalen beeinflussen können, wurde ausführlich an akustischen Signalen, vor allem Vogelgesängen, untersucht. Unterschiede zwischen Arten und zwischen Populationen innerhalb einer Art können in manchen Fällen auf diese Einflüsse zurückgeführt werden.

Morton (1975) und Chappuis (1971) konnten als erste zeigen, daß der Gesang von Vögeln mit der Habitatstruktur korreliert ist. Morton fand, daß die Gesänge von Arten, die unterhalb der Baumkronen in den tropischen Wäldern Panamas leben, durch tiefere Frequenzen gekennzeichnet sind. Gegenüber den Gesängen von graslandbewohnenden Arten in demselben Land finden sich häufiger reine Töne und ein eingeschränktes Frequenzspektrum (Tab. 11.2). Die typischen Gesänge von Vögeln in Tropenwäldern enthalten viele reine, niederfrequente Pfiffe, während die der graslandbewohnenden Tiere voller komplizierter Triller sind.

Einige weitere Studien haben gezeigt, daß die geographische Variation innerhalb einer Art mit dem Habitattyp korreliert sein kann. So fand

Tabelle **11.2** Unterschiede zwischen den Gesängen von wald- und graslandbewohnenden Vögeln in Panama (Morton 1975)

Habitat	bevorzugte Frequenz (kHz)	Anteil reiner Töne (%)	Frequenzbreite (kHz)
Wald (unterhalb der Baumkronen)	2,2	87	1,5
Grasland	4,4	33	3,5

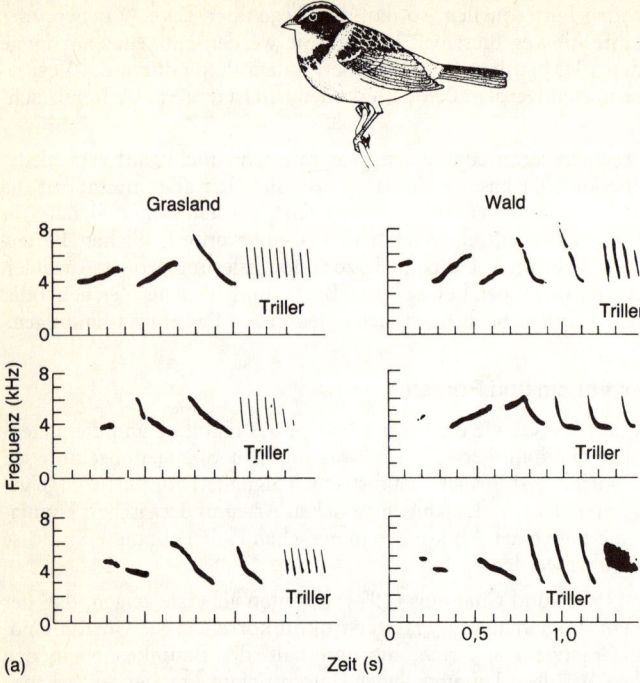

Abb. 11.2 (a) Die Gesänge der Braunnackenammer (*Zonotrichia capensis*) enthalten in Wäldern langsamere Triller als in offenen Gebieten. (b) Kohlmeisengesänge weisen in dichten Wäldern eine eingeschränkte Frequenzbreite, eine geringere Höchstfrequenz und weniger Noten auf als in offenen Gebieten.

Nottebohm (1975), daß Braunnackenammern (*Zonotrichia capensis*), die in südamerikanischen Wäldern beheimatet sind, langsamere Triller von sich geben als ihre Artgenossen im Grasland (Abb. 11.2a). Wie die Braunnackenammer bewohnt auch die Kohlmeise eine große Bandbreite unterschiedlicher Habitate und ist über ein ausgedehntes geographisches Areal verbreitet. Ihre Lebensräume reichen von Irland bis Japan, von finnischen Birkenwäldern bis in die Mangrovensümpfe Malaysias. Hunter u. Krebs (1979) zeichneten die regionalen Gesänge von Meisen in zwei unterschiedlichen Habitaten (offene Wälder oder Parks und dichte Wälder) mit Tonbandgeräten auf. Die Aufnahmen wurden in verschiedenen Ländern, von Norwegen bis Iran, gemacht. Ungeachtet der geographischen Herkunft ergaben sich dieselben Unter-

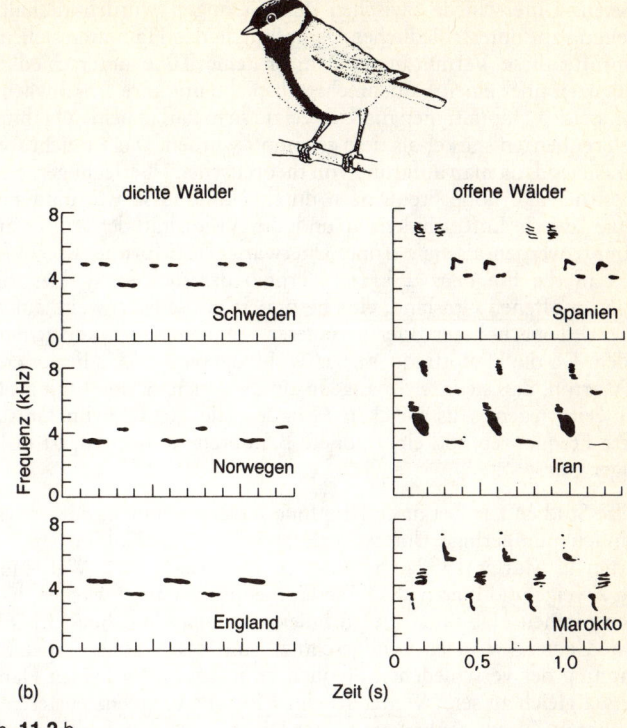

Abb. **11.2** b

schiede zwischen den Gesängen bezüglich der beiden Habitattypen (Abb. 11.2b). Vögel in offenen Habitaten weisen Gesänge mit höheren Frequenzmaxima, schneller aufeinanderfolgenden Noten und eine größere Frequenzbreite als Vögel im Wald auf. Die Korrelation mit dem Habitattyp ist derart eng, daß die Kohlmeisengesänge in einem Park im Süden Englands größere Ähnlichkeit zu denen in einem entsprechenden Park im 5000 km entfernten Iran aufweisen als zu den nur 100 km entfernten Artgenossen, die in den dichten Wäldern Südenglands leben. Worin liegt der Überlebenswert von derart unterschiedlich strukturierten Gesängen in verschiedenen Habitaten? Diese Frage läßt sich noch nicht mit Sicherheit beantworten. Morton stellte die Hypothese auf, daß die Gesänge zur Überbrückung einer größtmöglichen Entfernung gestaltet seien. Unterschiede zwischen den Gesängen würden deshalb in Beziehung zur unterschiedlichen Dämpfung in den Habitaten stehen. Er überprüfte diese Vermutung, indem er reine Töne unterschiedlicher Frequenzen über einen Lautsprecher abspielte und ihre Abschwächung in den beiden Habitattypen maß. Es zeigte sich, daß in beiden Habitaten hohe Frequenzen stärker als tiefe gedämpft wurden. Das ist nicht weiter überraschend, da man aufgrund von theoretischen Überlegungen erwarten würde, daß hohe Frequenzen durch Hindernisse wie Blätter und Zweige, durch Luftturbulenzen und die Viskosität der Luft stärker gedämpft werden als tiefe Töne. Unerwartet an Mortons Ergebnissen war, daß die Frequenz 2 kHz innerhalb des dichten Waldes, nicht jedoch im offenen Grasland, eine besonders große Reichweite aufwies, während Töne höherer oder geringerer Frequenzen stärker gedämpft wurden. Da die Hauptfrequenz der Waldvögel um 2 kHz liegt, vermutete Morton, daß sie ihre Gesänge in ein „Frequenzfenster" mit größter Reichweite legen. Aus welchen Gründen die Gesänge im Grasland höhere Frequenzen und eine größere Bandbreite aufweisen, ist bislang weniger klar.

Neuere Studien zur Geräuschdämpfung lassen vermuten, daß es wahrscheinlich nur geringe Unterschiede zwischen den Habitattypen gibt (Marten u. Marler 1977a, b, Wiley u. Richards 1978). Während im Wald Zweige und Blätter die höheren Frequenzen abschwächen, haben in den offenen Habitaten Luftturbulenzen einen ähnlichen Effekt. Da offene Gebiete weniger windgeschützt sind als Wälder, scheint die Dämpfung der verschiedenen Frequenzen insgesamt in beiden Habitaten etwa gleich zu sein. Weiter scheint Mortons Frequenzfenster von 2 kHz eher in Zusammenhang mit einer Dämpfung der tiefen Frequenzen durch den Boden zu stehen als mit Unterschieden zwischen den Habitaten.

Wiley u. Richards (1978) schlugen eine alternative Erklärung für die Unterschiede zwischen Wäldern und offenen Habitaten vor. Sie wiesen darauf hin, daß ein singender Vogel mit zwei Problemen konfrontiert ist. Eines ist die *Dämpfung* der Töne; wenn sie zu stark ist, wird der Gesang im Hintergrundlärm untergehen und den Signalempfänger nicht erreichen. Das andere Problem ist die *Verfälschung*; wenn der Gesang bei seiner Ausbreitung verfälscht oder verzerrt wird, kann er vom Signalempfänger mit anderen Umweltgeräuschen verwechselt werden. Die Autoren nehmen nun an, daß die Habitatunterschiede sich weit eher auf eine Verfälschung als auf eine Dämpfung der Gesänge beziehen. Im Wald wird eine Verfälschung hauptsächlich durch Echo- und Halleffekte an Zweigen und Blättern verursacht. In offenen Habitaten hingegen werden die Gesänge durch unregelmäßige Schwankungen der Amplitude in Abhängigkeit von Windbewegungen beeinflußt. Diese beiden Arten der Verfälschung können durch unterschiedliche Gestaltung der Gesangsmuster reduziert werden. Halleffekte wirken sich stärker auf die hohen Frequenzen aus, da diese von kleinen Objekten wie Zweigen und Blättern reflektiert werden. Hall und Echo verursachen auch Probleme bei Tönen in schneller Reihenfolge wie sie in den Trillern vieler Vögel vorkommen, da die Echos mit den Originaltönen vermischt werden. Deshalb sollten die Gesänge in Wäldern zur Ausschaltung von Halleffekten tiefere Frequenzen und mehr einzelne Töne als Triller enthalten oder aber Triller mit weit auseinanderliegenden Einzelnoten. Genau diesen Erwartungen entsprechen die von Morton und die bei den Braunnackenammern und Kohlmeisen beobachteten Muster. Die unregelmäßigen Amplitudenschwankungen in offenen Habitaten fördern demgegenüber schnelle Triller. Da der Gesang in unregelmäßigen Abständen durch den Wind abgeschwächt wird, sollte er Töne enthalten, die kurz genug sind und häufig genug wiederholt werden, um in sehr kurzer Zeit identifiziert zu werden. Aus denselben Gründen sollten in offenen Habitaten hohe Frequenzen bevorzugt werden, da ein Gesang mit hohen Frequenzen eine bestimmte Information in kürzerer Zeit übermitteln kann. Auch hier stehen die nach der Hypothese von Wiley u. Richards zu erwartenden Muster in vollem Einklang mit den Beobachtungen im Freiland.

Eine weitere Komplikation ergibt sich daraus, daß in mindestens zwei der angeführten Untersuchungen (Mortons Studie und die Arbeit an Kohlmeisen) die waldbewohnenden Vögel größere Reviere beanspruchen als ihre Artgenossen in offenen Habitaten. Die Gesänge in beiden Habitaten könnten so gestaltet sein, daß sie nicht über eine möglichst große Entfernung erkennbar sind, sondern daß sie eine optimale Reichweite aufweisen. Diese könnte zwischen den beiden Habitaten aufgrund unterschiedlicher Vogeldichte und Reviergröße differieren. Eine optimale Reichweite könnte z. B. dadurch gegeben sein, daß es für einen Vogel nachteilig ist, über zu weite Entfernungen gehört zu werden (s. weiter unten). Die Gesänge der Waldvögel mit ihren tiefen Frequenzen und dem nur schmalen Frequenzbereich scheinen weiter zu tragen als die hochfrequenten, ein größeres Spektrum umfassenden Gesänge in offenen Habitaten.

Es besteht eine auffallende Parallele zwischen diesen Beobachtungen an Vogelgesängen und der Interpretation einer eigentümlichen Variante der menschlichen Sprache durch Busnel u. Klasse (1976). An vier Stellen der Erde, in Andorra, in der Türkei, in Mexiko und auf den Kanarischen Inseln, haben ortsansässige Bewohner eine außergewöhnliche „Pfeif"-Sprache mit vollendetem Vokabular entwickelt. Obwohl die Einzelheiten der Sprache und die Methoden der Lauterzeugung von Ort zu Ort variieren, dienen sie alle der Kommunikation über große Entfernungen. Die Orte liegen sämtlich in Gebirgen mit steilwandigen Felsentälern. Die Entfernungen sind in der Luftlinie nicht sehr groß, jedoch kostet es viel Mühe, um von einer Seite eines Tales auf die andere zu gelangen. Deshalb dienen die Pfeifsprachen der Kommunikation über steile Täler hinweg. Wie bei den Gesängen der Waldvögel ist ihre Klangenergie auf ein schmales Frequenzband konzentriert, um über große Entfernungen hinweg wahrnehm- und entschlüsselbar zu sein.

Nicht das gesamte Klangspektrum wird zur Signalübertragung über große Entfernungen hinweg eingesetzt, so daß für die Kurzstreckenkommunikation speziell geformte Klangmuster verwendet werden könnten, die nicht weiter als nötig reichen. Mantelmangaben (*Cerocebus albiniger*) (Abb. 11.3) sind in südafrikanischen Wäldern zu Hause. Diese Affen leben in Trupps und verteidigen Reviere. Waser u. Waser (1977) beobachteten bei den Mangaben zwei Vokalisationsformen, das „whoop-gobble", ein revierabgrenzendes Signal wie der Gesang vieler Vögel, und das „scream", das im Verlauf von Auseinandersetzungen innerhalb der Gruppe eingesetzt wird. Die beiden Signale werden von den Affen in gleicher Lautstärke erzeugt, doch ist das „whoop-gobble" mit seinen tieferen Tönen und dem eingeschränkten Frequenzbereich wesentlich weiter zu hören als das „scream" (Tab. 11.3). Die Unter-

Abb. **11.3** Die Mantelmangabe (Foto: P. M. Waser).

Tabelle **11.3** Vergleich zwischen zwei Rufen mit unterschiedlicher Funktion bei Mantelmangaben in den tropischen Wäldern Ugandas (Waser u. Waser 1977)

Ruf	Funktion	für des menschliche Ohr wahrnehmbare Reichweite	Schalldruck in 5 m Entfernung von den Affen	Frequenz (Hz)
„whoop-gobble"	Revierabgrenzung zwischen Gruppen	1000 m	75 dB	300– 400
„scream"	Auseinandersetzungen innerhalb der Gruppe	300 m	78 dB	1000–3000

schiede hinsichtlich der Frequenzzusammensetzung und den damit zusammenhängenden Reichweiten beider Rufe spiegeln ihre Gestaltung für eine Kommunikation über unterschiedliche Entfernungen wider.

Wahrscheinlich werden bei den Mangaben zur Austragung von Konflikten innerhalb der Gruppe Laute mit geringerer Reichweite benutzt, um die Aufmerksamkeit von Räubern nicht auf sich zu lenken. Eine andere Methode, um Raubtieren zu entgehen, ist die Erzeugung von nicht lokalisierbaren Lauten. Diese Vermutung wurde zuerst von Marler (1955) in einer klassischen Arbeit über die Alarmrufe von kleinen Vögeln geäußert. Der Autor stellte fest, daß die Rufe vieler kleiner Vögel bei Annäherung eines Greifvogels bemerkenswert ähnlich klingen. Es sind dünne, hochfrequente Rufe, die für das menschliche Ohr schwer zu lokalisieren sind. Marler nahm an, daß die Struktur der Rufe über die Selektion so geformt wurde, daß die Schallquelle vom Räuber schwer zu lokalisieren ist und deshalb das Risiko für den Rufer vermindert wird, selbst vom Räuber angegriffen zu werden. Die Frage, aus welchen Gründen ein Vogel überhaupt seine Schwarmgenossen warnt, berührt eine andere Problematik, die schon im 1. Kapitel angesprochen wurde. So einleuchtend Marlers Hypothese erscheint, konnte sie doch nicht durch Experimente bestätigt werden, in denen überprüft wurde, ob die Rufe schwer zu lokalisieren sind. Shalter (1978) untersuchte Sperlingskäuze (*Glaucidium*) und Habichte (*Accipiter gentilis*), beides Jäger von kleinen Vögeln, auf ihre Fähigkeiten, Alarmrufe zu lokalisieren. Dazu brachte er die Raubvögel in einen Käfig zwischen zwei Lautsprecher und testete anhand der Kopfbewegungen der Tiere, ob sie hören konnten, aus welchem der Lautsprecher die Alarmrufe abgespielt wurden. Die Vögel schienen die Alarmrufe genausogut orten zu können wie andere Geräusche, von denen man angenommen hatte, sie seien leichter zu lokalisieren. Die Bedeutung der Alarmrufstruktur bleibt deshalb vorerst im dunkeln.

Wahl des Mikrohabitats und der „Sendezeit"

(a) Mikrohabitat

Obwohl die Übertragung von akustischen Signalen in einem bestimmten Maß von den physikalischen Gegebenheiten des Habitats behindert wird, kann ein Tier die Reichweite seiner Laute durch die Wahl des Mikrohabitats und der Tageszeit des Rufens steigern. Für Tiere, die am Boden leben und rufen, ist die Erde selbst ein Hauptfaktor der Geräuschdämpfung. Messungen zeigen, daß diese Dämpfung schon in geringer Höhe über dem Boden wesentlich schwächer ist (Marten u. Marler 1977). Das könnte erklären, weshalb so viele Vögel zum Singen einen vorstehenden Ast weiter oben in den Bäumen aufsuchen. Die flugunfähige grabende Grillenart *Anurogryllus arboreus* lebt normalerweise am Boden, doch zum Zirpen klettern die Männchen auf einen Baum. Dadurch erhöhen sie die Reichweite ihres Gesanges um das 14fache (Paul u. Walker 1979). Da der Gesang dazu dient, Weibchen anzulocken, muß die erhöhte Reichweite einen wichtigen Beitrag zum Fortpflanzungserfolg liefern.

(b) Uhrzeit des Rufens

„The busy lark, the messenger of day
Sings salutation to the morning grey."

Chaucer ist vielleicht der erste englische Dichter gewesen, der den morgendlichen Vogelgesang kommentiert hat, doch ist auch Wissenschaftlern wohlbekannt, daß sich Vogelgesänge und andere Geräusche im Freiland am besten während der Dämmerung vernehmen lassen. Es gibt viele Umweltfaktoren in der Kosten-Nutzen-Rechnung, die den Gesang zur Dämmerungszeit bevorteilen. Ein bedeutsamer unter ihnen ist das Ausmaß der Geräuschdämpfung. Wie schon erwähnt, liegt ein wesentlicher Faktor der Abschwächung in Luftturbulenzen. In den meisten Habitaten sind aber die Turbulenzen zur Dämmerungszeit geringer als zu anderen Tageszeiten. Der Ablauf eines windigen Tages mit einer ruhigen Periode morgens und abends während der Dämmerung ist uns vertraut. Die Ursache dieser lokalen Turbulenzen liegt darin, daß die Teilflächen eines Habitats von der Sonne unterschiedlich stark aufgeheizt werden. Henwood u. Fabrick (1979) haben ausgerechnet, daß ein typischer Vogelgesang bei Dämmerung allein aufgrund der geringeren Abschwächung durch Luftturbulenzen und Hintergrundgeräusche 20fach weiter zu hören ist als mittags. Wahrscheinlich ist dies nicht der einzige Grund, weshalb bevorzugt in der Dämmerung gesungen wird. So lassen sich andere Tätigkeiten, wie beispielsweise die Futtersuche, in der geringen Lichtintensität der Dämmerung oft weniger effektiv ausführen (Kacelnik 1979a).

Das Durcheinander der Laute ist während der Dämmerung häufig so groß, daß man nur schwerlich eine bestimmte Art heraushören kann. Mit dem Problem der akustischen Überlagerung sind natürlich auch die singenden Tiere selbst konfrontiert. Das könnte erklären, weshalb verschiedene Arten gelegentlich leicht verschobene „Zeitnischen" im Chor der Dämmerung beanspruchen. In den Wäldern Sumatras leben vier Arten rufender Primaten, von denen jede zu einer etwas anderen Zeit nach Dämmerungsbeginn aktiv ist: zuerst der Orang-Utan, dann der Mützenlangur, als dritter der Gibbon und schließlich der Siamang. Auf Borneo kommt hingegen nur der Orang-Utan vor und nutzt hier den gesamten Zeitraum aus, den auf Sumatra alle vier Arten beanspruchen (Mackinnon 1974).

Fassen wir die Diskussion über die ökologischen Zwänge zusammen. In manchen Fällen kann die Verwendung von unterschiedlichen Sinneskanälen bei unterschiedlichen Arten anhand einer Kosten-Nutzen-Rechnung erklärt werden. Dies wurde am Beispiel der Ameisen veranschaulicht. Innerhalb eines Sinneskanals können sowohl die Feinstruktur des Signals als auch Ort und Zeitpunkt der Aussendung in Beziehung zu Umweltfaktoren stehen, die die Übertragung des Signals beeinflussen. Diese Beziehungen sind am besten an Vogel- und Affenrufen untersucht worden.

Signalempfänger und die Struktur von Signalen

Umweltfaktoren legen die ungefähren Grenzen für die Gestaltung der Signale fest. Innerhalb dieser Grenzen entwickeln sich die Signale durch Selektion weiter und steigern ihre Wirksamkeit bei der Beeinflussung des Empfängerverhaltens. Der Signalempfänger spielt sowohl bei der evolutiven Entstehung der Signale als auch während ihrer weiteren Entwicklung zu erhöhter Wirksamkeit eine wichtige Rolle.

Entstehung von Signalen

Für einen oberflächlichen Beobachter scheinen die Rituale vieler Tiere unerklärlich bizarr, ja absurd zu sein. Warum sollten Erpel vorgetäuschte Trink- und Putzbewegungen in ihr Balzritual aufnehmen? Warum sollten Wölfe ihr Revier kennzeichnen, indem sie urinieren? Warum grinsen Rhesusaffen, wenn sie Angst oder Beschwichtigung signalisieren?

Ein bedeutender Schritt zum Verständnis dieser Fragen wurde von Verhaltensforschern wie Lorenz und Tinbergen gemacht. Sie erkannten, daß sich viele Signale aus eher beiläufigen Bewegungen oder Reaktionen des Senders entwickelten, die für den Signalempfänger zufällig informativ wurden. Die Selektion förderte Signalempfänger, die dazu imstande waren, das Verhalten des Senders vorauszusehen, indem sie auf geringfügige Bewegungen reagierten, die ein wichtiges Verhalten ankündigten. Wenn ein Hund seine Zähne immer entblößt, bevor er zubeißt, werden Signalempfänger von der Selektion begünstigt, die das aggressive Verhalten anhand des Zähnefletschens voraussehen und sich dem Angriff durch rechtzeitige Flucht entziehen. Ist das erst geschehen, wird die Selektion Sender fördern, die ihre Zähne fletschen, um die Signalempfänger wirksam abzuschrecken. Auf diese Weise wird sich das Zähnefletschen zu einer Drohgebärde entwickeln.

Es ist deshalb zu erwarten, daß die beiläufigen Bewegungen und Reaktionen, aus denen sich die Signale ableiten, gerade solche waren, die ursprünglich die meiste Information über das zukünftige Verhalten lieferten. Das wird durch zahlreiche Studien an den Einzelheiten der Rituale von Vögeln, Fischen und Säugetieren bestätigt. Viele Signale dieser Tiere haben sich offensichtlich aus *Intentionsbewegungen* entwickelt, die z. B. ein Vogel ausführt, wenn er sich zum Abflug duckt und die Muskeln anspannt: Es ist nicht schwer, sich vorzustellen, daß solche Abflugintentionsbewegungen ursprünglich verläßliche Anzeiger für einen bevorstehenden Angriff eines Rivalen, für die Annäherung eines potentiellen Partners usw. waren. Andere Bewegungen, die beim Übergang von einer Haupttätigkeit in die andere erfolgen, bilden ebenfalls häufig das Rohmaterial, aus dem sich rituelle Bewegungen abgeleitet haben. Häufig spiegeln diese Bewegungen Konflikte zwischen verschiedenen Motivationen oder Unentschiedenheit wider, z. B. wenn ein Tier zwischen Angriff und Flucht schwankt (Tab. 11.4).

Die Beispiele der Enten, Wölfe und Affen lassen sich entsprechend erklären. Trink- und Putzbewegungen von balzenden Erpeln lassen sich wahrscheinlich aus *Übersprunghandlungen* ableiten – scheinbar sinnlose Handlungen, die dann ausgeführt werden, wenn zwei unvereinbare Motivationen wie Aggression und Sexualtrieb sich in gleicher Stärke gegenüberstehen. Ähnlich wie das Erröten und das Sträuben der Haare, die bei einigen Arten ebenfalls Ausgangspunkte von Ritualisierungen darstellen, ist das Urinieren als Folge einer autonomen Nerventätigkeit in Streßsituationen zu deuten. Der Vorfahre des Wolfes könnte vor Erregung unbeabsichtigt uriniert haben, als er an der Grenze seines Reviers einem Rivalen gegenüberstand. Einen solchen Effekt kennt jeder, der schon einmal einen nervösen Hund in Pflege hatte. Diese Reaktion könnte sich dann zu einem „Bleib-draußen"-Signal weiterentwickelt haben. Das Grinsen eines erschreckten Affens ähnelt sehr stark

Signalempfänger und die Struktur von Signalen

Tabelle **11.4** Beispiele verschiedener Verhaltensmuster oder Reaktionen, aus denen sich ritualisierte Verhaltensweisen bei Vögeln, Fischen und Primaten entwickelt haben könnten (Hinde 1970)

Verhalten oder Reaktion	Beispiel für eine Ritualisation
1. Intentionsbewegungen	„Zum-Himmel-Hochrecken" beim Bass-Tölpel
2. Ambivalentes Verhalten	schräge Drohstellung bei der Lachmöwe
3. Schutzreaktionen	Gesichtsausdrücke bei Primaten
4. Autonome Reaktionen (z. B. Schwitzen, Urinieren, schnelles Atmen)	Lautäußerungen (durch schnelles Atmen), Duftmarkierungen
5. Übersprunghandlungen	Putzen während der Entenbalz
6. Rückgerichteter Angriff	Picken auf den Boden bei der Silbermöwe

einer Reflexhandlung, mit der er die empfindlichsten Teile seines Gesichtes, wie Augen und Mund, gegen Angriffe zu schützen sucht. Wie beim Urinieren wurde eine autonome Reaktion auf Streßsituationen im Verlauf der Evolution zu einem Signal.

Die meisten der in den beiden vorangegangenen Absätzen beschriebenen Schlußfolgerungen basieren auf der genauen Untersuchung von Verhaltensstrukturen und von Zusammenhängen, innerhalb derer sie auftreten. Z. B. läßt die Beobachtung, daß Drohrituale an den Reviergrenzen auftreten und innerhalb einer Verhaltensfolge mit Übergängen zwischen Angriffs-, Droh- und Fluchtverhalten gezeigt werden, annehmen, daß Drohgesten dann erfolgen, wenn das Tier sich in einem Motivationskonflikt befindet. Entsprechend kann die Struktur der Rituale als eine Widerspiegelung des Konfliktes angesehen werden. Der Zickzacktanz des dreistacheligen Stichlings (*Gasterosteus aculeatus*) umfaßt einen eigentümlichen Bewegungsablauf, innerhalb dessen sich das Männchen dem Weibchen in einer Folge von kurzen Bögen annähert, als wenn es sich in einem Konflikt zwischen Annäherung und Flucht befände.

Aus Experimenten, in denen Angriffs- und Fluchttendenzen von Tieren unabhängig voneinander manipuliert wurden, gibt es auch direkte Hinweise, die für die Konflikthypothese sprechen. Blurton Jones (1968) untersuchte auf diese Weise Drohrituale an Kohlmeisen in Gefangenschaft. Er fand, daß die Vögel einen durch das Käfiggitter gesteckten Stab angriffen und daß sie vor hellem Licht zurückschreckten. Wenn gleichzeitig Licht und Stab geboten wurden, neigten die Tiere dazu, Drohgesten auszuführen. Andere Drohgebärden konnten hervorgerufen werden, wenn man den Vögeln den Stab außerhalb des Käfigs präsentierte, so daß sie ihn nicht direkt angreifen konnten. Das Drohverhalten scheint also durch Motivationskonflikte und die Unmöglichkeit eines Angriffes hervorgerufen zu werden.

Abwandlung von Signalen im Lauf der Evolution

Obwohl die Signale ihren Ursprung in nebensächlichen Bewegungen oder Reaktionen gehabt hatten, wie beim Konfliktverhalten gezeigt wurde, erfuhren sie während der weiteren Selektion Abwandlungen zur Erhöhung ihrer Wirksamkeit. So wurde die Putzbewegung am Flügel in der Erpelbalz bei einigen Entenarten durch die Ausprägung von leuchtend gefärbten Federn, auf die das Männchen während der Balz mit seinem Schnabel weist, verstärkt. Einen extremen Fall stellt die Mandarinente (*Aix galericulata*) dar, bei der einige Flügelfedern zu einer Art leuchtendem, orangefarbenem Segel geworden sind, das im Balzverlauf während der Putzbewegung aufgerichtet wird. Die ursprüngliche Putzbewegung wurde dabei auf ein kurzes Kopfdrehen reduziert, so daß der Schnabel auf das orange Segel hinzeigt.

Der Begriff *Ritualisation* wurde geprägt, um die evolutive Abwandlung von Bewegungen und Strukturen zur Erhöhung ihrer Signalwirkung zu beschreiben. So wurde die ursprüngliche Putzbewegung der Enten bei einigen Arten, z. B. der Mandarinente, ritualisiert. Die fortschreitende Ritualisation umfaßt folgende Veränderungen: Die Bewegungen neigen dazu, in hohem Maße stereotyp, repetitiv und überbetont zu werden. Oft werden Bewegungen durch die Ausprägung von leuchtenden Körperfarben wie bei der Mandarinente verstärkt. Natürlich ist es nicht möglich, derartige phylogenetische Abwandlungen direkt zu beobachten, doch gibt es genügend Hinweise durch den Vergleich von nahe verwandten Arten, um Ritualisationen zu rekonstruieren. Bei dem in Abb. 11.4 dargestellten Beispiel ist vermutlich die ursprüngliche Bewegung ein während der Balz erfolgtes Futterpicken auf dem Boden, das vielleicht aus einer Übersprungshandlung hervorgegangen ist Dieses Muster ist noch heute bei Kammhühnern zu beobachten. (Abb. 11.4). Bei anderen Hühnervögeln ist die Verhaltensweise ritualisiert worden. Z. B. entwickelte sich bei Fasanen und Pfauen der riesige Schwanz, und das ursprüngliche Picken wurde zu einer stereotypen, ruckartigen Kopfbewegung oder zu einem Hinzeigen mit dem Schnabel reduziert.

Eine Ritualisation tritt auf, weil sie die Signalfunktion einer Verhaltensweise verstärkt. Doch wie läuft dieser Vorgang im einzelnen ab? Wie wir in Kapitel 6 gesehen haben, werden manche Balzrituale der Männchen durch die sexuelle Selektion zu überbetonten und komplizierten Verhaltensmustern gestaltet, weil die Weibchen eine Vorliebe für besonders kunstvolle Verhaltensmuster zeigen. Wenn diese Hypothese auch auf die Ritualisation einiger Balzrituale zutreffen mag, kann sie doch nicht die Ritualisation generell erklären, da auch andere Signale wie beispielsweise das Drohen einer Ritualisation unterliegen. Es gibt drei Hypothesen über den selektiven Vorteil der Ritualisation. Sie sollen hauptsächlich anhand des Drohverhaltens erläutert werden, obwohl sie genausogut auf jedes andere Signal zutreffen würden.

(a) Reduzierung von Mehrdeutigkeiten

Gemäß dieser Auffassung der Ritualisation sollte für den Sender ein Selektionsvorteil entstehen, wenn die Gefahr einer Verwechselung verschiedener Signale reduziert wird (Cullen 1966). So signalisiert eine überbetonte, stereotype und ständig wiederholte Drohgebärde eindeutig den bevorstehenden Angriff und weder „ich habe große Angst" noch „hier ist ein attraktives Männchen". Tatsächlich unterscheiden sich Droh- und Beschwichtigungsgebärden sehr stark voneinander, was schon Darwin hervorhob. Ein drohender Hund steht beispielsweise aufrecht, während ein eingeschüchtertes Tier sich zur Beschwichtigung an den Boden drückt. Das Prinzip bei der Reduzierung von Mehrdeutigkeiten kann anhand von Balzsignalen veranschaulicht werden. Oft sind

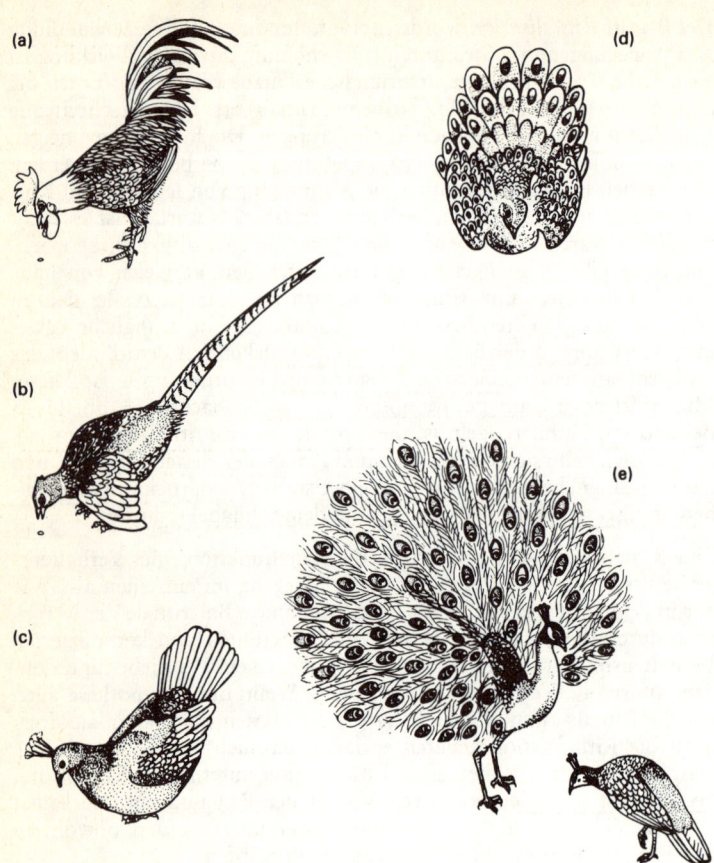

Abb. **11.4** Das Picken während der Balz bei Fasanenartigen; Hinweise auf die Entstehung und zunehmende Ritualisation eines Verhaltensmusters durch vergleichende Studien. (a) Am wenigsten ritualisiert tritt das Verhalten bei männlichen Haushühnern (*Gallus*) auf. Der Hahn scharrt am Boden und pickt nach Futter oder kleinen Steinen, was ursprünglich wohl eine Übersprungshandlung darstellte. Dieses Verhalten lockt das Weibchen herbei. (b) Männliche Jagdfasanen (*Phasianus colchicus*) beeindrucken ihre Weibchen mit einem entsprechenden Verhalten. (c) Der Himalaya-Glanzfasan (*Lophophorus impejanus*) und (d) der Nord-Spiegelpfau (*Polyplectron bicalcaratum*) betonen beide das Picken durch rhythmische, ruckweise Schwanz- oder Kopfbewegungen. (e) Beim Pfau (*Pavo*) findet sich wenig von der ursprünglichen Bewegung. Das Männchen spreizt seine riesigen Schwanzdeckfedern und zeigt mit dem Schnabel auf den Boden (Zeichnung nach Cullen).

die Balzelemente gerade von nahe verwandten Arten deutlich unterschieden, so daß die Gefahr einer Verwechselung minimal wird (Abb. 11.5).

Mit zunehmender Eindeutigkeit der Signale durch gesteigerte Stereotypie kann sich gleichzeitig der Informationsgehalt über den Sender vermindern, der in der Botschaft ursprünglich enthalten ist. Struktur und Bewegungsmuster eines ursprünglichen Drohsignals könnten eine Balance zwischen Aggression und Furcht beim Sender widerspiegeln, während ein hochgradig stereotypes, ritualisiertes Signal weniger Information über den inneren Zustand des Senders übermittelt. Morris (1957) bezeichnete diese Stereotypie als „typische Intensität" (das bedeutet: weitgehend gleiche Intensität) und sah die Verringerung des Informationsgehaltes als den Preis des Senders für die Reduzierung der Mehrdeutigkeit an. Dabei unterstellt er, daß es für den Sender vorteilhaft sei, Informationen über seinen inneren Zustand zu übertragen, doch ist häufig das Gegenteil der Fall. Wie schon in Kapitel 5 erwähnt wurde, wird es für zwei Individuen, die im ritualisierten Wettkampf um eine Ressource streiten, vorteilhaft sein, ihr inneres Hin und Her zwischen Angriff und Flucht möglichst lange zu verheimlichen. Tatsächlich könnte es sein, daß die Stereotypie der Bewegungen sich gerade deshalb entwickelte, *weil* sie die für den Signalempfänger verfügbare Information über den inneren Zustand des Senders begrenzt. Damit gelangen wir zur zweiten Hypothese über die Ritualisation, die den Gebrauch von Signalen als ein Mittel des Senders zur Kontrolle des Empfängerverhaltens in den Vordergrund stellt.

(b) Manipulation

Die Theorie vom egoistischen Gen verleitet zu der Annahme, daß soziale Interaktionen selten harmonisch sind. Normalerweise profitieren Sender und Empfänger in unterschiedlichem Maß von der Kommunikation, und beide werden daraufhin selektiert, ihren eigenen Nutzen zu maximieren. Diese Sichtweise erlaubt die Aufstellung einer neuen Hypothese über die Ritualisation. Nehmen wir beispielsweise die Evolution einer Drohgebärde. Der Sender beeinflußt mit seiner Drohung das Verhalten des Empfängers, welcher zurückschreckt. Die natürliche Selektion wird denjenigen Sender fördern, dessen Signale den Empfänger am wirksamsten abschrecken. Vor allem die überbetonten, auffälligen und häufig wiederholten Signale werden diese Funktion erfüllen. Gleichzeitig wird die Selektion bei den Empfängern zu einer größeren Widerstandsfähigkeit gegenüber Übertreibungen und Bluffs führen. In einem evolutiven Wettlauf zwischen Sender und Empfänger wird die größere Widerstandsfähigkeit mit noch größerer Überbetonung beantwortet. Das Ergebnis dieses Wettlaufes läßt sich als fortschreitende Ritualisation beobachten. Eine Analogie hierzu findet sich im menschli-

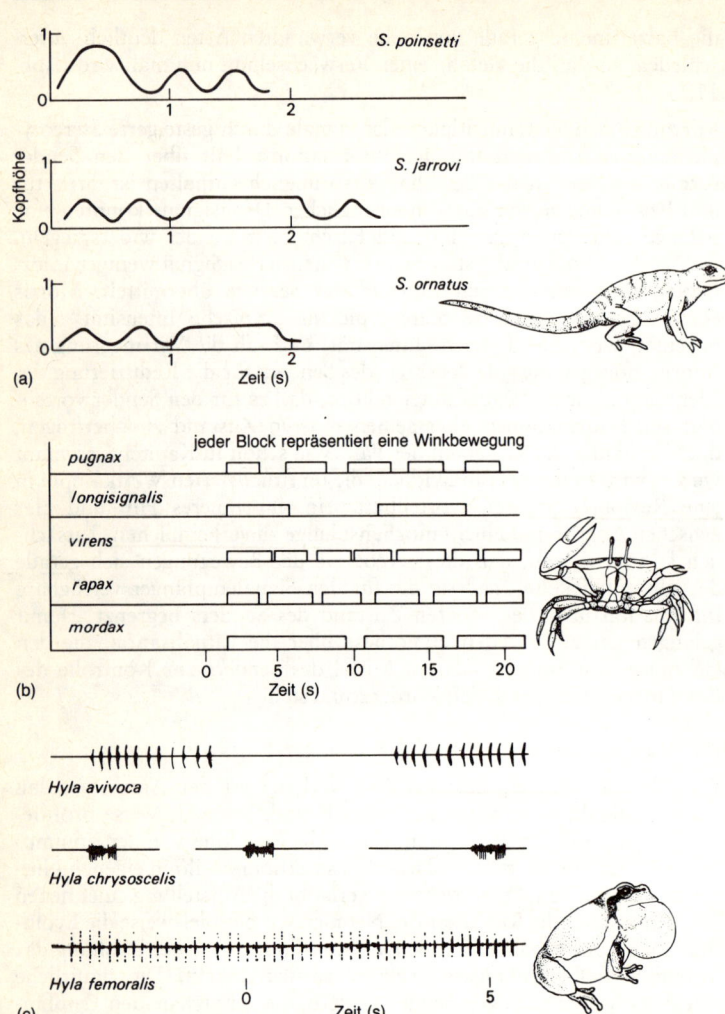

Abb. **11.5** Beispiele von Signalen, die der Arterkennung dienen. (a) Echsen der Gattung *Sceloporus* zeigen artspezifische Muster von Kopfbewegungen während der Balz und beim Drohen. Die Kurve gibt die Kopfhöhe im Verlauf der Zeit als Kennzeichen der Kopfbewegungsrituale von drei Arten wieder. (b) Männliche Winkerkrabben (*Uca*) locken Weibchen an, indem sie mit ihren vergrößerten Scheren winken. Jede Art winkt in einer spezifischen Weise, deren Muster dargestellt ist. Jeder Block gibt eine Auf-Ab-Bewegung der chen Leben bei der Werbung. Wie bei der fortschreitenden Ritualisation müssen immer stärker überbetonte und wiederholte Anpreisungen vorgenommen werden, um ein kaufmüdes Publikum anzuregen.

Der Begriff „Manipulation" mutet sehr emotional an, doch beschreibt er den Effekt der ritualisierten Signale auf den Empfänger bei vielen Kommunikationsformen treffend. Ein besonders deutliches Beispiel stellt die Wirkung eines jungen Kuckucks auf seine Pflegeeltern dar. Durch das Betteln im Nest manipuliert das Kuckucksjunge das Brutpflegeverhalten der Wirtseltern zum Vorteil für die Kuckucksgene und zum eindeutigen genetischen Nachteil der Pflegeeltern. Trivers (1974) schlug vor, die normale Kommunikation zwischen Eltern und Nachkommen als eine entsprechende Form der Manipulation anzusehen. Er hob hervor, daß ein junges Tier mit sich selbst näher verwandt ist als mit seinen Geschwistern. Deshalb müßte es an seinem eigenen Überleben mehr interessiert sein als an dem seiner Brüder und Schwestern. Die Eltern hingegen sind mit allen ihren Kindern gleich stark verwandt und sollten ihre Ressourcen deshalb gleichmäßig an alle Nachkommen verteilen. Allerdings gibt es offenbar Ausnahmen von dieser Regel, z. B. bei einigen Greifvögeln, bei denen die Jungen asynchron schlüpfen und die Eltern nur die kleinsten Jungtiere füttern, wenn Futter im Überfluß vorhanden ist. Trivers sagte voraus, daß es einen Interessenkonflikt bei der Verteilung der elterlichen Ressourcen geben müßte. Jedes Jungtier würde versuchen, mehr als den ihm zustehenden Anteil zu bekommen, während die Eltern zu einer gleichmäßigen Verteilung der Ressourcen neigen würden. Dieser Konflikt ist dem Eltern-Nachkommen-Konflikt aus Kapitel 10 analog. Das Betteln der Jungen um Futter und Wärme sollte also ein Element der Überbetonung enthalten, um die Eltern dazu zu bewegen, zusätzliches Futter zu geben. Es gibt indirekte Hinweise, die diese Vermutung unterstützen und aus dem Bettelverhalten von mit der Hand aufgezogenen Kohlmeisen resultieren. Wurden die Vögel jeweils mit der Hand gefüttert, sobald sie bettelten, blieben sie länger nach dem Flüggewerden von den Pflegeeltern abhängig, als wenn ihr Betteln nicht sofort mit Futter belohnt wurde. Die Jungtiere versuchen also nach dem Flüggewerden, weiter von den Eltern Futter zu erlangen, auch wenn sie sich schon selbst ernähren könnten (Davies 1978b).

Schere wieder. (c) Laubfrösche (*Hyla*) weisen artspezifische Rufe auf. Weibchen werden nur von arteigenen Männchen angelockt. Die Oszillogramme geben die groben Merkmale der Rufe in Abhängigkeit von der Zeit bei drei verschiedenen Arten wieder. Es gibt zusätzliche Unterschiede in der Feinstruktur der Rufe, die für die Arterkennung von Bedeutung sind.

(c) Aufrichtigkeit

In Kapitel 5 wurde die Überlegung erörtert, daß Drohgebärden häufig genaue Anzeiger der Größe oder Stärke eines Senders sind. Es wurde angenommen, daß nur verläßliche Signale, wie z. B. die Tiefe der Stimme, von den Signalempfängern zur Einschätzung ihrer Rivalen verwendet wurden, so daß unzuverlässige Signale im Verlauf der Evolution verschwanden. Zahavi (1979) stellte die Hypothese auf, daß die Ritualisation das Ergebnis einer Selektion auf zuverlässige Signale sei. Während der Evolution, so argumentiert er, wurden die Signalempfänger nicht nur dazu selektioniert, gegen Betrug widerstandsfähig zu werden, sondern auch zwischen Signalen zu unterscheiden, die verläßliche Anzeiger der Stärke eines Individuums, seiner Größe, Kampfbereitschaft, seiner Fähigkeit als Elter usw. sind, und solchen, die es nicht sind. Eine Möglichkeit, um die Zuverlässigkeit der Signale zu steigern, ist die Selektion auf Stereotypie und häufige Wiederholung des Verhaltensmusters. So wie ein Kampfrichter die Stärken von Athleten bewertet, indem er sie genau die gleichen Aufgaben unter identischen Bedingungen ausführen läßt, können die Signalempfänger die Sender besser einschätzen, wenn letztere auf stereotype Signale hin selektioniert werden. Die entscheidende Eigenheit der Ritualisation liegt nach Zahavi nicht nur in der zunehmenden Stereotypie und Wiederholung, sondern darin, daß die Stereotypie einen einheitlichen Hintergrund schafft, vor dem sich feine Unterschiede zwischen den Individuen besonders gut abheben. Dazu müßte Zahavi allerdings darlegen, daß beispielsweise ein weiblicher Zebrafink, auf den das Männchen in seinem stereotypen Hochzeitstanz zuhüpft, anhand der Behendigkeit des Männchens dessen Fähigkeit, Futter für die Nachkommen zu sammeln, einschätzen kann.

Welche dieser Ansichten trifft zu? Da die Hypothesen sich auf eine historische, evolutive Entwicklung beziehen, dürfte es schwierig sein, Experimente zu ihrer Unterscheidung zu entwerfen. Jede der Hypothesen könnte auf einer bestimmten Stufe der Ritualisation zutreffen. Ursprünglich könnten die Signale ritualisiert worden sein, um Mehrdeutigkeit zu vermeiden. Dann könnte eine Manipulation der Empfänger durch die Sender zu Überbetonungen und Stereotypien geführt haben. Schließlich könnten die Widerstandsfähigkeit gegen Betrug und die Fähigkeit zur Diskriminierung durch die Empfänger (besonders bei Signalen, die zur Bewertung des Senders dienen) die Ausprägung von Signalmustern gefördert haben, die eine wirksame Einschätzung des Senders erlauben. Signale, die keine zuverlässige Einschätzung erlauben, könnten nach und nach ihre Wirksamkeit verlieren, bedeutungslos werden und durch neue ersetzt werden.

Die drei Hypothesen können in einem gewissen Maß indirekt bewertet werden. Wie schon in Kapitel 5 erwähnt, analysierte Caryl (1979) das Drohverhalten bei mehreren Vogelarten und fand, daß Drohsignale im allgemeinen wenig Voraussagen über bevorstehende Angriffe erlauben. Das würde eher in Einklang mit der Manipulationshypothese stehen, die annimmt, daß der Sender wenig Information über seine Motivationen weitergibt. Demgegenüber würde die Hypothese der Verminderung von Mehrdeutigkeiten erwarten, daß die Drohsignale mit höchster Deutlichkeit das weitere Verhalten des Senders erkennen lassen. Hinde (1981) nimmt allerdings an, daß diese Analyse zu einfach ist. Er betont, daß einige der von Caryl untersuchten Verhaltensweisen gute Voraussagen über die Entscheidungen „angreifen oder ausharren" sowie „fliehen oder ausharren" erlauben. Das könnte heißen, daß der Sender eine bedingte Strategie (s. Kap. 5) verfolgt und sein weiteres Verhalten von der Reaktion des Empfängers abhängig macht. Diese Interpretation kann nur zutreffen, wenn es für den Sender vorteilhaft ist, seine Rücktrittsabsichten zu übermitteln, da es sich andernfalls auszahlen würde, permanent Angriffsabsichten zu signalisieren und auf eine Abschreckung des Rivalen zu hoffen. Ein denkbarer Vorteil wäre, daß die ständige Aussendung von Angriffsabsichten zu einer höheren Quote von ernsthaften Vergeltungsmaßnahmen führt, so daß sich das Risiko nur lohnt, wenn der durch das Ausharren erzielte Gewinn sehr hoch ist.

Komplexe Signalmuster: Vogelgesang

Von ihrer Gestaltung her sind die komplexen Gesangsrepertoires der Singvögel wohl die verwirrendsten Signale, die man kennt. Eine männliche Nachtigall oder Spottdrossel kann Hunderte verschiedener Strophen zu scheinbar endlosen Gesangsvariationen kombinieren. Wenn die Gesänge lediglich Botschaften wie „Zugang verboten" oder „hier ist ein Männchen der Art A" usw. übersenden sollten, wäre schwer verständlich, weshalb sie derart kunstvoll gestaltet sind. Wie E. O. Wilson (1975) treffend feststellte, erscheinen die Signale bis zur Sinnlosigkeit überladen. Obwohl noch viele Fragen ungelöst sind, gibt es starke Hinweise darauf, daß die Komplexität der Gesänge sowohl bei der Anlockung von Partnern als auch bei der Revierabgrenzung eine Rolle spielt.

(a) Anlockung von Weibchen

Wie wir in Kapitel 6 sahen, ist der sehr komplexe Gesang des Teichrohrsängers eine Folge der sexuellen Selektion; die Männchen mit den umfangreichsten Repertoires locken die Weibchen am stärksten an. Auf eine entsprechende Interpretation der komplexen Gesänge deuten die Beobachtungen von Kroodsma (1976) hin. Er stellte fest, daß Kanarienvogelweibchen stärker zum Nestbau angeregt wurden, wenn sie ein umfangreiches Gesangsrepertoire hörten als ein künstlich vereinfachtes. Ältere Kanarienvogelmännchen weisen größere Repertoires auf, so daß die Komplexität des Gesanges den Weibchen eine Einschätzung von Alter und Erfahrung des Männchens erlaubt.

Die Konkurrenz um Partner ist zwischen den Männchen polygamer Arten stärker als bei monogamen Arten (s. Kap. 7), so daß die über eine sexuelle Selektion entstandene Komplexität der Gesänge bei polygamen Vögeln stärker ausgeprägt sein sollte. Kroodsma (1977) fand dies bei amerikanischen Zaunkönigen bestätigt. Monogame Arten wie der Felsenzaunkönig *(Salpinctes obsoletus)* weisen relativ einfache Gesänge auf, während polygame Arten wie der Sumpfzaunkönig *(Telmatodytes palustris)* und der Zaunkönig *(Troglodytes troglodytes)* sehr komplexe Gesänge haben. Somit ist die kunstvolle Ausgestaltung der Gesänge bei Zaunkönigen wahrscheinlich ein Ergebnis der sexuellen Selektion.

(b) Revierverteidigung

Viele Arten verwenden die Gesänge nicht nur, um Partner anzulocken, sondern auch zur Abgrenzung von Revieren. Auch hierbei kann die Komplexität der Gesänge von Bedeutung sein. Das wurde durch ein Experiment nachgewiesen, in dem Kohlmeisen aus ihren Revieren entfernt und in den freigewordenen Arealen Lautsprecher zur Abstrahlung von Gesängen installiert wurden. Reviere, in denen komplette Gesangsrepertoires abgespielt wurden, hielten einer Wiederbesiedelung am längsten stand, während Reviere mit einfachen Gesängen schneller und Kontrollreviere ohne Lautsprecher in noch kürzerer Zeit wiederbesetzt wurden (Krebs u. Mitarb. 1978). Bislang ist nicht bekannt, warum längere Repertoires Eindringlinge effektiver fernhalten. Möglicherweise dienen sie zu einer Art Täuschungsmanöver. Zuwanderer suchen nach leeren Revieren oder zumindest nach dünnbesiedelten Habitaten. Die Ansässigen schrecken die Eindringlinge durch das Singen ab, und ein großes Gesangsrepertoire hält möglicherweise effektiver fern, weil es den Eindruck hervorruft, das Habitat sei mit vielen singenden Männchen besetzt. Kohlmeisen tendieren dazu, ihre Gesänge genau dann zu ändern, wenn sie von einem Zweig zum anderen wechseln, was die Vortäuschung einer Vielzahl von Vögeln zur Folge hat. Die Selektion wird die Zuwanderer dazu bringen, die Täuschung zu entlarven, und als Resultat ergibt sich ein evolutives Rennen, wie wir es schon zwischen Eltern und Nachkommen hatten. Das Ergebnis dieses Wettlaufes könnten äußerst kunstvolle Gesangsrepertoires sein.

Zusammenfassend läßt sich sagen, daß der Einfluß des Empfängers auf die Gestaltung des Signals zur Ritualisation führt. Die fortschreitende Ritualisation zeichnet sich durch eine Zunahme der Überbetonungen, Wiederholungen und des Stereotypiegrades im Verlauf der Evolution aus. Obwohl die Ritualisation gelegentlich einen Vorteil durch größere Eindeutigkeit des Signals bietet, wird sie häufig zum Spielball eines evolutiven Rennens, in dem die Sender darauf selektioniert werden, die

Effektivität des Signals zu erhöhen, während die Evolution der Empfänger zu einer gesteigerten Widerstandsfähigkeit gegen Täuschungen führt.

Zusammenfassung

Kommunikation zwischen Tieren tritt auf, wenn ein Individuum spezifisch gestaltete Signale oder Verhaltensmuster benutzt, um das Verhalten eines anderen Individuums zu modifizieren. Die Struktur der Signale wird sowohl durch ökologische Zwänge als auch durch ihre Effektivität hinsichtlich der Modifikation des Empfängerverhaltens beeinflußt. Das Habitat kann die Effektivität verschiedener, der Kommunikation dienender Sinneskanäle (z. B. Duftstoffe gegenüber visuellen Signalen) verändern und auf die Feinstruktur des Signals innerhalb eines Sinneskanales Einfluß nehmen. Der letztere Punkt wurde am Beispiel von Vogelgesängen in verschiedenen Habitaten illustriert. Im Laufe der Evolution wurde die Effektivität von Signalen gesteigert, indem sie stereotyp, häufig wiederholt und überbetont wurden. Mit drei verschiedenen Hypothesen wurde versucht, zu erklären, warum diese Abwandlungen die Wirksamkeit der Signale steigern: (a) Verminderung der Mehrdeutigkeit, (b) Manipulation und (c) Aufrichtigkeit.

Weiterführende Literatur

Catchpole (1979) gibt eine gute, allgemeine Übersicht über Vogelgesänge und bezieht dabei auch Diskussionen über Gesangsrepertoires und Gesangsmimikry mit ein.

Cullens (1972) Beitrag stellt eine Zusammenfassung von älterer ethologischer Literatur über Signale bei Tieren dar.

Dawkins u. Krebs (1978) entwickeln die Vorstellung, daß Kommunikation eine Form der Manipulation des Signalempfängers durch den Sender sei. Sie stellen ihre Sicht der klassischen Auffassung der Ethologen gegenüber. Letztere geht davon aus, daß sich die Signale während der Evolution im Hinblick auf eine möglichst wirksame Informationsübertragung entwickelten.

Hinde (1981) kritisiert Dawkins u. Krebs und stellt die Frage, ob ihre Ansichten von denen früherer Forscher sehr verschieden sind.

Andersson (1980) diskutiert die Überlegung, daß Drohgebärden außer Gebrauch geraten, weil sie von Täuschern nachgeahmt werden und ihre Wirkung verlieren.

Die Arbeit von Wiley u. Richards (1978) stellt eine Übersicht über ökologische Zwänge dar, die auf akustische Signale wirken. Bowman (1981) beschreibt, auf welche Weise die Gesänge der Darwinfinken an ihre Habitate angepaßt sind.

Hailmans (1977) Buch enthält eine ausgezeichnete Übersicht über visuelle Signale bei Tieren.

12 Koevolution und evolutive Wettläufe

In den vorangegangenen drei Kapiteln haben wir gesehen, daß die meisten unserer Beispiele für scheinbar harmonische Kooperationen innerhalb einer Art bei näherem Hinsehen Interessenkonflikte zwischen egoistischen Individuen offenbarten. Das traf selbst auf die extremsten Beispiele der Zusammenarbeit wie das Fortpflanzungsverhalten der sozialen Insekten zu. Im folgenden soll die Betrachtung auch auf Fälle von zwischenartlicher Kooperation ausgeweitet werden. Sie liefern Beispiele für einige der ungewöhnlichsten Beobachtungen, die am Verhalten der Tiere gemacht wurden:

Kleine Vögel hüpfen in die offenen Mäuler von Krokodilen und picken zwischen den Zähnen nach Fleischresten; sie finden dort Futter, während die Krokodile eine kostenlose Zahnpflege erhalten. Einige Fischarten lassen sich ihre Schmarotzer von anderen Fischen von der Haut abfressen; sie sind die Parasiten los und die Putzerfische mit einer Mahlzeit versorgt. Akazien bieten Ameisen Nestbauplätze und sondern aus Nektardrüsen an der Basis ihrer Blätter spezielle Nährstoffe ab. Als Gegenleistung schützen die Ameisen die Pflanzen gegen den Befall mit pflanzenfressenden Insekten.

Der Begriff Koevolution wurde häufig benutzt, um derartige Wechselbeziehungen zu beschreiben, in denen sich die Adaptationen der einen Art in Zusammenhang mit den Adaptationen der anderen Art entwickelt haben. Die angeführten Beispiele beruhen auf Gegenseitigkeit; es handelt sich um zwischenartliche Beziehungen zum Vorteil für beide Parteien. Doch genau wie sich bei den scheinbar harmonischen Kooperationen innerhalb einer Art Interessenkonflikte fanden, sollten sie auch den interspezifischen Beziehungen innewohnen. Selbst wenn beide Arten einen Nettogewinn durch die Zusammenarbeit erzielen, könnte ein näherer Blick auf die Beziehung einen evolutiven Machtkampf enthüllen, z. B. wie zwischen Räuber und Beute, bei dem jeder der Partner darauf selektiert wird, seinen eigenen Vorteil auf Kosten des anderen auszubauen.

Die Diskussion in diesem Kapitel soll auf einen Fall von Koevolution, nämlich auf die Beziehungen zwischen Pflanzen und Tieren beschränkt werden. Die Pflanzen werden zunächst von Bienen aufgesucht, die die Bestäubung vollführen, und später von Vögeln, die für die Verbreitung der Samen sorgen. Dieses Beispiel wurde nicht nur deshalb ausgesucht, weil es die Interessenkonflikte zwischen Pflanzen und Tieren selbst in einer Beziehung auf Gegenseitigkeit klar widerspiegelt, sondern auch, weil es mehrere der weiter vorne besprochenen Gedanken zur Optimierung in einen Zusammenhang bringt. Am Ende dieses Kapitels, wenn also die Blüten bestäubt und die Samen verbreitet sind, soll ein verallgemeinernder Blick auf die Evolution von Machtkämpfen geworfen werden.

Blüten und Hummeln

Es wurde einmal gesagt, daß das Britische Imperium seine Macht und seinen Reichtum den Hummeln verdankt. Die Macht Großbritanniens würde in seiner Kriegsflotte stecken, deren Seeleute sich von Fleisch ernähren, das von Rindern stammte, die Klee fressen, welcher wiederum von den Hummeln bestäubt worden ist. Aus der Sicht der Pflanzen ist die Hummel ein fliegender Penis, der Pollen von einer Pflanze zu den Fruchtknoten der anderen bringt. Die Belohnung für die Hummel besteht im Nektargenuß. Die Theorie vom egoistischen Gen läßt vermuten, daß diese Beziehung jedoch nicht von harmonischer Gegenseitigkeit ist. Statt dessen erwarten wir, daß die Hummeln darauf selektioniert werden, den Nektar möglichst optimal auszubeuten, selbst wenn das auf Kosten der Effektivität der Pollenübertragung geht. Andererseits wird die Evolution die Pflanze dazu bringen, die Hummeln auszunutzen. Die Nektarerzeugung kostet die Pflanzen wertvolle Ressourcen, und sie werden darauf selektioniert werden, eine effektive Bestäubung mit einem Minimum an Aufwand zu erzielen. Es soll nun ein näherer Blick auf dieses System geworfen werden, um zu sehen, ob diese Erwartungen zutreffen und, wenn ja, wie der Konflikt gelöst wird.

Pflanzen: Selektion auf Vermeidung von Inzucht

Price u. Waser (1979) wiesen darauf hin, daß die beste Nachkommenschaft bei sexuell reproduzierenden Pflanzen aus Kreuzungen zwischen genetisch weder zu nahe verwandten noch zu unterschiedlichen Individuen hervorgeht (Abb. 12.1a). Wenn sich die paarenden Individuen genetisch sehr ähnlich sind, werden sich bei den Nachkommen viele homozygote Letale als Folge der Inzuchtdepression finden. Auf der anderen Seite würden sich bei der Paarung von sehr verschiedenen Individuen Nachteile ergeben, weil sich seltener vorteilhafte, an die lokalen Bedingungen adaptierte genetische Kombinationen finden. Dasselbe Modell wurde schon von Bateson (1978) für die Partnerwahl bei Tieren aufgestellt (s. Kap. 13).

Price u. Waser testeten ihre Hypothese, indem sie Blüten per Hand mit Pollen aus unterschiedlichen Entfernungen bestäubten. Pflanzen, die nahe beieinander stehen, sind eng miteinander verwandt, während solche aus größeren Entfernungen stärkere genetische Unterschiede

Blüten und Hummeln 293

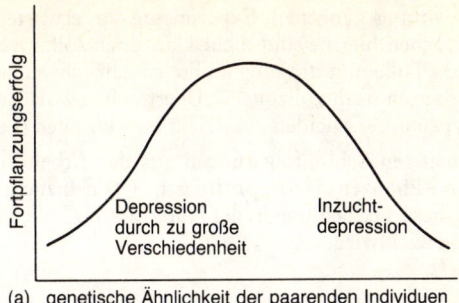

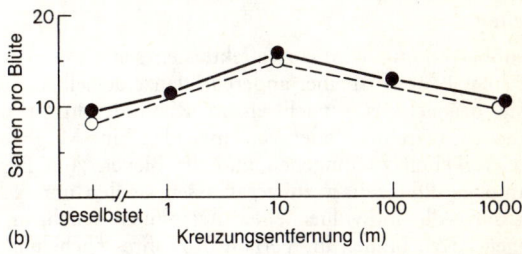

Abb. **12.1** (a) Der Fortpflanzungserfolg zweier Individuen sollte am größten sein, wenn sie sich genetisch weder zu ähnlich noch zu verschieden sind. (b) Der Effekt des Abstandes zweier gekreuzter Pflanzen auf die Anzahl Samen je Blüte bei künstlich bestäubten Exemplaren des Rittersporns (*Delphinium nelsoni*). Die beiden Kurven beziehen sich auf zwei verschiedene Experimente (aus M. V. Price, N. M. Waser: Nature, Lond. 277 [1979] 294).

aufweisen dürften. Die Autoren maßen den Fortpflanzungserfolg der Pflanze anhand der Anzahl gebildeter Samen pro Blüte. Das Ergebnis war, daß Pollen aus mittleren Entfernungen einen größeren Erfolg gewährleisteten als Pollen aus sehr geringen oder sehr großen Entfernungen (Abb. 12.1b). Die Kurve war relativ flachgipflig und wies eine optimale Kreuzungsentfernung zwischen 1 und 100 m aus.

Anschließend wurde die Übertragung von gefärbtem, durch Bienen transportierten Pollen registriert, um die tatsächliche Entfernung im natürlichen Zustand herauszufinden. Die durchschnittliche Entfernung lag bei 1 m, obwohl ein Teil der Pollen bis zu 10 m weit verbreitet wurde. Die beobachteten Werte liegen also eher am unteren Ende des aufgrund der vorangegangenen Experimente zu erwartenden Optimums. Die Ursachen hierfür sind nicht klar, doch sollte man im Auge behalten, daß die Pollenübertragung im Freien sehr schwer zu messen ist und daß die Pflanzen nach vollzogener Übertragung zwischen verschiedenen Pollentypen unterscheiden und selektieren könnten (Lewis 1979).

Die beiden wichtigen Schlußfolgerungen aus der Arbeit von Price u. Waser sind, daß Pflanzen davon profitieren, wenn Inzucht vermieden wird, und daß diese Vermeidung in der Natur mittels Pollenüberträgern wie den Bienen erzielt wird.

Pflanzen als Manipulatoren und Bienen als optimale Futtersucher

Wie bringen die Pflanzen die Bienen dazu, eine effektive Kreuzung zu gewährleisten?

(a) Blühzeiten

Eine Pollenübertragung wird am effektivsten sein, wenn die Bienen direkt von einer Pflanze zu einer anderen Pflanze derselben Art fliegen. Würden sie beispielsweise nach einem Rhododendronstrauch eine Weide besuchen, wäre der Pollen verschwendet. Eine Möglichkeit, um diese Schwierigkeiten zu umgehen und die Bienen zum Besuch von jeweils nur einer Pflanzenart zu veranlassen, stellen unterschiedliche Blühzeiten dar. Alle Individuen einer Art blühen synchron, und die verschiedenen Arten blühen im Verlauf des Jahres nacheinander. Tatsächlich konkurrieren die verschiedenen Pflanzenarten um die Aufmerksamkeit der Bestäuber, so daß es für eine Art von Vorteil ist, wenn sie zu einem bestimmten Zeitpunkt als einzige blüht (Heinrich 1979). Pflanzenarten, deren Blühzeiten sich mit anderen überschneiden, werden einen geringeren Fortpflanzungserfolg aufweisen (Waser 1979).

(b) Individuelle Spezialisierung

Trotz der unterschiedlichen Blühzeiten bleiben gewöhnlich mehrere Pflanzenarten, die gleichzeitig blühen. Schaut man sich an einem sonnigen Tag auf einer Wiese um, wird man feststellen, daß eine Hummelart mehrere verschiedene Pflanzenarten aufsucht. Ein genauerer Blick zeigt jedoch, daß die individuellen Hummeln spezialisiert sind.

Heinrich (1979) markierte einzelne Hummeln der Gattung *Bombus* mit Farbtupfern und verfolgte sie bei der Futtersuche. Er fand, daß jedes Individuum eine bevorzugte Pflanzenart aufsuchte, die er als „Hauptpflanze" bezeichnete. Zu einer bestimmten Zeit bevorzugte die eine Hummel Weidenröschen, die andere Klee, eine dritte Karotten usw. Heinrich fand, daß derartige individuelle Spezialisierungen für einen Monat oder länger bestehen blieben. Das ist sicherlich für die Pflanze

 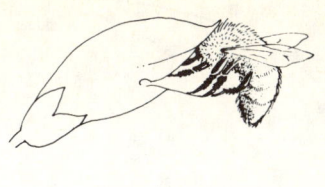 

Abb. **12.2** Verschiedene Pflanzenarten weisen unterschiedliche Blütenmorphologien auf. Deshalb sind für die Hummeln verschiedene Techniken notwendig, um an den Nektar zu gelangen.

von Vorteil, weil es eine wirksame Bestäubung gewährleistet. Doch was hat eine Hummel davon?

Die Antwort liegt darin, daß unterschiedliche Pflanzen eine unterschiedliche Morphologie aufweisen und für jede Art eine bestimmte Technik zur Gewinnung des Nektars erforderlich ist. Bei der einen Art muß die Hummel in eine Röhre klettern und sich bei einer anderen unter einer von den Kelchblättern gebildeten Haube durcharbeiten (Abb. 12.2). Heinrich verfolgte frisch geschlüpfte Hummeln auf ihrer ersten Futtersuche und fand, daß die Effektivität der Nektaraufnahme mit zunehmender Erfahrung größer wurde, da die Hummeln die Technik der Nektargewinnung erst lernen mußten (Abb. 12.3). Die Pflanzen haben wahrscheinlich derart komplizierte Zugänge und ausgefallene Nektaranordnungen hervorgebracht, daß die Hummeln zur Spezialisierung gezwungen sind. Generalisten unter den Nektarsuchern hätten es schwer, da die Tiere für jede Pflanzenart eine besondere Technik erlernen müssen und ständig ihre Taktik ändern müßten, um an verschiedenen Pflanzenarten Futter zu erhalten. Spezielle Blütenformen und -farben haben sich wahrscheinlich als Erkennungshilfen entwickelt, um es den individuellen Hummeln leichter zu machen, bei einer Art zu bleiben.

Neben der Hauptpflanze besucht die Hummel auch ein oder zwei „Nebenpflanzen"-Arten. Die Nebenpflanzen könnten es ihnen erlauben, auf Veränderungen der Nektarausbeute bei ihrer Hauptpflanze zu reagieren. Diese Überlegung wurde von Heinrich getestet. Wenn er die Hauptpflanzen entfernte oder den Nektar der Nebenpflanzen mit Zukker anreicherte, wechselten die Hummeln rasch zu einer Spezialisierung auf die Nebenpflanze über.

Nach welchen Kriterien sucht sich eine individuelle Hummel ihre Hauptpflanze aus? Im Gegensatz zu dem Massenkommunikationssy-

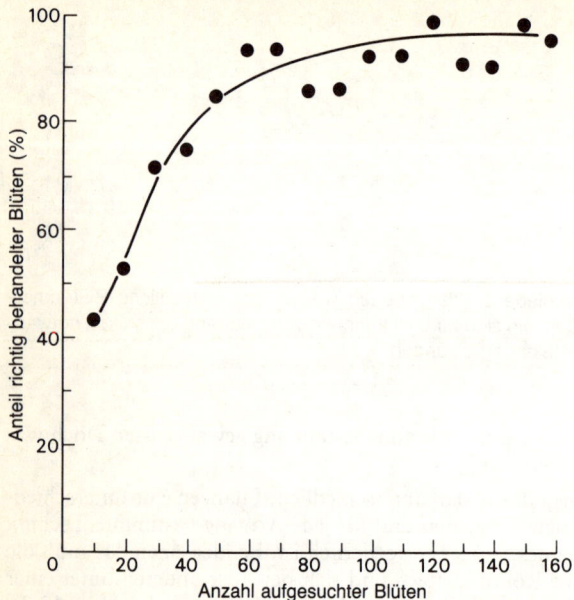

Abb. **12.3** Zunahme der richtig behandelten Blüten bei Arbeiterinnen von *Bombus vagans*, die an Springkraut (*Impatiens biflora*) Nektar suchen. Die Darstellung beginnt mit der ersten Blüte, die eine Hummel in ihrer „Karriere" als Futtersucherin aufsucht (aus B. Heinrich : Bumblebee Economics. Harvard University Press, Cambridge, Mass. 1979).

stem der Honigbiene *(Apis mellifera)*, durch das erfolgreiche Individuen die anderen Tiere über Identität und Lage der Futterquelle informieren können (von Frisch 1967), muß bei den Hummeln jedes Individuum selbst lernen, welche der Pflanzen die ergiebigsten Nektarquellen darstellen. Manche Pflanzenarten auf einer Wiese können mehr Nektar produzieren als andere. Die ersten Hummeln, die an ihnen Nektar suchen, werden sie zu ihren Hauptpflanzen wählen. Doch je mehr Hummeln von diesen Arten Nektar sammeln, desto stärker wird sich der Vorrat erschöpfen. Auf diese Weise kann der Nektargehalt so weit sinken, daß es für weitere Hummeln vorteilhafter ist, sich andere Arten als Hauptpflanzen zu suchen. Welche die beste Hauptpflanze für ein Individuum ist, hängt also davon ab, wo die anderen Individuen Nektar suchen. Wenn keine Revierabgrenzung vorliegt und ideale freie Verhältnisse herrschen (s. Kap. 5), sollte man erwarten, daß alle Pflanzenarten bis zur gleichen Ergiebigkeit ausgebeutet werden. Genau dies konnte

Heinrich beobachten (Abb. 12.4). Wenn der Nektargehalt der einen Art über den einer anderen ansteigt, lohnt es sich für die Hummeln, dort verstärkt Futter zu suchen, bis sich die Ergiebigkeit wieder auf demselben Niveau wie bei den anderen Pflanzenarten eingependelt hat.

(c) Anzahl der Besuche

Bei mehrfachem Besuch einer Pflanze durch Bienen wird eine größere Pollenmenge übertragen als bei nur einem Besuch. Whitham (1977) entdeckte, daß Chilopsis auf eine Weise Nektar absondert, die die Hummeln zu mehrfachen täglichen Besuchen anregt.

Ein Querschnitt durch den Nektargang zeigt in der Mitte eine Nektaransammlung, die den Hummeln leicht zugänglich ist. Kreisförmig um diese zentrale Quelle sind mehrere versteckte Rillen angeordnet, deren

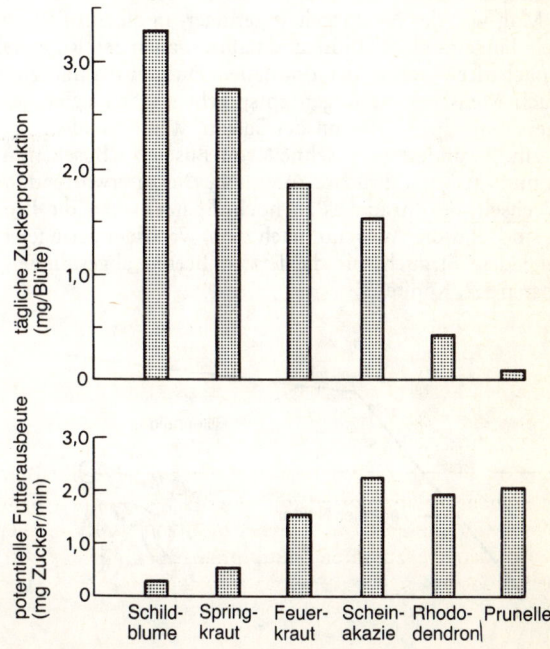

Abb. **12.4** Die tägliche Zuckerproduktion der Blüten (oben) schwankt mit der Pflanzenart. Durch die stärkere Ausbeutung von Blüten mit hoher Nektarproduktion ergeben die meisten der Arten letztendlich annähernd gleiche Nahrungserträge pro Zeiteinheit der Futtersuche (unten) (aus B. Heinrich: Bumblebee Economics. Harvard University Press, Cambridge, Mass. 1979).

Nektar für die Hummeln viel schwieriger zu erreichen ist. Das hat den Effekt, daß eine sammelnde Hummel zunächst einen hohen Ertrag an Nektar erzielt, jedoch nur noch einen geringen, wenn die zentrale Quelle erschöpft ist (Abb. 12.5). Das Problem der Hummel ist nun genau dasselbe wie das des kopulierenden Kotfliegenmännchens aus Kapitel 3. Sie steht vor der Frage, wann die Nektaraufnahme bei einem sich vermindernden Ertrag am besten abzubrechen ist. Der optimale Punkt hängt dabei von den zu erwartenden Erträgen nach Verlassen der einen und dem Aufsuchen einer anderen Blüte ab.

Whitham fand, daß die Blüten am frühen Morgen voller Nektar waren und deshalb die beste Strategie zur Erzielung einer maximalen Nektarmenge für eine Hummel darin bestand, nur den zentralen Nektar aufzunehmen und dann schnell zur nächsten Blüte weiterzuziehen. Mit dieser Methode erzielten die Tiere 12,3 cal/min, während sie nur 9,9 cal/min erwirtschafteten, wenn sie auch den schwerer zugänglichen Rillennektar aufnahmen. Besuchten sie die Blüten später am Tag ein zweites Mal, war der Nektargehalt geringer. In diesem Fall blieben die Hummeln länger an jeder Blüte und nahmen auch den Rillennektar auf, wie es nach der Theorie der optimalen Futteraufnahme zu erwarten war. Auch Menschen verfolgen entsprechende Strategien, z. B. beim Brombeersammeln. Zu Beginn der Saison, wenn reichlich Beeren vorhanden sind, wandert man schnell von Busch zu Busch, um nur die größten und saftigsten Früchte zu ernten. Die zu erwartende Ausbeute nach Wechseln des Strauches ist hoch. Später, wenn die Brombeeren seltener sind und die Ausbeute nach dem Wechseln geringer ist, bleibt man bei jedem Strauch, bis die letzten Beeren abgesammelt sind (s. Schaukasten 3.2, Kapitel 3).

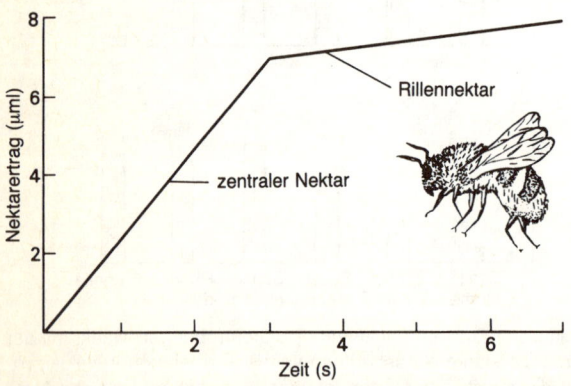

Abb. **12.5** Hummeln können den zentralen Nektar von *Chilopsis* schneller aufnehmen als den Rillennektar (nach Whitham).

Blüten und Hummeln

(d) Bewegung an einer Pflanze

Es gibt bei Pflanzen ein weiteres Merkmal, das sich als Anpassung für eine effektive Pollenübertragung entwickelt zu haben scheint.

Bei Pflanzen wie *Epilobium* und *Delphinium* sind die Blüten spiralförmig um eine senkrechte Achse angeordnet. Beide gehören zu den proterandrischen Hermaphroditen, das heißt, die jungen Blüten an der Spitze der Achse sind männlich, produzieren Pollen und haben unfruchtbare Narben, während die älteren unteren Blüten weiblich sind, keine Pollen herstellen und eine fruchtbare Narbe besitzen. Das Ziel der Pflanzen ist es, den Pollen ihrer oberen Blüten auf andere Pflanzen übertragen zu lassen und fremde Pollen auf die weiblichen unteren Blüten zu bekommen. Aus der Sicht der Pflanzen wäre es deshalb optimal, wenn eine Biene mit der Nektarsuche unten beginnen und sich nach oben vorarbeiten würde. Auf diese Weise würde der Pollen von den oberen Blüten der einen Pflanze auf die Narben der nächsten Pflanze übertragen werden (Abb. 12.6).

Pyke (1978, 1979b) fand, daß die Bienen von den Pflanzen dazu manipuliert werden, sich genau auf diese Weise fortzubewegen, indem der meiste Nektar in den unteren Blüten abgesondert wird. Aus dieser Anordnung ergibt sich als beste Futterstrategie für die Bienen, an den nektarreichen unteren Blüten mit der Aufnahme zu beginnen und sich

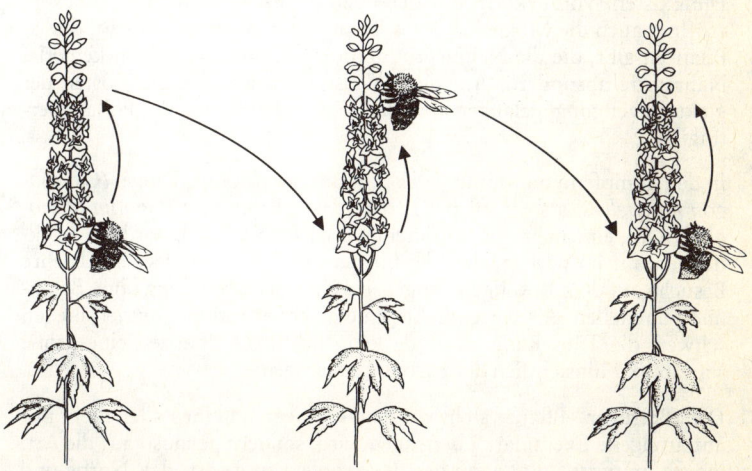

Abb. **12.6** Wenn Hummeln auf *Delphinium* Nektar suchen, beginnen sie an den untersten Blüten, die den meisten Nektar enthalten, und arbeiten sich dann senkrecht nach oben vor. Das ist für die Pflanze von Vorteil, weil auf diese Weise Inzucht verhindert wird.

dann nach oben vorzuarbeiten. Indem sie immer von unten nach oben vorgeht, vermeidet es die Biene, Blüten erneut zu besuchen, die sie kurz zuvor ausgeschöpft hatte. Die Biene verfolgt eine Kurve von sich vermindernden Erträgen, wenn sie weiter nach oben gelangt und Blüten mit immer weniger Nektar vorfindet. Schließlich wird ein Punkt erreicht, an dem die Erträge so gering sind, daß es sich lohnt, weiterzufliegen und die nächste Pflanze aufzusuchen.

Es bleibt die Frage, warum die Blüten spiralförmig um die senkrechte Achse herum angeordnet sind. Pyke nimmt an, daß eine Biene niemals genügend Pollen mit sich trägt, um alle weiblichen Blüten einer Pflanze zu bestäuben. Deshalb liegt es nicht im Interesse der Pflanze, daß die Biene sämtliche weiblichen Blüten besucht und ausschöpft, da nur die ersten in den Genuß der Bestäubung gelangen. Möglicherweise bringt die spiralige Anordnung die Biene dazu, einige Blüten auszulassen, da die seitliche Bewegung um die Achse aufwendiger sein könnte als das Aufsteigen zur nächsthöheren Blüte. Beobachtungen zeigten, daß die Tiere eher zu einer Aufwärtsbewegung neigen und dabei einige Blüten auslassen, als daß sie seitlich um die Achse herumgehen und jede Blüte besuchen.

Betrüger

Die Existenz von nektarproduzierenden Pflanzen, die Bienen anlocken, eröffnet auch die Möglichkeit des Betruges. So wundert es nicht, daß es Pflanzen gibt, die die Nektarproduzenten nachahmen, jedoch keinerlei Nährstoffe absondern. Auf diese Weise vermeiden sie die Kosten der Nektarerzeugung, gelangen aber dennoch in den Genuß der Pollenübertragung.

In den Sümpfen von Maine (USA) kommt der Knollige Dingel *(Calopogon pulchellus)* als ein solcher Betrüger vor. Er imitiert *Pogonia ophioglossoides*, eine nektarproduzierende Pflanze. Natürlich wird die Selektion darauf hinwirken, daß die Bienen den Betrug entdecken, da ihre Besuche auf dem Knolligen Dingel eine Zeitverschwendung ohne Belohnung darstellen. Als Gegenmaßnahme macht es *Calopogon* den Bienen schwer, die Täuschung zu entdecken, indem die Pflanzen eine große Variabilität hinsichtlich der Färbung ausprägen.

Die „Betrüger"-Pflanze steht vor dem Problem, daß ihr Pollen nicht nur auf arteigene Exemplare übertragen wird, sondern genauso auf die Art, die sie imitiert. *Calopogon* hat das Problem so gelöst, daß Narbe und Antheren anders als bei *Pogonia* angeordnet sind. Bei *Pogonia* wird der Pollen am Kopf der Biene abgestreift, während er bei *Calopogon* auf das Abdomen des Insektes gelangt. Wenn eine Biene von *Calopogon* zu *Pogonia* fliegt, bleibt der Pollen am Abdomen der Biene haften, bis sie schließlich bei einem anderen Exemplar von *Calopogon* vorbeikommt (Heinrich 1979).

Es werden nicht nur die Bienen von den Pflanzen betrogen, sondern auch umgekehrt. Manche Hummelarten beißen sich durch die Kronblätter an der Basis der Blüten, anstatt durch den Trichter der Blütenkrone zu kriechen. Das ist für die Hummel von Vorteil, weil sie schneller an den Nektar kommt, jedoch gegen die Interessen der Pflanze, da kein Pollen aufgenommen wird.

Vögel, Früchte und Samenverbreitung

Wenn die Bestäubung erst einmal erfolgt ist und die Blüten Samen gebildet haben, stellt die Samenverbreitung die Pflanzen vor ein weiteres Problem. Viele Arten bedienen sich der Vögel zum Transport ihrer Samen. Ein Trick, um die Tiere für diese Aufgabe zu gewinnen, besteht darin, die Samen in Früchte einzuhüllen. Die Vögel fressen die Früchte, und die Samen werden einige Zeit später, nach Durchwanderung des Verdauungstraktes, unbeschädigt wieder ausgeschieden.

Die Früchte werden daraufhin selektiert, für die Vögel möglichst attraktiv zu wirken, so daß hier der seltsame Fall vorliegt, daß eine Beute von ihrem Räuber gefressen werden „will". Snow (1971) hob das Besondere an diesem Fall hervor, indem er ihn mit der Beziehung zwischen Vögeln und ihren Beuteinsekten, die darauf selektiert werden, möglichst schwer zu finden und zu fangen zu sein, verglich. Tab. 12.1 faßt einige interessante Konsequenzen zusammen, die aus diesen unterschiedlichen Räuber-Beute-Systemen resultieren.

Vögel sind nicht die einzigen Lebewesen, die an den Früchten interessiert sind. Sie werden auch von Mikroben befallen, die die Früchte verrotten lassen. Janzen (1979) gab eine geniale Erklärung für die Verrottung der Früchte. Er nimmt an, daß dieser Vorgang von den Mikroben bewirkt wird, um größere Organismen vom Verzehr ihrer Nahrungsquellen abzuhalten. Mit der Erzeugung von Alkohol machen sie die Früchte für konkurrierende Wirbeltiere ungenießbar. Vögel werden daraufhin selektiert werden, verrottete Früchte zu meiden, weil sie nach deren Genuß betrunken sind und dadurch eine leichtere Beute für Feinde werden. Entsprechend, so nimmt Janzen an, verursachen Bakterien eine Verwesung von Kadavern und reichern das Fleisch mit giftigen Substanzen wie Aminen an, um Wirbeltiere von einem Verzehr abzuhalten. Umgekehrt haben manche Wirbeltiere daraufhin eine Widerstandsfähigkeit gegen diese Gifte entwickelt. Sie fressen die verfaulten Früchte, kultivieren die darin enthaltenen Mikroben in ihren Eingeweiden und setzen sie zur Verdauung der eigenen Nahrung ein! Eine weitere Gegenanpassung der Wirbeltiere ist möglicherweise die

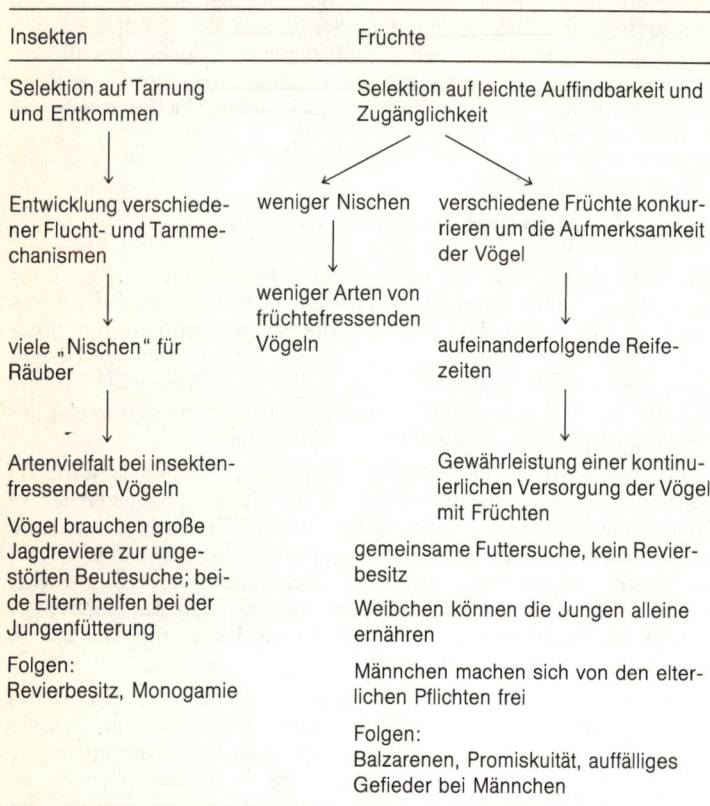

Tabelle **12.1** Gegenüberstellung der Räuber-Beute-Systeme zwischen Vögeln, die Insekten fressen, und solchen, die Früchte fressen (aus D. W. Snow: Ibis 113 [1971] 194)

Entwicklung von Enzymen zum Aufbrechen von Alkoholmolekülen (Alkoholdehydrogenase). Dem Menschen mag dies eine willkommene Präadaptation sein, um sich von nächtlichen Trinkgelagen zu erholen, doch hat sie sich ursprünglich entwickelt, weil unsere Vorfahren Früchte gegessen haben.

Früchte werden auch von Tieren verwertet, die die Samen eher zerstören als sie zu verbreiten. Kleine Säugetiere wie Mäuse können die Samen mit ihren Zähnen aufnagen. Deshalb schützen viele Pflanzen ihre Früchte mit Stacheln oder ordnen sie so an, daß nur Vögel leichten Zugang haben.

Ein besonders schönes Beispiel für Anpassungen, die Pflanzen gegen Samenräuber entwickelt haben, wurde von Pulliam u. Brand (1975) in Graslandhabitaten im Südosten Arizonas gefunden. Die Autoren stellten fest, daß die im Sommer, nach den winterlichen Regenfällen produzierten Samen eine runde, glatte Form aufweisen. Die Hauptsamenräuber zu dieser Jahreszeit sind Ameisen, denen es schwer fällt, die runden glatten Gebilde mit ihren Mandibeln zu packen. Finken fällt der Umgang mit runden, glatten Samen leicht, da sie sie zum Enthülsen leicht im Schnabel herumwenden können. Doch die Finken fressen im Sommer vorwiegend Insekten. Die Wintersamen, die nach den sommerlichen Regenfällen produziert werden, weisen eine ganz andere Morphologie auf. Sie sind rauh und mit vielen Anhängseln versehen. Ameisen könnten sie leicht transportieren, doch sind sie im Winter nicht aktiv. Jetzt werden die Samen vorwiegend von Finken geholt, doch bekommen die Vögel Schwierigkeiten mit den rauhen, haarigen Gebilden, die in den Rillen ihrer Schnabelinnenseiten hängenbleiben und schwer zu enthülsen sind. Insofern ist die Morphologie der Samen regelrecht dazu geschaffen, die Gefährdung durch Räuberfraß zu jeder Jahreszeit minimal zu halten (Abb. 12.7).

Einige Pflanzen sind zu ihrer Verbreitung ganz auf Samenräuber angewiesen. Obwohl dabei ein Teil der Samen zerstört wird, reichen die

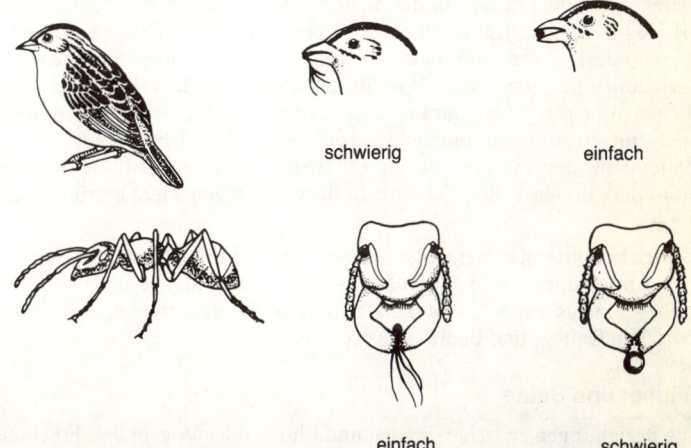

Abb. **12.7** Finken können haarige Samen nur schwer, runde Samen hingegen leicht bearbeiten. Im Winter, wenn die Finken Hauptsamenräuber sind, werden vorwiegend haarige Samen gebildet. Ameisen können haarige Samen leicht, runde glatte Samen dagegen nur unter Schwierigkeiten davontragen. Im Sommer, wenn die Ameisen Hauptsamenräuber sind, werden vor allem runde Samen produziert (nach Pulliam u. Brand).

überlebenden zum Fortbestand der Art aus, besonders, wenn die Tiere sie in Vorratskammern verstecken. Die Samen der Pinie werden von Eichel- und Tannenhähern gehortet (Vander Wall u. Balda 1977, Ligon 1978). Die Vögel bringen ihre Beute an geschützte, nach Süden weisende Abhänge, die nicht tief zuschneien und sowohl gut für eine spätere Wiederentdeckung als auch für das Keimen der Samen sind. Viele Samen werden von den Vögeln nicht wiedergefunden, besonders in milden Wintern, wenn die Tiere nicht auf sämtliche Verstecke zurückgreifen müssen. In manchen Jahren wird nur ein Drittel bis die Hälfte der von den Eichelhähern gehorteten Vorräte gefressen, so daß für viele Samen eine Chance zum Keimen besteht. Pflanzen, deren Verbreitung von Samenräubern abhängt, bezahlen die Kosten in Form eines von den Räubern zerstörten Samenanteils, während früchteproduzierende Pflanzen Kosten durch die Erzeugung des Fruchtfleisches haben.

Evolutive Wettläufe

Beispiele von Koevolutionen wie die oben besprochenen können dazu führen, daß zwar jeder Partner einen Nettogewinn erzielt, doch bestehen natürlich Interessenkonflikte zwischen ihnen. Die Pflanzen entwickelten spezielle Tricks, um die Bienen zum Transport der Pollen, bzw. die Vögel zum Transport der Samen zu manipulieren. Sie werden darauf selektiniert, einen minimalen Betrag an Nektar oder Früchten zur Erzielung eines maximalen Vorteils einzusetzen. Umgekehrt werden die Bienen und die Vögel darauf selektiert, die Futterquellen optimal auszunutzen, um eine möglichst große Nektar- und Fruchtausbeute je Zeiteinheit der Futtersuche zu erhalten. Interessenkonflikte werden besonders in den Fällen sichtbar, in denen Pflanzen Tiere betrügen und umgekehrt.

Vielleicht sollte man derartige Systeme als evolutive Aufschaukelungen von Anpassungen und Gegenanpassungen oder als „evolutive Wettläufe" („arms races", Dawkins u. Krebs 1979) ansehen, die denen zwischen Räuber und Beute entsprechen.

Räuber und Beute

Die Beziehungen zwischen Bienen und Blüten oder Vögeln und Früchten beruhen auf Gegenseitigkeit, da während des Wettlaufes jeder Partner einen Nettogewinn erzielt. Im Wettrennen zwischen Räuber und Beute liegt der Vorteil einseitig auf seiten des Räubers. Es läßt sich erwarten, daß die Effektivität, mit der ein Räuber seine Beute aufspürt und fängt, im Verlauf der Evolution durch die natürliche Selektion gesteigert wird. Andererseits ist genauso zu erwarten, daß die Fähigkeit der Beute zu entfliehen ebenfalls zunimmt. Nun stellt sich die Frage, wie das Ergebnis dieses Wettlaufes aussehen wird. Die komplexen Anpassungen und Gegenanpassungen zwischen Räuber und Beute sind das Erbe ihrer langen Koexistenz und Koevolution. Aber weshalb wird keiner der Räuber so effektiv, daß es zur Ausrottung der Beute kommt, oder warum kann eine Beute nicht derart erfolgreich entkommen, daß der Räuber ausstirbt?

Modelle, die entwickelt wurden, um diese Frage abzuklopfen, betrachten normalerweise lediglich zwei Arten, nämlich einen Räuber und dessen Beute. Obwohl diese Sicht natürlich zu stark vereinfacht ist, um die komplexen Nahrungsnetze in der Natur wiederzugeben, trägt sie zum Verständnis der Probleme bei, die mit Räuber-Beute-Beziehungen zusammenhängen (Slatkin u. Maynard Smith 1979). Ein von Rosenzweig u. MacArthur (1963) entwickeltes Modell kann bei der Betrachtung der Koevolution zwischen Räuber und Beute nützlich sein. Wenn wir festsetzen, daß P(t) die Anzahl der Räuber und V(t) die Anzahl der Beutetiere zur Zeit t sind, lassen sich folgende Gleichungen bezüglich der Populationsentwicklung aufstellen:

Für die Beutetiere gilt $\frac{dV}{dt} = f(V) - Pg(V)$

Dabei beschreibt f(V) das Wachstum der Beutepopulation in Abwesenheit der Räuber und g(V) die Anzahl der Beutetiere, die einem einzelnen Räuber in Abhängigkeit von der verfügbaren Beutemenge zum Opfer fallen.

Für die Räuber gilt $\frac{dP}{dt} = -dP + cPg(V)$

Dabei ist c die Umsatzrate von Beutetieren durch die Räuber und d die Sterberate der Räuber.

Rosenzweig u. MacArthur stellten die Räuber-Beute-Beziehung graphisch folgendermaßen dar (Abb. 12.8 und 12.9). Wenn keine Räuber vorhanden sind, kann sich die Beutepopulation bis zu einer maximalen Dichte, K, vermehren, die z. B. durch die Nahrungsmenge begrenzt wird. Es muß auch eine untere Begrenzung der Beutedichte geben, unterhalb derer die Population ausstirbt, weil die Individuen zu selten auf Fortpflanzungspartner treffen oder weil zufällige Umwelteinflüsse die Anzahl auf Null reduzieren. Zwischen diesen beiden Grenzen muß es für jede Beutedichte jeweils eine maximale Räuberdichte geben, die aufrechterhalten werden kann, ohne daß die Beutedichte weder zunoch abnimmt. Es läßt sich deshalb eine Gleichgewichtslinie (Isokline) der Beutepopulation auftragen, für die

$$\frac{dV}{dt} = 0$$

gilt (s. Abb. 12.8a). Unterhalb dieser Linie wird die Beutepopulation abnehmen und oberhalb zunehmen. Eine entsprechende Gleichgewichtslinie läßt sich für die Räuber einzeichnen, wobei

$$\frac{dP}{dt} = 0$$

gilt (Abb. 12.8b). Unterhalb eines bestimmten Schwellenwertes der Beutelinie, X, wird die Räuberdichte abnehmen, da die Räuber nicht genug Opfer finden. Oberhalb dieses Schwellenwertes wird sie bis zum Erreichen einer bestimmten Kapazität zunehmen. Die Ursache für den Schwellenwert liegt darin, daß die Räubergleichung entweder nur positives, negatives oder gar kein Wachstum aufweisen kann.

Wenn nun beide Linien in dieselbe Graphik übertragen werden, lassen sich drei Typen von Beziehungen erkennen (Abb. 12.9). In allen Fällen

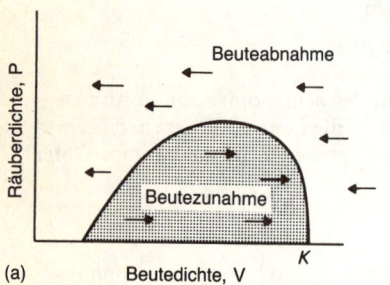 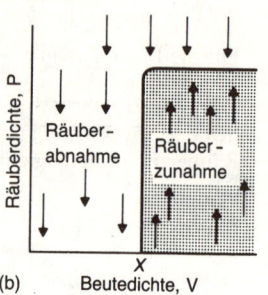

Abb. **12.8** (a) Die Beute-Gleichgewichtslinie (Isokline)

$$\frac{dV}{dt} = 0$$

Auf der dunklen Fläche unterhalb der Gleichgewichtslinie nimmt die Beutepopulation zu, und auf der hellen Fläche über der Linie nimmt sie ab. Es wird angenommen, daß bei einer mittleren Beutedichte, bei der die Umsatzrate am höchsten ist, eine maximale Räuberdichte beständig aufrechterhalten werden kann.
(b) Die Räuber-Gleichgewichtslinie (Isokline)

$$\frac{dP}{dt} = 0$$

Unterhalb einer Schwellenwertdichte der Beute (X) nimmt die Räuberpopulation ab. Der Einfachheit halber wird angenommen, daß die Räuber-Gleichgewichtslinie senkrecht ansteigt, bis die Kapazität für die Räuberpopulation erreicht wird (aus E. R. Pianka: Evolutionary Ecology. Harper & Row, New York 1974, nach Rosenzweig u. MacArthur).

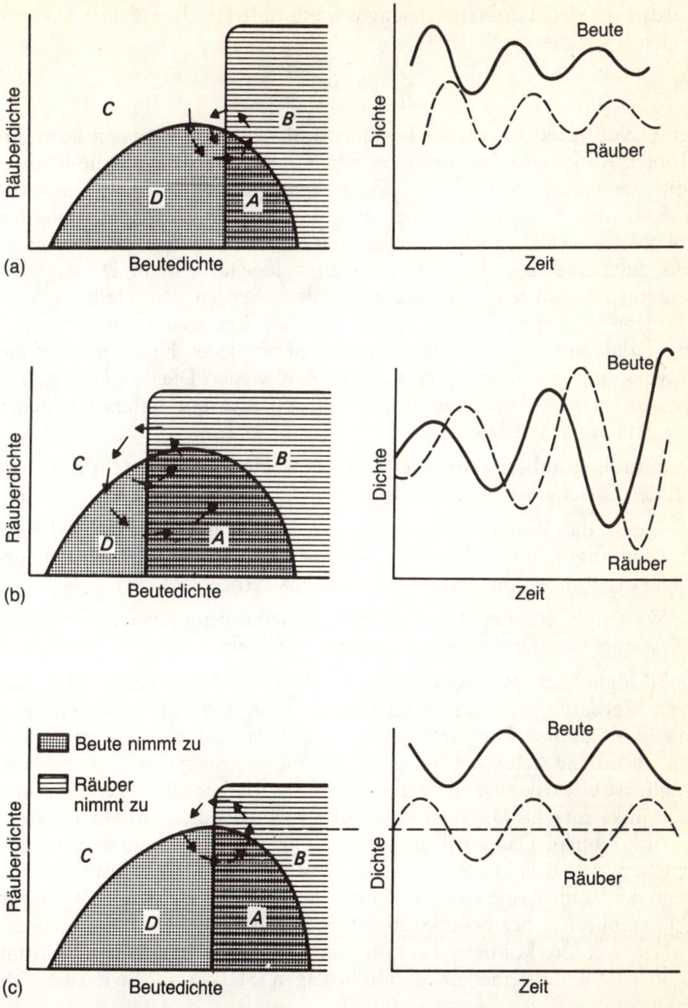

Evolutive Wettläufe 307

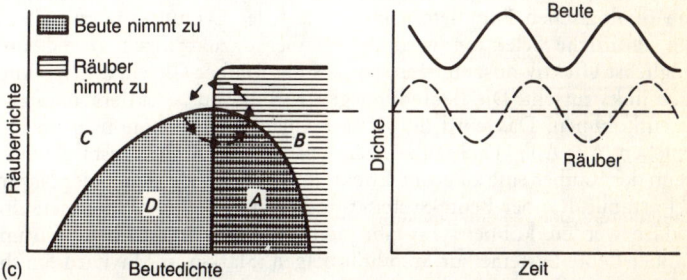

Abb. **12.9** Die in einer Darstellung vereinigten Gleichgewichtslinien von Beutetieren und Räubern. Sie zeigen, daß es drei Stabilitätsbeziehungen gibt. (a) Ein ineffektiver Räuber, der seine Beute erst dezimiert, wenn sie kurz vor Erreichen ihrer Kapazität ist. (b) Ein sehr effektiver Räuber, der fähig ist, auch Beutepopulationen von geringer Dichte auszunutzen. (c) Ein Räuber mit mittlerer Effektivität, der seine Beute an einem Punkt mittlerer Dichte auszubeuten beginnt (zur weiteren Erklärung s. Text) (aus E. R. Pianka: Evolutionary Ecology. Harper & Row, New York 1974, nach Rosenzweig u. MacArthur 1963).

werden an den Punkten Gleichgewichte auftreten, an denen sich die Linien schneiden und

$$\frac{dV}{dt} \text{ sowie } \frac{dP}{dt}$$

beide Null werden, so daß Räuber- und Beutepopulationen konstant bleiben. Außerhalb des Gleichgewichtspunktes werden sich die Populationen entsprechend den vier Möglichkeiten, die durch die Quadranten A, B, C, und D gekennzeichnet sind, bewegen. In Quadrant A werden sowohl Räuber als auch Beute zunehmen; in B nehmen die Räuber zu und die Beutetiere ab; in C nehmen beide ab, und in D steigt die Beutedichte, während die Räuber weniger werden. Die Pfeile in Abb. 12.9 sind Vektoren, die die Populationsveränderungen in den Quadranten widerspiegeln; die Kurven rechts neben jeder Figur geben diese Entwicklung in Abhängigkeit von der Zeit wieder. Die drei Fälle stellen Ebenen dar, in denen die Räuber ihrer Beute mit unterschiedlicher Effektivität nachstellen.

1 Sind die Räuber relativ ineffektiv, bewegt sich das System zu einem stabilen Gleichgewichtspunkt hin.

2 Wenn die Räuber sehr effektiv jagen, kommt es zu extremen Schwankungen in den Populationsgrößen, und schließlich werden entweder der Räuber, die Beute oder beide aussterben.

3 Weisen die Räuber eine mittlere Effektivität beim Jagen auf, ergeben sich stabile Oszillationen der Populationsdichten.

Eine Möglichkeit, wie derartige Graphiken zum Verständnis der evolutiven Wettläufe beitragen können, liegt darin, sich die Veränderungen von ökologischen Parametern im Verlauf der Evolution vorzustellen. Die natürliche Selektion wird die Räuber dazu bringen, ihre Beute möglichst effektiv auszunutzen, so daß die Räuber-Gleichgewichtslinie nach links rutscht. Die Beute hingegen wird darauf selektiert, häufiger zu entkommen. Das wird die Räuber-Gleichgewichtslinie nach rechts schieben. Aus Abb. 12.9 wird ersichtlich, daß das System instabil wird, wenn der Räuber eine zu große Effektivität erlangt. Da sich in der Natur viele stabile Räuber-Beute-Systeme finden, muß deren Vorhandensein erklärt werden können. Es gibt drei Hypothesen darüber, warum Räuber-Beute-Systeme zur Stabilität neigen (Slatkin u. Maynard Smith 1979).

(a) Umsichtige Bejagung

Der Mensch hat die Fähigkeit, umsichtig zu jagen und eine Übernutzung seiner Nahrungsquellen, die zur Auslöschung der Beute führen würde, zu vermeiden. Es ist angenommen worden, daß Tiere in ähnlicher Weise vorausschauend seien und eine zu starke Ausnutzung ihrer Beute vermieden. Auf diese Weise bliebe die Räuber-Gleichgewichtslinie rechts neben dem Maximum der Beutelinie in Abb. 12.9. Das Problem bei dieser Hypothese ist, daß sie auf der Gruppenselektion basiert. In einer Population von umsichtigen Räubern würde jedes betrügerische Individuum, das mehr als den ihm zustehenden Anteil erbeutet, Vorteile haben und sich genetisch gegenüber den vorausschauenden Individuen durchsetzen (s. Kap. 1). Umsichtige Bejagung könnte sich deshalb nur entwickeln, wenn ein Individuum den alleinigen Zugang zu einer Ressource hat, z. B. durch Revierverteidigung. Dann könnte es die Nahrungsquelle zu seinem eigenen zukünftigen Nutzen anstatt zum Wohl der Gruppe schonen.

(b) Auslöschung von Gruppen

Wenn sich die Auslöschung von Gruppen häufig ereignen würde, dann könnten die stabilen Räuber-Beute-Systeme in der Natur tatsächlich deshalb zu beobachten sein, weil alle instabilen Systeme (z. B. solche wie in Abb. 12.9b) untergegangen sind.

(c) Vorsprung der Beute im evolutiven Wettlauf

Räuber-Beute-Systeme könnten auch deshalb stabil sein, weil die Beutetiere den Räubern im evolutiven Wettrennen immer ein Stück voraus sind. Die Räuber-Gleichgewichtslinie würde also eher wie in Abb. 12.9a oder c als wie in Abb. 12.9b verlaufen. Eine Hypothese, warum dies so sein sollte, könnte man aus dem Prinzip „hier das eigene Leben – dort lediglich eine Mahlzeit" ableiten: Kaninchen rennen schneller als Füchse, weil sie um ihr Leben laufen, während der Fuchs lediglich einer Mahlzeit nachstellt. Die Kosten für einen Fehler sind für das Kaninchen deutlich höher als für den Fuchs. Dawkins u. Krebs (1979) formulierten das so: „Ein Fuchs kann Nachkommen erzeugen, auch wenn er einmal im Wettlauf mit einem Kaninchen unterlegen war. Jedoch hat sich noch kein Kaninchen fortgepflanzt, nachdem es ein solches Rennen verloren hatte. Füchse, die ihre Beute häufig verfehlen, mögen schließlich verhungern, doch können sie sich zuvor noch fortgepflanzt haben." Es wird also ein stärkerer Selektionsdruck auf die Fähigkeit des Kaninchens, zu entkommen, wirken als auf die Fähigkeit des Fuchses, erfolgreich zu jagen.

In vielen Fällen liegen die Beutetiere vielleicht auch deshalb vorne im evolutiven Rennen, weil sie eine kürzere Generationsdauer haben und die Evolution schneller an ihnen abläuft. Das würde auf Beispiele wie Wiesel und Mäuse oder Vögel und Insekten zutreffen, nicht jedoch auf andere Fälle, in denen der Räuber eine kürzere Generationsdauer hat als das Opfer, wie bei Blattläusen und Rosen.

Weiter läßt sich fragen, warum die Beutetiere nicht so perfekt im Entkommen werden, daß sie ihre Räuber ausrotten. Eine Erklärung dafür könnte sein, daß wenn die Räuber aufgrund ihrer geringen Effektivität seltener werden, der Selektionsdruck auf die Beutetiere nachläßt und ihre Fluchtkünste nicht weiter gesteigert werden. Eine andere Möglichkeit wäre, daß mit zunehmender Perfektion der Beutetiere Neumutationen, die ihre Fähigkeit weiter steigern würden, immer seltener sich durchsetzen.

Zum Schluß sollten wir erneut aufgreifen, was zu Beginn dieses Abschnittes gesagt wurde, nämlich daß das einfache Modell mit nur zwei Arten zwar Denkanstöße liefern kann, jedoch zu sehr vereinfacht ist, um den tatsächlichen Verhältnissen gerecht zu werden. Wenn eine Beuteart selten wird, z. B. wegen einer intensiven Bejagung durch den Räuber, könnte der Räuber auf andere Beutetiere ausweichen. Da der Fang verschiedener Beutearten normalerweise verschiedene Anpassungen erfordert, ist es unwahrscheinlich, daß ein Räuber derart gut auf eine Beuteart spezialisiert ist, daß er sie ausrotten kann.

Intraspezifische Wettläufe

Wir haben schon mehrfach gesehen, daß evolutive Wettläufe auch innerhalb einer Art auftreten können, wie z. B. im Konflikt zwischen Königin und Arbeiterinnen bei sozialen Insekten (s. Kap. 10) oder anderen Konflikten zwischen Eltern und Nachkommen (s. Kap. 11). Die Prunkfarben und ausgeprägten Bewaffnungen vieler Männchen sind das Resultat eines innerartlichen, evolutiven Wettlaufes um eine optimale Kampfestüchtigkeit und die Fähigkeit, Weibchen anzulocken (s. Kap. 6). Im Zentrum des sexuellen Konfliktes zwischen Männchen und Weibchen liegt der anfängliche Wettlauf zwischen den Mikro- und Makrogameten. Die Mikrogameten wurden darauf selektiert, sich Makrogameten zu suchen und an deren Nährstoffvorräten zu parasitieren. Die Makrogameten wurden darauf selektiert, sich dieser Tendenz zu widersetzen, da es für sie vorteilhafter gewesen wäre, mit anderen Makrogameten zu verschmelzen. Doch die Mikrogameten gewannen dieses Rennen aufgrund des Prinzips „hier das eigene Überleben – dort ein relativ geringer Nachteil", entsprechend dem Wettlauf zwischen Räuber und Beute. Die Kosten für einen Fehler sind bei den Mikrogameten wesentlich höher, denn wenn sie mit einem anderen Mikrogameten zusammentreffen würden, hätte die daraus entstehende Zygote nicht genügend Reservestoffe, um zu überleben. Deshalb ist die Selektion auf die Fähigkeit der kleinen Gameten, sich mit großen Gameten zu paaren, stärker als die Selektion auf die Fähigkeit der großen Gameten, dem zu widerstehen (Parker u. Mitarb. 1972, s. Kap. 6).

Eine bemerkenswerte Tatsache bei den intraspezifischen Wettläufen ist, daß sie innerhalb desselben Genpooles auftreten (Dawkins u. Krebs

1979). Da besteht beispielsweise ein Konflikt zwischen Eltern und Kindern, doch werden die Individuen, die jetzt Nachkommen sind, später selbst Eltern sein. Männchen und Weibchen stehen normalerweise im Konflikt, aber obwohl die Gene für Anpassungen in Zusammenhang mit dem sexuellen Konflikt auf den Geschlechtschromosomen liegen, verbringen sie die eine Hälfte ihrer Entwicklungsgeschichte in männlichen Körpern, die andere in weiblichen Körpern. Arbeiterinnen und Königinnen bei Ameisen stehen in Konflikt miteinander, doch ist jede weibliche Ameise genetisch dazu in der Lage, Arbeiterin oder Königin zu werden. Welche der Rollen sie tatsächlich einnimmt, hängt ausschließlich von ihrer Ernährung als Larve ab. Wenn sie Königin wird, wird sie darauf selektiert werden, in ein Nachkommenverhältnis von 1 : 1 zwischen Männchen und Weibchen zu investieren. Als Arbeiterin wird sie hingegen auf ein Verhältnis von 1 : 3 aus sein (s. Kap. 10). Es ist bislang nicht geklärt, ob Wettläufe, die innerhalb derselben genetischen Linie auftreten, andere Konsequenzen zur Folge haben als solche, die verschiedene genetische Systeme wie Räuber und Beute umfassen.

Zusammenfassung

Es gibt interspezifische Wechselbeziehungen, bei denen jeder der Partner einen Vorteil erzielt. Obwohl diese Beziehungen auf Gegenseitigkeit beruhen, kommt es zu Interessenkonflikten. Ein Beispiel hierfür stellt die Koevolution zwischen Blüten und ihren Bestäubern, den Hummeln, dar. Die Pflanzen manipulieren die Hummeln zu einer effektiven Bestäubung und vermeiden dadurch Inzucht. Zu diesem Zweck blühen verschiedene Pflanzenarten aufeinanderfolgend, prägen arttypische, komplizierte Morphologien aus, die die Hummeln zur Spezialisierung zwingen, und produzieren Nektar, den sie bei größeren Blütenständen reichlicher in den unteren Blüten erzeugen. Die Hummeln maximieren ihren Nektarertrag bei minimalem Aufwand. In manchen Fällen werden die Hummeln von den Pflanzen „betrogen" und umgekehrt. Pflanzen sorgen für die Verbreitung ihrer Samen, indem sie sie in Früchte einhüllen oder von Räubern holen lassen. Die meisten Fälle von Koevolutionen lassen sich besser verstehen, wenn man sie als Wettläufe, wie z. B. zwischen Räuber und Beute, auffaßt. Räuber-Beute-Systeme scheinen stabil zu sein, weil die Beutetiere im evolutiven Rennen die Nase meistens vorne haben.

Weiterführende Literatur

Das Buch von Heinrich (1979) enthält eine Besprechung der Koevolution zwischen Pflanzen und Hummeln und bietet ein ausgezeichnetes Beispiel dafür, wie Experimente zum Verständnis von im Freiland beobachteten Verhaltensweisen beitragen können. Ein weiteres schönes Beispiel für einen evolutiven Wettlauf ist der Brutparasitismus, der in den Übersichten von Payne (1977) und Yom-Tov (1980) dargestellt wird. Die Studie von Smith (1968) stellt einen besonders faszinierenden Beitrag zu diesem Thema dar. Das von Gilbert u. Raven (1975) herausgegebene Buch enthält mehrere gute Beispiele von Koevolutionen; besonders das Kapitel von Gilbert über Schmetterlinge und Pflanzen sei hervorgehoben. Wickler (1968) und Edmunds (1974) geben zusammenfassende Darstellungen von Räuber-Beute-Anpassungen und Gegenanpassungen.

Theoretische Darstellungen zur Koevolution und zu den evolutiven Wettläufen finden sich bei Slatkin u. Maynard Smith (1979) und Dawkins u. Krebs (1979).

13 Schlußbemerkungen

Die Geschichten von Verhaltensweisen und Anpassungen, die wir im Verlauf dieses Buches zum besten gaben, leiden natürlich daran, daß sie zwangsläufig zu simpel sind. Alle „Wenn" und „Aber", die für eine übervorsichtige und unerschütterliche Darstellung zu berücksichtigen gewesen wären, hätten das Buch jedoch doppelt so dick und halb so verständlich gemacht. Allerdings wollen wir auch nicht den Eindruck hinterlassen, daß die hier besprochenen Überlegungen von sämtlichen Evolutionsbiologen voll akzeptiert werden. Im Gegenteil; selbst unsere grundlegenden Voraussetzungen werden in der Literatur noch immer heftig diskutiert. Im ersten Teil dieses Kapitels sollen die Einwände gegen zwei unserer wichtigsten Voraussetzungen, die Theorie vom egoistischen Gen und das Optimalitätsprinzip, kurz besprochen werden. Im zweiten Abschnitt des Kapitels soll eine weitere Lücke gefüllt werden, indem die Beziehung zwischen der Verhaltensökologie und anderen Ansätzen zur Erforschung des tierischen Verhaltens diskutiert wird.

Wie plausibel sind die Grundvoraussetzungen?

Egoistische Gene

Unsere Diskussion der natürlichen Selektion verlief immer auf folgende Weise: „Man stelle sich ein Gen für dieses oder jenes Verhalten vor und überlege dann, unter welchen Bedingungen es sich in einer Population ausbreiten würde." Wie in Kapitel 1 ausgeführt wurde, besagt dieser Ansatz nicht einfach, daß ein Gen „für" Altruismus, Haß, lange Schwänze oder anderes existiert, sondern daß es genetische Unterschiede zwischen Individuen gibt, die mit dem betrachteten Verhalten oder der Struktur in Zusammenhang stehen.

Wie plausibel ist nun die Ansicht, daß die natürliche Selektion als ein Kampf zwischen Genen bzw. Allelen und weniger zwischen Individuen oder Gruppen in Erscheinung tritt? Ganz offensichtlich sehen die Feldbiologen ausschließlich *Individuen* sterben, überleben oder sich fortpflanzen. Die evolutive Konsequenz ist jedoch eine Veränderung der Allelfrequenzen in der Population. Deshalb tendieren die Feldbiologen dazu, mit dem Begriff der Individualselektion zu arbeiten, während die Theoretiker mit egoistischen Genen operieren. Dennoch kann es auch für den experimentellen Biologen wertvoll sein, mit dem Begriff des egoistischen Gens zu arbeiten, um seine Gedanken zu formulieren. Das wurde z. B. in Kapitel 9 deutlich: Aus der Sicht des egoistischen Gens besteht kein Unterschied zwischen elterlicher Brutpflege und der Pflege von Geschwistern, so daß Hypothesen darüber, warum bei der einen Art diese und bei der anderen jene Form der Brutpflege auftritt, eher in einen ökologischen als in einen genetischen Rahmen gefaßt werden sollten. Eine Ausnahme von dieser Regel, die sich ebenfalls über den Begriff des egoistischen Genes aufklären ließ, stellen die in Kapitel 10 beschriebenen Hymenopteren dar, bei denen die Weibchen genetisch dazu prädestiniert sind, ihren Schwestern zu helfen.

Das Denken mit dem Begriff vom egoistischen Gen kann auch der Aufdeckung einiger subtiler Probleme dienen. Z. B. läuft die anfängliche Ausbreitung eines Gens bzw. Allels für Altruismus durch Verwandtenselektion nicht so geradlinig ab, wie es auf den ersten Blick hin erscheint. Man stelle sich ein Nest voller Jungtiere vor, die alle Vollgeschwister sein sollen, und ein neues, durch Mutation entstandenes Allel, das für das altruistische Überlassen von Futter an die Geschwister verantwortlich sein soll. Obwohl die restlichen Geschwister Verwandte des Altruisten sind, weisen sie doch nicht das spezielle Allel zum altruistischen Futterabgeben auf. Deshalb hat das altruistische Individuum aus der Sicht des egoistischen Gens keinerlei Gewinn aus der Förderung der Geschwister. Altruismus hat in diesem Fall einen Selektionsnachteil, obwohl die Hilfeempfänger nahe Verwandte sind. Nur wenn das Allel so häufig ist, daß es bei den meisten Geschwistern ebenfalls auftaucht, kann die Verwandtenselektion zu seiner weiteren Ausbreitung beitragen. Und wie breitet sich das Allel anfänglich aus? Eine Vermutung, die Charlesworth (1980) äußerte, geht davon aus, daß es sich zunächst ausbreitete, ohne einen deutlichen phänotypischen Effekt aufzuweisen oder indem es nur unwesentlich durch die Selektion beeinflußt wurde. Das ist gleichbedeutend mit der Bemerkung aus Kapitel 1, daß die Voraussagen aufgrund von einfachen Kosten-Nutzen-Rechnungen bezüglich der Gesamteignung nicht denen aufgrund von komplexen genetischen Modellen entsprechen. So können Allele an Genorten zunächst als rezessive Mutationen auftauchen und im Verlauf der Evolution dominant werden. Dies geschah z. B. für die dunkle Färbung beim Birkenfalter (s. Kap. 1). Ein anderer Weg, auf dem die anfängliche Ausbreitung eines altruistischen Allels erfolgt sein könnte, ist die Verwandtenselektion als Spezialfall der Gruppenselektion. Innerhalb einer Verwandtengruppe ist der Altruist gegenüber den Empfängern seiner Hilfe im Nachteil, doch die Gruppe mit Altruisten könnte insgesamt besser dran sein als eine Gruppe ohne Altruisten, so daß das Merkmal sich ausbreiten kann (s. auch nächsten Abschnitt).

Gelegentlich kann die Analyse unter Zugrundelegung des Begriffes vom egoistischen Gen Probleme lösen, die rätselhaft erschienen, solange man sie unter dem Gesichtspunkt der Maximierung der Gesamteignung eines Individuums betrachtete. Ein Beispiel ist das Phänomen der *SD-Faktoren* („segregation distorter"). Dabei handelt es sich um genetische Faktoren, die dafür sorgen, daß ein bestimmtes Allel sich selbst in einem überproportional hohen Prozentsatz in die Gameten bringt. Bei einem heterozygoten Elter sollten sämtliche Allele durchschnittlich zu 50 Prozent in den Gameten auftauchen, doch SD-Faktoren beeinflussen den Prozeß der Keimzellenbildung und erhöhen ihren eigenen Anteil. Bei *Drosophila*-Männchen gibt es Anhaltspunkte, daß Chromosomen mit SD-Faktoren dafür sorgen, daß die Spermien mit dem anderen Chromosom abnorm werden und beispielsweise zerbrochene Schwänze bekommen (Dawkins 1981). Dieses Phänomen kann mit dem Konzept von den egoistischen Genen, die um ihre Repräsentation in künftigen Generationen konkurrieren, verstanden werden. Hingegen wäre es mit dem Konzept der Gesamteignung schwer zu erklären. Tatsächlich erzielen die SD-Gene ihre Wirkung, indem sie die Fruchtbarkeit durch Abtöten von Keimzellen reduzieren und erzeugen damit einen Interessenkonflikt zwischen dem egoistischen Gen und dem Individuum.

Kürzlich wurde eine Hypothese aufgestellt, die ihre Deutung aus der Organisation des genetischen Materials selbst herleitet und in Beziehung zum Konzept vom egoistischen Gen steht. Sie gründet sich auf eine der jüngsten Entdeckungen in der Molekularbiologie, daß nämlich die DNA in den Zellen der meisten höheren Organismen lange Abschnitte mit wiederholten Sequenzen enthält. Einige dieser Sequenzen sind sehr einfache repetitive Einheiten, die nicht zur Proteinsynthese in RNA umgeschrieben werden. Andere, komplexere repetitive Sequenzen dienen zur Codierung von Messenger-RNA. Es scheint, daß die einfachen repetitiven Abschnitte keine Information zur Proteinsynthese enthalten. Eine Anzahl alternativer Hypothesen zu ihrer Funktion wurde aufgestellt, unter anderem, daß sie als strukturelle Elemente dienen könnten. Doch wirkt keine dieser Vorstellungen überzeugend. Sie erklären beispielsweise nicht, warum der Betrag dieser „junk-DNA", wie sie von Orgel u. Crick (1980) benannt wurde, von Art zu Art variiert und bei manchen Tieren einen außerordentlich hohen Anteil des Genoms ausmacht. So weisen einige Krabbenarten mehr als 60 Prozent an derartiger „junk-DNA" auf. Orgel u. Crick sowie Doolittle u. Sapienza (1980) nehmen an, daß die einfachen repetitiven Sequenzen keinerlei Funktion für die Zelle haben. Sie sollen ausschließlich zu ihrem eigenen Nutzen existieren. Es wird vermutet, daß die repetitiven Sequenzen egoistische DNA analog zu den egoistischen Genen ist. Egoistische Gene bzw. Allele breiten sich aus, weil sie besonders erfolgreich überleben und sich reproduzieren. Dieser Vorgang wird als natürliche Selektion bezeichnet.

Auf die gleiche Weise breitet sich egoistische DNA im Genom aus, indem sie besonders erfolgreich Kopien ihrer selbst herstellt. Sie bringt der Zelle keinerlei Nutzen, sondern vermutlich sogar geringfügige Nachteile und breitet sich lediglich deshalb aus, weil sie sich wirkungsvoll repliziert.

Bei der egoistischen DNA scheint es sich deshalb um einen intrazellulären Parasiten, ähnlich einem Virus, zu handeln. Der Körper verteidigt sich gegen Viren mit Hilfe seines Immunsystems, und so sollte man erwarten, daß der Rest des Genoms in ähnlicher Weise gegen die egoistische DNA vorgeht. Das Ausmaß, in dem egoistische DNA im Genom auftritt, könnte deshalb den Ausgang eines evolutiven Wettlaufes innerhalb des Genoms widerspiegeln.

Die Parallele zwischen den egoistischen Genen und der egoistischen DNA könnte eine eindrucksvolle, neue Sichtweise der strukturellen Organisation des Genoms eröffnen. Man darf jedoch nicht vergessen, daß die Parallele nicht exakt ist. Egoistische Gene konkurrieren mit ihren Allelen um die Besetzung desselben Genortes (Genlocus), während die egoistische DNA sich quer über das Genom ausbreitet.

Gruppenselektion

In Kapitel 1 haben wir die Gruppenselektion als Alternative für die Wirkung der Selektion auf Individuen oder Gene mehr oder weniger verworfen. Ihr wurde zwar eine prinzipielle Wirksamkeit eingeräumt, jedoch wurde angeführt, daß die Bedingungen, unter denen die Gruppenselektion zu einer starken evolutiven Kraft werden könnte, nur selten in der Natur auftreten. Diese Ansicht ist jedoch nicht allgemein verbreitet. D. S. Wilson (1980) hat kürzlich ein Buch herausgebracht, in dem er dafür plädiert, die Gruppenselektion als eine der bedeutendsten evolutiven Kräfte anzuerkennen, und van Valen (1980), ein ausgezeichneter Evolutionstheoretiker, feierte Wilsons Werk als großen Durchbruch und Beginn einer Wende in der Evolutionsbiologie. Was hat es damit auf sich? Ein Punkt, den wir im Auge behalten sollten, ist, daß Wilsons Vorstellungen gegenüber dem einfachen Modell aus Kapitel 1 („unterschiedliches Aussterben von Gruppen") deutlich verfeinert sind.

Das wesentliche Merkmal von Wilsons Hypothese liegt darin, daß Populationen in sogenannte „Merkmalsgruppen" eingeteilt werden, innerhalb derer eine Selektion für oder gegen ein altruistisches oder ein beliebiges anderes Merkmal ablaufen soll. Nachdem die Selektion auf die Gruppe gewirkt hat, sollen sich sämtliche Individuen der Population vermischen und anschließend wieder Gruppen bilden, in denen erneut Selektion wirksam wird. Es sind mehrere Möglichkeiten denkbar, nach denen sich die Individuen zu neuen Merkmalsgruppen zusammenfinden können, und Wilson geht von der einfachsten Annahme, nämlich einer zufälligen Verteilung, aus.

In Wilsons Modell sind die Altruisten innerhalb einer Merkmalsgruppe im Nachteil, da sie sich für die anderen aufopfern. Doch weisen Merkmalsgruppen mit Altruisten insgesamt einen größeren Fortpflanzungserfolg auf als Gruppen ohne Altruisten.

Würde die Population lediglich aus einer Merkmalsgruppe bestehen, könnte sich das altruistische Allel nur ausbreiten, wenn die Fitnesszunahme für den Helfer (d) größer ist als für jedes andere Mitglied der Population (r). Wenn die Population jedoch in viele Merkmalsgruppen aufgetrennt ist, dann – und darin liegt der Kernpunkt von Wilsons Argumentation – kann der Effekt, den die altruistische Handlung auf die, verglichen mit der Gesamtpopulation wenigen Nichtaltruisten innerhalb derselben Merkmalsgruppe hat, vernachlässigt werden. Wenn in einem Wald beispielsweise 100 Vogelschwärme eine Population bilden, dann würde der Effekt, den der Warnruf eines Altruisten bewirken würde, auf die durchschnittliche Fitness aller Vögel gering sein. Wilson schließt deshalb, daß innerhalb einer Merkmalsgruppe die Bedingung für eine Ausbreitung des altruistischen Allels d > 0 lautet, gegenüber d > r ohne Merkmalsgruppen. Das heißt, daß jeder geringfügige Vorteil für den Altruisten zu einer Ausbreitung des Allels führen wird, gleichgültig wie groß der Vorteil ist, den die Empfänger der Hilfe haben. Auf diese Weise wird die Selektion, die auf Merkmalsgruppen wirkt, eher zur Ausbreitung eines altruistischen Allels führen als eine ohne Merkmalsgruppen.

Wilsons Modell wurde von Grafen neu interpretiert. Wie in Schaukasten 13.1 dargestellt, betont Grafen, daß Wilsons Ergebnisse nicht davon abhängen, daß Merkmalsgruppen existieren, sondern lediglich von der Populationsgröße. Wenn die Population sehr groß ist, wird der Effekt einer altruistischen Handlung auf einige wenige Hilfeempfänger die durchschnittliche Populationsfitness nicht nennenswert erhöhen.

Die Frage, ob man Wilsons Modell als eines für die Gruppenselektion ansehen sollte oder nicht, ist noch nicht endgültig geklärt, jedoch scheint es sich dabei gegenwärtig eher um ein semantisches Problem zu handeln. Wilson hat gezeigt, daß der Effekt einer altruistischen Handlung auf Nachbarn in großen Populationen relativ unbedeutend ist, jedoch scheint es überflüssig zu sein, dabei den Schwerpunkt auf das unterschiedliche Überleben der Merkmalsgruppen zu legen. Das Etikett „Gruppenselektion" könnte mißverständlich sein, da der von Wilson beschriebene Effekt genau dem entspricht, was die meisten Evolutionsbiologen schlicht als Individualselektion bezeichnen würden. Zugunsten von Wilsons Modell läßt sich sagen, daß es die in Kapitel 1 erörterte Unschärfe der Begriffe Individual-, Verwandten- und Gruppenselektion deutlich vor Augen führt.

Schaukasten 13.1 D. S. Wilsons Modell der Gruppenselektion.

Wilson geht davon aus, daß eine potentielle altruistische Handlung durch die Fitnessveränderung, die sie auf den Handelnden ausübt (d), und den durchschnittlichen Fitnesszuwachs für jedes der übrigen Populationsmitglieder (r) charakterisiert werden kann. Er führt an, daß nach dem klassischen Darwinschen Selektionsbegriff die Bedingung für die Ausbreitung des altruistischen Allels $d > r$ lautet. Anders ausgedrückt müßte der altruistische Akt dem Handelnden größere Vorteile einbringen als jedem der übrigen Individuen. Wenn die Population jedoch in Merkmalsgruppen unterteilt wird, so folgert Wilson, reicht als Bedingung für die Ausbreitung des Allels, daß $d > 0$ ist. Solange die Handlung einen Vorteil für den Handelnden bringt, bleibt das Ausmaß des Vorteiles, den die anderen Individuen erhalten, gleichgültig. Die Argumentation verläuft folgendermaßen:

(a) Die klassische Bedingung. In einer Population von N Individuen, von denen A Altruisten sind, ergeben sich für Altruisten und Nichtaltruisten folgende Bilanzen durch die altruistische Handlung:

Altruist
$$d + \frac{(A-1)(N-1)r}{(N-1)} = d + (A-1)r$$

Vorteil durch die eigene Handlung	Vorteil durch die Handlungen von (A − 1) anderen Altruisten, von denen jeder eine Hilfeleistung von (N − 1)r erbringt, die unter (N − 1) Hilfeempfängern aufgeteilt wird

Nichtaltruist $\quad Ar$

Bedingungen zur Ausbreitung von Altruismus

$$d + (A-1)r > Ar$$
$$d > r \qquad (1)$$

(b) Merkmalsgruppen. Die Population sei in T Merkmalsgruppen mit je N Individuen unterteilt. Die gesamte Population besteht aus TN Individuen, von denen A Altruisten seien. Die Bilanz durch die altruistischen Handlungen ergeben sich folgendermaßen:

Altruist
$$d + \frac{(A-1)(N-1)r}{TN-1}$$

Vorteil durch die eigene Handlung	Vorteil durch die Handlungen aller übrigen Altruisten innerhalb einer Merkmalsgruppe, bezogen auf die Gesamtpopulation

Nichtaltruist

$$\frac{A(N-1)r}{TN-1} = \frac{\text{von den Altruisten geleisteter Gesamtbetrag}}{\text{Populationsgröße}}$$

Wenn es sehr viele Merkmalsgruppen gibt, wird TN sehr groß und der durchschnittliche Gewinn für die Nichtaltruisten sehr gering. Die Bedingung für die Ausbreitung von Altruismus lautet:

$$d + \frac{(A-1)(N-1)r}{TN-1} > \frac{A(N-1)r}{TN-1}$$

Die beiden Brüche werden sehr klein, wenn TN groß wird, so daß sich näherungsweise ergibt:

$$\approx d > 0 \qquad (2)$$

Daraus schließt Wilson, daß die Unterteilung einer Population in Merkmalsgruppen die Ausbreitung von Altruismus fördert, da Bedingung (2) leichter zu erfüllen ist als Bedingung (1).

Grafen hebt allerdings hervor, daß die Gleichung (2) auch auf eine einzelne Population mit TN Individuen zutreffen kann. Die Einteilung in Merkmalsgruppen ist weniger wichtig als die Populationsgröße.

Optimalitätsmodelle und ESS

In fast allen Kapiteln wurden die Konzepte der Optimalität und der ESS verwendet. Eine ESS stellt die Entsprechung zu einem Optimalitätsmodell bei Problemen mit frequenzabhängigen Bilanzen dar. Deshalb lassen sich Vorzüge und Grenzen der beiden Konzepte gemeinsam besprechen. In Kapitel 3 sind wir auf kritische Argumente gegen Optimalitätsmodelle und auf einige Grenzen bei ihrer praktischen Verwendung gestoßen. Die drei Hauptpunkte dieser Kritik lauten:

1 *Die Annahme, daß Tiere sich optimal verhalten, läßt sich nicht überprüfen.* Wie schon in Kapitel 3 festgestellt wurde, beruht diese Kritik auf einer mißverstandenen Vorstellung. Das Ziel bei der Verwendung von Optimalitätsmodellen ist nicht zu testen, ob Tiere sich optimal verhalten, sondern ob ein bestimmtes Optimalitätskriterium und die Zwänge, die dem Modell zugrunde liegen, eine gute Beschreibung des Verhaltens liefern.

2 *Es ist schwierig zu erklären, warum das Verhalten eines Tieres die Voraussagen nicht exakt erfüllt.* Sehr oft geben einfache Modelle eine näherungsweise, jedoch nicht exakte Beschreibung des Verhaltens eines Tieres. Das könnte daran liegen, daß das Modell falsche Annahmen über Zwänge oder Ziele beinhaltet oder daß irgendeine Kostenkomponente unberücksichtigt blieb. Es gibt keine einfache Möglichkeit, zwischen diesen beiden Einflüssen zu unterscheiden.

3 *Tiere sind nicht gut genug angepaßt, um ihr Verhalten zu optimieren.* Das Hauptargument für die Verwendung von Modellen der Optimalität und der ESS ist die Annahme, daß die natürliche Selektion gut angepaßte Tiere hervorbringt. Das Ziel der Modelle ist dann, herauszufinden, wie sie angepaßt sind. Es gibt jedoch mindestens drei Gründe, weshalb Tiere nicht gut angepaßt sein könnten.

(a) Die physikalischen oder biologischen Umweltbedingungen könnten sich zu schnell verändern, als daß die Tiere ihnen mit Anpassungen folgen könnten. Z. B. erzeugen Baßtölpel *(Sula bassana)* je Gelege nur ein Ei (Abb. 13.1), doch wenn man ein zweites Junges experimentell hinzufügt, sind sie in der Lage, beide ohne große Schwierigkeiten großzuziehen (Nelson 1964). Das Ergebnis zeigt, daß die Tölpel

Abb. **13.1** Der Baßtölpel, hier auf seinem Nest mit dem fünfwöchigen Jungen, zieht nur ein Junges je Saison auf, obwohl Manipulationsexperimente zeigten, daß er auch zwei Nachkommen durchbringen könnte (Foto: J. B. Nelson).

anscheinend nicht gut an ihre Umwelt angepaßt sind, da die natürliche Selektion dafür gesorgt haben müßte, daß die Individuen ihren Fortpflanzungserfolg maximieren (s. Kap. 1). Der Grund, weshalb die Tölpel schlecht angepaßt sind, scheint darin zu liegen, daß sich die Ernährungsbedingungen in jüngster Zeit geändert haben. Tölpel ernähren sich heute zum Teil von den Abfällen der Fischereischiffe. Dieses zusätzliche Futterangebot erlaubt ihnen, mehr Junge aufzuziehen als früher, doch die Selektion konnte die Gelegegröße in der kurzen Zeit noch nicht auf zwei Eier erhöhen. Diese Ansicht wird durch die Beobachtung unterstützt, daß der Kaptölpel *(Sula capensis)*, der in Gewässern mit geringer fischereiwirtschaftlicher Bedeutung nach Beute sucht, auch heute noch lediglich ein Junges ausreichend ernähren kann (Jarvis 1974).

(b) Es könnte zu wenig genetische Variation vorhanden sein, als daß sich neue Strategien entwickeln könnten. Wenn sich die Umwelt verändert oder der optimale Phänotyp aus irgendwelchen anderen Gründen wechselt, kann eine Anpassung an neue Bedingungen nur erfolgen, wenn in der Population eine ausreichende genetische Variabilität besteht. Obwohl der Mechanismus noch keineswegs klar ist, scheint deutlich zu sein, daß die Evolutionsgeschwindigkeit in kleinen Populationen von der Rate an Neumutationen abhängt (Maynard Smith 1975).

(c) Bei Koevolutionen kommt es zu evolutiven Wettläufen wie z. B. zwischen Räuber und Beute. Liegt einer der beiden Partner vorn im Rennen, ist der andere im selben Augenblick schlecht an seine Umwelt angepaßt, und es können z. B. Wirtsorganismen durch ihre Parasiten und Krankheitserreger geschwächt oder getötet werden.

Zwei weitere Kritikpunkte können dieser Liste hinzugefügt werden. Einer ist, daß die Konzepte der Optimalität und der ESS davon ausgehen, daß zwar Gene existieren, daß sie aber ohne spezifische genetische Mechanismen arbeiten. Z. B. wurde bei der Besprechung der ESS-Modelle bezüglich der Kampfstrategien keine sexuelle Reproduktion angenommen und die damit verbundene Durchmischung des genetischen Materials nicht berücksichtigt. Die Theoretiker der Optimalitäts- und ESS-Modelle gehen von der Maxime aus: „Man denke lediglich an die Strategien und überlasse die Gene sich selbst." Die Populationsgenetiker würden andererseits gerne wissen, ob die Modelle sich auch mit genetischen Begriffen formulieren lassen und ob die Vererbungsgesetze es erlauben, daß die erwarteten Gleichgewichte sich tatsächlich einstellen. Die Antwort auf diese Frage ist gegenwärtig weitgehend unbekannt.

Der zweite Kritikpunkt richtet sich spezieller gegen die hier verwendeten und getesteten Optimalitätsmodelle. Der kritische Leser wird bemerkt haben, daß, obwohl der Wert der anhand von Optimalitäts- und ESS-Modellen gemachten quantitativen Voraussagen betont wurde, die meisten Tests dieser Voraussagen qualitativer Natur waren. Meistens wurde festgestellt, daß die Tiere lediglich näherungsweise das Erwartete taten. Die männlichen Kotfliegen in Kapitel 3 kopulierten beispielsweise 36 statt der vorhergesagten 41 min. Man mag fragen, worin der Wert von quantitativen Argumenten liegt, wenn die Überprüfung qualitativ erfolgt. Der potentielle Wert der quantitativen Voraussagen bleibt davon jedoch unberührt; was fehlt, sind entsprechende technische Entwicklungen, die zu besseren Testmethoden der Modelle führen. Wenn erst eine exakte Überprüfung der quantitativen Voraussagen möglich ist, kann eine Diskrepanz zwischen beobachteten und erwarteten Ergebnissen helfen, die Unzulänglichkeiten des Modells zu erklären.

Man könnte noch viele Punkte für und gegen die Optimalitätsmodelle anführen, aber das überzeugendste Argument zu ihren Gunsten ist, daß sie immer wieder zum Verständnis von Anpassungen beitragen. Wir haben diesen Punkt in den vorangegangenen Kapiteln mit vielen Beispielen bezüglich der Futtersuche, Schwarmgröße, Reviergröße usw. belegt. Optimalitätsmodelle können jedoch gleichermaßen eingesetzt werden, um physiologische oder biochemische Anpassungen zu verstehen. Zum Beispiel ist die bekannte „Heringsgräten"-Anordnung der Schwimmuskeln vieler Fische kein zufällig gestaltetes Merkmal. Vielmehr erlaubt diese Anordnung den Muskeln, sich so zusammenzuziehen, daß eine maximale Kraftwirkung (Alexander 1975) erzielt wird. Auf der biochemischen Ebene wird die Energie für die Muskelkontraktion aus der Oxidation von Kohlenhydraten oder Fetten im Krebs-Zyklus erzeugt. Chemisch wäre es möglich, die Oxidation auf einem direkteren Weg zu erzielen. Doch der Krebs-Zyklus maximiert den Nettoenergiegewinn je oxidiertes Molekül (Baldwin u. Krebs 1981).

Die bislang diskutierten Einwände könnten gleichermaßen auf einfache Optimalitäts- und ESS-Modelle zutreffen. Im folgenden soll ein Fall besprochen werden, in welchem die beiden Modelltypen zu unterschiedlichen Interpretationen von Freilanddaten führen. Dawkins u. Brockmann (1980) zeigten, daß Grabwespen eine Strategie verfolgen, die auf den ersten Blick nicht ganz optimal erscheint. Eine weitergehende Analyse unter Zugrundelegung eines ESS-Modells ergab jedoch eine mögliche Erklärung dafür, warum diese spezielle Strategie angewendet wird. Das fragliche Verhalten betraf die Kampfdauer um den Besitz eines Baues (s. Kap. 8). Dawkins u.Brockmann stellten die Frage, wie lange ein Weibchen weiterkämpfen sollte. Dazu nahmen sie an, daß die Weibchen dazu angehalten seien, den durch die Auseinandersetzung erzielten Gewinn zu maximieren und leiteten die Erwartung ab, daß die Hartnäckigkeit des Weiterkämpfens in Beziehung zum Wert des Baues stehen würde. Der Wert eines Baues hängt von der Anzahl betäubter Beuteinsekten ab, die in ihm untergebracht sind. Ein Nest mit vier Beuteinsekten ist fertig ausgestattet für die Eiablage, so daß der Gewinner dieses Baues den Aufwand und die Energie des Grabens und der Futterbeschaffung spart. Demgegenüber erfordert ein Bau mit nur einem Beuteinsekt noch einige Arbeit, bevor die Eiablage erfolgen kann.

Im Gegensatz zu ihrer Erwartung fanden Dawkins u. Brockmann keine Beziehung zwischen der Dauer des Kampfes und der Anzahl Beuteinsekten im Bau, sondern lediglich eine Korrelation mit der Anzahl Beutestücke, die von der Verliererin selbst eingebracht worden war. Da die Verliererin die Dauer des Kampfes bestimmt, indem sie aufgibt und flieht, schlossen Dawkins u. Brockmann, daß die Weibchen lediglich dem Wert entsprechend kämpfen, den sie selbst zum Nest beigetragen haben und nicht dem Gesamtwert des Baues entsprechend. Es ist leicht einzusehen, daß dies ein Weibchen veranlassen kann, den Kampf um einen wertvollen Bau schnell aufzugeben, wenn das andere Weibchen wesentlich mehr zu dessen Fertigstellung beigetragen hat, und zwar ungeachtet der Tatsache, daß der Gewinnerin der gesamte Nutzen des Kampfes zufällt, gleichgültig ob sie nun an dem Bau teilhatte oder nicht.

Dawkins u. Brockmanns erste Vermutung war, daß die Wespen wahrscheinlich nicht fähig sind, Informationen über die Anzahl der Beuteinsekten im Bau mitzuteilen. Die Regel „Kämpfe gemäß deinem eigenen Anteil, den du zum Bau beigetragen hast" könnte einem vernünftigen Erfahrungswert entsprechen, der einer optimalen Strategie nahekommt, weil im allgemeinen eine Korrelation zwischen der Gesamtanzahl Beuteinsekten und dem Beitrag eines jeden Weibchens besteht. Dies ist ein Beispiel dafür, inwiefern die Optimalitätsbetrachtung von den Annahmen bezüglich der Zwänge abhängt. Eine Wespe, die genau weiß, wieviele Beuteinsekten insgesamt im Bau sind, sollte um den Wert des kompletten Bauinhaltes kämpfen. Wenn ihr der Gesamtinhalt jedoch unbekannt ist, stellt die Vorgehensweise, gemäß dem eigenen Anteil zu kämpfen, die beste Entscheidung dar.

Nun male man sich aus, was passieren würde, wenn alle Wespen genaue Kenntnis von dem kompletten Bauinhalt hätten. Wären die Investitionen beider Tiere gleich groß, würden sie ihren Anteilen gemäß gleich lange und gleich hart kämpfen und im selben Moment aufgeben. Wahrscheinlich würden Zufallsfaktoren dazu führen, daß die eine Wespe etwas länger kämpft als die andere, und wenn diese Faktoren wirklich rein zufällig wären, hätte jede Wespe eine Chance von 50 : 50, den Kampf zu gewinnen. Man stelle sich weiter eine Wespe vor, die die Entscheidung über ihre Kampfdauer durch einen Münzwurf fällen und der Regel folgen würde „bei Kopf gebe auf, bei Zahl kämpfe unentwegt weiter", was der Bourgeoisstrategie aus Kapitel 5 entspräche. In einer

Population von Wespen mit komplettem Wissen über den Bauinhalt würde diese Strategie dazu führen, die Hälfte der Kämpfe zu gewinnen und keinerlei Zeit mit verlorenen Kämpfen zu verschwenden. Deshalb ergäbe sich eine günstigere Nettobilanz (Bilanz der gewonnenen Kämpfe abzüglich der vergeudeten Zeit) als bei den Wespen mit genauer Kenntnis des Bauinhaltes. Die Schlußfolgerung aus diesem Beispiel lautet, daß „perfektes Wissen", das zunächst wie eine optimale Strategie erschien, keine ESS zu sein braucht. Verallgemeinert kann man sagen, daß in allen Fällen, in denen Gewinn-Verlust-Bilanzen vom Verhalten der anderen Individuen abhängig sind, eine Analyse in Hinblick auf eine ESS einer einfachen Optimalitätsbetrachtung vorzuziehen ist.

Kausale und funktionelle Erklärungen

Die Verhaltensökologie beschäftigt sich mit funktionellen Erklärungen des Verhaltens (Antworten auf die Frage „warum?"). Wie schon im 1. Kapitel hervorgehoben wurde, kommt es leicht zu Mißverständnissen, wenn funktionelle und kausale („wie?") Erklärungen verwechselt werden. Das wird beispielsweise an Einwänden ersichtlich, die gegen Bezeichnungen wie „egoistisch", „gehässig", „kriecherisch", „Transvestit" oder „Vergewaltigung" erhoben werden, Begriffen, die von den Verhaltensökologen verwendet werden, um die beobachteten Verhaltensweisen zu beschreiben. Die Kritiker bemängeln, daß diese Bezeichnungen zu anthropomorph klingen und implizieren, daß Tiere aus menschlichen Motiven heraus handeln. Die Antwort auf diese Einwände lautet, daß die Bezeichnungen nicht zur Beschreibung von kausalen Mechanismen, die dem Verhalten unterliegen, dienen, sondern funktionelle Konsequenzen aufzeigen. Wenn ein Erpel eine Ente „vergewaltigt", dann überträgt er seine Spermien gewaltsam und unter Umgehung der Balzrituale, die einer Paarung normalerweise vorausgehen. Der Terminus „Vergewaltigung" liefert eine gute Beschreibung der Konsequenzen dieses Verhaltens, wird jedoch von einem Verhaltensökologen ohne jegliche Bewertung der Motivation des Erpels oder irgendeines anderen Tieres benutzt.

Genauso wichtig wie eine klare Unterscheidung zwischen funktionellen und kausalen Aspekten ist die Erkenntnis, daß diese beiden Typen von Fragen sich ergänzen. Die Frage „warum?" kann die Antwort auf die Frage „wie?" erleichtern und umgekehrt. Ein Beispiel, in dem kausale und funktionelle Erklärungen Hand in Hand gehen, ist in Abb. 13.2 wiedergegeben. Schwarzschwanz-Präriehunde *(Cynomys ludovicianus)* leben in Kolonien und graben Gänge in den Boden, die bis zu 15 m lang sein können. Diese Gänge weisen eine einfache U-Form mit je einem

Ausgang an beiden Enden auf. Von den Präriehunden war lange bekannt, daß sie kleine Erdwälle um die Ausgänge ihrer Bauten errichten, und man nahm an, daß diese Wälle als Ausguck oder Schutz gegen Wasserfluten dienen. Eine nähere Betrachtung ergab jedoch, daß die Wälle an beiden Ausgängen des Baues unterschiedliche Formen aufweisen. Der eine Wall ist hoch, steilwandig und kraterähnlich, während der andere flach und kuppelförmig ist (Abb. 13.2). Warum sollten die Wälle unterschiedliche Formen aufweisen, wenn sie lediglich als Ausguck oder Schutz vor Fluten dienen würden? Die Antwort auf diese „Warum"-Frage ergab sich aus dem Verständnis einer „Wie"-Frage, wie nämlich Luft in dem Gang ausgetauscht wird (Vogel u. Mitarb. 1973). Ein Präriehund, der in einem langen unterirdischen Bau lebt, braucht eine regelmäßige Frischluftversorgung. Diese wird durch die Form der Erdwälle gewährleistet, die für einen kontinuierlichen Luftfluß sorgen. Der kraterförmige Wall weist höhere und steilere Wände auf als der kuppelförmige; als Konsequenz hieraus wird Luft aus dem kraterförmigen Ende des Ganges heraus- und am kuppelförmigen Ende hineingesaugt.

Die Kräfte, die den Luftfluß verursachen, resultieren aus einer Saugwirkung und dem Bernoulli-Effekt. Die Saugwirkung entsteht, wenn fließende Luft auf stehende Luft trifft und sie aufgrund ihrer Zähflüssigkeit mitreißt. Dieser Effekt ist an der kraterförmigen Öffnung stärker, weil sie höher liegt und stärkeren Luftturbulenzen ausgesetzt ist. Die Ber-

Abb. **13.2** Schematischer Schnitt durch einen Präriehundbau. Ein typischer Bau hat zwei Ausgänge, von denen der eine mit einem niedrigen, abgerundeten, kuppelförmigen, der andere mit einem höheren, steilwandigen und kraterförmigen Erdwall umgeben ist. Die unterschiedlichen Höhen und Formen der Ausgänge bewirken einen Sog an der kraterförmigen Öffnung und damit einen Luftstrom von der kuppelförmigen Öffnung ausgehend durch den Bau hindurch (Vogel u. Mitarb. 1973).

noulli-Gleichung besagt, daß der Druck einer sich gleichmäßig bewegenden Flüssigkeit oder eines Gases abnimmt, wenn deren oder dessen Geschwindigkeit zunimmt. Die Geschwindigkeit der Luft über dem Krater ist größer als über dem kuppelförmigen Wall. Innerhalb des Kraters ist die Luft aufgrund der steilen Wände sehr ruhig. Deshalb entsteht am Krater ein größeres Luftdruckgefälle als am kuppelförmigen Wall, so daß durch den Bernoulli-Effekt Luft aus dem kraterförmigen Ende des Ganges herausgesaugt wird. Vogel u. Mitarb. (1973) konnten dies in Laborexperimenten an verkleinerten Modellbauten beweisen. Außerdem legten sie in die echten Bauten im Freiland Rauchbomben und registrierten eine äußerst effektive Arbeitsweise des Systems: Selbst bei nur leichten Brisen wurde die Luft alle zehn Minuten ausgetauscht. Die Austauschrate erhöht sich mit der Windgeschwindigkeit, ist jedoch unabhängig von der Windrichtung, da die Wälle symmetrisch angelegt sind. Diese zweite Eigenschaft der Bauten ist von Bedeutung, da die Windrichtung im Habitat der Präriehunde nicht vorhergesagt werden kann. Das Beispiel verdeutlicht, daß die funktionelle Frage „Wozu dienen die Wälle?" zum eingehenden Verständnis der kausalen Frage „Wie bekommen die Präriehunde genug Frischluft?" führte.

Funktion, Ursache, Ontogenie und Lernen

Es sei nun kurz betrachtet, inwiefern funktionelle, das Verhalten betreffende Fragen zum Verständnis von drei anderen Fragetypen beitragen können, nämlich denen nach Mechanismen, Ontogenie und Lernen.

(a) Mechanismen: Motivation

Eine der wesentlichen Fragen für Leute, die sich mit Mechanismen befassen, ist die nach den Grundlagen der Motivation. Bezogen auf das Ernährungsverhalten läßt sich etwa fragen: „Wie wirken interne, physiologische Faktoren und äußere Umstände zusammen, um zu bestimmen, ob ein Tier hungrig ist oder nicht?" Hinsichtlich der Rezeptoren im Gehirn, der chemischen Verhältnisse im Blut oder der Stimuli des Verdauungstraktes gibt es vielfache Erkenntnisse, die die physiologische Grundlage des Hungers betreffen (Silverstone 1976). McFarland (1976) wies jedoch darauf hin, daß zum Verständnis dafür, ob ein Tier in einem bestimmten Moment frißt oder nicht, eine zusätzliche funktionelle Betrachtung erforderlich ist. Mag ein Tier auch in einer physiologischen Verfassung sein, die extremen Hunger signalisiert, kann es besser sein, die Futteraufnahme zu verschieben, falls es draußen von Feinden wimmelt, die später verschwinden oder schlafen gehen würden. Anders ausgedrückt heißt das, daß ein Tier seine Entscheidungen nach bestimmten Regeln fällt, die den motivationalen Zustand berücksichtigen; der Wert eines bestimmten physiologischen Signals wird anhand von externen Risikofaktoren korrigiert und unterschiedlich eingepegelt. Der Verhaltensökologe, der sich für Entscheidungsregeln interessiert, muß Kenntnis von den Motivationen haben, da der innere Zustand eines Tieres Bestandteil seiner Kosten-Nutzen-Rechnung ist. Umgekehrt muß ein Verhaltensphysiologe, der Motivationen untersucht, sich mit den Risiken der Umwelt befassen, da diese die Einregulierung des inneren Zustandes beeinflussen. Es gibt sehr wenige Arbeiten, die belegen, in welcher Weise der innere Zustand und die äußeren Risiken zusammenwirken. Eine wurde in Kapitel 3 erwähnt: Milinski u. Hellers Studie an Stichlingen über die Beeinflussung des Freßverhaltens durch Bedrohung mit Feinden.

(b) Ontogenie: Prägung

Unter den vielen bedeutenden Entdeckungen des großen Verhaltensforschers Konrad Lorenz findet sich das Phänomen der Prägung: Frischgeschlüpfte Enten- und Gänseküken erhalten eine feste Bindung zu ihrer Mutter, die während einer sehr frühen Lebensphase durch einen schnellen Lernvorgang erzeugt wird. Junge Vögel können dazu gebracht werden, Ersatzmüttern wie Bällen, Pappkartons oder Wissenschaftlern zu folgen und bei ihnen Unterschlupf zu suchen, indem man sie dem fraglichen Objekt während einer sensiblen Phase in ihrem frühen Leben ein paar Stunden lang aussetzt. Diese Festlegung des Elternbildes wird als „Prägung auf den Elternkumpan" bezeichnet. Noch bedeutsamer ist die Erkenntnis, daß sexuelle Vorlieben bei Enten, Gänsen und anderen Vögeln durch frühe Erfahrungen beeinflußt werden können (Immelmann 1975). Wenn junge Vögel bei Pflegeeltern einer anderen Art aufwachsen, werden sie später Partner der Pflegeelternart gegenüber arteigenen Partnern bevorzugen. Diese erlernte Bevorzugung („sexuelle Prägung") scheint außerordentlich hartnäckig zu sein und bleibt auch dann bestehen, wenn die Tiere lange Zeit nur mit Artgenossen zusammen gehalten werden.

Mehr als 30 Jahre nachdem Lorenz erstmals über die sexuelle Prägung geschrieben hatte, steht noch immer eine befriedigende funktionelle Erklärung für dieses Phänomen aus. Warum sollte die Wahl des Partners eher auf Lernvorgängen statt auf genetischer Fixierung beruhen? Eine fixierte Regel wie „paare dich mit einem arteigenen Partner" scheint weniger risikoreich als eine erlernte Bevorzugung.

In den letzten Jahren hat Bateson (1978, 1980) Beweise für eine überzeugende funktionelle Erklärung der sexuellen Prägung präsentiert. Batesons Hypothese zielt darauf ab, daß die Prägung erlaubt, neben den allgemeinen Artmerkmalen auch die speziellen Kennzeichen naher Verwandter zu erlernen. Auf diese Weise kann sich ein Individuum mit einem arteigenen Partner paaren, aber gleichzeitig vermeiden, seine eigenen Verwandten zu wählen. Die Paarung zwischen nahe Verwandten ist wegen der drohenden Inzuchtdepression nachteilig. Sie würde verringerte Lebensfähigkeit, verglichen mit den Nachkommen von nichtverwandten Elterntieren, bewirken. Obwohl die genetische Basis der Inzuchtdepression noch nicht vollständig verstanden ist, konnte sie bei vielen Arten beobachtet werden (s. Kap. 7). Möglicherweise kommt sie zustande, weil bei Inzuchtnachkömmlingen eine höhere Wahrscheinlichkeit dafür besteht, daß nachteilige, rezessive Allele homozygot werden.

Bateson konnte experimentell zeigen, daß Japanische Wachteln *(Coturnix coturnix japonica)* sich bevorzugt mit Individuen paaren, die sich in der Gefiederfärbung leicht von den Eltern unterscheiden. Wenn normalen, braunen Männchen, die in Gruppen mit anderen normalgefärbten Tieren aufgewachsen waren, die Auswahl zwischen einem braunen und einem aufgrund einer Mutation weißgefärbten Weibchen gegeben wurde, zogen sie ersteres vor. Wenn sie vor die Wahl zwischen einem braunen Weibchen, mit dem sie zusammen aufgewachsen waren, und einem fremden, ebenfalls braunen Weibchen gestellt wurden, bevorzugten sie letzteres. Die Tiere wählten also Partner, die nur *leicht* von den vertrauten Artgenossen abwichen. Da die vertrauten Weibchen keine Geschwister der Männchen waren, sondern lediglich mit ihnen zusammen aufwuchsen, folgerte Bateson, daß die Männchen eine Paarung mit Mitgliedern der eigenen Brut aufgrund von frühen Lernerfahrungen vermieden. Unter natürlichen Bedingungen würde dies Inzucht verhindern. Die Bevorzugung von ähnlichen Tieren gegenüber stark abweichenden gewährleistet hingegen die Wahl des artzugehörigen Partners.

Eine weitere Studie, die eine derartige Vermeidung von Inzucht feststellte, wurde am Zwergschwan *(Cygnus columbianus bewickii)* gemacht. Diese Vögel weisen charakteristische Gesichtszüge auf, die unter verwandten Tieren zu familiären Ähnlichkeiten führen (Abb. 13.3). Bateson u. Mitarb. (1980) fanden, daß die beiden Gatten eines Paares jeweils größere Unterschiede hinsichtlich der Gesichtsmerkmale aufwiesen als unter Annahme von Zufallspaarungen zu erwarten gewesen wären. So ist denkbar, daß die jungen Vögel lernen, die Gesichtszüge ihrer Familie zu erkennen und Inzest verhindern, indem sie ein deutlich unterschiedliches Gesicht bei ihrem Partner wählen. Die Vermeidung von Inzest scheint auch beim Menschen auf frühkindlichen Lernvorgängen zu beruhen: Wie schon in Kapitel 7 erwähnt, vermieden zusammen aufgewachsene Kinder in israelischen Kibbuzim, sich Partner aus demselben Kibbuz zu suchen, obwohl sie mit ihnen nicht verwandt waren.

(c) Lernen: „matching law"

Lernvorgänge bei Tieren waren traditionell ein Gebiet, das von vergleichenden Psychologen, die sich für die Mechanismen von Lernen und

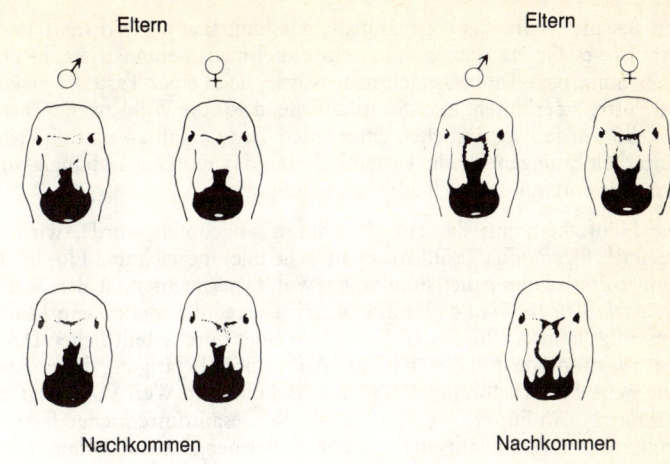

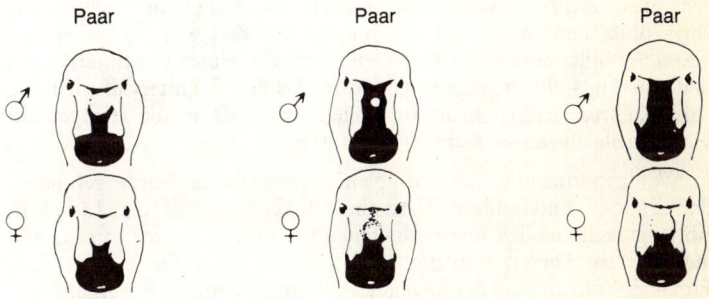

Abb. **13.3** Die Gesichter individueller Zwergschwäne (*Cygnus columbianus bewickii*) sind sehr unterschiedlich. Die oberen Zeichnungen belegen, daß die Nachkommen zur Ähnlichkeit mit ihren Eltern neigen. Die unteren Zeichnungen zeigen, daß die beiden Gatten jeweils eines Paares sich häufig deutlich unterscheiden. Es scheint deshalb so zu sein, daß die Gesichtszüge vererbt werden und die Schwäne sich aktiv Partner aussuchen, mit denen sie nicht verwandt sind (aus *P. P. G. Bateson, W. Lotwick, D. K. Scott:* J. Zool. Lond. 191 [1980] 61).

Verstärkung (reinforcement) interessierten, bearbeitet wurde. Einige der dabei aufgestellten „Lerngesetze" lassen sich mit funktionellen Begriffen ebenfalls verstehen.

Ein Beispiel stellt das sogenannte „matching law" (Herrnstein 1970) dar. Dieses Gesetz wurde durch ein Experiment demonstriert, in dem einer hungrigen Taube beigebracht wurde, nach einer Taste zu picken, um Futter zu erhalten, und die anschließend vor die Wahl zweier Tasten gestellt wurde. Das Drücken einer jeden Taste ergab ab und an kleine Futterbelohnungen. Beide Tasten lieferten das Futter unabhängig voneinander und mit unterschiedlichen Häufigkeiten.

Die Häufigkeit, mit der eine Belohnung angeboten wurde, wird als Verstärkungsmodus (reinforcement schedule) bezeichnet. Ein häufig benutztes Verfahren bei simultanen Wahlexperimenten ist der *Modus der variablen Intervalle* (variable interval schedule). Bei diesem Modus ergibt das erste Auslösen der Taste nach einer durchschnittlichen Dauer von t Sekunden seit der letzten Futtergabe durch Betätigung dieser Taste eine neue Futterbelohnung. Der durchschnittliche Wert von t legt die Gesamtrate an Futtergaben und damit die Gesamtfuttermenge fest; ein großer Wert von t läßt eine geringe Futtermenge zu und umgekehrt. Normalerweise haben die beiden Tasten unterschiedliche Werte für t, und die einzelnen Werte verteilen sich zufällig um den Durchschnittswert einer jeden Taste. Deshalb kann das Tier nur ungefähr abschätzen, wann der nächste Futterertrag fällig ist. Dieser Modus entspricht einer natürlichen Situation, in der ein Tier eine sich erneuernde Futterquelle zeitweilig erschöpft. Wenn beispielsweise ein Kolibri den Nektar aus einer Blüte entnimmt, muß er eine gewisse Zeit warten, bis er von derselben Blüte erneut Nektar holen kann. Um seinen Gesamtertrag zu maximieren, sollte er nach einem ausreichenden Zeitintervall zur Blüte zurückkehren, jedoch nicht zu lange warten, da er die reichgefüllte Futterquelle ansonsten nicht voll ausnutzen würde.

In Wahlexperimenten mit variablen Zeitintervallen wurde gefunden, daß Tauben und andere Tiere ihre Reaktionen auf die Tasten in Abhängigkeit von den zuvor erhaltenen Verstärkungen (reinforcements) ausrichteten. Dieser Vorgang wird als „matching" bezeichnet. Das Ergebnis kann anhand der folgenden Gleichung dargestellt werden:

$$\frac{\text{Reaktion auf Taste 1}}{\text{Reaktion auf Taste 2}} = k \left\{ \frac{\text{Ertrag erhalten aus 1}}{\text{Ertrag erhalten aus 2}} \right\}^x$$

wobei k eine Konstante ist, die eine Bevorzugung der einen oder anderen Taste wiedergibt (k = 1 heißt, daß keine Bevorzugung auftritt) und x die Beziehung zwischen Reaktion und Ertragsrate beschreibt. Bei x = 1 ist die Beziehung einfach linear, wie sie bei den Tauben meistens gefunden wurde. Die Gleichung besagt also, daß eine Taube eine bestimmte Taste um so öfter drückt, je öfter sie durch diese Taste mit Futter belohnt wurde.

Die in der obigen Gleichung dargestellte Verallgemeinerung wurde ursprünglich induktiv abgeleitet und als Beschreibung des *Mechanismus* in Zusammenhang mit Lern- und Verstärkungsvorgängen verwendet. Sie kann jedoch auch vom funktionellen Standpunkt aus betrachtet werden und stellt in diesem Fall eine Regel dar, nach der die Gesamtertragsrate maximiert wird (Staddon 1980). Die „matching rule" beschreibt insofern ein Reaktionsmuster, das auch aufgrund von Optimalitätsmodellen der Art, wie sie in Kapitel 3 besprochen wurden, vorhergesagt werden kann.

Eine andere Möglichkeit, über die funktionelle Fragen zum Studium des Lernens beitragen können, ist die Vorhersage darüber, wieviel Anstrengungen Tiere darauf verwenden sollten, ihre Umwelt kennenzulernen. Z. B. würde ein Tier, das in einer unberechenbaren Umwelt nach Futter sucht, weniger von deren gründlicher Erkundung haben als ein Tier in einer beständigen Umwelt, das aus vorangegangenen Erfahrungen Kenntnisse über zukünftige gute Futterquellen gewinnen kann. Diese Überlegung wird durch Experimente an gefangenen Kohlmeisen bestärkt, die mehr Zeit auf die Erkundung ihrer Umgebung verwendeten, wenn sie an langfristig beständige Futterquellen gewöhnt wurden als bei kurzfristig wechselnden Futterplätzen (Kacelnik 1979b).

Eine letzte Bemerkung

Was in diesem Buch als Verhaltensökologie beschrieben wurde, ist das gegenwärtige Ergebnis einer langen, naturgeschichtlichen Entwicklung. Das Gebiet steht in einer kontinuierlichen Reihe, die sich allmählich von einer detaillierten Beschreibung des tierischen Verhaltens durch Naturforscher wie Gilbert White und Henri Fabre hin zu experimentellen Untersuchungen durch Tinbergen und andere entwickelt hat. Die gegenwärtige evolutionsgeschichtliche Forschung wird von einer Woge von erfundenen, funktionellen „Erklärungen" für das Verhalten überflutet, die der Verhaltensökologie und Soziobiologie einen schlechten Beigeschmack verleiht. Wir haben – sicher nicht mit hundertprozentigem Erfolg – versucht, diesen Fehler zu vermeiden und statt dessen die Vorgehensweise betont, überprüfbare Voraussagen zur Anpassung zu machen. Um zu veranschaulichen, wie dieser Ansatz sich in der Aufeinanderfolge von naturgeschichtlichen Studien entwickelt hat, soll eine hypothetische Folge von Studien des Paarungsverhaltens bei Kotfliegen vorgestellt werden.

Vor mehreren hundert Jahren hätte sich ein Naturforscher damit zufrieden gegeben, zwei aufeinandersitzende Kotfliegen zu entdecken, oben das Männchen, unten das Weibchen, und festzustellen, daß die beiden kopulieren. Vor etwa hundert Jahren erkannte Darwin, daß Männchen im allgemeinen um Weibchen konkurrieren. Eine naturgeschichtliche Beschreibung hätte in diesem Stadium auch die Tatsache berücksichtigt, daß die Männchen größer sind als die Weibchen und daß dies eine Folge der sexuellen Selektion sein könnte. Vor rund zehn Jahren wäre dem Evolutionsbiologen als interessant aufgefallen, daß die Männchen nicht nur solange auf dem Weibchen sitzen bleiben, bis die Spermien übertragen sind, sondern bis zum Ende der Eiablage. Indem das Männchen das Weibchen bewacht, vergewissert es sich, daß seine Spermien nicht von einem nachfolgenden Männchen verdrängt werden. In den letzten Jahren haben die Verhaltensökologen sich an die Frage gemacht, weshalb die Kotfliegenmännchen gerade 40 min und nicht 10, 20 oder 60 min auf dem Rücken des Weibchens sitzenbleiben. Bei der Weiterentwicklung einer Theorie, die das „Warum?" erklärt, wurde deutlich, daß eine entsprechende Analyse auch für nektarsuchende Hummeln, für elterliche Investitionen in die Nachkommen und für viele andere Probleme durchgeführt werden kann. Dieses schrittweise, reduktionistische Fortschreiten von einer breitangelegten Beschreibung zu einer detaillierten, quantitativen Analyse und zu einfachen Verallgemeinerungen ist eine der Hauptentwicklungen der naturgeschichtlichen Forschung. Gleichzeitig interessieren sich die Evolutionsbiologen für Unterschiede zwischen den Arten. Möglicherweise wird derselbe quantitative Ansatz in den nächsten Jahren eine Erklärung dafür liefern, warum sich unterschiedliche Arten unterschiedlich verhalten.

Zusammenfassung

Dieses Kapitel ist in zwei Teile gegliedert. Der erste Abschnitt versucht, Vorzüge und Grenzen der Konzepte vom egoistischen Gen und von der Optimalität in ihrer Bedeutung für die Evolutionstheorie abzuschätzen. Die Gruppenselektion als Alternative zur Individualselektion wurde im Licht von D. S. Wilsons Studie neu beurteilt. Der Wert von Optimalitätsargumenten konnte anhand von Anpassungsstudien auf der Verhaltens-, der physiologischen und der biochemischen Ebene verdeutlicht werden.

Im zweiten Abschnitt dieses Kapitels wurde der Unterschied zwischen den Fragen „wie?" und „warum?" herausgestrichen. Weiter wurde gezeigt, daß die verschiedenen Arten zu fragen (funktionell, kausal und ontogenetisch) bei Untersuchungen des Verhaltens Hand in Hand gehen und sich ergänzen können.

Weiterführende Literatur

Maynard Smith (1977b) präsentiert eine sehr klare und gedankenanregende Zusammenfassung von ungelösten Problemen der Evolutionstheorie, die für Verhaltensökologen von Bedeutung sind, welche mit Optimalitätsargumenten arbeiten. Besonders aufschlußreich ist seine Besprechung von Faktoren, die die Evolutionsgeschwindigkeit begrenzen.

Auch Gould (1980) bietet einen kritischen und anregenden Überblick der neodarwinistischen Sicht der Evolution. Er vermutet, daß mikroevolutive Veränderungen von der Art, wie sie im vorliegenden Buch besprochen wurden, nach anderen Mechanismen ablaufen als makroevolutive Entwicklungen, die zur Entstehung neuer oder zur Auslöschung alter Arten führen.

Pulliam u. Dunford (1980) versuchen, den adaptiven Wert von Lernvorgängen und Kulturentwicklungen einzuschätzen. Hier tut sich ein wichtiges Neuland für die Verhaltensökologie auf.

Dawkins (1981) präsentiert eine detaillierte Weiterentwicklung seiner erstmals in „Das egoistische Gen" vorgestellten Überlegungen.

Literatur

Die mit einem Sternchen (*) versehenen Zitate verweisen auf Übersichtsarbeiten.

Abele, L. G., S. Gilchrist: Homosexual rape and sexual selection in acanthocephalan worms. Science (N.Y.) 197 (1977) 81–83

Alcock, J.: Animal Behaviour: an Evolutionary Approach, 2nd ed. Sinauer, Sunderland/Mass. 1979

Alcock, J., C. E. Jones, S. L. Buchmann: Male mating strategies in the bee *Centris pallida*, Fox (Anthophoridae: Hymenoptera). Amer. Natur. 111 (1977) 145–155

*Alexander, R. D.: The evolution of social behavior. Ann. Rev. Ecol. Syst. 5 (1974) 325–383

Alexander, R. D.: Natural selection and specialized chorusing behaviour in acoustical insects. In Pimentel, D.: Insects Science and Society. Academic Press, New York 1975 (pp. 35–77)

*Alexander, R. D., G. Borgia: On the origin and basis of the male-female phenomenon. In Blum, M. S., N. A. Blum: Sexual Selection and Reproductive Competition in Insects. Academic Press, New York 1979

Alexander, R. D., P. W. Sherman: Local mate competition and parental investment in social insects. Science (N.Y.) 196 (1977) 494–500

Alexander, R. D., D. W. Tinkle: Natural Selection and Social Behaviour: Recent Research and New Theory. Chiron Press, New York. 1981

Alexander, R. McN.: The *Chordates*. Cambridge University Press, Cambridge. 1975

Altmann, S. A., J. Altmann: Baboon Ecology. University of Chicago Press, Chicago 1970

Andersson, M.: Why are there so many threat displays? J. theor. Biol. 86 (1980) 773–781

Andersson, M., C. G. Wicklund: Clumping versus spacing out: experiments on nest predation in fieldfares *(Turdus pilaris)*. Anim. Behav. 26 (1978) 1207–1212

Aoki, S.: Colophina clematis (Homoptera: Pemphigidae), an aphid species with 'soldiers'. Kontyû, Tokyo 45 (1977) 276–282

Argyle, M.: Non-verbal communication in human social interaction. In Hinde, R. A.: Non-Verbal Communication. Cambridge University Press, Cambridge 1972 (pp. 243–269)

Arnold, S. J.: Sexual behaviour, sexual interference and sexual defence in the salamanders *Ambystoma maculatum*, *A. tigrinum* and *Plethodon jordani*. Z. Tierpsychol. 42 (1976) 247–300

Baldwin, J., H. A. Krebs: The evolution of metabolic cycles. Nature (Lond.) 291 (1981) 381–382

Barash, D. P.: Soziobiologie und Verhalten. Parey, Berlin 1980

Barnard, C. J.: Flock feeding and time budgets in the house sparrow, *Passer domesticus*, L. Anim. Behav. 28 (1980) 295–309

Bateman, A. J.: Intra-sexual selection in *Drosophila*. Heredity 2 (1948) 349–368

Bateson, P. P. G.: Sexual imprinting and optimal outbreeding. Nature (Lond.) 273 (1978) 659–660

Bateson, P. P. G.: Optimal outbreeding and the development of sexual preferences in Japanese quail. Z. Tierpsychol. 53 (1980) 231–244

Bateson, P. P. G., W. Lotwick, D. K. Scott: Similarities between the faces of parents and offspring in Bewick's swans and the differences between mates. J. Zool. (Lond.) 191 (1980) 61–74

*Baylis, J. R.: The evolution of parental care in fishes, with reference to Darwin's rule of male sexual selection. Envir. Biol. Fish. 6 (1981) 223–251

Bell, G.: The evolution of anisogamy. J. theor. Biol. 73 (1978) 247–270

Belovsky, G. E.: Diet optimization in a generalist herbivore: the moose. Theoret. Pop. Biol. 14 (1978) 105–134

Benzer, S.: Genetic dissection of behavior. Sci. Amer. 229 (1973) 24–37

Bertram, B. C. R.: Social factors influencing reproduction in wild lions. J. Zool. (Lond.) 177 (1975) 463–482

Bertram, B. C. R.: Kin selection in lions and in evolution. In Bateson, P. P. G., R. A. Hinde: Growing Points in Ethology. Cambridge University Press, Cambridge 1976 (pp. 281–301)

*Bertram, B. C. R.: Living in groups: predators and prey. In Krebs, J. R., N. B. Davies: Behavioural Ecology: an Evolutionary Approach. Blackwell, Oxford 1978 (pp. 64–96)

Bertram, B. C. R.: Ostriches recognize their own eggs and discard others. Nature (Lond.) 279 (1979) 233–234

Bertram, B. C. R.: Vigilance and group size in ostriches. Anim. Behav. 28 (1980) 278–286

Birkhead, T. R.: The effect of habitat and density on breeding success in common guillemots. *Uria aalge*. J. Anim. Ecol. 46 (1977) 751–764

Birkhead, T. R.: Mate guarding in the magpie *Pica pica*. Anim. Behav. 27 (1979) 866–874

Birkhead, T. R., K. Clarkson: Mate selection and precopulatory guarding in *Gammarus pulex*. Z. Tierpsychol. 52 (1980) 365–380

Blum, M. S., N. A. Blum: Sexual Selection and Reproductive Competition in Insects. Academic Press, New York 1979

Blurton Jones, N. G.: Observations and experiments on causation of threat displays of the great tit, *Parus major*. Anim. Behav. Monogr. 1 (1968) 75–158

*Borgia, G.: Sexual selection and the evolution of mating systems. In Blum, M. S., N. A. Blum: Sexual Selection and Reproductive Competition in Insects. Academic Press, New York 1979 (pp. 19–80)

Bowman, R. I.: Adaptive morphology of song dialects in Darwin's finches. J. Orn. Lpz. 120 (1979) 353–390

Bradbury, J. W.: Lek mating behaviour in the hammer-headed bat. Z. Tierpsychol. 45 (1977) 225–255

Bradbury, J. W., S. L. Vehrencamp: Social organization and foraging in emballonurid bats. III. Mating systems. Behav. Ecol. Sociobiol. 2 (1977) 1–17

Bray, O. E., J. J. Kennelly, J. L. Guarino: Fertility of eggs produced on territories of vasectomized red-winged blackbirds. Wilson Bull. 87 (1975) 187–195

Breder, C. M., D. E. Rosen: Modes of Reproduction in Fishes. Natural History Press, New York 1966

Brockmann, H. J., R. Dawkins: Joint nesting in a digger wasp as an evolutionarily stable preadaptation to social life. Behaviour 71 (1979) 203–245

Brockmann, H. J., A. Grafen, R. Dawkins: Evolutionarily stable nesting strategy in a digger wasp. J. theor. Biol. 77 (1979) 473–496

de L. Brooke, M.: Some factors affecting the laying date, incubation and breeding success of the manx shearwater, *Puffinus puffinus*. J. Anim. Ecol. 47 (1978) 477–495

*Brown, J. L.: The evolution of diversity in avian teritorial systems. Wilson Bull. 76 (1964) 160–169

Brown, J. L.: The buffer effect and productivity in tit populations. Amer. Natur. 103 (1969) 347–354

*Brown, J. L.: Avian communal breeding systems. Ann. Rev. Ecol. Syst. 9 (1978) 123–155

*Brown, J. L., E. R. Brown: Kin selection and individual selection in babblers. In Alexander, R. D., D. W. Tinkle: Natural Selection and Social Behaviour: Recent Research and New Theory. Chiron Press, New York 1981

Brown, J. L., D. D. Dow, E. R. Brown, S. D. Brown: Effects of helpers on feeding of nestlings in the grey-crowned babbler, *Pomatostomus temporalis*. Behav. Ecol. Sociobiol. 4 (1978) 43–60

Busnel, R. G., A. Klasse: Whistled Languages. Springer, Berlin 1976

Bygott, J. D., B. C. R. Bertram, J. P. Hanby: Male lions in large coalitions gain reproductive advantage. Nature (Lond.) 282 (1979) 839–841

*Cade, W.: The evolution of alternative male reproductive strategies in field crickets. In Blum, M., N. A. Blum: Sexual Selection and Reproductive Competition in Insects. Academic Press, London. 1979 (pp. 343–379)

Calvert, W. H., L. E. Hedrick, L. P. Brower: Mortality of the monarch butterfly, *Danaus plexippus:* avian predation at five overwintering sites in Mexico. Science (N.Y.) 204 (1979) 847–851

Capranica, R. R., L. S. Frishkopf, E. Nevo: Encoding of geographic dialects in the auditory system of the cricket frog. Science (N.Y.) 182 (1973) 1272–1275

Caraco, T.: Time budgeting and group size: a theory. Ecology 60 (1979a) 611–617

Caraco, T.: Time budgeting and group size: a test of theory. Ecology 60 (1979b) 618–627

Caraco, T., S. Martindale, H. R. Pulliam: Flocking: advantages and disadvantages. Nature (Lond.) 285 (1980) 400–401

Caraco, T., S. Martindale, T. S. Whitham: An empirical demonstration of risk-sensitive foraging preferences. Anim. Behav. 28 (1980) 820–830

Caraco, T., L. L. Wolf: Ecological determinants of group sizes of foraging lions. Amer. Natur. 109 (1975) 343–352

Carayon, J.: Insémination traumatique hétérosexuelle et homosexuelle chez *Xylocoris maculipennis* (Hem. Anthocoridae). C. R. Acad. Sci. (Paris) 278 (1974) 2803–2806

Carpenter, C. R.: Tentative generalisations on the grouping behaviour of nonhuman primates. Human Biol. 26 (1954) 269–276

Carpenter, F. L., F. E. MacMillen: Threshold model of feeding territoriality and test with a Hawaiian honey creeper. Science (N.Y.) 194 (1976) 639–642

Caryl, P.: Communication by agonistic displays: what can games theory contribute to ethology? Behaviour 68 (1979) 136–169

*Caryl, P.: Escalated fighting and the war of nerves: games theory and animal combat. In Bateson, P. P. G., P. H. Klopfer: Perspectives in Ethology. Plenum Press, New York 1980

Catchpole, C. K.: *Vocal Communication in Birds.* Arnold. London 1979

Catchpole, C. K.: Sexual selection and the evolution of complex songs among European warblers of the genus *Acrocephalus.* Behaviour 74 (1980) 149–166

Chappuis, C.: Un exemple de l'influence du milieu sur les emissions vocales des oiseaux: l'evolution des chants en forêt équitoriale, Terre Vie 25 (1971) 183–202

*Charlesworth, B.: Models of kin selection. In Markl. H.: Evolution of Social Behavior: Hypotheses and Empirical Tests. Dahlem-Konferenzen. Verlag Chemie, Weinheim 1980 (pp. 11–26)

Charnov, E. L.: Evolution of eusocial behavior: offspring choice or parental parasitism? J. theor. Biol. 75 (1978) 451–466

Charnov, E. L.: Natural selection and sex change in pandalid shrimp: test of a life history theory. Amer. Natur. 113 (1979) 715–734

Charnov, E. L.: Kin selection and helpers at the nest: effects of paternity and biparental care. Anim. Behav. 29 (1981) 631–632

Charnov, E. L., G. H. Orians, K. Hyatt: The ecological implications of resource depression. Amer. Natur. 110 (1976) 247–259

Clarke, T. A.: Territorial behavior and population dynamics of a pomacentrid fish, the garibaldi, *Hypsypops rubicunda* (Pomacentridae). Ecol. Monogr. 40 (1970) 180–212

Clutton-Brock, T. H.: Feeding behaviour of red colobus and black and white colobus in East Africa. Folia primatol. 23 (1975) 165–207

Clutton-Brock, T. H., S. D. Albon: The roaring of red deer and the evolution of honest advertisement. Behaviour 69 (1979) 145–170

Clutton-Brock, T. H., S. D. Albon, R. M. Gibson, F. E. Guinness: The logical stag: adaptive aspects of fighting in red deer *(Cervus elaphus* L.). Anim. Behav. 27 (1979) 211–225

*Clutton-Brock, T. H., P. H. Harvey: Primate ecology and social organisation. J. Zool. (Lond.) 183 (1977) 1–39

Clutton-Brock, T. H., P. H. Harvey: Comparison and adaptation. Proc. R. Soc. Lond. B. 205 (1979) 547–565

Clutton-Brock, T. H., P. H. Harvey: Primates, brains and ecology. J. Zool. (Lond.) 190 (1980) 309–323

Corbet, P. S.: A Biology of Dragonflies. Witherby, London 1962

Coulson, J. C.: The influence of the pair-bond and age on the breeding biology of the kittiwake gull, *Rissa tridactyla.* J. Anim. Ecol. 35 (1966) 269–279

Cowie, R. J.: Optimal foraging in great tits, *Parus major.* Nature (Lond.) 268 (1977) 137–139

Cox, C. R., B. J. Le Boeuf: Female incitation of male competition: a mechanism of mate selection. Amer. Natur. 111 (1977) 317–335

Cronin, E. W., P. W. Sherman: A resource-based mating system: the orange-rumped honey guide. Living Bird 15 (1977) 5–32

Crook, J. H.: The evolution of social organization and visual communication in the weaver birds (Ploceinae). Behaviour Suppl. 10 (1964) 1–178

Crook, J. H., J. S. Gartlan: Evolution of primate societies. Nature (Lond.) 210 (1966) 1200–1203

Cullen, J. M.: Reduction of ambiguity through ritualization. Phil. Trans, Roy. Soc. B. 251 (1966) 363–374

* Cullen, J. M.: Some principles of animal communication. In Hinde, R. A.: Non-Verbal Communication. Cambridge University Press, Cambridge 1972 (pp. 101–122)

Daly, M.: Why don't male mammals lactate? J. theor. Biol. 78 (1979) 325–345

Darwin, C.: On the Origin of Species. Murray, London 1859

Darwin, C.: The Descent of Man and Selection in Relation to Sex. Murray, London 1871

Davies, N. B.: Territorial defence in the speckled wood butterfly *(Pararge aegeria)*: the resident always wins. Anim. Behav. 26 (1978a) 147

Davies, N. B.: Parental meanness and offspring independence: an experiment with hand-reared great tits, *Parus major.* Ibis 120 (1978b) 509–514

Davies, N. B., T. R. Halliday: Deep croaks and fighting assessment in toads *Bufo bufo.* Nature (Lond.) 274 (1978) 683–685

Davies, N. B., A. I. Houston, Owners and satellites: the economics of territory defence in the pied wagtail, *Motacilla alba.* J. Anim, Ecol. 50 (1981) 157–180

Dawkins, R.: The Selfish Gene. Oxford University Press, Oxford 1976

* Dawkins, R.: Replicator selection and the extended phenotype. Z. Tierpsychol. 47 (1978) 61–76

Dawkins, R.: Das egoistische Gen. Springer, Berlin 1978

* Dawkins, R.: Twelve misunderstandings of kin selection. Z. Tierpsychol. 51 (1979) 184–200

Dawkins, R.: Good strategy or evolutionarily stable strategy? In Barlow, G. W., J. Silverberg: *Sociobiology:* Beyond Nature/Nurture. Westview Press, Boulder/Col. 1980 (pp. 331–367)

Dawkins, R.: The Extended Phenotype. Freeman, Oxford 1981

Dawkins, R., H. J. Brockmann: Do digger wasps commit the Concorde fallacy? Anim. Behav. 28 (1980) 892–896

Dawkins, R., T. R. Carlisle: Parental investment, mate desertion and a fallacy. Nature (Lond.) 262 (1976) 131–133

Dawkins, R., J. R. Krebs: Animal signals: information or manipulation? In Krebs, J. R., N. B. Davies: Behavioural Ecology: an Evolutionary Approach. Blackwell, Oxford 1978 (pp. 282–309)

* Dawkins, R., J. R. Krebs: Arms races between and within species. Proc. R. Soc. Lond. B. 205 (1979) 489–511

De Groot, P.: A study of the acquisition of information concerning resources by individuals in small groups of red-billed weaver birds *Quelea quelea.* Ph. D. thesis, University of Bristol 1980

De Vore, I.: Primate Behaviour: field studies of monkeys and apes. Holt, Rinehart & Winston, New York 1965

Doolittle, W. F., C. Sapienza: Selfish genes, the phenotype paradigm and genome evolution. Nature (Lond.) 284 (1980) 601–603

Downhower, J. F., K. B. Armitage: The yellow-bellied marmot and the evolution of polygamy. Amer. Natur. 105 (1971) 355–370

*Dunbar, R. I. M.: The logic of intraspecific variations in mating strategy. In Eateson, P. P. G., P. Klopfer: Perspectives in Ethology, vol. V. Plenum Press, New York 1983

Dunbar, R. I. M., E. P. Dunbar: Social dynamics of gelada baboons. Contr. Primatol. 6 (1975)

Duncan, P., N. Vigne: The effect of group size in horses on the rate of attacks by blood-sucking flies. Anim. Behav. 27 (1979) 623–625

Dybas, H. S., M. Lloyd: The habitats of 17 year periodical cicadas (Homoptera: Cicadidae: *Magicicada* spp.). Ecol. Monogr. 44 (1974) 279–324

Eberhard, W. G.: Altruistic behaviour in a sphecid wasp: support for kinselection theory. Science (N.Y.) 175 (1972) 1390–1391

Eberhard, W. G.: The functions of horns in *Podischnus agenor* (Dynastinae) and other beetles. In Blum, M. S., N. A. Blum: Sexual Selection and Reproductive Competition in Insects. Academic Press, London 1979 (pp. 231–258)

Edmunds, M.: Defence in Animals: a Survey of Anti-predator Defences. Longman, Harlow 1974

Elner, R. W., R. N. Hughes: Energy maximization in the diet of the shore crab, Carcinus maenas. J. Anim. Ecol. 47 (1978) 103–116

*Emlen, S. T.: The evolution of co-operative breeding in birds. In Krebs, J. R., N. B. Davies: Behavioural Ecology: an Evolutionary Approach. Blackwell, Oxford 1978 (pp. 245–281)

*Emlen, S. T., L. W. Oring: Ecology, sexual selection and the evolution of mating systems. Science (N.Y.) 197 (1977) 215–223

Erickson, C. J., P. G. Zenone: Courtship differences in male ring doves: avoidance of cuckoldry? Science (N.Y.) 192 (1976) 1353–1354

Evans, H. E.: Extrinsic and intrinsic factors in the evolution of insect sociality. BioScience 27 (1977) 613–617

Fischer, E. A. 1980. The relationship between mating system and simultaneous hermaphroditism in the coral reef fish, *Hypoplectrus nigricans*. Anim. Behav. 28 (1980) 620–633

Fisher, R. A.: The Genetical Theory of Natural Selection. Clarendon Press, Oxford 1930

Fretwell, S. D.: Populations in a Seasonal Environment. Princeton University Press, Princeton 1972

Fretwell, S. D., H. L. Lucas: On territorial behaviour and other factors influencing habitat distribution in birds. Acta biotheor. 19 (1970) 16–36

Fricke, H. W.: Mating system, resource defence and sex change in the anemonefish, *Amphiprion akallopisos*. Z. Tierpsychol. 50 (1979) 313–326

Fricke, H., S. Fricke: Monogamy and sex change by aggressive dominance in coral reef fish. Nature (Lond.) 266 (1977) 830–832

von Frisch, K.: The Dance Language and Orientation of Bees. Belknap Press, Cambridge, MA. 1967

Gadgil, M.: Male dimorphism as a consequence of sexual selection. Amer. Natur. 106 (1972) 574–580

Gaston, A. J.: The evolution of group territorial behaviour and cooperative breeding. Amer. Natur 112 (1978) 1091–1100

Geist, V.: The evolution of horn-like organs. Behaviour 27 (1966) 175–213

Geist, V.: On fighting strategies in animal conflict. Nature (Lond.) 250 (1974) 354

*Ghiselin, M. T.: The evolution of hermaphroditism among animals. Q. Rev. Biol. 44 (1969) 189–208

Gilbert, L. E.: Postmating female odor in *Heliconius* butterflies: a male contributed antiaphrodisiac? Science (N.Y.) 193 (1976) 419–420

Gilbert, L. E., P. H. Raven: Coevolution of animals and plants. University of Texas Press, Austin & London 1975

Gill, F. B., L. L. Wolf: Economics of feeding territoriality in the golden-winged sunbird. Ecology 56 (1975) 333–345

Goodall, J.: The behaviour of free-living chimpanzees in the Gombe Stream Reserve. Anim. Behav. Monogr. 1 (1968) 165–301

Goss-Custard, J. D.: Feeding dispersion in some overwintering wading birds. In Crook, J. H.: Social Behaviour in Birds and Mammals. Academic Press, London 1970 (pp. 3–34)

Goss-Custard, J. D.: Variation in the dispersion of redshank *(Tringa totanus)* on their winter feeding grounds. Ibis 118 (1976) 257–263

* Gould, S. J.: Allometry and size in ontogeny and phylogeny. Biol. Rev. 41 (1966) 587–640

Gould, S. J.: Ever Since Darwin: Reflections in Natural History. Andre Deutsch, London 1978

Gould, S. J.: Is a new and general theory of evolution emerging? Paleobiology 6 (1980) 119–130

Gould, S. J., R. C. Lewontin: The spandrels of San Marco and the Panglossian paradigm: a critique of the adaptationist programme. Proc. R. Soc. Lond. B 205 (1979) 581–598

Greenberg, L.: Genetic component of kin recognition in primitively social bee. Science (N.Y.) 206 (1979) 1095–1097

* Greenwood, P. J.: Mating systems, philopatry and dispersal in birds and mammals. Anim. Behav. 28 (1980) 1140–1162

Greenwood, P. J., P. H. Harvey, C. M. Perrins: Inbreeding and dispersal in the great tit. Nature, Lond. 271 (1978) 52–54

Hailman, J. P.: Optical Signals. Indiana University Press, Bloomington 1977

Haldane, J. B. S.: Animal populations and their regulation. Penguin Modern Biology 15 (1953) 9–24

* Halliday, T. R.: Sexual selection and mate choice. In Krebs, J. R., N. B. Davies: Behavioural Ecology: an Evolutionary Approach. Blackwell, Oxford 1978 (pp. 180–213)

Hamilton, W. D.: The genetical evolution of social behaviour. I, II, J. theor. Biol. 7 (1964) 1–52

Hamilton, W. D.: Extraordinary sex ratios. Science (N.Y.) 156 (1967) 477–488

Hamilton, W. D.: Geometry for the selfish herd. J. theor. Biol. 31 (1971) 295–311

Hamilton, W. D.: Altruism and related phenomena, mainly in social insects. Ann. Rev. Ecol. Syst. 3 (1972) 193–232

Hamilton, W. D.: Wingless and fighting males in fig wasps and other insects. In Blum, M. S., N. A. Blum: Sexual Selection and Reproductive Competition in Insects Academic Press, London 1979 (pp. 167–220)

Harvey, P. H., M. Kavanagh, T. H. Clutton-Brock: Sexual dimorphism in primate teeth. J. Zool. Lond. 186 (1978) 475–486

Harvey, P. H., G. M. Mace: Comparison between taxa and adaptive trends: problems of methodology. In Bertram, B. C. R. et al.: Current Problems in Sociobiology. Cambridge University Press, Cambridge 1981

Heinrich, B.: Bumblebee Economics. Harvard University Press, Cambridge/Mass. 1979

Heller, R., M. Milinski: Optimal foraging of sticklebacks on swarming prey. Anim. Behav. 27 (1979) 1127–1141

Henwood, K., A. Fabrick: A quantitative analysis of the dawn chorus: temporal selection for communicatory optimisation. Amer. Natur. 114 (1979) 260–274

Herrnstein, R. J.: On the law of effect. J. Exp. Anal. Behav. 13 (1970) 243–266

Hinde, R. A.: The biological significance of the territories of birds. Ibis 98 (1956) 340–369

Hinde, R. A.: Animal Behaviour: A Synthesis of Ethology and Comparative Psychology, 2nd ed. McGraw-Hill, New York 1970

Hinde, R. A.: The concept of function. In Baerends, G., C. Beer, A. Manning: Function and Evolution of Behaviour. Clarendon, Oxford 1975 (pp. 3–15)

Hinde, R. A.: Animal signals: ethological and games-theory approaches are not incompatible. Anim. Behav. 29 (1981) 535–542

Hogan-Warburg, A. J.: Social behaviour of the ruff, Philomachus pugnax (L.). Ardea 54 (1966) 109–229

Hölldöbler, B.: Communication in social Hymenoptera. In Sebeok, T. A.: How Animals Communicate. Indiana University Press, Bloomington & London 1977 (pp. 418–471)

Holm, C. H.: Breeding sex ratios, territoriality and reproductive success in the redwinged blackbird *(Agelaius phoeniceus)*. Ecology 54 (1973) 356–365

Hoogland, J. L.: The effect of colony size on individual alertness of prairie dogs (Sciuridae: Cynomys spp.) Anim. Behav. 27 (1979a) 394–407

Hoogland, J. L.: Aggression, ectoparasitism and other possible costs of prairie dog (Sciuridae: Cynomys spp.) coloniality. Behaviour 69 (1979b) 1–35

Howard, R. D.: Factors influencing early embryo mortality in bullfrogs. Ecology 59 (1978a) 789–798

Howard, R. D.: The evolution of mating strategies in bullfrogs, *Rana catesbiana*. Evolution 32 (1978b) 850–871

Howard, R. D.: Big bullfrogs in a little pond. Nat. Hist. Mag. 88 (1979) 30–36

Hrdy, S. B.: The Langurs of Abu: Female and Male Strategies of Reproduction. Harvard University Press, Cambridge/Mass. 1977

Hunter, M. L., J. R. Krebs: Geographical variation in the song of the great tit *(Parus major)* in relation to ecological factors. J. Anim. Ecol. 48 (1979) 759–785

Huxley, J. S.: A discussion of ritualisation of behaviour in animals and man: Introduction. Phil. Trans. R. Soc. B, 251 (1966) 247–271

Hyatt, G. W., M. Salmon: Combat in the fiddler crabs *Uca pugilator* and *U. pugnax*: a quantitative analysis. Behaviour 65 (1978) 182–211

*Immelmann, K.: Ecological significance of imprinting and early learning. Ann. Rev. Ecol. Syst. 6 (1975) 15–37

Janzen, D. H.: Why fruit rots. Nat. Hist. Mag. 88 (1979) 60–64

Jarman, P. J.: The social organisation of antelope in relation to their ecology. Behaviour 48 (1974) 215–267

Jarvis, M. J. F.: The ecological significance of clutch size in the South African gannet *(Sula capensis*, Lichtenstein). J. Anim. Ecol. 43 (1974) 1–17

Jenni, D. A.: Evolution of polyandry in birds. Amer. Zool. 14 (1974) 129–144

Jouventin, P., A. Cornet: La vie sociale des phoques. La Recherche 105 (1980) 1058–1067

Kacelnik, A.: The foraging efficiency of great tits *(Parus major)* in relation to light intensity. Anim. Behav. 27 (1979a) 237–241

Kacelnik, A.: Studies of Foraging Behaviour and Time-Budgeting in Great Tits *(Parus major)*. D. Phil. thesis, Oxford (1979b)

Kenward, R. E.: Hawks and doves: factors affecting success and selection in goshawk attacks on wood-pigeons. J. Anim. Ecol. 47 (1978) 449–460

Kettlewell, H. B. D.: The Evolution of Melanism. Clarendon, Oxford 1973

Kettlewell, H. B. D., D. L. Conn: Further background choice experiments on cryptic Lepidoptera. J. Zool. Lond. 181 (1977) 371–376

Kluyver, H. N.: Regulation of numbers in populations of great tit, *Parus m. major*. Proc. Adv. Study Inst. Dynamics Numbers Popul. (Oosterbeek). 1971, 507–523

Knowlton, N.: A note on the evolution of gamete dimorphism. J. theor. Biol. 46 (1974) 283–285

*Knowlton, N.: Reproductive synchrony, parental investment and the evolutionary dynamics of sexual selection. Anim. Behav. 27 (1979) 1022–1033

Kodric-Brown, A.: Reproductive success and the evolution of breeding territories in pupfish *(Cyprinodon)*. Evolution 31 (1977) 750–766

Kramer, D. L., W. Nowell: Central place foraging in the eastern chipmunk, *Tamias striatus*. Anim. Behav. 28 (1980) 772–778

Krebs, J. R.: Territory and breeding density in the great tit, *Parus major* L. Ecology 52 (1971) 2–22

*Krebs, J. R.: Optimal foraging: decision rules for predators. In Krebs, J. R., N. B. Davies: Behavioural Ecology: an Evolutionary Approach. Blackwell, Oxford 1978 (pp. 23–63)

Krebs, J. R., N. B. Davies: Öko-Ethologie. Parey, Berlin 1981

Krebs, J. R., R. Ashcroft, M. Webber: Song repertoires and territory defence in the great tit, *Parus major*. Nature (Lond.) 271 (1978) 539–542

Krebs, J. R., J. T. Erichsen, M. I. Webber, E. L. Charnov: Optimal prey selection in the great tit, *Parus major*. Anim. Behav. 25 (1977) 30–38

Kroodsma, D. E.: Reproductive development in a female song-bird: differential stimulation by quality of male song. Science (N.Y.) 192 (1976) 574–575

Kroodsma, D. E.: Correlates of song organization among North American wrens. Amer. Natur. 111 (1977) 995–1008

Kroodsma, D. E.: Vocal duelling among male marsh wrens: evidence for ritualised expressions of dominance/subordinance. Auk. 96 (1979) 506–515

Kruuk, H.: Predators and anti-predator behaviour of the black headed gull, *Larus ridibundus*. Behaviour Suppl. 11 (1964) 1–129

Kruuk, H.: The Spotted Hyena. University of Chicago Press, Chicago 1972

Kummer, H., W. Götz, W. Angst: Triadic differentiation: an inhibitory process protecting pair bonds in baboons. Behaviour 49 (1974) 62–87

Lack, D.: Population Studies of Birds. Clarendon, Oxford 1966

Lack, D.: Ecological Adaptations for Breeding in Birds. Methuen, London 1968

Le Boeuf, B. J.: Sexual behaviour in the northern elephant seal, Mirounga angustirostris. Behaviour 41 (1972) 1–26

Le Boeuf, B. J.: Male-male competition and reproductive success in elephant seals. Amer. Zool. 14 (1974) 163–176

Lewis, D.: Sexual incompatibility in plants. Arnold, London 1979

*Lewontin, R. C.: Fitness, survival and optimality. In Horn, D. J., Mitchell, R. D., G. R. Stairs: Analysis of Ecological Systems. Ohio State University Press, Columbus 1979 (pp. 3–21)

Ligon, J. D.: Reproductive interdependence of Piñon jays and Piñon pines. Ecol. Monogr. 48 (1978) 111–126

Lill, A.: Sexual behaviour of the lek-forming white-bearded manakin. *(Manacus manacus trinitatis)*. Z. Tierpsychol. 36 (1974) 1–36

Lloyd, J. E.: Mating behaviour and natural selection. Florida Entomologist 62 (1979) 17–23

Lloyd, M., H. S. Dybas: The periodical cicada problem: II Evolution. Evolution 20 (1966) 466–505

Lorenz, K.: On Aggression. Methuen, London 1966

McClintock, M. K.: Menstrual synchrony and suppression. Nature (Lond.) 229 (1971) 244–245

*McFarland, D. J.: Form and function in the temporal organisation of behaviour. In Bateson, P. P. G., R. A. Hinde: Growing Points in Ethology. Cambridge University Press, Cambridge 1976 (pp. 55–94)

Mackinnon, J.: The behaviour and ecology of wild orang-utans. *Pongo pygmaeus*. Anim. Behav. 22 (1974) 3–74

Major, P. F.: Predator-prey interactions in two schooling fishes, *Caranx ignobilis and Stolephorus purpureus*. Anim. Behav. 26 (1978) 760–777

Manning, A.: Effects of artificial selection for mating speed in *Drosophila melanogaster*. Anim. Behav. 9 (1961) 82–92

Marler, P.: Characteristics of some animal calls. Nature (Lond.) 176 (1955) 6–8

Marten, K., P. Marler: Sound transmission and its significance for animal vocalization. I. Temperate habitats. Behav. Ecol. Sociobiol. 2 (1977a) 271–290

Marten, K., D. Quine, P. Marler: Sound transmission and its significance for animal vocalization. II. Tropical forest habitats. Behav. Ecol. Sociobiol. 2 (1977b) 291–302

May, R. M.: When to be incestuous. Nature (Lond.) 279 (1979) 192–194

Maynard Smith, J.: Group selection and kin selection. Nature (Lond.) 201 (1964) 1145–1147

*Maynard Smith, J.: The theory of games and the evolution of animal conflicts. J. theor. Biol. 47 (1974) 209–221

*Maynard Smith, J.: Group selection. Q. Rev. Biol. 51 (1976a) 277–283

Maynard Smith, J.: Evolution and the theory of games. Amer. Sci. 64 (1976b) 41–45

*Maynard Smith, J.: Parental investment – a prospective analysis. Anim. Behav. 25 (1977a) 1–9

Maynard Smith J.: The limitation of evolutionary theory. In Duncan, R., M. Weston-Smith: The Encyclopedia of Ignorance: Life Sciences and Earth Sciences Pergamon, Oxford 1977b (pp. 235–242)

*Maynard Smith, J.: Optimization theory in evolution. Ann. Rev. Ecol. Syst. 9 (1978a) 31–56

Maynard Smith, J.: The Evolution of Sex. Cambridge University Press, Cambridge 1978b

* Maynard Smith, J.: The ecology of sex. In Krebs, J. R., N. B. Davies: Behavioural Ecology: an Evolutionary Approach. Blackwell, Oxford 1978c (pp. 159–179)

* Maynard Smith, J.: Game theory and the evolution of behaviour. Proc. R. Soc. Lond. B 205 (1979) 475–488

Maynard Smith, J.: A new theory of sexual investment. Behav. Ecol. Sociobiol. 7 (1980) 247–251

* Maynard Smith, J.: The evolution of social behaviour: a classification of models. In Bertram, B. C. R. et al.: Current Problems in Sociobiology. Cambridge University Press, Cambridge 1981

* Maynard Smith, J., G. A. Parker: The logic of asymmetric contests. Anim. Behav. 24 (1976) 159–175

Maynard Smith, J., G. R. Price: The logic of animal conflict. Nature (Lond.) 246 (1973) 15–18

Maxson, S. J., L. W. Oring: Breeding season time and energy budgets of the polyandrous spotted sandpiper. Behaviour 74 (1980) 200–263

McCann, T. S.: Aggression and sexual activity of male southern elephant seals. J. Zool. (Lond.) (in press)

McFarland, D. J.: Decision making in animals. Nature (Lond.) 269 (1977) 15–21

McPhail, J. D.: Predation and the evolution of a stickleback, *Gasterosteus*. J. Fish. Res. Bd. Canada 26 (1969) 3183–3208

Metcalf, R. A.: Sex ratios, parent–offspring conflict, and local competition for mates in the social wasps *Polistes metricus* and *Polistes variatus*. Amer. Natur. 116 (1980) 642–654

Metcalf, R. A., G. Finer: Female biased parental investment in the social wasp *Polistes apachus*. (in press)

Metcalf, R. A., G. S. Whitt: Relative inclusive fitness in the social wasp *Polistes metricus*. Behav. Ecol. Sociobiol. 2 (1977) 353–360

Michener, C. D.: The Social Behavior of the Bees. Belknap Harvard 1974

Milinski, M.: An evolutionarily stable feeding strategy in sticklebacks. Z. Tierpsychol. 51 (1979) 36–40

Milinski, M., R. Heller: Influence of a predator on the optimal foraging behaviour of sticklebacks *(Gasterosteus aculeatus)*. Nature (Lond.) 275 (1978) 642–644

Modell, W.: Horns and antlers. Sci. Amer. 220 (1969) 114–122

Moehlman, P. D.: Jackal helpers and pup survival. Nature (Lond.) 277 (1979) 382–383

Moodie, G. E. E.: Predation, natural selection and adaptation in an unusual three spined stickleback. Heredity 28 (1972) 155–167

Morris, D.: 'Typical intensity' and its relation to the problem of ritualisation. Behaviour 11 (1957) 1–12

Morse, D. H.: Ecological aspects of some mixed species foraging flocks of birds. Ecol. Monogr. 40 (1970) 119–168

Morton, E. S.: Ecological sources of selection on avian sounds. Amer. Natur. 109 (1975) 17–34

* Morton, E. S.: On the occurrence and significance of motivation – structural rules in some bird and mammal sounds. Amer. Natur. 111 (1977) 855–869

Myers, J. P., P. G. Connors, F. A. Pitelka: Territory size in wintering sanderlings: the effects of prey abundance and intruder density. Auk. 96 (1979) 551–561

Myers, J. P., P. G. Connors, F. A. Pitelka: Optimal territory size and the sanderling: compromises in a variable environment. In Kamil, A. C., T. D. Sargent: Foraging Behaviour: Ecological, Ethological and Psychological Approaches. Garland STPM Press, New York 1981

Neill, S. R. St. J., J. M. Cullen: Experiments on whether schooling by their prey affects the hunting behaviour of cephalopods and fish predators. J. Zool. (Lond.) 172 (1974) 549–569

Nelson, J. B.: Factors influencing clutch-size and chick growth in the North Atlantic gannet, *Sula bassana*. Ibis 106 (1964) 63–77

Nisbet, I. C. T.: Courtship feeding and clutch size in common terns *Sterna hirundo*. In Stonehouse, B., C. M. Perrins: Evolutionary Ecology. Macmillan, London 1977 (pp. 101–109)

Nottebohm, F.: Continental patterns of song variability in *Zonotrichia capensis*:

some possible ecological correlates. Amer. Natur. 109 (1975) 605–624

O'Donald, P.: Genetic Models of Sexual Selection. Cambridge University Press, Cambridge 1980

Orgel, L. E., F. H. C. Crick: Selfish DNA: the ultimate parasite. Nature (Lond.) 284 (1980) 604–607

Orians, G. H.: On the evolution of mating systems in birds and mammals. Amer. Natur. 103 (1969) 589–603

Orians, G. H.: Some Adaptations of Marsh-nesting Blackbirds. Princeton University Press, Princeton 1980

Orians, G. H., N. E. Pearson: On the theory of central place foraging. In Horn, D. J., R. D. Mitchell, G. R. Stairs: Analysis of Ecological Systems. Ohio State University Press, Ohio 1979 (pp. 155–177)

* Oring, L. W.: Avian mating systems. In Farner, D. S., J. R. King: Avian Biology, Vol 6. Academic Press, London 1981

Oster, G. F., E. O. Wilson: Caste and Ecology In The Social Insects. Princeton University Press, Princeton 1978

Packer, C.: Reciprocal altruism in *Papio anubis*. Nature (Lond.) 265 (1977) 441–443

Packer, C.: Inter-troop transfer and inbreeding avoidance in *Papio anubis*. Anim. Behav. 27 (1979) 1–36

Page, G., D. F. Whiteacre: Raptor predation on wintering shorebirds. Condor 77 (1975) 73–83

Parker, G. A.: Assessment strategy and the evolution of animal conflicts. J. theor. Biol. 47 (1974) 223–243

* Parker, G. A.: Searching for mates. In Krebs, J. R., N. B. Davies: Behavioural Ecology: an Evolutionary Approach. Blackwell, Oxford 1978 (pp. 214–244)

* Parker, G. A.: Sexual selection and sexual conflict. In Blum, M. S., N. A. Blum: Sexual Selection and Reproductive Competition in Insects. Academic Press, New York 1979 (pp. 123–166)

Parker, G. A., R. R. Baker, V. G. F. Smith: The origin and evolution of gamete dimorphism and the male–female phenomenon. J. theor. Biol. 36 (1972) 529–553

Parker, G. A., N. Knowlton: The evolution of territory size. Some ESS models. J. theor. Biol. 84 (1980) 445–476

Parker, G. A., E. A. Thompson: Dungfly struggles: a test of the war of attrition. Behav. Ecol. Sociobiol. 7 (1980) 37–44

Partridge, L.: Mate choice increases a component of offspring fitness in fruit flies. Nature (Lond.) 283 (1980) 290–291

Partridge, B. L., T. J. Pitcher: Evidence against a hydrodynamic function for fish schools. Nature (Lond.) 279 (1979) 418–419

Paul, R. C., T. J. Walker: Arboreal singing in a burrowing cricket, *Anurogryllus arboreus*. J. Comp Physiol. A. 132 (1979) 217–223

* Payne, R. B.: The ecology of brood parasitism in birds. Ann. Rev. Ecol. Syst. 8 (1977) 1–28

Perril, S. A., H. C. Gerhardt, R. Daniel: Sexual parasitism in the green tree frog, *Hyla cinerea*. Science (N.Y.) 200 (1978) 1179–1180

Perrins, C. M.: Population fluctuations and clutch size in the great tit, *Parus major*. L. J. Anim. Ecol. 34 (1965) 601–647

* Perrins, C. M.: The timing of birds' breeding seasons. Ibis 112 (1970) 242–253

Perrins, C. M.: British Tits. New Naturalist Series. Collins, London 1979

Pianka, E. R.: Evolutionary Ecology. Harper & Row, New York 1974

Pitelka, F. A., R. T. Holmes, S. F. MacLean: Ecology and evolution of social organization in arctic sandpiper. Amer. Zool. 14 (1974) 185–204

Pulliam, H. R., G. H. Pyke, T. Caraco: The scanning behaviour of juncos: a game theoretical approach. J. Theor. Biol. 95 (1982) 89–104

Pleszczynska, W. K.: Microgeographic prediction of polygyny in the lark bunting. Science (N.Y.) 201 (1978) 935–937

Price, M. V., N. M. Waser: Pollen dispersal and optimal outcrossing in *Delphinium nelsoni*. Nature (Lond.) 277 (1979) 294–297

Prins, H. H. Th., R. C. Ydenberg, R. H. Drent: The interactions of Brent Geese *Branta bernicla* and Sea Plantain *Plantago maritima* during spring staging: field observations and experiments. Acta Bot. Neerl. 29 (1980) 585–596

* Pulliam, H. R.: The principle of optimal behavior and the theory of communities.

In Klopfer, P. H., P. P. G. Bateson: Perspectives in Ethology. Plenum Press, New York 1976 (pp. 311–332)

Pulliam, H. R., M. R. Brand: The production and utilization of seeds in plains grassland of southeastern Arizona. Ecology 56 (1975) 1158–1166

Pulliam, H. R., C. Dunford: *Programmed to learn.* An essay on the evolution of culture. Columbia University Press, N.Y. 1980

Pulliam, H. R., G. H. Pyke, T. Caracao: The scanning behaviour of juncos: a game theoretical approach. J. Theor. Biol. (1982) 89–104

Pyke, G. H.: Optimal foraging in bumblebees and coevolution with their plants. Oecologia 36 (1978) 281–293

Pyke, G. H.: The economics of territory size and time budget in the goldenwinged sunbird. Amer. Natur. 114 (1979a) 131–145

Pyke, G. H.: Optimal foraging in bumblebees: rule of movement between flowers within inflorescences. Anim. Behav. 27 (1979b) 1167–1181

* Pyke, G. H., H. R. Pulliam, E. L. Charnov: Optimal foraging: a selective review of theory and tests. Q. Rev. Biol. 52 (1977) 137–154

Ralls, K., K. Brugger, J. Ballou: Inbreeding and juvenile mortality in small populations of ungulates. Science (N.Y.) 206 (1979) 1101–1103

Reyer, H.-U.: Flexible helper structure as an ecological adaptation in the pied kingfisher, *Ceryle rudis rudis.* L. Behav. Ecol. Sociobiol. 6 (1980) 219–227

* Reyer, H.-U.: Soziale Stategien und ihre Evolution. Naturw. Rschau 35 (1981) 6–17

* Ridley, M.: Paternal care. Anim. Behav. 26 (1978) 904–932

Riechert, S. E.: Games spiders play: behavioural variability in territorial disputes. Behav. Ecol. Sociobiol. 3 (1978) 135–162

Riechert, S. E.: Games spiders play. II. Resource assessment strategies. Behav. Ecol. Sociobiol. 6 (1979) 121–128

Robertson, D. R., H. P. A. Sweatman, E. A. Fletcher, M. G. Cleland: Schooling as a mechanism for circumventing the territoriality of competitors. Ecology 57 (1976) 1208–1230

Rohwer, S., F. C. Rohwer: Status signalling in Harris sparrows: experimental deceptions achieved. Anim. Behav. 26 (1978) 1012–1022

Rood, J. P.: Dwarf mongoose helpers at the den. Z. Tierpsychol. 48 (1978) 277–287

Rosenzweig, M. L., R. H. MacArthur: Graphical representation and stability conditions of predator–prey interactions. Amer. Natur. 97 (1963) 209–223

Rothenbuhler, W. C.: Behaviour genetics of nest cleaning in honey bees. IV. Responses of F1 and backcross generations to disease killed brood. Amer. Zool. 4 (1964) 111–123

Rothstein, S. I.: Gene frequencies and selection for inhibitory traits, with special emphasis on the adaptiveness of territoriality. Amer. Natur. 113 (1979) 317–331

* Rubenstein, D. I.: On predation, competition, and the advantages of group living. In Bateson, P. P. G., P. H. Klopfer: *Perspectives in Ethology.* Plenum Press, New York 1978 (pp. 205–231)

* Rubenstein, D. I.: On the evolution of alternative mating strategies. In Staddon, J. E. R.: *Limits to Action:* The Allocation of Individual Behaviour. Academic Press, New York 1980

Sargent, T. D.: Cryptic moths: effects on background selection of painting the circumocular scales. Science (N.Y.) 159 (1968) 100–101

Sauer, E. G. F., E. M. Sauer: Polygamie beim Südafrikanischen Strauß. Bonn. zool. Beitr. 10 (1959) 266–285

Seghers, B. H.: Schooling behaviour in the guppy *Poecilia reticulata:* an evolutionary response to predation. Evolution 28 (1974) 486–489

* Selander, R. K.: Sexual selection and dimorphism in birds. In Campbell, B.: Sexual Selection and the Descent of Man. Aldine, Chicago 1972 (pp. 180–230)

Semler, D. E.: Some aspects of adaptation in a polymorphism for breeding colours in the three-spine stickleback *(Gasterosteus aculeatus* L.) J. Zool. (Lond.) 165 (1971) 291–302

Shalter, M. D.: Localisation of passerine seet and mobbing calls by goshawks and pygmy owls. Z. Tierpsychol. 46 (1978) 260–267

Shepher, J.: Mate selection among second generation kibbutz adolescents and adults: incest avoidance and negative imprinting. Arch. sex. Behav. 1 (1971) 293–307

Sherman, P. W.: Nepotism and the evolution of alarm calls. Science (N.Y.) 197 (1977) 1246–1253

Sherman, P. W.: Reproductive competition and infanticide in Belding's ground squirrels and other animals. In Alexander, R. D., D. W. Tinkle: Natural Selection and Social Behaviour: Recent Research and New Theory. Chiron Press, New York 1981

Sherman, P. W.: The limits of ground squirrel nepotism. In Barlow, G. W., J. Silverberg: Sociobiology: Beyond Nature/Nurture. Westview Press, Boulder, Colorado 1980 (pp. 505–544)

Silverman, H. B., M. J. Dunbar: Aggressive tusk use by the narwhal, *Monodon monoceros*, L. Nature (Lond.) 284, (1980) 57–58

Silverin, B.: Effects of long-acting testosterone treatment on free-living pied flycatchers *Fidecula hypoleuca*. Anim. Behav. 28 (1980) 906–912

Silverstone, T.: Appetite and Food Intake. Dahlem Workshop life Sci. Res. Report, vol. 2. Verlag Chemie, Weinheim 1976

Simon, C.: Debut of the seventeen-year-old cicada. Nat. Hist. 88 (1979) 38–45

Simpson, M. J. A.: The display of Siamese fighting fish, *Betta splendens*. Anim. Behav. Monogr. 1 (1968) 1–73

Sinclair, A. R. E.: The African Buffalo. University of Chicago Press, Chicago. 1977

* Slatkin, M., J. Maynard Smith: Models of coevolution. Q. Rev. Biol. 54 (1979) 233–263

Smith, N. G.: The advantage of being parasitized. Nature (Lond.) 219 (1968) 690–694

Smith, R. L.: Repeated copulation and sperm precedence: Paternity assurance for a male brooding water bug. Science (N.Y.) 205 (1979) 1029–1031

* Snow, D. W.: Evolutionary aspects of fruit-eating by birds. Ibis 113 (1971) 194–202

Stacey, P. B.: Habitat saturation and communal breeding in the acorn woodpecker. Anim. Behav. 27 (1979) 1153–1166

* Staddon, J. E. R.: Optimality analyses of operant behaviour and their relation to optimal foraging. In Staddon, J. E. R.: Limits to action. The allocation of individual behavior. Academic Press, London 1980

Stern, D.: The First Relationship: Infant and Mother, Fontana Open Books, London 1977

Stokes, A. W.: Agonistic behaviour among blue tits at a winter feeding station. Behaviour 19 (1962) 118–138

Struhsaker, T.: *The Red Colobus Monkey*. Chicago University Press, Chicago 1975

Taborsky, M., D. Limberger: Helpers in fish. Behav. Ecol. Sociobiol. 8 (1981) 143–145

Thornhill, R.: Sexual selection and nuptial feeding behaviour in *Bittacus apicalis* (Insecta: Mecoptera). Amer. Natur. 110 (1976) 529–548

Thornhill, R.: Adaptive female-mimicking behavior in a scorpionfly. Science (N.Y.) 205 (1979) 412–414

Thornhill, R.: Rape in *Panorpa* scorpion flies and a general rape hypothesis. Anim. Behav. 28 (1980) 52–59

Tinbergen, N.: The Herring Gull's World. New Naturalist Series, Collins, London 1953

Tinbergen, N.: The functions of territory. Bird Study 4 (1957) 14–27

Tinbergen, N.: On aims and methods of ethology. Z. Tierpsychol. 20 (1963) 410–433

Tinbergen, N., M. Impekoven, D. Franck: An experiment on spacing out as a defence against predators. Behaviour 28 (1967) 307–321

* Trivers, R. L.: The evolution of reciprocal altruism. Q. Rev. Biol. 46 (1971) 35–57

* Trivers, R. L.: Parental investment and sexual selection. In Campbell, B.: Sexual Selection and the Descent of Man. Aldine, Chicago 1972 (pp. 139–179)

Trivers, R. L.: Parent–offspring conflict. *Amer. Zool.* 14 (1974) 249–264

* Trivers, R. L., H. Hare: Haplodiploidy and the evolution of social insects. Science (N.Y.) 191 (1976) 249–263

Trune, D. R., C. N. Slobodchikoff: Social effects of roosting on the metabolism of the pallid bat, *Antrozous pallidus*. J. Mammal. 57 (1976) 656–663

Vander Wall, S. B., R. P. Balda: Coadaptations of the Clark's nutcracker and the pinon pine for efficient seed harvest and dispersal. Ecol. Monogr. 47 (1977) 89–111

van Rhijn, J. G.: Behavioural dimorphism in male ruffs *Philomachus pugnax* (L.). Behaviour 47 (1973) 153–229

van Valen, L. M.: Patch selection, benefactors and a rivitalisation of ecology. Evolutionary Theory 4 (1980) 231–233

Vehrencamp, S. L.: Relative fecundity and parental effort in communally nesting anis, *Crotophaga sulcirostris*. Science (N.Y.) 197 (1977) 403–405

Vehrencamp, S. L.: The adaptive significance of communal nesting in groovebilled anis, *Crotophaga sulcirostris*. Behav. Ecol. Sociobiol. 4 (1978) 1–33

* Vehrencamp, S. L.: The roles of individual, kin and group selection in the evolution of sociality. In Marler, P., J. G. Vandenbergh: Handbook of Behavioral Neurobiology, vol 3. Plenum Press, New York 1980 (pp. 351–394)

Verner, J.: Evolution of polygamy in the long-billed marsh wren. Evolution 18 (1964) 252–261

Verner, J.: On the adaptive significance of territoriality. Amer. Natur. 111 (1977) 769–775

Verner, J., M. F. Willson: The influence of habitats on mating systems of North American passerine birds. Ecology 47 (1966) 143–147

Vogel, S., C. P. Ellington, D. L. Kilgore: Wind-induced ventilation of the burrows of the prairie dog *Cynomys ludovicianus* J. Comp. Physiol. 85 (1973) 1–14

Waage, J. K.: Dual function of the damselfly penis: sperm removal and transfer. Science (N.Y.) 203 (1979) 916–918

Waldman, B., K. Adler: Toad tadpoles associate preferentially with siblings. Nature (Lond.) 282 (1979) 611–613

Ward, P., A. Zahavi: The importance of certain assemblages of birds as 'information-centres' for food finding. Ibis 115 (1973) 517–534

Warner, R. R.: The adaptive significance of sequential hermaphroditism in animals. Amer. Natur. 109 (1975) 61–82

* Warner, R. R.: The evolution of hermaphroditism and unisexuality in aquatic and terrestrial vertebrates. In Reese, E. S., F. J. Lighter: Contrasts in Behaviour. Wiley, New York 1978 (pp. 77–101)

Warner, R. R., S. G. Hoffman: Local population size as a determinant of mating system and sexual composition in two tropical marine fishes *(Thalassoma spp.)*. Evolution 34 (1980) 508–518

Warner, R. R., D. R. Robertson, E. G. Leigh: Sex change and sexual selection. Science (N.Y.) 190 (1975) 633–638

Waser, N. M.: Competition for hummingbird pollination and sequential flowering in two Colorado wildflowers. Ecology 59 (1978) 934–944

Waser, P. M., N. S. Waser: Experimental studies of primate vocalization: specializations for long distance propagation. Z. Tierpsychol. 43 (1977) 239–263

Watson, A.: Territory and population regulation in the red grouse. Nature (Lond.) 215 (1967) 1274–1275

Watson, A.: Territorial and reproductive behaviour of red grouse. J. Reprod. Fert. Suppl. 11 (1970) 3–14

Watts, C. R., A. W. Stokes: The social order of turkeys. *Sci. Amer.* 224 (1971) 112–118

Weihs, D.: Hydromechanics of fish schooling. Nature (Lond.) 241 (1973) 290–291

Wells, K. D.: The social behaviour of anuran amphibians. Anim. Behav. 25 (1977) 666–693

Werren, J. H.: Sex ratio adaptations to local mate competition in a parasitic wasp. Science (N.Y.) 208 (1980) 1157–1159

* West Eberhard, M. J.: The evolution of social behaviour by kin selection. Q. Rev. Biol. 50 (1975) 1–33

West, Eberhard, M. J.: Temporary queens in *Metapolybia* wasps: non-reproductive helpers without altruism? Science (N.Y.) 200 (1978a) 441–443

West Eberhard, M. J.: Polygyny and the evolution of social behavior in wasps. J. Kans. Ent. Soc. 51 (1978b) 832–856

Whitham, T. G.: Coevolution of foraging in *Bombus*–nectar dispensing in *Chilopsis*:

a last dreg theory. Science (N.Y.) 197 (1977) 593–596

Whitham, T. G.: Habitat selection by *Pemphigus* aphids in response to resource limitation and competition. Ecology 59 (1978) 1164–1176

Whitham, T. G.: Territorial behaviour of *Pemphigus* gall aphids. Nature (Lond.) 279 (1979) 324–325

Whitham, T. G.: The theory of habitat selection examined and extended using *Pemphigus* aphids. Amer. Natur. 115 (1980) 449–466

Whitney, C. L., J. R. Krebs: Mate selection in Pacific tree frogs. Nature (Lond.) 255 (1975a) 325–326

Whitney, C. L., J. R. Krebs: Spacing and calling in Pacific tree frogs, *Hyla regilla*. Can. J. Zool. 53 (1975b) 1519–1527

Wickler, W.: Mimicry in Plants and Animals. World University Library, London 1968

Wickler, W., U. Seibt: Das Prinzip Eigennutz. Hoffmann und Campe, Hamburg 1977

Wiley, R. H.: Territoriality and non-random mating in the sage grouse, *Centrocercus urophasianus*. Anim. Behav. Monogr. 6 (1973) 87–169

Wiley, R. H., D. G. Richards: Physical constraints on acoustic communication in the atmosphere: implications for the evolution of animal vocalizations. Behav. Ecol. Sociobiol. 3 (1978) 69–94

Wilkinson, P. F., C. C. Shank: Rutting-fight mortality among musk oxen on Banks Island, Northwest Territories, Canada. Anim. Behav. 24 (1977) 756–758

Williams, G. C.: Adaptation and Natural Selection. Princeton University Press, Princeton 1966

Williams, G. C.: The question of adaptive sex ratio in outcrossed vertebrates. Proc. R. Soc. Lond. B. 205 (1979) 567–580

Wilson, D. S.: *The Natural Selection of Populations and Communities*. Benjamin/Cummings, Menlo Park/Calif. 1980

Wilson, E. O.: The Insect Societies. Belknap Press, Harvard 1971

Wilson, E. O.: Sociobiology: The New Synthesis. Belknap Press, Harvard 1975

Wilson, E. O.: Caste and division of labor in leaf-cutter ants (Hymenoptera Formicidae: *Atta*) II. The ergonomic optimization of leaf cutting. Behav. Ecol. Sociobiol. 7 (1980) 157–165

* Wittenberger, J. F.: Group size and polygamy in social mammals. Amer. Natur. 115 (1980) 197–222

Woolfenden, G. E.: Florida scrubjay helpers at the nest. Auk 92 (1975) 1–15

Woolfenden, G. E., J. W. Fitzpatrick: The inheritance of territory in group breeding birds. *BioScience* 28 (1978) 104–108

Wrangham, R. W.: An ecological model of female-bonded primate groups. Behaviour 75 (1980) 262–300

Wynne-Edwards, V. C.: Animal Dispersion in Relation to Social Behaviour. Oliver & Boyd, Edinburgh 1962

Yasukawa, K.: A fair advantage in animal confrontations. New Sci. 84 (1979) 366–368

* Yom-Tov, Y.: Intraspecific nest parasitism in birds. Biol. Rev. 55 (1980) 93–108

Zach, R.: Shell dropping: decision making and optimal foraging in Northwestern crows. Behaviour 68 (1979) 106–117

Zahavi, A.: Communal nesting by the Arabian babbler: a case of individual selection. Ibis 116 (1974) 84–67

Zahavi, A.: Mate selection – a selection for a handicap. J. theor. Biol. 53 (1975) 205–214

Zahavi, A.: The cost of honesty (further remarks on the handicap principle). J. theor. Biol. 67 (1977) 603–605

Zahavi, A.: Ritualisation and the evolution of movement signals. Behaviour 72 (1979) 77–81

Zuckerman, S.: The Social Life of Monkeys and Apes. Paul, Trench, Trubner, London 1932

Sachverzeichnis

Halbfett gesetzte Seitenzahlen weisen auf Abbildungen und Tabellen hin

A

Aborte, Löwen **10**
Abwanderung vom Geburtsort 190ff, **192**
– Folgen von Geschlechtsunterschieden 193, 224
Acarophenox 153
Accipiter gentilis **90**, 275
Acrocephalus scirpaceus 164
Actitis macularia 190, **191**
Adaptation 11 (s. auch Anpassung)
Adaptive Gipfel, mehrfache 46
Affe 278
Afrikanische Huftiere 42, **43**
– Treiberameisen 241
Agelaius phoeniceus **102**, 184
Aix galericulata 280
Aktionsraum, Größe bei Primaten 53, **53**
Alarmrufe 27, 30, 275
Alcedo atthis 83
Alces alces 74
Algen **146**
Allelen 12, 22ff, 217, 251f, 314
Alternative Strategien 196
– – Beispiele 200ff
– – Geschlechtsumwandlung 211ff
Altrozous pallidus **102**
Altruismus 16, 32, 193, 219, 314, 316ff
– Evolution 22ff
– und Gene 16, 314
– und Haplodiploidie 251ff
– und Manipulation 31
– zwischen nichtverwandten Tieren 29
– reziproker 29
– zwischen Verwandten 22, 26
Ambivalentes Verhalten **279**
Ambystoma maculatum 157

Ameisen 241ff, **242**, 256f, **257**, 303, **303**
– Kommunikation 267, **268**
Amphiprion akallopisos 214, **215**, 230
Anemonenfisch **213**, 214, **215**, 230
Anisogamie 144
– Ursprung 144ff
Anpassung 11, 34, 39
– experimentelle Untersuchungen 63ff
– Methoden zur Überprüfung von Hypothesen 34ff
– gegenüber Räubern 13
Antilopen **43**, 92
Anubispavian 29, **49**, 58, 193
Anurogryllus arboreus 276
Anwerbungsverhalten bei Ameisen 267, **268**
Aphelocoma coerulescens 219ff
Apis mellifera 14, 296
Arbeiterinnen 27, 241ff
– Konflikt zwischen Königin und Arbeiterinnen 254ff
Arten, Vergleich 36, 39ff
Arterkennung 283, **284**
Atta 264, 268
Autonome Reaktionen 278, **279**
Ausbreitung (s. auch Abwanderung) 260
Auslöschung von Gruppen 309
Austernfischer 65

B

Bachstelze 30, 116
Balz 166, 168
– Fütterung während der Balz 160, **161**

„Matching law" 328f
Mechanismen 326
Meiose 22
Meisen 34
Melanerpes formicovorous 237
Melanismus 13
Merkmalsgruppe 316f, **318**
Metapolybia aztecoides 248
Mirounga angustirostris 185
Monarchfalter 92
Moniliformes dubius 156
Monodon monoceros 130
Monogamie 39, 172
Morphologie 13
– von Blüten 295, **295**
Moschusochse 130
Motacilla alba 30, 116
Motivation 326
Muscheln 68, **69**
Mutagene 14
Myrmecocystus **242**
Myrmica rubra 242

N

Nahrungssuche 66ff
Naiwascha-See 231f
Narwal 130
Nasonia vitripennis 152
Nasutitermes exitosus 241, **242**
Natrium 74f
Natürliche Selektion 11ff, 13, **25**, 240, 265f, 283, 304, 308, 313, 321
Nectarinia reichenowi 109
Nepotismus 219
Nervensystem 13
Nestbau, Grabwespen 205ff
– soziale Insekten 246
Nester, gemeinsame 234f, 236ff, 247ff, 261
– Sperlinge 37
Nichtadaptive Unterschiede 46

O

Ochsenfrosch 158, **159**, 181, 198, **199**, 200, **201**
Ökologie und Abwanderung 190ff

Ökologische Zwänge 33
– – und Eusozialität 245f, 248
– – Helfen 218f
– – Kommunikation 266ff
Ökonomische Verteidigung 109f, **110**, **112**
Ontogenie 327
Optimale Gelegegröße, Kohlmeisen **21**
– Gruppengröße 101ff, **106**
– Reviergröße 111ff, **113**
Optimalitätsmodelle 65f, 72, 74, 76, 319ff
– Vorzüge und Grenzen 84
Östrussynchronisation 8f, **10**

P

Paarung 167
– Anubispavian 29
– mehrfache 168
Paarungskonkurrenz, lokale 151, **152**, 258
Paarungsleistung 148
Paarungssystem 172, **174**
– Wechselbeziehungen zwischen Ökologie und Paarungssystem 179
Pan gorilla berengei 58
– troglodytes 58, **59**
Panorpa 167
Panthera leo 7
Papio anubis 29, **49**, 58, 193
Pappel 122
Parabuteo unicinctus 107
Paradisea apoda **162**
Paradiesvogel **162**
Pararge aegeria 132, **132**, 197
Parasiten und soziale Insekten 246
Parasitismus 203
Partner, räumliche Verteilung 180, **180**
– zeitliche Verteilung 180f
Parus 34
– caeruleus 139
– major 18, **71**
Pavo **282**
Pazifik-Laubfrosch 169
Pemphigus betae 122ff, **123**, **124**
Pfau 163, **282**
Pfeifsprache 273f

Pflanzen und Hummeln 292ff
Pflanzenfresser, Qualität der Nahrung 74
Phänotyp 11f
Phasianus colchicus **282**
Pheidole kingi instabilis **242**
Philomachus pugnax 203, **204**
Pica pica **155**
Pinie 304
Plantago maritima 100
Ploceinae 39
Ploceus cucullatus **41**
Poecelia reticulata **89**
Pogonia ophioglossoides 300
Pogonomyrmex 268
Polistes apachus 258ff, **259**
– metricus **152**, 249, **250**, 258ff
– variatus **152**
Polyandrie 172
– bei Vögeln 189f
Polygamie 39, 173
Polygynie 172
– durch männliche Dominanz 188
– Schwellenwertmodell 182ff, **183**
– durch Verteidigung von Ressourcen 181
– – von Weibchen 185
Polyplectron bicalcaratum **282**
Pomatostomus temporalis 226
Population, Kontrolle 17
Populus angustifolia 122
Prachtlibelle 156, **156**
Prägung 327
Präriehund **102**, 115, 324f, **325**
Presbytis entellus 58
– obscurus **49**
Primaten **279**
– Aktionsraum 53f
– Gehirngröße 57f
– Geschlechtsdimorphismus 54ff
– Rufe 274ff, **277**
– soziale Organisation 47ff, **48**
– unterschiedliche Gruppentypen 58f, **59**
Promiskuität 172
Prunella modularis 31
Purpurstärling 81

Q

Quantitative Voraussagen 65, 68, 84, 322
Quantitatives Modell 72
Quelea quelea 97, **97**

R

Rana catesbeiana 158, 181
Räuber (s. auch Feinde), Adaptation gegen Räuber 13
– Bedrohung durch Räuber 235, 237
– und Beute **302**, 304ff, **306, 307**
– Futtersuche 82ff
– Rufe 202
– Samen 303f, **303**
– Schutz gegen Räuber 88ff, **95**
– bei Webervögeln 40f
„Reinforcement schedule" 330
Reproduktive Leistung **148**
Ressourcen, gemeinsame 119, **120**
– Konkurrenz 117, **118**
– räumliche Verteilung 180, **180**
– zeitliche Verteilung 180f
Ressourcenverteidigung 108ff
– und Polygynie 181f
Revier, Fische 178
– und Fortpflanzungserfolg **183**, 184
– und Hilfeleistungen 222ff, **222**
– optimale Größe 111f, **113**
Revierverteidigung 109ff
– und Vogelgesang 288
Reziproker Altruismus 29
Riefenschnabel-Ani 236f, **237**
Riffbarsche **102**
Ringelgans 99f
Risiko, Minimierung 76
Rittersporn **293**
Ritualisation 281ff, **282**
Rothirsch 133, **134**
Rotrückenjunko 76, **86**, 103ff
Rotschenkel 100
Rotschulterstärling **102**, 184
Rufer 200ff
Rußseeschwalbe 160

Sachverzeichnis

- Ritualisation 278, **279**
Balzplätze 188, 203f, **204**
Balzschauspiele 162
Baßtölpel 320, **320**
Beifußhuhn **188**
Belding-Ziesel 27, **27, 103**
Beobachtungen 35
Bernoulli-Effekt 325
„Betrüger" 92, 137, 147, 198, 215, 300
Betta splendens 139
Beute, Bewältigung von schwieriger Beute 99
- große und kleine 68ff
- und Räuber 301, **302**, 304ff
Biene (s. auch Honigbiene) 199, **201**, 243, 293f
Birkenspanner 13, 197
Biston betularia 13
Blasse Fledermaus **102**
Blattläuse 122ff, **123, 124**, 241, 253
Blattschneiderameisen 264, 268
Blaukopf 212ff, **212**
Blaumeise 139
Bodega Bay, Kalifornien **89**
Bombus 292
- vagans **296**
Branta bernicla 99f
Braunnacken-Ammer 270, **270**
Brillenlangur **49**
Bruce-Effekt 9
Brutpflege (s. auch elterliche Pflege) 172ff, **174**, 314
- bei Fischen 177ff
Bufo bufo 135, **136**, 181
Buschblauhäher 219ff, **220, 221, 222, 223, 225**, 261

C

Calamospiza melanocorys 184
Calidris alba **89**, 189
- canutus **104**
- temmincki 189
Callimorpha jacobaeae 26
Calopogon pulchellus 300
Calopteryx maculata 156, **156**
Camargue 93
Camponotus truncatus 241, **242**

Canis mesomelas 226, **229**
Caranx ignobilis **98**, 99
Carcinus maenas **69**
Carduelis carduelis **79**
Centris pallida 199
Centrocercus urophasianus **188**
Cercopithecidae 57
Cercopithecus aethiops **59**
Cerocebus albiniger 274
Cervus elaphus 133
Ceryle rudis 231
Charadrius hiaticulata **104**
Chilopsis 297, **298**
Colobus badius 54
- geureza 54
Columba palumbus **90**
Coturnix coturnix japonica 328
Crocuta crocuta **95**
Crotophaga sulcirostris 236
Cygnus columbianus 328, **329**
Cynomys ludovicianus 324
Cyprinodon 178

D

Dämmerung, Gesang während der Dämmerung 276f
Danaius plexippus 92
Daten, Interpretation 208
Delphinium 299, **299**
- nelsoni **293**
Despotismus 117, **118**, 121
Dimorphismus bei Männchen 205, **206**
DNA und egoistische Gene 315
Dorylus wilverthi 241
Drohsignale 280ff
Drosophila 149, 160, 315
- melanogaster 14
Drosseluferläufer 190, **191**
Duftmarkierungen **279**
Duftspuren 268
Dungfliege s. Kotfliege

E

Egel 158
Egoismus 22

Egoistische Gene 23, 313ff
Eichelspecht 237
Eidechsen **284**
Einschätzung des Partners und Balz 169
Eisvogel 83, **83**
Elch 74, **75**, **86**
Elster **155**
Elterliche Leistung 148, **148**, 154
– Pflege (s. auch Brutpflege) 22, 217, 245
Energie 66, 68
Enten **279**, 281
Entscheidungsregeln 326
Epilobium 299
Erdkröte 135, **136**, 181
Ernährung, Elche 74f, **75**
– und Größe des Aktionsraums 53
– soziale Insekten 241
Ernährungsverhalten 326
Ernährungszwänge 74
Euphagus cyanocephalus 81
Euphasiopteryx ochracea 203
Eupomacentrus flavifros **102**
Eusozialität 240, 244ff, **245**
Evolution 22, 126, 244, 280
Evolutionsstabile Strategien (ESS) 127ff, 200, 207ff, 254f, 319ff
Excirolana linguifrons **89**
Experimente 36

F

Fasanen **282**
Feigenwespen 131, **201**, 205, **206**
Feinde (s. auch Räuber), Primaten 51, 55
Feldwespen **152**, 249
Felsenzaunkönig 288
Finken 303, **303**
Fische, Brutpflege 175ff, **176**, **178**
– Wechselbeziehungen zwischen Ökologie und Brutpflege 177
Fleckenquerzahnmolch 157
Fortpflanzungsgruppen, Konflikte 233
Fortpflanzungsraten **149**
Fortpflanzungsverhalten, Löwen 7
Frösche 36, 135

Fruchtbarkeitszyklus, Löwen 7
Fruchtfliegen, s. Taufliegen
Fuchs 34
Funktionelle Erklärungen **10**, 324ff
Furchenbienen 250
Futterquellen, Auffinden guter Futterquellen 96
– sich erneuernde 99
– und soziale Organisation bei Primaten 51
– und Verhalten 42, 60
Futtersuche und Bedrohung durch Feinde 82f
– Kosten in Zusammenhang mit Futtersuche 100

G

Galago senegalensis **48**
Gallus **282**
Gameten 143ff, **146**
Gammarus **155**
Garibaldi-Fisch 179
Gasterosteus aculeatus 82, 280
Geburtenkontrolle 17
Gegenseitigkeit 30, 292, 311
Gehirngröße 46
– bei Primaten 57, **57**
Gelbbäuchiges Murmeltier 182, **182**
Gelege, doppelte 190
Gelegegröße, Kohlmeisen **19**, 21, **21**, 36
– Sperlinge **37**
Gene 11f, 251f, 313f, 321
– und Altruismus 16, 18ff, 314
– und Verhalten 13ff
– Zusammenwirkung 14
Genetische Mutation 13f
– Qualitäten 160ff
– Varianz 164, 321
– Voraussetzungen 33, 251
– – der Eusozialität 246, 249
– – bei Hilfeleistungen 218
Genotyp 12
Genselektion 12, 32
Geräuschdämpfung 272, 276
Gesamteignung 23, 28, **250**, 315
Gesang (s. auch Vögel), während der Dämmerung 276f

Geschlechterverhältnis 150ff, 171
– und soziale Insekten 254
– wirksames 154, 180
Geschlechtsdimorphismus, Primaten 54ff
Geschlechtsumwandlung 211ff
Geschwister, Erkennung 250
– Hilfeleistungen 217ff, **218**, 246, **248**, 314
Gestreifter Papageienfisch **102**
Geweih 46, **47**
Gibbon **48**
Glaucidium 275
Gorilla 58
Grabwespen **201**, 205ff, **207, 209**, 245, 322ff
Grashüpfer 266
Graufischer 231ff, **231, 232**
Grauscheiteljakoo 226
Grillen **201**, 202f, **202, 203**, 276
Großammerfink 137f, **137, 138**
Großohrhirsch 130
Grüne Meerkatze **59**
Gruppen, erhöhte Wachsamkeit 88ff, **91**
– Größe 58, **89**
– Kosten des Lebens in Gruppen 94, 100
– Leben in Gruppen 58, 88ff, **95, 102**
– Nahrungssuche in Gruppen 96
– optimale Größe 101
– Primaten 58ff, **59**
– Verteidigung 94
„Gruppendenken" 17
Gruppenselektion 18, 316f, **318**
Gruppenvorteil 16
Gryllus integer 202, **202**
Guppy 88, **89**

H

Habicht 90, **90**, 275
Habitat 117ff
– Fische 177ff
– und Vogelgesang 269ff
Habitatssättigung 221
Haematopus ostralegus 65
Hammerkopf 189
Haplodiploidie 251ff, **252**

Harem 185f
Heckenbraunelle 31
Helfer 226
– nichtverwandte 227
Heliconius erato 157
Helogale parvula 227
Hermaphroditismus, konsekutiver 155
– proterandrischer 214, 299
– protogyner 212
– simultaner 153
Hilfeleistungen (s. auch Altruismus) 217ff
– genetische Voraussetzungen und ökologische Zwänge 218
Himalaya-Glanzfasan **282**
Homopteren 241
Honigbiene 14, 241, 244, 296
– hygienische und nichthygienische Stämme 14, **15**
Hormonspiegel 6
Hörner 46, **47**
Huftiere 42, **43**
Hulman 58
Hummel 6, 292ff, **295, 298, 299**
Hyäne **95**, 116
Hybriden, Rückkreuzung **15**
Hyla 284
– cinera 201, **201**
– regilla 169
Hylobates concolor **48**
Hylobittacus apicalis 160, **161**, 210
Hymenopteren 241, 251ff
Hypothesen, Methoden zur Überprüfung 35
Hypsignathus monstrosus 189
Hypsypops rubicunda 179

I

Idarnes 205
Ideale freie Verteilung 119, 121ff
Impatiens biflora **296**
Indicator xanthonotus 181
Individualentwicklung 6
Individualselektion **32**
Industriemelanismus 13
Informationsaustausch 138ff
Informationszentrum 96, **97**

Intentionsbewegung 278, **279**
Intersexuelle Selektion 154
Investition 147, 151, 154
– elterliche 151, **153**, 167
– männliche 165f
– bei sozialen Insekten 256, **257**
Inzucht, Vermeidung 191ff, 292, 328
Isogamie 144
Isopteren 242

J

Jack **98**, 99
Jagdfasan **282**
Japanische Wachtel 328
Junco phaenotus 76

K

Kämpfe um Dominanz 137f
– und Körperstärke 132ff
– sexuelle Selektion 154ff
– Strategien 125ff, **140**, 322ff
Kampfläufer **201**, 203f, **204**
Kanarienvogel 287
Kasten, sterile 26, 31, 241, **242**, 250, 253
Kausale Beziehung 6
– Erklärungen 9, **10**, 324ff
Keimzellen s. Gameten
Kindestötungen 168
– bei Löwen 9f, 16
Kleinlibellen **155, 156**, 156
Knolliger Dingel 300
Knotenameisen 268
Knutt 101, **104**
Koevolution 291
Kohlmeise 18ff, **19**, 22, 36, **71**, 72, **80**, **86**, 117, 185, 191, **271**, 280, 285, 288
Kommunikation 265, **267, 268**
– ökologische Zwänge und Kommunikation 266ff
– bei sozialen Insekten 241
Konflikt zwischen Arbeiterinnen und Königin 254ff
– in Fortpflanzungsgruppen 233ff
Konkurrenz 11, 236

– um Futter 100
– um Ressourcen 117ff
– „Spermien-Konkurrenz" 77, 157, 168
Kopulation, Entscheidung zur 167
– erzwungene 167
– Kotfliegen 15, 76ff
– Löwen 9, **10**
Körpergröße 45, **57**, 198
Körperstärke, Kampf und Körperstärke 132ff
Kosten-Nutzen-Prinzip 64ff, 68, 73, 84
Kotfliege 76ff, **78, 79, 86**, 157, 331
Krabben 68f, **284**
Krähen 66ff, **67, 86**
Kuckuck 31, 285

L

Lachmöve 63, **64**, 94, **279**
Lachtaube 166
Lagopus lagopus 119
Lake Superior 74
Lamprologus brichardi 226
Larus argentatus 35
– ridibundus 63
Lasioglossum zephyrum 250
Laubfrösche 201, **201, 284**
Leptothorax 267
Lernen 328ff
Lophophorus impejanus **282**
Löwe 16, 31, 91, 168
– Fortpflanzungsverhalten 7ff, **10**, 27
– Rudel 7, **8**, 28

M

Macrobdella decora 158
Malimbus scutatus **41**
Manacus m. trinitatis 188
Mandarinente 280f
Manipulation 31, 283f, 294
Männchen 143f
– in der Brunst 154ff
– als Helfer **224**
Mantelmangabe 274, **274, 275**
Marmota flaviventer 182

S

Salpinctes obsoletus 288
Samenverbreitung 301ff, **303**
Sanderling **89**, 189
Sandregenpfeifer **104**
Sarcophaga bullata 152
Sardellen 99
Satellit 198, 200f, **202**, 203f, **204**
Säugen bei Löwen **8**, 9
Säugetiere, Abwanderung vom Geburtsort 190ff, **192**
— Brutpflege 175
Saugwirkung 325
Scarus croicus **102**
Scatophaga stercoriaria 76, **78**
Schabrackenschakal 226, **227**, 229
Schimpanse 58, **59**
Schottisches Moorschneehuhn 119, 138
Schutzreaktion **278**, 280
Scleroporus **284**
See-Elefanten **149**, 185f, **187**, 198
Segregation distorter 315
Seidenaffe 54
Selbstaufopferung 26
Selektion s. natürliche Selektion
Senegalgalago **48**
Serengeti Nationalpark 7, 226
Sexuelle Attraktivität 163f, 169
— Konkurrenz 54f, **155**
— Prägung 327
— Selektion 154ff, 281
— — und Vogelgesänge 287
Sexueller Konflikt 166ff
Siamesischer Kampffisch 139
Sichelnektarvogel 109, **110**, 113
Signale 265ff
— komplexe 287f
— Struktur 277ff
Silbermöwe 35, **279**
Skorpionsfliegen 167, **201**, 210
Solenopsis 268
Soziale Insekten 26, 31
— — Definition 240
— — Lebenszyklus und Entwicklungsgeschichte 242ff
Spatz 82
Sperlingskauz 275
Spermophilus beldingi 27, **27**, **103**
Sphex ichneumoneus 205, **207**, 249
Spiegelpfau **282**
Spieltheorie 130
Springkraut **296**
Stabilität, Löwenrudel 9
Stammesgeschichte 6
Star 6, 94, 172
Stehlen 210
Sterilität 26f, 31, 253
Sterna fuscata 160
Stichling 82ff, **83**, **86**, 120, **120**, **201**
— dreistacheliger 197f, 280
Stieglitz **79**
Stolephorus purpureus 99
Strandkrabbe 68, **69**, **86**
Strandwegerich 100
Strategie 125, 196ff
Strauß 91, **91**, 234, **234**
Streifenbackenhörnchen 81
Streptopelia risoria 166
Struthio camelus 234
Stummelaffen 54
Sturnus vulgaris 6, 172
Sula bassana 320, **320**
— capensis 321
Sumpfzaunkönig 288
Synchronisation 93f, 181, 294
Synchronisierte Geburten 9

T

Tamias striatus 81
Tandemgespann bei Ameisen 268
Tauben 90, **90**, 330
Taufliegen 149, 160
Teichrohrsänger 164, **165**
Telmatodytes palustris 288
Temmincks Strandläufer 189
Termiten 241, **242**, 246, 253
Territorium, s. Revier
Thalassoma bifasciatum 212, **212**
Tölpel **279**, 320f
Trauerammer 184
Trigonopsis cameroni 247
Tringa totanus 100
Troglodytes troglodytes 288
Trottellumme **95**

U

Überlebenswert 6f, 271
- ultimate factors, proximate factors 7
Übersprunghandlungen 278, **279**
Uca **284**
Umadressierter Angriff **279**
Umwelt und Verhalten 13
Uniparentale Brutpflege, Ursprung 176
Uria aalge **95**

V

Variable Intervalle 330
Varianz 52f, 164
Variation 11f, 321
Verdünnungseffekte 92f
„Vergewaltigung" 167, 324
Vergleiche 36, 39, 60, 62, 101
Verhalten, Evolution 29
- und Gene 13ff
- und Umwelt 13
Verwandte, Altruismus 22ff
Verwandtschaftsgrad 23f, **24**, 28, 32
- soziale Insekten 251ff, **252**
Verwandtschaftsselektion 25, 27, 29, 31f, 264, 314
Viktoria-See 231f
Vögel, Abwanderung 190ff, **192**
- Brutpflege 174f, 177
- Gesänge 269ff, **269**, **270**, 276, 287f
- Polyandrie 189f
- Samenverbreitung 301ff
Volvocales **146**

W

Wacholderdrossel 94
Wachsamkeit 88ff, **91**
Waldbrettspiel 131, **132**, 197
Webervögel 39ff, **41**, 45, 97
Weisäbelpipra 188
Wellhornschnecken 66f, **67**
Wespen 152f, 241, 245, 247ff, 258
Wettbewerb s. Konkurrenz
Wettlauf, evolutiver 304ff
Winkerkrabben **284**
Wüstenbussard 107
Wytham Woods 18, **19**, 117, 191

X

Xylocoris maculipennis 157

Z

Zaunkönig 288
Zeiteinteilungen 103ff, 108
Zikaden 93f
Zonotrichia capensis 270, **270**
- querula 137
Zwänge 73
- Ernährung 74
Zwergichneumon 227
Zwergschwan 328, **329**